中华人民共和国水利部

水利建筑工程
概算定额

上 册

黄河水利出版社

图书在版编目(CIP)数据

水利建筑工程概算定额/水利部水利建设经济定额站,北京峡光经济技术咨询有限责任公司主编.—郑州:黄河水利出版社,2002.6

中华人民共和国水利部批准发布

ISBN 7－80621－564－6

Ⅰ.水… Ⅱ.①水…②北… Ⅲ.水利工程－概算定额－中国 Ⅳ.TV512

中国版本图书馆 CIP 数据核字(2002)第 030893 号

出 版 社:黄河水利出版社
　　　　　地址:河南省郑州市金水路 11 号　　邮政编码:450003
发行单位:黄河水利出版社
　　　　　发行部电话及传真:0371－6022620
　　　　　E-mail:yrcp@public2.zz.ha.cn
承印单位:郑州豫兴印刷有限公司
开本:850 毫米×1 168 毫米　1/32
印张:26.75
字数:668 千字　　　　　　　　　　印数:1—25 000
版次:2002 年 6 月第 1 版　　　　　印次:2002 年 6 月第 1 次印刷
书号:ISBN7－80621－564－6/TV·271　　定价:115.00 元(上、下册)

水 利 部 文 件

水总〔2002〕116号

关于发布《水利建筑工程预算定额》、
《水利建筑工程概算定额》、
《水利工程施工机械台时费定额》
及《水利工程设计概(估)算编制规定》的通知

各流域机构,部直属各设计院,各省、自治区、直辖市水利
(水务)厅(局),各计划单列市水利(水务)局,新疆生产建
设兵团水利局,中国水电工程总公司,武警水电指挥部:

为适应建立社会主义市场经济体制的需要,合理确
定和有效控制水利工程基本建设投资,提高投资效益,由
我部水利建设经济定额站组织编制的《水利建筑工程预
算定额》、《水利建筑工程概算定额》、《水利工程施工机械
台时费定额》及《水利工程设计概(估)算编制规定》,已经

审查批准，现予以颁布，自 2002 年 7 月 1 日起执行。原水利电力部、能源部和水利部于 1986 年颁布的《水利水电建筑工程预算定额》、1988 年颁发的《水利水电建筑工程概算定额》、1991 年颁发的《水利水电施工机械台班费定额》及 1998 年颁发的《水利工程设计概（估）算费用构成及计算标准》同时废止。

此次颁布的定额及规定由水利部水利建设经济定额站负责解释。在执行过程中如有问题请及时函告水利部水利建设经济定额站。

中华人民共和国水利部
二〇〇二年三月六日

主题词：水利　工程　建筑　定额△　通知

抄送：国家发展计划委员会。

水利部办公厅　　　　　　　　2002 年 4 月 1 日印发

主编单位　水利部水利建设经济定额站

　　　　　北京峡光经济技术咨询有限责任公司

主　　编　李治平　黄谷生　王开祥

副主编　宋崇丽　韩增芬　胡玉强

编　　写　刘满敬　龚义寿　史道生　阮振海

　　　　　姜其炳　脱　凡　刘殿金

总　目　录

上　　册

下　　册

总　说　明

一、《水利建筑工程概算定额》是在我部制订的《水利建筑工程预算定额》的基础上进行编制的,包括土方开挖工程、石方开挖工程、土石填筑工程、混凝土工程、模板工程、砂石备料工程、钻孔灌浆及锚固工程、疏浚工程、其他工程共九章及附录。

二、本定额适用于大中型水利工程项目,是编制初步设计概算的依据。

三、本定额适用于海拔高程小于或等于2000m地区的工程项目。海拔高程大于2000m的地区,根据水利枢纽工程所在地的海拔高程及规定的调整系数计算。海拔高程应以拦河坝或水闸顶部的海拔高程为准。没有拦河坝或水闸的,以厂房顶部海拔高程为准。一个工程项目只采用一个调整系数。

高原地区定额调整系数表

项目	海　拔　高　程　（m）					
	2000~2500	2500~3000	3000~3500	3500~4000	4000~4500	4500~5000
人　工	1.10	1.15	1.20	1.25	1.30	1.35
机　械	1.25	1.35	1.45	1.55	1.65	1.75

四、本定额不包括冬季、雨季和特殊地区气候影响施工的因素及增加的设施费用。

五、本定额按一日三班作业施工,每班八小时工作制拟订。如采用一日一班或二班制时,定额不作调整。

六、本定额的"工作内容"仅扼要说明各章节的主要施工过程及工序。次要的施工过程、施工工序和必要的辅助工作所需的人工、材料、机械也已包括在定额内。

七、本定额的计量,按工程设计几何轮廓尺寸计算。即由完成每一有效单位实体所消耗的人工、材料、机械数量定额组成。其不构成实体的各种施工操作损耗、允许的超挖及超填量、合理的施工附加量、体积变化等已根据施工技术规范规定的合理消耗量,计入定额。

八、本定额人工以"工时"、机械以"台(组)时"为计量单位。人工和机械定额数量包括基本工作、辅助工作、准备与结束、不可避免的中断、必要的休息、工程检查、交接班、班内工作干扰、夜间工效影响以及常用工具和机械的维修、保养、加油、加水等全部工作内容。

九、定额中的人工是指完成该定额子目工作内容所需的人工耗用量。包括基本用工和辅助用工,并按其所需技术等级,分别列示出工长、高级工、中级工、初级工的工时及其合计数。

十、定额中的材料是指完成该定额子目工作内容所需的全部材料耗用量,包括主要材料及其他材料、零星材料。

主要材料以实物量形式在定额中列项。

定额中未列示品种规格的材料,根据设计选定的品种规格计算,但定额数量不得调整。已列示品种规格的,使用时不得变动。

凡一种材料名称之后,同时并列几种不同型号规格的,如石方开挖工程定额导线中的火线和电线,表示这种材料只能选用其中一种型号规格的定额进行计价。

凡一种材料分几种型号规格与材料名称同时并列的,如石方开挖工程定额中同时并列的导火线和导电线,则表示这些名称相同而型号规格不同的材料都应同时计价。

其他材料费和零星材料费是指完成该定额工作内容所需,但未在定额中列量的全部其他或零星材料费用,如工作面内的脚手架、排架、操作平台等的摊销费,地下工程的照明费,石方开挖工程的钻杆、空心钢,混凝土工程的养护用材料以及其他用量少的材料等。

材料从分仓库或相当于分仓库材料堆放地至工作面的场内运

输所需人工、机械及费用,已包括在各相应定额内。

十一、定额中的机械是指完成该定额子目工作内容所需的全部机械耗用量,包括主要机械和其他机械。

主要机械以台(组)时数量在定额中列项。

凡机械定额以"组时"表示的,其每组机械配置均按设计资料计算,但定额数量不得调整。

凡一种机械名称之后,同时并列几种不同型号规格的,如土石方、砂石料运输定额中的自卸汽车,表示这种机械只能选用其中一种型号规格的定额进行计价。

凡一种机械分几种型号规格与机械名称同时并列的,则表示这些名称相同而规格不同的机械都应同时计价。

其他机械费是指完成该定额工作内容所需,但未在定额中列量的次要辅助机械的使用费,如疏浚工程中的油驳等辅助生产船舶等。

十二、本定额中其他材料费、零星材料费、其他机械费均以费率(%)形式表示,其计量基数如下:

1.其他材料费:以主要材料费之和为计算基数;

2.零星材料费:以人工费、机械费之和为计算基数;

3.其他机械费:以主要机械费之和为计算基数。

十三、定额表头用数字表示的适用范围

1.只用一个数字表示的,仅适用于该数字本身。当需要选用的定额介于两子目之间时,可用插入法计算。

2.数字用上下限表示的,如 2000~2500,适用于大于 2000、小于或等于 2500 的数字范围。

十四、各章的挖掘机定额,均按液压挖掘机拟定。

十五、各章的汽车运输定额,适用于水利工程施工路况 10km以内的场内运输。运距超过 10km 时,超过部分按增运 1km 台时数乘 0.75 系数计算。

目　录

第一章　土方开挖工程

第二章　石方开挖工程

第三章　土石填筑工程

第四章　混凝土工程

第五章　模板工程

第一章

土方开挖工程

说　　明

一、本章包括土方开挖、运输等定额共 52 节。

二、本章定额计量单位，除注明者外，均按自然方计算。

三、土方定额的名称：

自然方，指未经扰动的自然状态的土方。

松方，指自然方经人工或机械开挖而松动过的土方。

四、土类级别划分，除冻土外，均按土石十六级分类法的前四级划分土类级别。

五、土方开挖工程，除定额规定的工作内容外，还包括挖小排水沟、修坡、清除场地草皮、杂物、交通指挥、安全设施及取土场、卸土场的小路修筑与维护等所需的人工和费用。

六、一般土方开挖定额，适用于一般明挖土方工程和上口宽超过 16m 的渠道及上口面积大于 80m² 柱坑的土方工程。

七、渠道土方开挖定额，适用于上口宽小于或等于 16m 的梯形断面、长条形、底边需要修整的渠道土方工程。

八、沟槽土方开挖定额，适用于上口宽小于或等于 8m 的矩形断面或边坡陡于 1:0.5 的梯形断面，长度大于宽度 3 倍的长条形，只修底不修边坡的土方工程，如截水墙、齿墙等各类墙基和电缆沟等。

九、柱坑土方开挖定额，适用于上口面积小于或等于 80m²，长度小于宽度 3 倍，深度小于上口短边长度或直径，四侧垂直或边坡陡于 1:0.5，不修边坡只修底的坑挖工程，如集水坑、柱坑、机座等工程。

十、平洞土方开挖定额，适用于水平夹角小于或等于 6°、断面积大于 2.5m² 的洞挖工程。

十一、斜井土方开挖定额，适用于水平夹角为 6° 至 75°、断面积大于 2.5m² 的洞挖工程。

十二、竖井土方开挖定额,适用于水平夹角大于75°,断面积大于2.5m²,深度大于上口短边长度或直径的洞挖工程,如抽水井、闸门井、交通井、通风井等。

十三、砂砾(卵)石开挖和运输,按Ⅳ类土定额计算。

十四、管道沟土方开挖,若采用一-49、一-50、一-51节定额,每100m³减少下列工时:

Ⅰ~Ⅱ类土	13.1 工时
Ⅲ类土	14.4 工时
Ⅳ类土	15.7 工时

十五、推土机的推土距离和铲运机的铲运距离,是指取土中心至卸土中心的平均距离。推土机推松土时,定额乘以0.8的系数。

十六、挖掘机、轮斗挖掘机或装载机挖土(含渠道土方)汽车运输各节已包括卸料场配备的推土机定额在内。

十七、挖掘机、装载机挖装土料自卸汽车运输定额,系按挖装自然方拟定,如挖装松土时,其中人工及挖装机械乘0.85系数。

十八、本章第6、7节及第22节至24节定额中的轴流通风机台时数量,按一个工作面长200m拟定,如超过200m,按定额乘下表系数:

工作面长度(m)	调整系数
200	1.00
300	1.33
400	1.50
500	1.80
600	2.00
700	2.28
800	2.50
900	2.78
1000	3.00

一-1 人工挖一般土方

工作内容:挖松、就近堆放。

单位:100m³

项　　　目	单位	土　类　级　别		
		Ⅰ～Ⅱ	Ⅲ	Ⅳ
工　　　长	工时	0.9	1.7	2.8
高　级　工	工时			
中　级　工	工时			
初　级　工	工时	42.9	83.5	139.9
合　　　计	工时	43.8	85.2	142.7
零星材料费	%	5	5	5
编　　　号		10001	10002	10003

一-2 人工挖冻土方

工作内容:1.人力开挖:挖冻土。

　　　　　2.松动爆破:掏眼、装药、填塞、爆破、安全处理及挖土等。

单位:100m³

项　　　目	单位	冻　土　厚　度　(cm)	
		≤40(人力开挖)	>40(松动爆破)
工　　　长	工时	10.9	3.2
高　级　工	工时		
中　级　工	工时		
初　级　工	工时	535.2	157.0
合　　　计	工时	546.1	160.2
零星材料费	%	2	
炸　　　药	kg		10.3
雷　　　管	个		15.5
导　火　线	m		51.5
其他材料费	%		2
编　　　号		10004	10005

一-3 人工挖渠道土方

工作内容:挖土、修边底。

(1) Ⅰ~Ⅱ类土

单位:100m³

项 目	单位	上 口 宽 度 (m)				
		≤1	1~2	2~4	4~8	8~16
工 长	工时	2.7	2.2	1.8	1.5	1.4
高 级 工	工时					
中 级 工	工时					
初 级 工	工时	128.2	104.1	87.0	75.7	66.9
合 计	工时	130.9	106.3	88.8	77.2	68.3
零星材料费	%	5	5	5	5	5
编 号		10006	10007	10008	10009	10010

(2) Ⅲ类土

单位:100m³

项 目	单位	上 口 宽 度 (m)				
		≤1	1~2	2~4	4~8	8~16
工 长	工时	4.7	4.0	3.4	3.0	2.8
高 级 工	工时					
中 级 工	工时					
初 级 工	工时	231.9	196.7	168.6	150.7	136.1
合 计	工时	236.6	200.7	172.0	153.7	138.9
零星材料费	%	3	3	3	3	3
编 号		10011	10012	10013	10014	10015

(3) Ⅳ类土

单位:100m³

项 目	单位	上 口 宽 度 (m)				
		≤1	1~2	2~4	4~8	8~16
工 长	工时	8.0	6.8	5.8	5.2	4.8
高 级 工	工时					
中 级 工	工时					
初 级 工	工时	387.7	331.1	286.5	256.7	233.6
合 计	工时	395.7	337.9	292.3	261.9	238.4
零星材料费	%	2	2	2	2	2
编 号		10016	10017	10018	10019	10020

一－4 人工挖沟槽土方

工作内容:挖土、修底。

(1) Ⅰ~Ⅱ类土

单位:100m³

项 目	单位	上 口 宽 (m)		
		≤1	1~2	2~4
工 长	工时	1.6	1.5	1.3
高 级 工	工时			
中 级 工	工时			
初 级 工	工时	78.3	69.9	63.5
合 计	工时	79.9	71.4	64.8
零星材料费	%	8	8	8
编 号		10021	10022	10023

(2) Ⅲ类土

单位:100m³

项 目	单位	上 口 宽 (m)		
		≤1	1~2	2~4
工 长	工时	3.3	2.9	2.8
高 级 工	工时			
中 级 工	工时			
初 级 工	工时	161.4	147.0	136.9
合 计	工时	164.7	149.9	139.7
零星材料费	%	4	4	4
编 号		10024	10025	10026

(3) Ⅳ类土

单位:100m³

项 目	单位	上 口 宽 (m)		
		≤1	1~2	2~4
工 长	工时	5.7	5.2	4.8
高 级 工	工时			
中 级 工	工时			
初 级 工	工时	277.8	253.3	235.1
合 计	工时	283.5	258.5	239.9
零星材料费	%	2	2	2
编 号		10027	10028	10029

注:本定额不包括修边,如需修边时采用一－3节定额。

一－5 人工挖柱坑土方

工作内容:挖土、修底。

(1) Ⅰ～Ⅱ类土

单位:100m³

项　　目	单位	上　口　面　积　（m²）		
		10～20	20～40	40～80
工　　　长	工时	1.4	1.4	1.3
高　级　工	工时			
中　级　工	工时			
初　级　工	工时	69.8	66.1	63.3
合　　　计	工时	71.2	67.5	64.6
零星材料费	%	8	8	8
编　　　号		10030	10031	10032

(2) Ⅲ类土

单位:100m³

项　　目	单位	上　口　面　积　（m²）		
		10～20	20～40	40～80
工　　　长	工时	3.0	2.9	2.8
高　级　工	工时			
中　级　工	工时			
初　级　工	工时	148.4	141.1	133.1
合　　　计	工时	151.4	144.0	135.9
零星材料费	%	4	4	4
编　　　号		10033	10034	10035

(3) Ⅳ类土

单位:100m³

项　　目	单位	上　口　面　积　（m²）		
		10～20	20～40	40～80
工　　　长	工时	5.2	4.9	4.7
高　级　工	工时			
中　级　工	工时			
初　级　工	工时	255.2	242.5	230.0
合　　　计	工时	260.4	247.4	234.7
零星材料费	%	2	2	2
编　　　号		10036	10037	10038

一-6 人工挖平洞土方

适用范围:各型土隧洞,含水量小于25%。

工作内容:挖土、修整断面等。

(1) Ⅲ类土

单位:100m³

项 目	单位	开 挖 断 面 (m²)		
		≤5	5～10	10～20
工 长	工时	6.0	5.0	4.1
高 级 工	工时			
中 级 工	工时			
初 级 工	工时	294.1	241.3	203.8
合 计	工时	300.1	246.3	207.9
零星材料费	%	2	2	2
轴流通风机 7.5kW	台时	41.58	27.72	16.38
编 号		10039	10040	10041

(2) Ⅳ类土

单位:100m³

项 目	单位	开 挖 断 面 (m²)		
		≤5	5～10	10～20
工 长	工时	10.3	8.4	7.1
高 级 工	工时			
中 级 工	工时			
初 级 工	工时	502.1	413.1	348.7
合 计	工时	512.4	421.5	355.8
零星材料费	%	2	2	2
轴流通风机 7.5kW	台时	64.26	42.84	25.20
编 号		10042	10043	10044

一－7　人工挖斜井土方

适用范围:各型土隧洞,含水量小于25%。

工作内容:挖土、修整断面等。

(1) Ⅲ类土

单位:100m³

项　目	单位	开 挖 断 面 (m²)	
		≤5	5～10
工　　长	工时	6.9	5.7
高 级 工	工时		
中 级 工	工时		
初 级 工	工时	338.3	277.6
合　　计	工时	345.2	283.3
零星材料费	%	2	2
轴流通风机　7.5kW	台时	47.82	31.88
编　　号		10045	10046

(2) Ⅳ类土

单位:100m³

项　目	单位	开 挖 断 面 (m²)	
		≤5	5～10
工　　长	工时	11.7	9.7
高 级 工	工时		
中 级 工	工时		
初 级 工	工时	577.4	475.1
合　　计	工时	589.1	484.8
零星材料费	%	2	2
轴流通风机　7.5kW	台时	73.90	49.27
编　　号		10047	10048

一—8 人工挖倒沟槽土方

工作内容:挖土、修底、将土倒运至槽边两侧 0.5m 以外。

(1) I～Ⅱ类土

单位:100m³

项　目	单位	沟　上　口　宽　槽　沟　深　度 (m)										
		≤1		≤1.5	1～2	2～3	≤1.5	1.5～2	2～3	3～4		
		≤1	1～1.5									
								2～4 (m)				
工　　长	工时	3.0	2.9	2.8	3.3	3.7	2.8	3.1	3.6	4.2		
高　级　工	工时											
中　级　工	工时											
初　级　工	工时	144.8	144.1	139.9	158.5	183.4	133.8	152.0	176.1	206.4		
合　　计	工时	147.8	147.0	142.7	161.8	187.1	136.6	155.1	179.7	210.6		
零星材料费	%	4	4	4	4	4	4	4	4	4		
编　　号		10049	10050	10051	10052	10053	10054	10055	10056	10057		

(2) Ⅲ类土

单位:100m³

项目	单位	上口宽 (m)								
		≤1		1~2			2~4			
		沟槽深度 (m)								
		≤1	1~1.5	≤1.5	1.5~2	2~3	≤1.5	1.5~2	2~3	3~4
工 长	工时	4.8	4.8	4.6	5.1	5.7	4.4	4.8	5.4	6.1
高级工	工时									
中级工	工时									
初级工	工时	239.8	236.6	229.3	249.5	277.5	218.5	238.2	265.4	299.4
合 计	工时	244.6	241.4	233.9	254.6	283.2	222.9	243.0	270.8	305.5
零星材料费	%	3	3	3	3	3	3	3	3	3
编 号		10058	10059	10060	10061	10062	10063	10064	10065	10066

(3) IV类土

单位:100m³

项目	单位	土口宽度≤1 (m)		土口宽度1~2 (m)			土口宽度2~4 (m)			
		沟槽深度≤1	1~1.5	沟槽深度≤1.5	1.5~2	2~3	沟槽深度≤1.5	1.5~2	2~3	3~4
工　长	工时	7.6	7.4	7.1	7.6	8.3	6.8	7.3	7.8	8.6
高级工	工时									
中级工	工时									
初级工	工时	370.3	362.5	350.6	372.3	402.6	333.4	354.5	383.3	421.1
合　计	工时	377.9	369.9	357.7	379.9	410.9	340.2	361.8	391.1	429.7
零星材料费	%	2	2	2	2	2	2	2	2	2
编　号		10067	10068	10069	10070	10071	10072	10073	10074	10075

一−9 人工挖倒柱坑土方

工作内容：挖土、修底，将土倒运至坑边 0.5m 以外。

(1) Ⅰ～Ⅱ类土

单位：100m³

项 目	单位	上 口 面 积 (m²)									
		≤5		5～10			10～20				
		柱 坑 深 度 (m)									
		≤1.5	1.5～2	≤1.5	1.5～2	2～3	≤2	2～3	3～4		
工 长	工时	3.2	3.6	2.9	3.2	3.8	3.1	3.6	4.2		
高 级 工	工时										
中 级 工	工时										
初 级 工	工时	155.2	174.7	141.2	160.3	184.7	153.6	177.4	207.0		
合 计	工时	158.4	178.3	144.1	163.5	188.5	156.7	181.0	211.2		
零星材料费	%	3	3	3	3	3	3	3	3		
编 号		10076	10077	10078	10079	10080	10081	10082	10083		

(2) Ⅲ类土

单位:100m³

项目	单位	上口面积 (m²) 柱坑深度 (m)							
		≤5		5~10			10~20		
		≤1.5	1.5~2	≤1.5	1.5~2	2~3	≤2	2~3	3~4
工 长	工时	5.3	5.7	4.8	5.2	5.8	5.0	5.5	6.2
高级工	工时								
中级工	工时								
初级工	工时	259.2	281.2	235.1	255.6	283.1	244.2	270.1	304.3
合 计	工时	264.5	286.9	239.9	260.8	288.9	249.2	275.6	310.5
零星材料费	%	2	2	2	2	2	2	2	2
编 号		10084	10085	10086	10087	10088	10089	10090	10091

(3) IV类土

单位:100m³

项　目	单位	上口面积 (m²)							
		≤5		5~10			10~20		
		坑深度 (m)							
		≤1.5	1.5~2	≤1.5	1.5~2	2~3	≤2	2~3	3~4
工长	工时	8.2	8.6	7.5	7.8	8.5	7.5	8.0	8.8
高级工	工时								
中级工	工时								
初级工	工时	401.6	424.3	362.3	383.7	413.6	365.1	394.0	431.2
合　计	工时	409.8	432.9	369.8	391.5	422.1	372.6	402.0	440.0
零星材料费	%	1	1	1	1	1	1	1	1
编　号		10092	10093	10094	10095	10096	10097	10098	10099

一—10 人工挖倒柱坑土方（修边）

工作内容：挖土、修边、修底、将土倒运至坑边 0.5m 以外。

（1）Ⅰ～Ⅱ类土

单位：100m³

项　目	单位	上　口　面　积（m²）							
		≤5		5～10		10～20			
				柱坑深度（m）					
		≤1.5	1.5～2	≤1.5	1.5～2	2～3	≤2	2～3	3～4
工　长	工时	3.2	3.6	2.9	3.2	3.8	3.1	3.6	4.2
高级工	工时								
中级工	工时								
初级工	工时	182.5	203.7	161.4	181.3	208.0	167.2	191.7	222.9
合　计	工时	185.7	207.3	164.3	184.5	211.8	170.3	195.3	227.1
零星材料费	%	3	3	3	3	3	3	3	3
编　号		10100	10101	10102	10103	10104	10105	10106	10107

(2) Ⅲ类土

单位:100m³

项目	单位	上口面积 (m²)							
		≤5		5~10			10~20		
		坑柱深度 (m)							
		≤1.5	1.5~2	≤1.5	1.5~2	2~3	≤2	2~3	3~4
工 长	工时	5.3	5.7	4.8	5.2	5.8	5.0	5.5	6.2
高 级 工	工时								
中 级 工	工时								
初 级 工	工时	297.4	320.2	263.1	285.2	315.0	263.9	290.5	326.2
合 计	工时	302.7	325.9	267.9	290.4	320.8	268.9	296.0	332.4
零星材料费	%	2	2	2	2	2	2	2	2
编 号		10108	10109	10110	10111	10112	10113	10114	10115

(3) Ⅳ类土

单位:100m³

项目	单位	土口面积 (m²)							
		≤5		5~10			10~20		
		坑 深 度 (m)							
		≤1.5	1.5~2	≤1.5	1.5~2	2~3	≤2	2~3	3~4
工 长	工时	8.2	8.6	7.5	7.8	8.5	7.5	8.0	8.8
高 级 工	工时								
中 级 工	工时								
初 级 工	工时	461.3	485.5	406.7	430.5	464.2	395.5	425.8	466.1
合 计	工时	469.5	494.1	414.2	438.3	472.7	403.0	433.8	474.9
零星材料费	%	1	1	1	1	1	1	1	1
编 号		10116	10117	10118	10119	10120	10121	10122	10123

一一11 人工挖一般土方人力挑(拾)运输

工作内容:挖土、装筐、运卸、空回。

单位:100m³

项目	单位	土 I~II 挖装运20m	土 I~II 增运10m	类 III 挖装运20m	类 III 增运10m	级别 IV 挖装运20m	级别 IV 增运10m
工长	工时	3.4		4.6		6.0	
高级工	工时						
中级工	工时						
初级工	工时	169.8	18.9	226.2	21.1	297.6	22.6
合计	工时	173.2	18.9	230.8	21.1	303.6	22.6
零星材料费	%	2		2		2	
编号		10124	10125	10126	10127	10128	10129

一—12 人工挖渠道土方人力挑(抬)运输

工作内容:挖土、装筐、挑(抬)运、修边底。

(1) Ⅰ~Ⅱ类土

单位:100m³

项目	单位	上口宽度 (m)									
		≤1		1~2		2~4		4~8		8~16	
		挖运 10m	增运 10m	挖运 10m	增运 10m	挖运 10m	增运 10m	挖运 10m	增运 10m	挖运 10m	增运 10m
工长	工时	5.5		5.0		4.6		4.3		4.0	
高级工	工时										
中级工	工时										
初级工	工时	272.3	21.0	245.6	20.6	224.5	20.1	210.0	19.7	199.5	19.3
合计	工时	277.8	21.0	250.6	20.6	229.1	20.1	214.3	19.7	203.5	19.3
零星材料费	%	2		2		2		2		2	
编号		10130	10131	10132	10133	10134	10135	10136	10137	10138	10139

(2) Ⅲ类土

单位:100m³

项目	单位	上口宽度 (m)									
		≤1		1~2		2~4		4~8		8~16	
		挖运 10m	增运 10m	挖运 10m	增运 10m	挖运 10m	增运 10m	挖运 10m	增运 10m	挖运 10m	增运 10m
工 长	工时	7.8		7.1		6.5		6.1		5.7	
高 级 工	工时										
中 级 工	工时										
初 级 工	工时	387.2	23.4	349.0	23.0	316.7	22.4	296.0	22.0	278.7	21.5
合 计	工时	395.0	23.4	356.1	23.0	323.2	22.4	302.1	22.0	284.4	21.5
零星材料费	%	2		2		2		2		2	
编 号		10140	10141	10142	10143	10144	10145	10146	10147	10148	10149

(3) Ⅳ类土

单位:100m³

| 项目 | 单位 | 土口宽度(m) | | | | | | | | | |
| | | ≤1 | | 1~2 | | 2~4 | | 4~8 | | 8~16 | |
		挖运10m	增运10m	挖运10m	增运10m	挖运10m	增运10m	挖运10m	增运10m	挖运10m	增运10m
工 长	工时	11.3		10.1		9.1		8.4		7.9	
高级工	工时										
中级工	工时										
初级工	工时	555.7	25.0	495.1	24.6	446.0	23.9	413.4	23.5	387.2	23.0
合 计	工时	567.0	25.0	505.2	24.6	455.1	23.9	421.8	23.5	395.1	23.0
零星材料费	%	2		2		2		2		2	
编 号		10150	10151	10152	10153	10154	10155	10156	10157	10158	10159

一一13 人工挖沟槽土方人力挑（抬）运输

工作内容：挖土、装筐、挑（抬）运、修底。

（1） Ⅰ～Ⅱ类土

单位：100m³

项　　目	单位	上 口 宽 度　（m）								
		≤1		1～2		2～4		4～8	
		挖运 10m	增运 10m	挖运 10m	增运 10m	挖运 10m	增运 10m	挖运 10m	增运 10m
工　　长　工	工时	4.5		4.3		4.1		4.0	
高　级　工	工时								
中　级　工	工时								
初　级　工	工时	222.4	21.0	211.4	20.6	201.1	20.1	194.4	19.7
合　　　计	工时	226.9	21.0	215.7	20.6	205.2	20.1	198.4	19.7
零星材料费	%	2		2		2		2	
编　　　号		10160	10161	10162	10163	10164	10165	10166	10167

(2) Ⅲ类土

单位：100m³

项　目	单位	上　口　宽　度　（m）								
		≤1		1～2		2～4		4～8		
		挖运 10m	增运 10m	挖运 10m	增运 10m	挖运 10m	增运 10m	挖运 10m	增运 10m	
工　长	工时	6.5		6.1		5.8		5.6		
高级工	工时									
中级工	工时									
初级工	工时	316.6	23.4	299.2	23.0	285.0	22.4	273.0	22.0	
合　计	工时	323.1	23.4	305.3	23.0	290.8	22.4	278.6	22.0	
零星材料费	%	2		2		2		2		
编　号		10168	10169	10170	10171	10172	10173	10174	10175	

(3) Ⅳ类土

单位:100m³

项目	单位	≤1 挖运10m	≤1 增运10m	1~2 挖运10m	1~2 增运10m	2~4 挖运10m	2~4 增运10m	4~8 挖运10m	4~8 增运10m
工长	工时	9.1		8.5		8.0		7.7	
高级工	工时								
中级工	工时								
初级工	工时	444.9	25.0	417.4	24.6	394.7	23.9	377.0	23.5
合计	工时	454.0	25.0	425.9	24.6	402.7	23.9	384.7	23.5
零星材料费	%	2		2		2		2	
编号		10176	10177	10178	10179	10180	10181	10182	10183

一—14 人工挖倒沟槽土方人力挑(抬)运输

工作内容:挖土、修底,将土倒运至槽边两侧 0.5m 以外、装筐、运卸、运回、空回。

(1) Ⅰ～Ⅱ类土

单位:100m³

项目	单位	上口宽 (m) ≤1		上口宽 (m) 1~2				上口宽 (m) 2~4				
		深度 (m) ≤1.5 (挖运20m)	增运10m	深度 (m) ≤1.5 (挖运20m)	1.5~2	2~3	增运10m	深度 (m) ≤1.5 (挖运20m)	1.5~2	2~3	3~4	增运10m
工 长	工时	5.8		5.7	6.1	6.6		5.5	5.8	6.4	6.9	
高 级 工	工时											
中 级 工	工时											
初 级 工	工时	284.9	21.0	278.2	296.9	321.7	20.6	268.4	286.5	310.7	341.0	20.1
合 计	工时	290.7	21.0	283.9	303.0	328.3	20.6	273.9	292.3	317.1	347.9	20.1
零星材料费	%	4		4	4	4		4	4	4	4	
编 号		10184	10185	10186	10187	10188	10189	10190	10191	10192	10193	10194

(2) Ⅲ类土

单位:100m³

项目	单位	上口宽度 (m) ≤1		上口槽沟宽度 1~2				深 2~4				
		≤1.5 挖运20m	增运10m	≤1.5 挖运20m	1.5~2	2~3	增运10m	≤1.5	1.5~2 挖运20m	2~3	3~4	增运10m
工 长 工	工时	8.1		7.8	8.3	8.8		7.5	7.9	8.5	9.1	
高 级 工	工时											
中 级 工	工时											
初 级 工	工时	394.9	23.4	384.8	404.9	432.9	23.0	369.7	389.4	416.6	450.6	22.4
合 计	工时	403.0	23.4	392.6	413.2	441.7	23.0	377.2	397.3	425.1	459.7	22.4
零星材料费	%	3		3	3	3		3	3	3	3	
编 号		10195	10196	10197	10198	10199	10200	10201	10202	10203	10204	10205

(3) IV类土

单位:100m³

项 目	单位	上 口 宽 度（m）沟 槽 深 度（m）										
		≤1		1~2				2~4				
		≤1.5 挖运20m	增运 10m	≤1.5 挖运20m	1.5~2	2~3	增运 10m	≤1.5	1.5~2	2~3	3~4	增运 10m
工 长	工时	11.0		10.7	11.1	11.8		10.2	10.7	11.2	12.0	
高 级 工	工时											
中 级 工	工时											
初 级 工	工时	537.3	25.0	522.3	544.1	574.3	24.6	500.5	521.6	550.4	588.2	23.9
合 计	工时	548.3	25.0	533.0	555.2	586.1	24.6	510.7	532.3	561.6	600.2	23.9
零星材料费	%	2		2	2	2		2	2	2	2	
编 号		10206	10207	10208	10209	10210	10211	10212	10213	10214	10215	**10216**

一—15 人工挖柱坑土方人力挑(抬)运输

工作内容：挖土、装筐、挑(抬)运、修底。

(1) Ⅰ～Ⅱ类土

单位：100m³

项　　　目	单位	上　　口　　面　　积　　(m²)						
		10～20		20～40		40～80	
		挖运 10m	增运 10m	挖运 10m	增运 10m	挖运 10m	增运 10m
工　　长	工时	4.2		4.1		4.0	
高　级　工	工时						
中　级　工	工时						
初　级　工	工时	204.7	19.7	200.6	19.5	195.8	19.3
合　　计	工时	208.9	19.7	204.7	19.5	199.8	19.3
零星材料费	%	2		2		2	
编　　号		10217	10218	10219	10220	10221	10222

(2) Ⅲ类土

项目	单位	上口面积 (m²)					
		10~20		20~40		40~80	
		挖运10m	增运10m	挖运10m	增运10m	挖运10m	增运10m
工 长	工时	5.9		5.8		5.6	
高 级 工	工时						
中 级 工	工时						
初 级 工	工时	293.9	22.0	285.1	21.7	275.8	21.5
合 计	工时	299.8	22.0	290.9	21.7	281.4	21.5
零星材料费	%	2		2		2	
编 号		10223	10224	10225	10226	10227	10228

(3) Ⅳ类土

单位:100m³

项目	单位	上口面积 (m²)					
		10~20		20~40		40~80	
		挖运10m	增运10m	挖运10m	增运10m	挖运10m	增运10m
工 长	工时	8.4		8.1		7.9	
高 级 工	工时						
中 级 工	工时						
初 级 工	工时	411.9	23.5	397.4	23.2	383.5	23.0
合 计	工时	420.3	23.5	405.5	23.2	391.4	23.0
零星材料费	%	2		2		2	
编 号		10229	10230	10231	10232	10233	10234

一—16 人工挖桩坑土方人力挑(抬)运输(修边)

工作内容:挖土、装筐、挑(抬)运、修边底。

(1) Ⅰ~Ⅱ类土

单位:100m³

项目	单位	上口面积 (m²)					
		10~20		20~40		40~80	
		挖运10m	增运10m	挖运10m	增运10m	挖运10m	增运10m
工 长	工时	4.2		4.1		4.0	
高级工	工时						
中级工	工时						
初级工	工时	220.6	19.7	211.1	19.5	203.2	19.3
合 计	工时	224.8	19.7	215.2	19.5	207.2	19.3
零星材料费	%	2		2		2	
编 号		10235	10236	10237	10238	10239	10240

· 33 ·

(2) Ⅲ类土

单位:100m³

项目	单位	上口面积 (m²)					
		10~20		20~40		40~80	
		挖运10m	增运10m	挖运10m	增运10m	挖运10m	增运10m
工 长	工时	5.9		5.8		5.6	
高 级 工	工时						
中 级 工	工时						
初 级 工	工时	315.8	22.0	300.1	21.7	286.3	21.5
合 计	工时	321.7	22.0	305.9	21.7	291.9	21.5
零星材料费	%	2		2		2	
编 号		10241	10242	10243	10244	10245	10246

(3) Ⅳ类土

单位:100m³

项目	单位	上口面积 (m²)					
		10~20		20~40		40~80	
		挖运10m	增运10m	挖运10m	增运10m	挖运10m	增运10m
工　　　长	工时	8.4		8.1		7.9	
高 级 工	工时						
中 级 工	工时						
初 级 工	工时	446.6	23.5	421.4	23.2	399.8	23.0
合　　　计	工时	455.0	23.5	429.5	23.2	407.7	23.0
零星材料费	%	2		2		2	
编　　　号		10247	10248	10249	10250	10251	10252

一—17 人工挖倒锥柱坑土方人力挑(抬)运输

工作内容:挖土、修底、将土倒运至槽边两侧0.5m以外、装置、运卸、空回。

(1) I~II类土

单位:100m³

项目	单位	上口面积 (m²)										
		≤5			5~10				10~20			
		柱坑深度 (m)										
		≤1.5 挖运20m	1.5~2 挖运20m	增运 10m	≤1.5 挖运20m	1.5~2 挖运20m	2~3	增运 10m	≤2	2~3 挖运20m	3~4	增运 10m
工 长	工时	6.1	6.5		5.7	6.0	6.6		5.8	6.3	6.9	
高 级 工	工时											
中 级 工	工时											
初 级 工	工时	300.0	319.4	21.6	277.0	296.0	320.4	20.2	285.8	309.5	339.2	19.7
合 计	工时	306.1	325.9	21.6	282.7	302.0	327.0	20.2	291.6	315.8	346.1	19.7
零星材料费	%	3	3	3	3	3	3	3	3	3	3	3
编 号		10253	10254	10255	10256	10257	10258	10259	10260	10261	10262	10263

(2) Ⅲ类土

单位:100m³

项目	单位	土口面积（m²）柱坑深度（m）										
		≤5			5~10				10~20			
		≤1.5	1.5~2	增运10m	≤1.5	1.5~2	2~3	增运10m	≤2	2~3	3~4	增运10m
		挖运20m			挖运20m				挖运20m			
工　长	工时	8.6	9.0		7.9	8.3	8.9		8.0	8.5	9.2	
高级工	工时											
中级工	工时											
初级工	工时	421.9	443.9	24.0	387.5	408.1	435.6	22.6	392.7	418.6	452.8	22.0
合　计	工时	430.5	452.9	24.0	395.4	416.4	444.5	22.6	400.7	427.1	462.0	22.0
零星材料费	%	2	2		2	2	2		2	2	2	
编　号		10264	10265	10266	10267	10268	10269	10270	10271	10272	10273	10274

（3）Ⅳ类土

单位:100m³

项 目	单位	上 口 面 积 (m²)										
		≤5			5~10				10~20			
		坑 深 度 (m)										
		≤1.5	1.5~2	增运 10m	≤1.5	1.5~2	2~3	增运 10m	≤2	2~3	3~4	增运 10m
		挖运 20m	挖运 20m		挖运 20m				挖运 20m			
工 长	工时	11.8	12.3		10.9	11.2	11.9		10.8	11.4	12.1	
高 级 工	工时											
中 级 工	工时											
初 级 工	工时	581.0	603.8	25.7	531.1	552.3	582.0	24.1	529.2	558.2	595.3	23.5
合 计	工时	592.8	616.1	25.7	542.0	563.5	593.9	24.1	540.0	569.6	607.4	23.5
零星材料费	%	1	1		1	1	1		1	1	1	
编 号		10275	10276	10277	10278	10279	10280	10281	10282	10283	10284	10285

· 38 ·

一－18　人工挖一般土方胶轮车运输

工作内容:挖土、装车、重运、卸车、空回。

单位:100m³

| 项　目 | 单位 | 挖　运　50m | | | 增运 50m |
| | | 土　类　级　别 | | | |
		I～Ⅱ	Ⅲ	Ⅳ	I～Ⅳ
工　　长	工时	2.8	4.0	5.4	
高　级　工	工时				
中　级　工	工时				
初　级　工	工时	137.0	194.8	264.7	18.9
合　　计	工时	139.8	198.8	270.1	18.9
零星材料费	%	2	2	2	
胶　轮　车	台时	58.24	67.83	76.98	10.82
编　　　号		10286	10287	10288	10289

一－19 人工挖渠道土方胶轮车运输

工作内容:挖土、装车、运土、卸车、修边底。

(1) Ⅰ～Ⅱ类土

单位:100m³

项 目	单位	上 口 宽 度 (m)														
		≤1		1～2		2～4		4～8		8～16	
		挖运 20m	增运 20m	挖运 20m	增运 20m	挖运 20m	增运 20m	挖运 20m	增运 20m	挖运 20m	增运 20m
工 长 工	工时	5.0		4.4		4.0		3.7		3.5	
高 级 工	工时										
中 级 工	工时										
初 级 工	工时	241.3	8.9	215.3	8.7	195.1	8.5	181.8	8.3	171.0	8.2
合 计	工时	246.3	8.9	219.7	8.7	199.1	8.5	185.5	8.3	174.5	8.2
零星材料费	%	2		2		2		2		2	
胶 轮 车	台时	67.90	7.20	66.69	7.07	64.87	6.88	63.66	6.75	62.44	6.62
编 号		10290	10291	10292	10293	10294	10295	10296	10297	10298	10299

(2) Ⅲ类土

单位:100m³

项　目	单位	宽　度 (m)									
		上　口									
		≤1		1~2		2~4		4~8		8~16	
		挖运20m	增运20m	挖运20m	增运20m	挖运20m	增运20m	挖运20m	增运20m	挖运20m	增运20m
工　长	工时	7.3		6.4		5.8		5.4		5.2	
高级工	工时										
中级工	工时										
初级工	工时	356.6	8.9	319.2	8.7	287.8	8.5	267.6	8.3	250.9	8.2
合　计	工时	363.9	8.9	325.6	8.7	293.6	8.5	273.0	8.3	256.1	8.2
零星材料费	%	2		2		2		2		2	
胶轮车	台时	73.58	7.20	72.26	7.07	70.29	6.88	68.98	6.75	67.66	6.62
编　号		10300	10301	10302	10303	10304	10305	10306	10307	10308	10309

(3) Ⅳ类土

单位:100m³

项目	单位	土口宽度 (m)									
		≤1		1~2		2~4		4~8		8~16	
		挖运20m	增运20m	挖运20m	增运20m	挖运20m	增运20m	挖运20m	增运20m	挖运20m	增运20m
工长	工时	10.7		9.5		8.5		7.8		7.2	
高级工	工时										
中级工	工时										
初级工	工时	524.7	8.9	465.5	8.7	417.2	8.5	385.0	8.3	359.6	8.2
合计	工时	535.4	8.9	475.0	8.7	425.7	8.5	392.8	8.3	366.8	8.2
零星材料费	%	2		2		2		2		2	
胶轮车	台时	79.81	7.20	78.38	7.07	76.24	6.88	74.85	6.75	73.39	6.62
编号		10310	10311	10312	10313	10314	10315	10316	10317	10318	10319

一—20 人工挖倒沟槽土方胶轮车运输

工作内容：挖土、修底、将土倒运至槽边两侧 0.5m 以外，装车、运输、卸车、空回。

(1) Ⅰ～Ⅱ类土

单位：100m³

项 目	单位	上口宽度 (m) / 沟槽深度 (m)									
		≤1		1~2				2~4			
		≤1.5 (挖运50m)	增运 50m	≤1.5	1.5~2 (挖运50m)	2~3	增运 50m	≤1.5	1.5~2 (挖运50m)	2~3	增运 50m
工 长	工时	5.1		5.0	5.4	5.9		4.8	5.2	5.7	
高 级 工	工时										
中 级 工	工时										
初 级 工	工时	248.5	21.0	242.4	261.0	286.0	20.6	233.5	251.7	275.9	20.1
合 计	工时	253.6	21.0	247.4	266.4	291.9	20.6	238.3	256.9	281.6	20.1
零星材料费	%	4		4	4	4		4	4	4	
胶 轮 车	台时	64.60	12.00	63.45	63.45	63.45	11.78	61.72	61.72	61.72	11.46
编 号		10320	10321	10322	10323	10324	10325	10326	10327	10328	10329

(2) Ⅲ类土

单位:100m³

项目	单位	上口沟槽宽度（m） ≤1		1~2				2~4			
		深度（m） ≤1.5 挖运50m	增运 50m	≤1.5 挖运50m	1.5~2 挖运50m	2~3	增运 50m	≤1.5	1.5~2 挖运50m	2~3	增运 50m
工　长	工时	7.4		7.1	7.6	8.2		6.8	7.3	7.8	
高级工	工时										
中级工	工时										
初级工	工时	360.1	21.0	350.6	370.7	398.7	20.6	336.5	356.1	383.3	20.1
合　计	工时	367.5	21.0	357.7	378.3	406.9	20.6	343.3	363.4	391.1	20.1
零星材料费	%	3		3	3	3		3	3	3	
胶轮车	台时	75.21	12.00	73.87	73.87	73.87	11.78	71.86	71.86	71.86	11.46
编　号		10330	10331	10332	10333	10334	10335	10336	10337	10338	10339

(3) Ⅳ类土

单位:100m³

项目	单位	上口宽度 ≤1 (m) 沟槽深度 (m)		上口宽度 1~2 (m) 沟槽深度 (m)				上口宽度 2~4 (m) 沟槽深度 (m)			
		≤1.5 挖运50m	增运 50m	≤1.5 挖运50m	1.5~2	2~3	增运 50m	≤1.5	1.5~2 挖运50m	2~3	增运 50m
工长	工时	10.3		10.0	10.4	11.1		9.6	10.0	10.6	
高级工	工时										
中级工	工时										
初级工	工时	501.0	21.0	486.5	508.3	538.5	20.6	465.6	486.8	515.5	20.1
合计	工时	511.3	21.0	496.5	518.7	549.6	20.6	475.2	496.8	515.5	20.1
零星材料费	%	2		2	2	2		2	2	2	
胶轮车	台时	85.37	12.00	83.84	83.84	83.84	11.78	81.56	81.56	81.56	11.46
编号		10340	10341	10342	10343	10344	10345	10346	10347	10348	10349

一一21 人工挖倒柱坑土方胶轮车运输

工作内容:挖土、修底、将土倒运至槽边两侧0.5m以外、装车、运输、卸车、空回。

(1) Ⅰ～Ⅱ类土

单位:100m³

项目	单位	柱坑上口面积(m²)										
		≤5			5～10				10～20			
		深度(m)										
		≤1.5 挖运50m	1.5～2 挖运50m	增运 50m	≤1.5 挖运50m	1.5～2 挖运50m	2～3	增运 50m	≤2 挖运50m	2～3	3～4	增运 50m
工 长	工时	5.4	5.8		5.0	5.3	5.9		5.2	5.6	6.3	
高级工	工时											
中级工	工时											
初级工	工时	262.4	281.9	21.6	241.8	261.0	285.3	20.2	251.5	275.3	304.9	19.7
合 计	工时	267.8	287.7	21.6	246.8	266.3	291.2	20.2	256.7	280.9	311.2	19.7
零星材料费	%	3	3		3	3	3		3	3	3	
胶轮车	台时	66.33	66.33	12.32	62.29	62.29	62.29	11.57	60.56	60.56	60.56	11.25
编 号		10350	10351	10352	10353	10354	10355	10356	10357	10358	10359	10360

(2) Ⅲ类土

单位:100m³

项目	单位	挖土口面积 (m²) ≤5			挖土口面积 (m²) 5~10				挖土口面积 (m²) 10~20			
		≤1.5 (挖运50m)	1.5~2 (挖运50m)	增运 50m	≤1.5 (挖运50m)	1.5~2 (挖运50m)	2~3	增运 50m	≤2 (挖运50m)	2~3 (挖运50m)	3~4	增运 50m
工长	工时	7.9	8.3		7.2	7.7	8.2		7.4	7.9	8.5	
高级工	工时											
中级工	工时											
初级工	工时	386.1	407.9	21.6	354.1	374.5	402.0	20.2	359.8	385.8	420.1	19.7
合计	工时	394.0	416.2	21.6	361.3	382.2	410.2	20.2	367.2	393.7	428.6	19.7
零星材料费	%	2	2		2	2	2		2	2	2	
胶轮车	台时	77.23	77.23	12.32	72.53	72.53	72.53	11.57	70.51	70.51	70.51	11.25
编号	号	10361	10362	10363	10364	10365	10366	10367	10368	10369	10370	10371

(3) Ⅳ类土

单位：100m³

项目	单位	上口面积（m²）										
		≤5			5~10				10~20			
		坑深（m）										
		≤1.5	1.5~2	增运50m	≤1.5	1.5~2	2~3	增运50m	≤2	2~3	3~4	增运50m
		挖运50m	挖运50m		挖运50m	挖运50m			挖运50m	挖运50m		
工长	工时	11.1	11.6		10.2	10.6	11.2		10.2	10.7	11.5	
高级工	工时											
中级工	工时											
初级工	工时	543.8	566.5	21.6	495.7	517.2	546.9	20.2	494.8	524.0	561.1	19.7
合计	工时	554.9	578.1	21.6	505.9	527.8	558.1	20.2	505.0	534.7	572.6	19.7
零星材料费	%	1	1	12.32	1	1	1	11.57	1	1	1	11.25
胶轮车	台时	87.65	87.65		82.32	82.32	82.32		80.03	80.03	80.03	
编号	号	10372	10373	10374	10375	10376	10377	10378	10379	10380	10381	10382

一－22 人工挖平洞土方胶轮车运输

适用范围:各型土隧洞,含水量小于25%。

工作内容:挖土、装车、运土、卸车、空回、修整断面、安全等。

(1) Ⅲ类土

单位:100m³

项 目	单位	开 挖 断 面 (m²)					
		≤5		5～10		10～20	
		挖运20m	增运20m	挖运20m	增运20m	挖运20m	增运20m
工 长	工时	10.1		8.9		8.0	
高 级 工	工时						
中 级 工	工时						
初 级 工	工时	495.7	19.1	437.7	18.6	392.2	17.9
合 计	工时	505.8	19.1	446.6	18.6	400.2	17.9
零星材料费	%	1		1		1	
胶 轮 车	台时	83.93	14.21	81.74	13.84	78.82	12.60
轴流通风机 7.5kW	台时	41.58		27.72		16.38	
编 号		10383	10384	10385	10386	10387	10388

(2) Ⅳ类土

单位:100m³

项 目	单位	开 挖 断 面 (m²)					
		≤5		5～10		10～20	
		挖运20m	增运20m	挖运20m	增运20m	挖运20m	增运20m
工 长	工时	14.8		12.8		11.3	
高 级 工	工时						
中 级 工	工时						
初 级 工	工时	724.8	19.9	630.0	19.4	557.9	18.7
合 计	工时	739.6	19.9	642.8	19.4	569.2	18.7
零星材料费	%	1		1		1	
胶 轮 车	台时	91.04	14.92	88.67	14.54	85.50	13.23
轴流通风机 7.5kW	台时	64.26		42.84		25.20	
编 号		10389	10390	10391	10392	10393	10394

一－23 人工挖平洞土方斗车运输

适用范围:各型土隧洞,含水量小于25%。

工作内容:挖土、修整断面、装车、运土、卸车、空回、道路维护、搬道叉安全等。

(1) Ⅲ类土

单位:100m³

项　　　　目	单位	开 挖 断 面 (m²)					
		≤5		5～10		10～20	
		挖运100m	增运50m	挖运100m	增运50m	挖运100m	增运50m
工　　　长	工时	11.6		10.4		9.5	
高　级　工	工时						
中　级　工	工时						
初　级　工	工时	568.8	18.2	509.0	17.8	461.6	17.1
合　　　计	工时	580.4	18.2	519.4	17.8	471.1	17.1
零星材料费	%	1		1		1	
V 型斗车　0.6m³	台时	57.07	7.11	55.58	6.92	53.60	6.67
轴流通风机　7.5kW	台时	41.58		27.72		16.38	
编　　　号		10395	10396	10397	10398	10399	10400

(2) Ⅳ类土

单位:100m³

项　　　　目	单位	开 挖 断 面 (m²)					
		≤5		5～10		10～20	
		挖运100m	增运50m	挖运100m	增运50m	挖运100m	增运50m
工　　　长	工时	16.5		14.4		12.9	
高　级　工	工时						
中　级　工	工时						
初　级　工	工时	806.4	19.1	709.1	18.6	634.2	17.9
合　　　计	工时	822.9	19.1	723.5	18.6	647.1	17.9
零星材料费	%	1		1		1	
V 型斗车　0.6m³	台时	61.55	7.11	59.94	6.92	57.80	6.67
轴流通风机　7.5kW	台时	64.26		42.84		25.20	
编　　　号		10401	10402	10403	10404	10405	10406

一－24 人工挖斜井土方卷扬机斗车运输

适用范围:各型土隧洞,含水量小于25%。

工作内容:挖土、修整断面、装车、运土、卸车、空回、道路维护、搬道叉安
全等。

(1) Ⅲ类土

单位:100m³

项　　　　目	单位	开　挖　断　面　（m²）			
		≤5		5～10	
		挖运100m	增运50m	挖运100m	增运50m
工　　　长	工时	13.4		12.0	
高　级　工	工时				
中　级　工	工时				
初　级　工	工时	654.1	21.0	585.1	20.4
合　　　计	工时	667.5	21.0	597.1	20.4
零星材料费	%	1		1	
卷　扬　机　5t	台时	32.81	4.09	31.95	3.98
Ⅴ型斗车　0.6m³	台时	65.63	8.27	63.92	7.96
轴流通风机　7.5kW	台时	47.82		31.88	
编　　　　号		10407	10408	10409	10410

(2) Ⅳ类土

单位:100m³

项　　　　目	单位	开　挖　断　面　（m²）			
		≤5		5～10	
		挖运100m	增运50m	挖运100m	增运50m
工　　　长	工时	19.0		16.6	
高　级　工	工时				
中　级　工	工时				
初　级　工	工时	927.4	21.9	815.5	21.3
合　　　计	工时	946.4	21.9	832.1	21.3
零星材料费	%	1		1	
卷　扬　机　5t	台时	35.39	4.09	34.47	3.98
Ⅴ型斗车　0.6m³	台时	70.77	8.27	69.03	7.96
轴流通风机　7.5kW	台时	73.90		49.27	
编　　　　号		10411	10412	10413	10414

一—25 人工挖竖井土方卷扬机吊斗运输

适用范围：井深40m以内。

工作内容：挖土、修整断面、装斗、卷扬机提升至井口5m以外堆放。

(1) Ⅲ类土

单位：100m³

项目	单位	斗容 0.18 (m³)						斗容 0.6 (m³)					
		断面 (m²) ≤5		断面 (m²) 5~10		断面 (m²) 10~20		断面 (m²) ≤5		断面 (m²) 5~10		断面 (m²) 10~20	
		井深10m	增深10m	井深10m	增深10m	井深10m	增深10m	井深10m	增深10m	井深10m	增深10m	井深10m	增深10m
工 高级工	工时												
工 中级工	工时	15.0	1.1	13.4	1.4	12.8	1.6	12.0	0.4	9.7	0.5	8.6	0.5
工 初级工	工时	736.8	52.7	657.8	67.1	627.4	77.5	587.6	16.9	476.1	20.2	418.0	23.2
合计	工时	751.8	53.8	671.2	68.5	640.2	79.1	599.6	17.3	485.8	20.7	426.6	23.7
零星材料费	%	1		1		1		1		1		1	
卷扬机 1t	台时	80.95	12.44	68.04	12.11	60.47	11.68						
卷扬机 3t	台时							47.19	3.77	35.30	3.67	28.97	3.54
吊斗	台时	80.95	12.44	68.04	12.11	60.47	11.68	47.19	3.77	35.30	3.67	28.97	3.54
编号		10415	10416	10417	10418	10419	10420	10421	10422	10423	10424	10425	10426

(2) IV类土

単位:100m³

斗容 0.18 为斗容(m³)，0.6 为断面(m²)

项目	单位	0.18						0.6					
		≤5		5~10		10~20		≤5		5~10		10~20	
		井深10m	增深10m	井深10m	增深10m	井深10m	增深10m	井深10m	增深10m	井深10m	增深10m	井深10m	增深10m
工 长工	工时	21.0	1.2	18.2	1.5	16.8	1.7	18.0	0.4	14.3	0.5	12.2	0.6
高级工	工时												
中级工	工时												
初级工	工时	1039.0	59.2	893.0	72.1	824.5	83.7	882.5	17.5	698.9	22.1	600.7	25.0
合计	工时	1060.0	60.4	911.2	73.6	841.3	85.4	900.5	17.9	713.2	22.6	612.9	25.6
零星材料费	%	1		1		1		1		1		1	
卷扬机 1t	台时	89.19	13.43	74.68	13.08	66.21	12.61	53.09	4.05	39.52	3.95	32.30	3.80
卷扬机 3t	台时												
吊斗	台时	89.19	13.43	74.68	13.08	66.21	12.61	53.09	4.05	39.52	3.95	32.30	3.80
编号	号	10427	10428	10429	10430	10431	10432	10433	10434	10435	10436	10437	10438

· 53 ·

一－26 人工挖土方机动翻斗车运输

工作内容:挖土、装车、运输、卸车、空回。

(1) Ⅰ～Ⅱ类土

单位:100m³

项　　　目	单位	运　　距　　（m）					增运100m
		100	200	300	400	500	
工　　长	工时	0.9	0.9	0.9	0.9	0.9	
高　级　工	工时						
中　级　工	工时						
初　级　工	工时	161.5	161.5	161.5	161.5	161.5	
合　　计	工时	162.4	162.4	162.4	162.4	162.4	
零星材料费	%	2	2	2	2	2	
机动翻斗车　0.5m³	台时	28.42	31.41	34.14	36.73	39.21	2.28
编　　　　号		10439	10440	10441	10442	10443	10444

(2) Ⅲ类土

单位:100m³

项　　　目	单位	运　　距　　（m）					增运100m
		100	200	300	400	500	
工　　长	工时	1.7	1.7	1.7	1.7	1.7	
高　级　工	工时						
中　级　工	工时						
初　级　工	工时	202.2	202.2	202.2	202.2	202.2	
合　　计	工时	203.9	203.9	203.9	203.9	203.9	
零星材料费	%	2	2	2	2	2	
机动翻斗车　0.5m³	台时	28.42	31.41	34.14	36.73	39.21	2.28
编　　　　号		10445	10446	10447	10448	10449	10450

(3) Ⅳ类土

单位:100m³

项 目	单位	运 距 （m）					增运
		100	200	300	400	500	100m
工 长	工时	2.8	2.8	2.8	2.8	2.8	
高 级 工	工时						
中 级 工	工时						
初 级 工	工时	258.5	258.5	258.5	258.5	258.5	
合 计	工时	261.3	261.3	261.3	261.3	261.3	
零星材料费	%	2	2	2	2	2	
机动翻斗车 0.5m³	台时	28.42	31.41	34.14	36.73	39.21	2.28
编 号		10451	10452	10453	10454	10455	10456

一－27 人工挖土方拖拉机运输

工作内容:挖土、装车、运输、卸车、空回。

(1) Ⅰ～Ⅱ类土

单位:100m³

项 目	单位	运 距 （km）					增运
		1	2	3	4	5	1km
工 长	工时	0.9	0.9	0.9	0.9	0.9	
高 级 工	工时						
中 级 工	工时						
初 级 工	工时	214.6	214.6	214.6	214.6	214.6	
合 计	工时	215.5	215.5	215.5	215.5	215.5	
零星材料费	%	1	1	1	1	1	
拖 拉 机 20kW	台时	36.92	45.38	53.14	60.47	67.48	6.47
26kW	台时	27.41	33.04	38.22	43.10	47.78	4.32
37kW	台时	22.00	26.23	30.11	33.77	37.28	3.24
编 号		10457	10458	10459	10460	10461	10462

(2) Ⅲ类土

项 目	单位	运 距 (km)					增运 1km
		1	2	3	4	5	
工 长	工时	1.7	1.7	1.7	1.7	1.7	
高 级 工	工时						
中 级 工	工时						
初 级 工	工时	255.3	255.3	255.3	255.3	255.3	
合 计	工时	257.0	257.0	257.0	257.0	257.0	
零星材料费	%	1	1	1	1	1	
拖 拉 机 20kW	台时	36.92	45.38	53.14	60.47	67.48	6.47
26kW	台时	27.41	33.04	38.22	43.10	47.78	4.32
37kW	台时	22.00	26.23	30.11	33.77	37.28	3.24
编 号		10463	10464	10465	10466	10467	10468

(3) Ⅳ类土

项 目	单位	运 距 (km)					增运 1km
		1	2	3	4	5	
工 长	工时	2.8	2.8	2.8	2.8	2.8	
高 级 工	工时						
中 级 工	工时						
初 级 工	工时	311.7	311.7	311.7	311.7	311.7	
合 计	工时	314.5	314.5	314.5	314.5	314.5	
零星材料费	%	1	1	1	1	1	
拖 拉 机 20kW	台时	36.92	45.38	53.14	60.47	67.48	6.47
26kW	台时	27.41	33.04	38.22	43.10	47.78	4.32
37kW	台时	22.00	26.23	30.11	33.77	37.28	3.24
编 号		10469	10470	10471	10472	10473	10474

一－28 人工挖土方自卸汽车运输

适用范围:工人固定在装卸地点装卸、露天作业。

工作内容:挖土、人工装车、运输、卸车、空回。

(1) Ⅰ～Ⅱ类土

单位:100m³

项 目	单位	运 距 （km）					增运 1km
		1	2	3	4	5	
工 长	工时	0.9	0.9	0.9	0.9	0.9	
高 级 工	工时						
中 级 工	工时						
初 级 工	工时	158.8	158.8	158.8	158.8	158.8	
合 计	工时	159.7	159.7	159.7	159.7	159.7	
零星材料费	%	1	1	1	1	1	
推 土 机 59kW	台时	0.28	0.28	0.28	0.28	0.28	
自 卸 汽 车 3.5t	台时	18.44	22.40	26.03	29.47	32.75	3.33
5t	台时	13.94	16.51	18.86	21.08	23.21	2.15
8t	台时	11.32	12.92	14.40	15.78	17.12	1.35
编 号		10475	10476	10477	10478	10479	10480

(2) Ⅲ类土

单位:100m³

项 目	单位	运 距 （km）					增运 1km
		1	2	3	4	5	
工 长	工时	1.7	1.7	1.7	1.7	1.7	
高 级 工	工时						
中 级 工	工时						
初 级 工	工时	210.9	210.9	210.9	210.9	210.9	
合 计	工时	212.6	212.6	212.6	212.6	212.6	
零星材料费	%	1	1	1	1	1	
推 土 机 59kW	台时	0.31	0.31	0.31	0.31	0.31	
自 卸 汽 车 3.5t	台时	20.27	24.61	28.61	32.38	35.99	3.33
5t	台时	15.32	18.14	20.72	23.17	25.51	2.15
8t	台时	12.44	14.20	15.82	17.34	18.81	1.35
编 号		10481	10482	10483	10484	10485	10486

(3) Ⅳ类土

单位:100m³

项　　目	单位	运　　距 (km)					增运 1km
		1	2	3	4	5	
工　　长	工时	2.8	2.8	2.8	2.8	2.8	
高　级　工	工时						
中　级　工	工时						
初　级　工	工时	278.7	278.7	278.7	278.7	278.7	
合　　计	工时	281.5	281.5	281.5	281.5	281.5	
零星材料费	%	1	1	1	1	1	
推 土 机　59kW	台时	0.34	0.34	0.34	0.34	0.34	
自卸汽车　3.5t	台时	22.09	26.83	31.18	35.30	39.23	3.33
5t	台时	16.70	19.78	22.59	25.25	27.80	2.15
8t	台时	13.56	15.48	17.25	18.90	20.50	1.35
编　　　　号		10487	10488	10489	10490	10491	10492

一－29　人工挖土方载重汽车运输

适用范围:工人固定在装卸地点装卸,露天作业。

工作内容:挖土、人工装车、运输、卸车、空回。

(1) Ⅰ～Ⅱ类土

单位:100m³

项　　目	单位	运　　距 (km)					增运 1km
		1	2	3	4	5	
工　　长	工时	0.9	0.9	0.9	0.9	0.9	
高　级　工	工时						
中　级　工	工时						
初　级　工	工时	199.3	199.3	199.3	199.3	199.3	
合　　计	工时	200.2	200.2	200.2	200.2	200.2	
零星材料费	%	1	1	1	1	1	
载重汽车　2t	台时	31.22	37.63	43.52	49.08	54.41	5.44
4t	台时	18.83	22.04	24.98	27.76	30.43	2.72
5t	台时	17.27	19.83	22.19	24.41	26.54	2.17
编　　　　号		10493	10494	10495	10496	10497	10498

(2) Ⅲ类土

项 目	单位	运 距（km）					增运 1km
		1	2	3	4	5	
工 长	工时	1.7	1.7	1.7	1.7	1.7	
高 级 工	工时						
中 级 工	工时						
初 级 工	工时	255.3	255.3	255.3	255.3	255.3	
合 计	工时	257.0	257.0	257.0	257.0	257.0	
零星材料费	%	1	1	1	1	1	
载 重 汽 车 2t	台时	34.31	41.35	47.82	53.93	59.79	5.44
4t	台时	20.69	24.22	27.45	30.50	33.44	2.72
5t	台时	18.98	21.79	24.38	26.83	29.16	2.17
编 号		10499	10500	10501	10502	10503	10504

(3) Ⅳ类土

项 目	单位	运 距（km）					增运 1km
		1	2	3	4	5	
工 长	工时	2.8	2.8	2.8	2.8	2.8	
高 级 工	工时						
中 级 工	工时						
初 级 工	工时	327.2	327.2	327.2	327.2	327.2	
合 计	工时	330.0	330.0	330.0	330.0	330.0	
零星材料费	%	1	1	1	1	1	
载 重 汽 车 2t	台时	37.40	45.07	52.13	58.78	65.17	5.44
4t	台时	22.55	26.40	29.92	33.25	36.44	2.72
5t	台时	20.68	23.76	26.58	29.24	31.78	2.17
编 号		10505	10506	10507	10508	10509	10510

一－30 推土机推土

工作内容:推松、运送、拖平、空回。

(1) 55kW 推土机

单位:100m³

项　　目			单位	推 运 距 离 (m)				
				≤20	40	60	80	100
工　　　长			工时					
高　级　工			工时					
中　级　工			工时					
初　级　工			工时	4.3	7.0	9.9	13.0	16.3
合　　　计			工时	4.3	7.0	9.9	13.0	16.3
零星材料费			%	10	10	10	10	10
土类级别	Ⅰ～Ⅱ	推土机	台时	3.10	5.07	7.18	9.44	11.88
	Ⅲ		台时	3.40	5.57	7.89	10.37	13.06
	Ⅳ		台时	3.70	6.06	8.59	11.31	14.23
编　　　　　　号				10511	10512	10513	10514	10515

(2) 74kW 推土机

单位:100m³

项　　目			单位	推 运 距 离 (m)				
				≤20	40	60	80	100
工　　　长			工时					
高　级　工			工时					
中　级　工			工时					
初　级　工			工时	1.7	2.7	3.7	5.0	6.2
合　　　计			工时	1.7	2.7	3.7	5.0	6.2
零星材料费			%	10	10	10	10	10
土类级别	Ⅰ～Ⅱ	推土机	台时	1.19	1.95	2.75	3.62	4.56
	Ⅲ		台时	1.30	2.13	3.02	3.97	5.00
	Ⅳ		台时	1.41	2.32	3.29	4.33	5.45
编　　　　　　号				10516	10517	10518	10519	10520

（3） 88kW 推土机

单位:100m³

项　目			单位	推 运 距 离 （m）				
				≤20	40	60	80	100
工　　长			工时					
高 级 工			工时					
中 级 工			工时					
初 级 工			工时	1.5	2.4	3.4	4.5	5.7
合 　计			工时	1.5	2.4	3.4	4.5	5.7
零星材料费			%	10	10	10	10	10
土类级别	Ⅰ～Ⅱ	推土机	台时	1.03	1.74	2.48	3.28	4.15
	Ⅲ		台时	1.13	1.90	2.72	3.60	4.56
	Ⅳ		台时	1.24	2.07	2.95	3.92	4.96
编　　号				10521	10522	10523	10524	10525

（4） 103kW 推土机

单位:100m³

项　目			单位	推 运 距 离 （m）				
				≤20	40	60	80	100
工　　长			工时					
高 级 工			工时					
中 级 工			工时					
初 级 工			工时	1.3	2.1	2.9	3.8	4.9
合 　计			工时	1.3	2.1	2.9	3.8	4.9
零星材料费			%	10	10	10	10	10
土类级别	Ⅰ～Ⅱ	推土机	台时	0.89	1.49	2.13	2.82	3.58
	Ⅲ		台时	0.98	1.63	2.34	3.10	3.93
	Ⅳ		台时	1.06	1.78	2.55	3.38	4.29
编　　号				10526	10527	10528	10529	10530

(5) 118kW 推土机

项　目		单位	推 运 距 离 （m）				
			≤20	40	60	80	100
工　　长		工时					
高　级　工		工时					
中　级　工		工时					
初　级　工		工时	1.2	1.9	2.6	3.4	4.4
合　　计		工时	1.2	1.9	2.6	3.4	4.4
零星材料费		%	10	10	10	10	10
土类级别	Ⅰ～Ⅱ	推土机	台时	0.80	1.33	1.90	2.52	3.17
	Ⅲ		台时	0.88	1.47	2.09	2.77	3.49
	Ⅳ		台时	0.97	1.60	2.28	3.02	3.80
编　　号			10531	10532	10533	10534	10535

(6) 132kW 推土机

单位：100m³

项　目		单位	推 运 距 离 （m）				
			≤20	40	60	80	100
工　　长		工时					
高　级　工		工时					
中　级　工		工时					
初　级　工		工时	1.1	1.6	2.3	2.9	3.7
合　　计		工时	1.1	1.6	2.3	2.9	3.7
零星材料费		%	10	10	10	10	10
土类级别	Ⅰ～Ⅱ	推土机	台时	0.73	1.17	1.63	2.14	2.68
	Ⅲ		台时	0.80	1.28	1.80	2.35	2.95
	Ⅳ		台时	0.87	1.39	1.97	2.56	3.22
编　　号			10536	10537	10538	10539	10540

（7） 176kW 推土机

单位：100m³

项 目			单位	推 运 距 离 （m）				
				≤20	40	60	80	100
工 长			工时					
高 级 工			工时					
中 级 工			工时					
初 级 工			工时	0.8	1.2	1.6	2.1	2.6
合 计			工时	0.8	1.2	1.6	2.1	2.6
零星材料费			%	10	10	10	10	10
土类 级别	Ⅰ～Ⅱ	推 土 机	台时	0.51	0.82	1.15	1.52	1.89
	Ⅲ		台时	0.56	0.91	1.27	1.66	2.08
	Ⅳ		台时	0.61	0.99	1.38	1.81	2.27
编 号				10541	10542	10543	10544	10545

（8） 235kW 推土机

单位：100m³

项 目			单位	推 运 距 离 （m）				
				≤20	40	60	80	100
工 长			工时					
高 级 工			工时					
中 级 工			工时					
初 级 工			工时	0.6	0.9	1.2	1.5	1.8
合 计			工时	0.6	0.9	1.2	1.5	1.8
零星材料费			%	10	10	10	10	10
土类 级别	Ⅰ～Ⅱ	推 土 机	台时	0.35	0.57	0.79	1.04	1.31
	Ⅲ		台时	0.38	0.62	0.87	1.14	1.44
	Ⅳ		台时	0.42	0.68	0.96	1.25	1.56
编 号				10546	10547	10548	10549	10550

(9) 301kW 推土机

单位:100m³

项　　目	单位	推 运 距 离 (m)				
		≤20	40	60	80	100
工　　长	工时					
高 级 工	工时					
中 级 工	工时					
初 级 工	工时	0.4	0.6	0.8	1.0	1.2
合　　计	工时	0.4	0.6	0.8	1.0	1.2
零星材料费	%	10	10	10	10	10
土类级别 Ⅰ~Ⅱ	推土机 台时	0.25	0.38	0.53	0.69	0.86
Ⅲ	台时	0.27	0.43	0.58	0.76	0.95
Ⅳ	台时	0.29	0.47	0.63	0.83	1.03
编　　　号		10551	10552	10553	10554	10555

一－31　挖掘机挖土方

工作内容:挖松、堆放。

单位:100m³

项　　目	单位	土 类 级 别		
		Ⅰ~Ⅱ	Ⅲ	Ⅳ
工　　长	工时			
高 级 工	工时			
中 级 工	工时			
初 级 工	工时	4.3	4.3	4.3
合　　计	工时	4.3	4.3	4.3
零星材料费	%	5	5	5
挖掘机 1m³	台时	0.89	0.99	1.08
2m³	台时	0.58	0.63	0.69
3m³	台时	0.42	0.46	0.50
4m³	台时	0.32	0.35	0.38
编　　　号		10556	10557	10558

一－32 轮斗挖掘机挖土方

工作内容:胶带机或自卸汽车接运、推土机配合。

(1) 自卸汽车接运

单位:100m³

项　　　目	单位	土　类　级　别		
		Ⅰ～Ⅱ	Ⅲ	Ⅳ
工　　　长	工时			
高　级　工	工时			
中　级　工	工时			
初　级　工	工时	8.6	9.5	10.3
合　　　计	工时	8.6	9.5	10.3
零星材料费	%	20	20	20
轮斗挖掘机　DW－200	台时	0.24	0.26	0.28
推　土　机　88kW	台时	0.24	0.26	0.28
编　　　　号		10559	10560	10561

(2) 胶带机接运

单位:100m³

项　　　目	单位	土　类　级　别		
		Ⅰ～Ⅱ	Ⅲ	Ⅳ
工　　　长	工时			
高　级　工	工时			
中　级　工	工时			
初　级　工	工时	8.6	9.5	10.3
合　　　计	工时	8.6	9.5	10.3
零星材料费	%	20	20	20
轮斗挖掘机　DW－200	台时	0.10	0.11	0.12
编　　　　号		10562	10563	10564

一－33 2.75m³ 铲运机铲运土

工作内容：铲装、运输、卸除、空回、转向、土场道路平整、洒水、卸土推平等。

（1） Ⅰ～Ⅱ类土

单位：100m³

项 目	单位	运 距 （m）				
		100	200	300	400	500
工 长	工时					
高 级 工	工时					
中 级 工	工时					
初 级 工	工时	3.4	5.4	7.2	8.7	10.3
合 计	工时	3.4	5.4	7.2	8.7	10.3
零星材料费	%	10	10	10	10	10
铲运机 2.75m³	台时	2.73	4.36	5.75	7.02	8.26
拖拉机 55kW	台时	2.73	4.36	5.75	7.02	8.26
推土机 55kW	台时	0.27	0.44	0.57	0.71	0.82
编 号		10565	10566	10567	10568	10569

（2） Ⅲ类土

单位：100m³

项 目	单位	运 距 （m）				
		100	200	300	400	500
工 长	工时					
高 级 工	工时					
中 级 工	工时					
初 级 工	工时	3.7	6.0	7.9	9.7	11.3
合 计	工时	3.7	6.0	7.9	9.7	11.3
零星材料费	%	10	10	10	10	10
铲运机 2.75m³	台时	3.00	4.79	6.33	7.72	9.07
拖拉机 55kW	台时	3.00	4.79	6.33	7.72	9.07
推土机 55kW	台时	0.30	0.48	0.63	0.77	0.91
编 号		10570	10571	10572	10573	10574

（3） Ⅳ类土

单位:100m³

项 目	单位	运 距 (m)				
		100	200	300	400	500
工 长	工时					
高 级 工	工时				·	
中 级 工	工时					
初 级 工	工时	4.1	6.6	8.6	10.5	12.4
合 计	工时	4.1	6.6	8.6	10.5	12.4
零星材料费	%	10	10	10	10	10
铲 运 机 2.75m³	台时	3.27	5.21	6.90	8.42	9.88
拖 拉 机 55kW	台时	3.27	5.21	6.90	8.42	9.88
推 土 机 55kW	台时	0.32	0.52	0.69	0.84	0.99
编 号		10575	10576	10577	10578	10579

一－34 8m³铲运机铲运土

工作内容:铲装、运送、卸除、空回、转向、土场道路平整、洒水、卸土推平等。

（1） Ⅰ～Ⅱ类土

单位:100m³

项 目	单位	运 距 (m)					
		100	200	300	400	500	600
工 长	工时						
高 级 工	工时						
中 级 工	工时						
初 级 工	工时	2.3	3.2	4.3	5.2	6.2	7.2
合 计	工时	2.3	3.2	4.3	5.2	6.2	7.2
零星材料费	%	10	10	10	10	10	10
铲 运 机 8m³	台时	1.82	2.60	3.39	4.17	4.96	5.74
拖 拉 机 74kW	台时	1.82	2.60	3.39	4.17	4.96	5.74
推 土 机 55kW	台时	0.18	0.26	0.34	0.42	0.50	0.57
编 号		10580	10581	10582	10583	10584	10585

(2) Ⅲ类土

单位:100m³

项　　目	单位	运　距　(m)					
		100	200	300	400	500	600
工　　长	工时						
高　级　工	工时						
中　级　工	工时						
初　级　工	工时	2.5	3.5	4.7	5.7	6.9	7.9
合　　计	工时	2.5	3.5	4.7	5.7	6.9	7.9
零星材料费	%	10	10	10	10	10	10
铲 运 机　8m³	台时	2.00	2.86	3.72	4.59	5.45	6.31
拖 拉 机　74kW	台时	2.00	2.86	3.72	4.59	5.45	6.31
推 土 机　55kW	台时	0.20	0.29	0.37	0.46	0.54	0.63
编　　　　号		10586	10587	10588	10589	10590	10591

(3) Ⅳ类土

单位:100m³

项　　目	单位	运　距　(m)					
		100	200	300	400	500	600
工　　长	工时						
高　级　工	工时						
中　级　工	工时						
初　级　工	工时	2.7	3.8	5.1	6.2	7.4	8.6
合　　计	工时	2.7	3.8	5.1	6.2	7.4	8.6
零星材料费	%	10	10	10	10	10	10
铲 运 机　8m³	台时	2.17	3.12	4.06	5.00	5.94	6.89
拖 拉 机　74kW	台时	2.17	3.12	4.06	5.00	5.94	6.89
推 土 机　55kW	台时	0.22	0.31	0.41	0.50	0.59	0.69
编　　　　号		10592	10593	10594	10595	10596	10597

一-35 12m³ 自行式铲运机铲运土

工作内容:铲装、运送、卸除、空回、转向、土场道路平整、洒水、卸土推平等。

(1) Ⅰ~Ⅱ类土

单位:100m³

项 目	单位	运 距 (m)					增运 100m
		200	400	600	800	1000	
工 长	工时						
高 级 工	工时						
中 级 工	工时						
初 级 工	工时	1.8	2.7	3.5	4.4	5.1	
合 计	工时	1.8	2.7	3.5	4.4	5.1	
零星材料费	%	8	8	8	8	8	
铲 运 机 12m³	台时	1.44	2.17	2.86	3.50	4.09	0.17
推 土 机 55kW	台时	0.15	0.22	0.28	0.35	0.41	
编 号		10598	10599	10600	10601	10602	10603

(2) Ⅲ类土

单位:100m³

项 目	单位	运 距 (m)					增运 100m
		200	400	600	800	1000	
工 长	工时						
高 级 工	工时						
中 级 工	工时						
初 级 工	工时	2.0	3.0	4.0	4.8	5.6	
合 计	工时	2.0	3.0	4.0	4.8	5.6	
零星材料费	%	8	8	8	8	8	
铲 运 机 12m³	台时	1.58	2.39	3.14	3.84	4.49	0.17
推 土 机 55kW	台时	0.16	0.24	0.31	0.38	0.45	
编 号		10604	10605	10606	10607	10608	10609

(3) Ⅳ类土

单位：100m³

项 目		单位	运 距 （m）					增运 100m
			200	400	600	800	1000	
工 长		工时						
高 级 工		工时						
中 级 工		工时						
初 级 工		工时	2.2	3.2	4.3	5.2	6.1	
合 计		工时	2.2	3.2	4.3	5.2	6.1	
零星材料费		%	8	8	8	8	8	
铲 运 机	12m³	台时	1.73	2.61	3.42	4.18	4.90	0.17
推 土 机	55kW	台时	0.18	0.26	0.34	0.42	0.49	
编 号			10610	10611	10612	10613	10614	10615

一－36 1m³挖掘机挖土自卸汽车运输

适用范围：露天作业。

工作内容：挖装、运输、卸除、空回。

(1) Ⅰ～Ⅱ类土

单位：100m³

项 目		单位	运 距 （km）					增运 1km
			1	2	3	4	5	
工 长		工时						
高 级 工		工时						
中 级 工		工时						
初 级 工		工时	6.3	6.3	6.3	6.3	6.3	
合 计		工时	6.3	6.3	6.3	6.3	6.3	
零星材料费		%	4	4	4	4	4	
挖 掘 机	液压 1m³	台时	0.95	0.95	0.95	0.95	0.95	
推 土 机	59kW	台时	0.47	0.47	0.47	0.47	0.47	
自 卸 汽 车	5t	台时	9.31	12.18	14.83	17.33	19.73	2.21
	8t	台时	6.15	7.95	9.61	11.17	12.67	1.38
	10t	台时	5.73	7.25	8.65	9.98	11.25	1.16
编 号			10616	10617	10618	10619	10620	10621

(2) Ⅲ类土

单位:100m³

| 项 目 | 单位 | 运 距 （km） | | | | | 增运 |
		1	2	3	4	5	1km
工 长	工时						
高 级 工	工时						
中 级 工	工时						
初 级 工	工时	7.0	7.0	7.0	7.0	7.0	
合 计	工时	7.0	7.0	7.0	7.0	7.0	
零星材料费	%	4	4	4	4	4	
挖 掘 机 液压1m³	台时	1.04	1.04	1.04	1.04	1.04	
推 土 机 59kW	台时	0.52	0.52	0.52	0.52	0.52	
自卸汽车 5t	台时	10.23	13.39	16.30	19.05	21.68	2.42
8t	台时	6.76	8.74	10.56	12.28	13.92	1.52
10t	台时	6.29	7.97	9.51	10.96	12.36	1.28
编 号		10622	10623	10624	10625	10626	10627

(3) Ⅳ类土

单位:100m³

| 项 目 | 单位 | 运 距 （km） | | | | | 增运 |
		1	2	3	4	5	1km
工 长	工时						
高 级 工	工时						
中 级 工	工时						
初 级 工	工时	7.6	7.6	7.6	7.6	7.6	
合 计	工时	7.6	7.6	7.6	7.6	7.6	
零星材料费	%	4	4	4	4	4	
挖 掘 机 液压1m³	台时	1.13	1.13	1.13	1.13	1.13	
推 土 机 59kW	台时	0.57	0.57	0.57	0.57	0.57	
自卸汽车 5t	台时	11.15	14.59	17.77	20.76	23.63	2.64
8t	台时	7.37	9.52	11.51	13.38	15.17	1.66
10t	台时	6.86	8.69	10.36	11.95	13.47	1.39
编 号		10628	10629	10630	10631	10632	10633

一－37 2m³挖掘机挖土自卸汽车运输

适用范围:露天作业。

工作内容:挖装、运输、卸除、空回。

(1) Ⅰ～Ⅱ类土

项　　目	单位	运　距　（km）					增运 1km
		1	2	3	4	5	
工　　长	工时						
高　级　工	工时						
中　级　工	工时						
初　级　工	工时	4.1	4.1	4.1	4.1	4.1	
合　　计	工时	4.1	4.1	4.1	4.1	4.1	
零星材料费	%	4	4	4	4	4	
挖掘机 液压 2m³	台时	0.61	0.61	0.61	0.61	0.61	
推土机 59kW	台时	0.30	0.30	0.30	0.30	0.30	
自卸汽车 8t	台时	5.78	7.59	9.25	10.81	12.31	1.38
10t	台时	5.27	6.81	8.21	9.53	10.79	1.16
12t	台时	4.78	6.12	7.34	8.50	9.61	1.02
15t	台时	3.95	5.02	6.00	6.92	7.81	0.81
18t	台时	3.62	4.51	5.33	6.10	6.83	0.68
20t	台时	3.34	4.16	4.91	5.62	6.31	0.62
编　　　　号		10634	10635	10636	10637	10638	10639

(2) Ⅲ类土

单位:100m³

项 目	单 位	运 距 (km)					增运 1km
		1	2	3	4	5	
工 长	工时						
高 级 工	工时						
中 级 工	工时						
初 级 工	工时	4.5	4.5	4.5	4.5	4.5	
合 计	工时	4.5	4.5	4.5	4.5	4.5	
零星材料费	%	4	4	4	4	4	
挖 掘 机 液压 2m³	台时	0.67	0.67	0.67	0.67	0.67	
推 土 机 59kW	台时	0.33	0.33	0.33	0.33	0.33	
自 卸 汽 车 8t	台时	6.36	8.34	10.16	11.88	13.52	1.52
10t	台时	5.79	7.48	9.02	10.48	11.86	1.28
12t	台时	5.25	6.72	8.06	9.34	10.56	1.12
15t	台时	4.34	5.51	6.60	7.60	8.58	0.89
18t	台时	3.97	4.95	5.86	6.70	7.51	0.75
20t	台时	3.67	4.57	5.40	6.18	6.94	0.69
编 号		10640	10641	10642	10643	10644	10645

(3) Ⅳ类土

项 目	单位	运 距 (km)					增运 1km
		1	2	3	4	5	
工 长	工时						
高 级 工	工时						
中 级 工	工时						
初 级 工	工时	4.9	4.9	4.9	4.9	4.9	
合 计	工时	4.9	4.9	4.9	4.9	4.9	
零星材料费	%	4	4	4	4	4	
挖 掘 机 液压 2m³	台时	0.73	0.73	0.73	0.73	0.73	
推 土 机 59kW	台时	0.36	0.36	0.36	0.36	0.36	
自 卸 汽 车 8t	台时	6.93	9.09	11.08	12.95	14.74	1.66
10t	台时	6.32	8.15	9.83	11.42	12.93	1.39
12t	台时	5.73	7.33	8.79	10.18	11.51	1.22
15t	台时	4.73	6.01	7.19	8.29	9.35	0.98
18t	台时	4.33	5.40	6.38	7.30	8.19	0.82
20t	台时	4.00	4.98	5.89	6.74	7.56	0.75
编 号		10646	10647	10648	10649	10650	10651

一－38 3m³挖掘机挖土自卸汽车运输

适用范围:露天作业。

工作内容:挖装、运输、卸除、空回。

(1) Ⅰ～Ⅱ类土

单位:100m³

项　　　目	单位	运　距　(km)					增运 1km
		1	2	3	4	5	
工　　　长	工时						
高　级　工	工时						
中　级　工	工时						
初　级　工	工时	2.9	2.9	2.9	2.9	2.9	
合　　　计	工时	2.9	2.9	2.9	2.9	2.9	
零星材料费	%	4	4	4	4	4	
挖　掘　机　液压 3m³	台时	0.44	0.44	0.44	0.44	0.44	
推　土　机　88kW	台时	0.22	0.22	0.22	0.22	0.22	
自卸汽车　12t	台时	4.66	5.99	7.22	8.38	9.49	1.02
15t	台时	3.73	4.80	5.77	6.70	7.59	0.81
18t	台时	3.45	4.34	5.15	5.93	6.66	0.68
20t	台时	3.18	3.99	4.75	5.46	6.14	0.62
25t	台时	2.67	3.33	3.95	4.53	5.08	0.51
27t	台时	2.51	3.14	3.72	4.26	4.78	0.48
32t	台时	2.17	2.67	3.14	3.58	4.00	0.39
编　　　号		10652	10653	10654	10655	10656	10657

(2) Ⅲ类土

项 目	单位	运 距 (km)					增运 1km
		1	2	3	4	5	
工 长	工时						
高 级 工	工时						
中 级 工	工时						
初 级 工	工时	3.2	3.2	3.2	3.2	3.2	
合 计	工时	3.2	3.2	3.2	3.2	3.2	
零星材料费	%	4	4	4	4	4	
挖 掘 机 液压3m³	台时	0.48	0.48	0.48	0.48	0.48	
推 土 机 88kW	台时	0.24	0.24	0.24	0.24	0.24	
自卸汽车 12t	台时	5.12	6.59	7.94	9.21	10.42	1.12
15t	台时	4.10	5.27	6.35	7.37	8.34	0.89
18t	台时	3.79	4.76	5.66	6.51	7.32	0.75
20t	台时	3.50	4.39	5.22	6.00	6.75	0.69
25t	台时	2.93	3.66	4.34	4.97	5.59	0.56
27t	台时	2.76	3.45	4.09	4.68	5.25	0.53
32t	台时	2.38	2.93	3.45	3.93	4.40	0.43
编 号		10658	10659	10660	10661	10662	10663

(3) Ⅳ类土

单位:100m³

项 目	单位	运 距 （km）					增运 1km
		1	2	3	4	5	
工 长	工时						
高 级 工	工时						
中 级 工	工时						
初 级 工	工时	3.5	3.5	3.5	3.5	3.5	
合 计	工时	3.5	3.5	3.5	3.5	3.5	
零星材料费	%	4	4	4	4	4	
挖 掘 机 液压 3m³	台时	0.52	0.52	0.52	0.52	0.52	
推 土 机 88kW	台时	0.26	0.26	0.26	0.26	0.26	
自 卸 汽 车 12t	台时	5.58	7.18	8.65	10.04	11.36	1.22
15t	台时	4.47	5.75	6.92	8.03	9.09	0.98
18t	台时	4.13	5.19	6.17	7.10	7.98	0.82
20t	台时	3.81	4.79	5.69	6.54	7.36	0.75
25t	台时	3.20	3.99	4.73	5.42	6.09	0.61
27t	台时	3.00	3.76	4.46	5.10	5.73	0.58
32t	台时	2.60	3.20	3.76	4.29	4.80	0.46
编 号		10664	10665	10666	10667	10668	10669

一-39 4m³挖掘机挖土自卸汽车运输

适用范围:露天作业。

工作内容:挖装、运输、卸除、空回。

(1) Ⅰ～Ⅱ类土

项　　目	单位	运　距　(km)					增运 1km
		1	2	3	4	5	
工　　长	工时						
高　级　工	工时						
中　级　工	工时						
初　级　工	工时	2.3	2.3	2.3	2.3	2.3	
合　　计	工时	2.3	2.3	2.3	2.3	2.3	
零星材料费	%	4	4	4	4	4	
挖掘机 液压 4m³	台时	0.34	0.34	0.34	0.34	0.34	
推　土　机 88kW	台时	0.17	0.17	0.17	0.17	0.17	
自卸汽车 18t	台时	3.34	4.23	5.05	5.82	6.56	0.68
20t	台时	3.09	3.90	4.66	5.37	6.06	0.62
25t	台时	2.59	3.27	3.87	4.46	5.01	0.51
27t	台时	2.44	3.07	3.64	4.19	4.71	0.48
32t	台时	2.04	2.56	3.02	3.46	3.88	0.39
45t	台时	1.62	1.97	2.30	2.60	2.91	0.27
编　　　号		10670	10671	10672	10673	10674	10675

（2） Ⅲ类土

单位:100m³

项　　目	单位	运　距　(km)					增运 1km
		1	2	3	4	5	
工　　　长	工时						
高　级　工	工时						
中　级　工	工时						
初　级　工	工时	2.5	2.5	2.5	2.5	2.5	
合　　　计	工时	2.5	2.5	2.5	2.5	2.5	
零星材料费	%	4	4	4	4	4	
挖　掘　机　液压4m³	台时	0.37	0.37	0.37	0.37	0.37	
推　土　机　88kW	台时	0.19	0.19	0.19	0.19	0.19	
自　卸　汽　车　18t	台时	3.67	4.65	5.54	6.40	7.21	0.75
20t	台时	3.39	4.29	5.12	5.90	6.66	0.69
25t	台时	2.85	3.59	4.25	4.90	5.50	0.56
27t	台时	2.68	3.37	4.01	4.61	5.18	0.53
32t	台时	2.25	2.81	3.32	3.81	4.27	0.43
45t	台时	1.78	2.16	2.53	2.86	3.19	0.30
编　　　号		10676	10677	10678	10679	10680	10681

(3) Ⅳ 类 土

单位:100m³

项　　目	单位	运 距 (km)					增运 1km
		1	2	3	4	5	
工　　长	工时						
高　级　工	工时						
中　级　工	工时						
初　级　工	工时	2.7	2.7	2.7	2.7	2.7	
合　　计	工时	2.7	2.7	2.7	2.7	2.7	
零星材料费	%	4	4	4	4	4	
挖 掘 机 液压4m³	台时	0.41	0.41	0.41	0.41	0.41	
推 土 机 88kW	台时	0.20	0.20	0.20	0.20	0.20	
自卸汽车 18t	台时	4.00	5.07	6.04	6.97	7.86	0.82
20t	台时	3.70	4.67	5.58	6.43	7.26	0.75
25t	台时	3.11	3.91	4.64	5.34	6.00	0.61
27t	台时	2.93	3.67	4.37	5.02	5.65	0.58
32t	台时	2.45	3.06	3.62	4.15	4.65	0.46
45t	台时	1.94	2.36	2.76	3.12	3.48	0.33
编　　　号		10682	10683	10684	10685	10686	10687

一－40 6m³ 挖掘机挖土自卸汽车运输

适用范围:露天作业。

工作内容:挖装、运输、卸除、空回。

(1) Ⅰ～Ⅱ类土

项 目	单位	运 距 (km)					增运 1km
		1	2	3	4	5	
工 长	工时						
高 级 工	工时						
中 级 工	工时						
初 级 工	工时	1.8	1.8	1.8	1.8	1.8	
合 计	工时	1.8	1.8	1.8	1.8	1.8	
零星材料费	%	4	4	4	4	4	
挖 掘 机 液压6m³	台时	0.27	0.27	0.27	0.27	0.27	
推 土 机 88kW	台时	0.14	0.14	0.14	0.14	0.14	
自 卸 汽 车 25t	台时	2.55	3.22	3.82	4.40	4.96	0.51
27t	台时	2.40	3.03	3.61	4.15	4.67	0.48
32t	台时	2.02	2.53	2.99	3.44	3.86	0.39
45t	台时	1.55	1.91	2.24	2.55	2.84	0.27
65t	台时	1.32	1.60	1.86	2.10	2.33	0.22
编 号		10688	10689	10690	10691	10692	10693

(2) Ⅲ类土

项 目	单位	运距 (km)					增运 1km
		1	2	3	4	5	
工 长	工时						
高 级 工	工时						
中 级 工	工时						
初 级 工	工时	2.0	2.0	2.0	2.0	2.0	
合 计	工时	2.0	2.0	2.0	2.0	2.0	
零星材料费	%	4	4	4	4	4	
挖 掘 机 液压6m³	台时	0.29	0.29	0.29	0.29	0.29	
推 土 机 88kW	台时	0.15	0.15	0.15	0.15	0.15	
自卸汽车 25t	台时	2.80	3.54	4.20	4.84	5.45	0.56
27t	台时	2.63	3.33	3.96	4.56	5.13	0.53
32t	台时	2.22	2.78	3.29	3.78	4.24	0.43
45t	台时	1.71	2.10	2.47	2.80	3.12	0.30
65t	台时	1.45	1.76	2.04	2.31	2.56	0.24
编 号		10694	10695	10696	10697	10698	10699

(3) Ⅳ 类 土

项　　目	单位	运　距　（km）					增运 1km
		1	2	3	4	5	
工　　长	工时						
高　级　工	工时						
中　级　工	工时						
初　级　工	工时	2.2	2.2	2.2	2.2	2.2	
合　　计	工时	2.2	2.2	2.2	2.2	2.2	
零星材料费	%	4	4	4	4	4	
挖掘机 液压6m³	台时	0.32	0.32	0.32	0.32	0.32	
推土机 88kW	台时	0.16	0.16	0.16	0.16	0.16	
自卸汽车 25t	台时	3.05	3.86	4.58	5.27	5.94	0.61
27t	台时	2.87	3.63	4.32	4.97	5.59	0.58
32t	台时	2.42	3.03	3.58	4.12	4.63	0.46
45t	台时	1.86	2.29	2.69	3.05	3.40	0.33
65t	台时	1.58	1.92	2.22	2.52	2.79	0.26
编　　号		10700	10701	10702	10703	10704	10705

一－41 1m³ 装载机装土自卸汽车运输

适用范围:露天作业。

工作内容:挖装、运输、卸除、空回。

(1) Ⅰ～Ⅱ类土

单位:100m³

项 目	单位	运 距 (km)					增运 1km
		1	2	3	4	5	
工 长	工时						
高 级 工	工时						
中 级 工	工时						
初 级 工	工时	8.3	8.3	8.3	8.3	8.3	
合 计	工时	8.3	8.3	8.3	8.3	8.3	
零星材料费	%	3	3	3	3	3	
装 载 机 1m³	台时	1.57	1.57	1.57	1.57	1.57	
推 土 机 59kW	台时	0.79	0.79	0.79	0.79	0.79	
自卸汽车 5t	台时	10.02	12.90	15.55	18.05	20.45	2.21
8t	台时	6.83	8.62	10.28	11.84	13.34	1.38
10t	台时	6.39	7.91	9.32	10.64	11.91	1.16
编 号		10706	10707	10708	10709	10710	10711

(2) Ⅲ类土

单位:100m³

项　　目	单位	运　距　(km)					增运 1km
		1	2	3	4	5	
工　　长	工时						
高　级　工	工时						
中　级　工	工时						
初　级　工	工时	9.2	9.2	9.2	9.2	9.2	
合　　计	工时	9.2	9.2	9.2	9.2	9.2	
零星材料费	%	3	3	3	3	3	
装　载　机　1m³	台时	1.73	1.73	1.73	1.73	1.73	
推　土　机　59kW	台时	0.86	0.86	0.86	0.86	0.86	
自　卸　汽　车　5t	台时	11.01	14.18	17.09	19.84	22.47	2.42
8t	台时	7.50	9.48	11.30	13.01	14.66	1.52
10t	台时	7.02	8.70	10.24	11.69	13.09	1.28
编　　号		10712	10713	10714	10715	10716	10717

(3) Ⅳ类土

项 目	单位	运 距 (km)					增运 1km
		1	2	3	4	5	
工 长	工时						
高 级 工	工时						
中 级 工	工时						
初 级 工	工时	10.0	10.0	10.0	10.0	10.0	
合 计	工时	10.0	10.0	10.0	10.0	10.0	
零星材料费	%	3	3	3	3	3	
装 载 机 1m³	台时	1.88	1.88	1.88	1.88	1.88	
推 土 机 59kW	台时	0.94	0.94	0.94	0.94	0.94	
自卸汽车 5t	台时	12.00	15.46	18.63	21.62	24.49	2.64
8t	台时	8.18	10.33	12.31	14.19	15.98	1.66
10t	台时	7.65	9.48	11.16	12.75	14.26	1.39
编 号		10718	10719	10720	10721	10722	10723

一－42 1.5m³装载机装土自卸汽车运输

适用范围:露天作业。

工作内容:挖装、运输、卸除、空回。

(1) Ⅰ～Ⅱ类土

项 目	单位	运 距 （km）					增运 1km
		1	2	3	4	5	
工 长	工时						
高 级 工	工时						
中 级 工	工时						
初 级 工	工时	6.0	6.0	6.0	6.0	6.0	
合 计	工时	6.0	6.0	6.0	6.0	6.0	
零星材料费	%	3	3	3	3	3	
装 载 机 1.5m³	台时	1.12	1.12	1.12	1.12	1.12	
推 土 机 59kW	台时	0.56	0.56	0.56	0.56	0.56	
自 卸 汽 车 8t	台时	6.33	8.14	9.80	11.36	12.86	1.38
10t	台时	5.75	7.27	8.67	10.00	11.27	1.16
12t	台时	5.24	6.58	7.81	8.96	10.07	1.02
15t	台时	4.37	5.44	6.42	7.35	8.24	0.81
编 号		10724	10725	10726	10727	10728	10729

(2) Ⅲ类土

项　　目	单位	运　距　（km）					增运 1km
		1	2	3	4	5	
工　长	工时						
高　级　工	工时						
中　级　工	工时						
初　级　工	工时	6.6	6.6	6.6	6.6	6.6	
合　　计	工时	6.6	6.6	6.6	6.6	6.6	
零星材料费	%	3	3	3	3	3	
装　载　机　1.5m³	台时	1.23	1.23	1.23	1.23	1.23	
推　土　机　59kW	台时	0.61	0.61	0.61	0.61	0.61	
自卸汽车　8t	台时	6.96	8.95	10.77	12.48	14.13	1.52
10t	台时	6.31	7.99	9.53	10.99	12.38	1.28
12t	台时	5.76	7.23	8.58	9.85	11.07	1.12
15t	台时	4.81	5.98	7.05	8.07	9.05	0.89
编　　　　号		10730	10731	10732	10733	10734	10735

(3) Ⅳ类土

单位:100m³

项 目	单位	运 距 (km)					增运 1km
		1	2	3	4	5	
工 长	工时						
高 级 工	工时						
中 级 工	工时						
初 级 工	工时	7.1	7.1	7.1	7.1	7.1	
合 计	工时	7.1	7.1	7.1	7.1	7.1	
零星材料费	%	3	3	3	3	3	
装 载 机 1.5m³	台时	1.34	1.34	1.34	1.34	1.34	
推 土 机 59kW	台时	0.67	0.67	0.67	0.67	0.67	
自卸汽车 8t	台时	7.59	9.75	11.74	13.61	15.40	1.66
10t	台时	6.88	8.71	10.39	11.97	13.49	1.39
12t	台时	6.28	7.88	9.35	10.74	12.06	1.22
15t	台时	5.24	6.52	7.69	8.80	9.87	0.98
编 号		10736	10737	10738	10739	10740	10741

一－43 2m³装载机装土自卸汽车运输

适用范围:露天作业。

工作内容:挖装、运输、卸除、空回。

(1) Ⅰ～Ⅱ类土

单位:100m³

项　　　　目	单位	运　距　（km）					增运 1km
		1	2	3	4	5	
工　　长	工时						
高 级 工	工时						
中 级 工	工时						
初 级 工	工时	4.7	4.7	4.7	4.7	4.7	
合　　计	工时	4.7	4.7	4.7	4.7	4.7	
零星材料费	%	3	3	3	3	3	
装 载 机　2m³	台时	0.89	0.89	0.89	0.89	0.89	
推 土 机　59kW	台时	0.44	0.44	0.44	0.44	0.44	
自 卸 汽 车　8t	台时	6.10	7.90	9.55	11.11	12.61	1.38
10t	台时	5.54	7.06	8.46	9.79	11.06	1.16
12t	台时	5.08	6.42	7.64	8.80	9.91	1.02
15t	台时	4.25	5.32	6.30	7.22	8.11	0.81
18t	台时	3.92	4.81	5.63	6.40	7.14	0.68
20t	台时	3.62	4.44	5.20	5.91	6.59	0.62
编　　　　号		10742	10743	10744	10745	10746	10747

（2） Ⅲ类土

单位:100m³

项　　目	单位	运　距　（km）					增运 1km
		1	2	3	4	5	
工　　长	工时						
高　级　工	工时						
中　级　工	工时						
初　级　工	工时	5.2	5.2	5.2	5.2	5.2	
合　　计	工时	5.2	5.2	5.2	5.2	5.2	
零星材料费	%	3	3	3	3	3	
装　载　机　2m³	台时	0.98	0.98	0.98	0.98	0.98	
推　土　机　59kW	台时	0.49	0.49	0.49	0.49	0.49	
自卸汽车　8t	台时	6.70	8.68	10.50	12.21	13.86	1.52
10t	台时	6.09	7.76	9.30	10.76	12.15	1.28
12t	台时	5.59	7.05	8.40	9.67	10.89	1.12
15t	台时	4.67	5.85	6.93	7.94	8.92	0.89
18t	台时	4.31	5.28	6.19	7.03	7.84	0.75
20t	台时	3.97	4.88	5.71	6.49	7.24	0.69
编　　号		10748	10749	10750	10751	10752	10753

（3） Ⅳ类土

单位:100m³

项　　目	单位	运　距　（km）					增运1km
		1	2	3	4	5	
工　　长	工时						
高　级　工	工时						
中　级　工	工时						
初　级　工	工时	5.7	5.7	5.7	5.7	5.7	
合　　计	工时	5.7	5.7	5.7	5.7	5.7	
零星材料费	%	3	3	3	3	3	
装载机 2m³	台时	1.07	1.07	1.07	1.07	1.07	
推土机 59kW	台时	0.53	0.53	0.53	0.53	0.53	
自卸汽车 8t	台时	7.30	9.46	11.44	13.31	15.10	1.66
10t	台时	6.63	8.46	10.14	11.72	13.24	1.39
12t	台时	6.09	7.69	9.15	10.55	11.87	1.22
15t	台时	5.09	6.37	7.55	8.65	9.72	0.98
18t	台时	4.69	5.76	6.75	7.67	8.55	0.82
20t	台时	4.33	5.32	6.23	7.08	7.89	0.75
编　　号		10754	10755	10756	10757	10758	10759

一－44 3m³装载机装土自卸汽车运输

适用范围:露天作业。

工作内容:挖装、运输、卸除、空回。

(1) Ⅰ～Ⅱ类土

单位:100m³

项 目	单位	运 距 （km）					增运 1km
		1	2	3	4	5	
工 长	工时						
高 级 工	工时						
中 级 工	工时						
初 级 工	工时	3.3	3.3	3.3	3.3	3.3	
合 计	工时	3.3	3.3	3.3	3.3	3.3	
零星材料费	%	3	3	3	3	3	
装 载 机 3m³	台时	0.62	0.62	0.62	0.62	0.62	
推 土 机 88kW	台时	0.31	0.31	0.31	0.31	0.31	
自 卸 汽 车 12t	台时	4.87	6.20	7.43	8.59	9.69	1.02
15t	台时	3.89	4.96	5.95	6.87	7.75	0.81
18t	台时	3.63	4.52	5.34	6.11	6.84	0.68
20t	台时	3.35	4.17	4.92	5.63	6.31	0.62
25t	台时	2.84	3.51	4.12	4.70	5.25	0.51
27t	台时	2.67	3.30	3.88	4.42	4.95	0.48
32t	台时	2.35	2.86	3.32	3.77	4.18	0.39
编 号		10760	10761	10762	10763	10764	10765

(2) Ⅲ类土

单位:100m³

项　　目	单位	运距 (km)					增运 1km
		1	2	3	4	5	
工　　长	工时						
高　级　工	工时						
中　级　工	工时						
初　级　工	工时	3.6	3.6	3.6	3.6	3.6	
合　　计	工时	3.6	3.6	3.6	3.6	3.6	
零星材料费	%	3	3	3	3	3	
装　载　机　3m³	台时	0.68	0.68	0.68	0.68	0.68	
推　土　机　88kW	台时	0.34	0.34	0.34	0.34	0.34	
自卸汽车　12t	台时	5.35	6.81	8.17	9.44	10.65	1.12
15t	台时	4.28	5.45	6.53	7.55	8.52	0.89
18t	台时	3.98	4.96	5.87	6.71	7.52	0.75
20t	台时	3.68	4.58	5.41	6.19	6.94	0.69
25t	台时	3.12	3.86	4.53	5.16	5.77	0.56
27t	台时	2.93	3.63	4.27	4.86	5.44	0.53
32t	台时	2.58	3.14	3.65	4.14	4.60	0.43
编　　　号		10766	10767	10768	10769	10770	10771

(3) Ⅳ类土

项　　　　目	单位	运　距　(km)					增运 1km
		1	2	3	4	5	
工　　　　长	工时						
高　级　工	工时						
中　级　工	工时						
初　级　工	工时	4.0	4.0	4.0	4.0	4.0	
合　　　　计	工时	4.0	4.0	4.0	4.0	4.0	
零星材料费	%	3	3	3	3	3	
装　载　机　3m³	台时	0.74	0.74	0.74	0.74	0.74	
推　土　机　88kW	台时	0.37	0.37	0.37	0.37	0.37	
自卸汽车　12t	台时	5.83	7.43	8.90	10.28	11.61	1.22
15t	台时	4.66	5.94	7.12	8.23	9.29	0.98
18t	台时	4.34	5.41	6.40	7.31	8.20	0.82
20t	台时	4.01	4.99	5.90	6.75	7.56	0.75
25t	台时	3.40	4.21	4.93	5.62	6.29	0.61
27t	台时	3.20	3.96	4.65	5.30	5.93	0.58
32t	台时	2.81	3.42	3.98	4.51	5.01	0.46
编　　　　号		10772	10773	10774	10775	10776	10777

一-45 5m³ 装载机装土自卸汽车运输

适用范围:露天作业。

工作内容:挖装、运输、卸除、空回。

(1) Ⅰ～Ⅱ类土

单位:100m³

项 目	单位	运 距 (km)					增运 1km
		1	2	3	4	5	
工 长	工时						
高 级 工	工时						
中 级 工	工时						
初 级 工	工时	2.1	2.1	2.1	2.1	2.1	
合 计	工时	2.1	2.1	2.1	2.1	2.1	
零星材料费	%	2	2	2	2	2	
装 载 机 5m³	台时	0.39	0.39	0.39	0.39	0.39	
推 土 机 88kW	台时	0.20	0.20	0.20	0.20	0.20	
自卸汽车 25t	台时	2.62	3.28	3.90	4.48	5.04	0.51
27t	台时	2.47	3.10	3.67	4.21	4.74	0.48
32t	台时	2.09	2.60	3.07	3.51	3.93	0.39
45t	台时	1.69	2.04	2.38	2.68	2.97	0.27
编 号		10778	10779	10780	10781	10782	10783

（2） Ⅲ类土

项　目	单位	运　距　（km）					增运 1km
		1	2	3	4	5	
工　　长	工时						
高　级　工	工时						
中　级　工	工时						
初　级　工	工时	2.3	2.3	2.3	2.3	2.3	
合　　计	工时	2.3	2.3	2.3	2.3	2.3	
零星材料费	%	2	2	2	2	2	
装　载　机 5m³	台时	0.43	0.43	0.43	0.43	0.43	
推　土　机 88kW	台时	0.22	0.22	0.22	0.22	0.22	
自卸汽车 25t	台时	2.88	3.61	4.29	4.92	5.53	0.56
27t	台时	2.72	3.40	4.04	4.63	5.21	0.53
32t	台时	2.30	2.86	3.37	3.86	4.32	0.43
45t	台时	1.85	2.25	2.61	2.94	3.27	0.30
编　　号		10784	10785	10786	10787	10788	10789

(3) Ⅳ类土

项 目	单位	运 距 （km）					增运 1km
		1	2	3	4	5	
工 长	工时						
高 级 工	工时						
中 级 工	工时						
初 级 工	工时	2.5	2.5	2.5	2.5	2.5	
合 计	工时	2.5	2.5	2.5	2.5	2.5	
零星材料费	%	2	2	2	2	2	
装 载 机 5m³	台时	0.47	0.47	0.47	0.47	0.47	
推 土 机 88kW	台时	0.24	0.24	0.24	0.24	0.24	
自 卸 汽 车 25t	台时	3.14	3.93	4.67	5.36	6.03	0.61
27t	台时	2.96	3.71	4.40	5.05	5.68	0.58
32t	台时	2.51	3.12	3.67	4.21	4.71	0.46
45t	台时	2.02	2.45	2.85	3.21	3.56	0.33
编 号		10790	10791	10792	10793	10794	10795

一－46　7m³装载机装土自卸汽车运输

适用范围:露天作业。

工作内容:挖装、运输、卸除、空回。

(1)　Ⅰ～Ⅱ类土

单位:100m³

项　　目	单位	运　距　(km)					增运 1km
		1	2	3	4	5	
工　　长	工时						
高　级　工	工时						
中　级　工	工时						
初　级　工	工时	1.5	1.5	1.5	1.5	1.5	
合　　计	工时	1.5	1.5	1.5	1.5	1.5	
零星材料费	%	2	2	2	2	2	
装　载　机　7m³	台时	0.29	0.29	0.29	0.29	0.29	
推　土　机　88kW	台时	0.15	0.15	0.15	0.15	0.15	
自卸汽车　32t	台时	2.02	2.52	2.99	3.43	3.85	0.39
45t	台时	1.57	1.92	2.25	2.56	2.86	0.27
65t	台时	1.30	1.57	1.84	2.08	2.31	0.22
77t	台时	1.15	1.38	1.60	1.80	2.00	0.18
编　　号		10796	10797	10798	10799	10800	10801

(2) Ⅲ类土

单位：100m³

项 目	单位	运 距 (km)					增运 1km
		1	2	3	4	5	
工 长	工时						
高 级 工	工时						
中 级 工	工时						
初 级 工	工时	1.7	1.7	1.7	1.7	1.7	
合 计	工时	1.7	1.7	1.7	1.7	1.7	
零星材料费	%	2	2	2	2	2	
装 载 机 7m³	台时	0.32	0.32	0.32	0.32	0.32	
推 土 机 88kW	台时	0.16	0.16	0.16	0.16	0.16	
自 卸 汽 车 32t	台时	2.22	2.77	3.29	3.77	4.23	0.43
45t	台时	1.73	2.11	2.48	2.81	3.14	0.30
65t	台时	1.43	1.73	2.02	2.29	2.54	0.24
77t	台时	1.26	1.52	1.76	1.98	2.20	0.20
编 号		10802	10803	10804	10805	10806	10807

(3) Ⅳ类土

项　　目	单位	运　距　(km)					增运 1km
		1	2	3	4	5	
工　　　长	工时						
高　级　工	工时						
中　级　工	工时						
初　级　工	工时	1.8	1.8	1.8	1.8	1.8	
合　　　计	工时	1.8	1.8	1.8	1.8	1.8	
零星材料费	%	2	2	2	2	2	
装　载　机　7m³	台时	0.35	0.35	0.35	0.35	0.35	
推　土　机　88kW	台时	0.18	0.18	0.18	0.18	0.18	
自　卸　汽　车　32t	台时	2.42	3.02	3.58	4.10	4.62	0.46
45t	台时	1.88	2.30	2.70	3.06	3.42	0.33
65t	台时	1.55	1.88	2.20	2.49	2.77	0.26
77t	台时	1.37	1.66	1.92	2.15	2.39	0.22
编　　　号		10808	10809	10810	10811	10812	10813

一－47 9.6m³ 装载机装土自卸汽车运输

适用范围:露天作业。

工作内容:挖装、运输、卸除、空回。

(1) Ⅰ～Ⅱ类土

单位:100m³

项　　　　目	单位	运　距　（km）					增运 1km
		1	2	3	4	5	
工　　长	工时						
高　级　工	工时						
中　级　工	工时						
初　级　工	工时	1.2	1.2	1.2	1.2	1.2	
合　　计	工时	1.2	1.2	1.2	1.2	1.2	
零星材料费	%	2	2	2	2	2	
装　载　机 9.6m³	台时	0.23	0.23	0.23	0.23	0.23	
推　土　机 88kW	台时	0.12	0.12	0.12	0.12	0.12	
自　卸　汽　车 45t	台时	1.51	1.86	2.19	2.50	2.79	0.27
65t	台时	1.25	1.53	1.79	2.04	2.26	0.22
77t	台时	1.05	1.30	1.51	1.71	1.91	0.18
108t	台时	0.87	1.04	1.21	1.36	1.51	0.13
编　　　　号		10814	10815	10816	10817	10818	10819

(2) Ⅲ类土

项　　目	单位	运　距　（km）					增运 1km
		1	2	3	4	5	
工　　长	工时						
高　级　工	工时						
中　级　工	工时						
初　级　工	工时	1.4	1.4	1.4	1.4	1.4	
合　　计	工时	1.4	1.4	1.4	1.4	1.4	
零星材料费	%	2	2	2	2	2	
装　载　机　9.6m³	台时	0.25	0.25	0.25	0.25	0.25	
推　土　机　88kW	台时	0.13	0.13	0.13	0.13	0.13	
自　卸　汽　车　45t	台时	1.65	2.05	2.40	2.75	3.07	0.30
65t	台时	1.37	1.69	1.97	2.24	2.49	0.24
77t	台时	1.15	1.43	1.66	1.88	2.10	0.20
108t	台时	0.96	1.14	1.33	1.50	1.66	0.15
编　　　　　号		10820	10821	10822	10823	10824	10825

(3) Ⅳ类土

项　　　目	单位	运　距　（km）					增运 1km
		1	2	3	4	5	
工　　长	工时						
高　级　工	工时						
中　级　工	工时						
初　级　工	工时	1.5	1.5	1.5	1.5	1.5	
合　　计	工时	1.5	1.5	1.5	1.5	1.5	
零星材料费	%	2	2	2	2	2	
装 载 机 9.6m³	台时	0.27	0.27	0.27	0.27	0.27	
推 土 机 88kW	台时	0.14	0.14	0.14	0.14	0.14	
自 卸 汽 车 45t	台时	1.80	2.23	2.62	2.99	3.35	0.33
65t	台时	1.50	1.84	2.14	2.44	2.71	0.26
77t	台时	1.26	1.55	1.81	2.05	2.29	0.22
108t	台时	1.04	1.25	1.45	1.63	1.81	0.16
编　　　　号		10826	10827	10828	10829	10830	10831

一－48 10.7m³ 装载机装土自卸汽车运输

适用范围:露天作业。

工作内容:挖装、运输、卸除、空回。

(1) Ⅰ～Ⅱ类土

单位:100m³

项　　目	单位	运　距　(km)					增运 1km
		1	2	3	4	5	
工　　　长	工时						
高　级　工	工时						
中　级　工	工时						
初　级　工	工时	1.1	1.1	1.1	1.1	1.1	
合　　　计	工时	1.1	1.1	1.1	1.1	1.1	
零星材料费	%	2	2	2	2	2	
装　载　机　10.7m³	台时	0.21	0.21	0.21	0.21	0.21	
推　土　机　88kW	台时	0.11	0.11	0.11	0.11	0.11	
自卸汽车　45t	台时	1.50	1.85	2.18	2.48	2.76	0.27
65t	台时	1.19	1.48	1.73	1.98	2.22	0.22
77t	台时	1.04	1.28	1.50	1.69	1.86	0.18
108t	台时	0.83	1.01	1.17	1.33	1.48	0.13
编　　　号		10832	10833	10834	10835	10836	10837

(2) Ⅲ类土

| 项　　目 | 单位 | 运　距　（km） | | | | | 增运 1km |
		1	2	3	4	5	
工　　长	工时						
高　级　工	工时						
中　级　工	工时						
初　级　工	工时	1.2	1.2	1.2	1.2	1.2	
合　　计	工时	1.2	1.2	1.2	1.2	1.2	
零星材料费	%	2	2	2	2	2	
装载机 10.7m³	台时	0.23	0.23	0.23	0.23	0.23	
推土机 88kW	台时	0.12	0.12	0.12	0.12	0.12	
自卸汽车 45t	台时	1.64	2.03	2.39	2.73	3.04	0.30
65t	台时	1.31	1.62	1.90	2.17	2.43	0.24
77t	台时	1.14	1.40	1.64	1.85	2.04	0.20
108t	台时	0.92	1.11	1.29	1.46	1.62	0.15
编　　号		10838	10839	10840	10841	10842	10843

(3) IV类土

单位:100m³

项 目	单位	运 距 （km）					增运 1km
		1	2	3	4	5	
工 长	工时						
高 级 工	工时						
中 级 工	工时						
初 级 工	工时	1.4	1.4	1.4	1.4	1.4	
合 计	工时	1.4	1.4	1.4	1.4	1.4	
零星材料费	%	2	2	2	2	2	
装 载 机 10.7m³	台时	0.25	0.25	0.25	0.25	0.25	
推 土 机 88kW	台时	0.13	0.13	0.13	0.13	0.13	
自 卸 汽 车 45t	台时	1.79	2.21	2.61	2.97	3.31	0.33
65t	台时	1.43	1.77	2.08	2.37	2.65	0.26
77t	台时	1.25	1.53	1.79	2.02	2.22	0.22
108t	台时	1.00	1.21	1.41	1.59	1.77	0.16
编 号		10844	10845	10846	10847	10848	10849

一－49 0.6m³ 液压反铲挖掘机挖渠道
土方自卸汽车运输

适用范围:上口宽小于16m的土渠。

工作内容:机械开挖、装汽车运输、人工配合挖保护层、胶轮车倒运土50m、修边、修底等。

(1) Ⅰ～Ⅱ类土

单位:100m³

项 目	单位	运 距 （km）					增运 1km
		1	2	3	4	5	
工 长	工时						
高 级 工	工时						
中 级 工	工时						
初 级 工	工时	41.1	41.1	41.1	41.1	41.1	
合 计	工时	41.1	41.1	41.1	41.1	41.1	
零星材料费	%	3	3	3	3	3	
反铲挖掘机 0.6m³	台时	1.43	1.43	1.43	1.43	1.43	
推 土 机 59kW	台时	0.71	0.71	0.71	0.71	0.71	
自卸汽车 3.5t	台时	14.45	18.99	23.16	27.10	30.86	3.48
5t	台时	9.85	12.79	15.49	18.04	20.49	2.25
胶 轮 车	台时	9.04	9.04	9.04	9.04	9.04	
编 号		10850	10851	10852	10853	10854	10855

（2） Ⅲ类土

项　　目	单位	运　距　（km）					增运 1km
		1	2	3	4	5	
工　　长	工时						
高　级　工	工时						
中　级　工	工时						
初　级　工	工时	45.2	45.2	45.2	45.2	45.2	
合　　计	工时	45.2	45.2	45.2	45.2	45.2	
零星材料费	%	3	3	3	3	3	
反铲挖掘机　0.6m³	台时	1.57	1.57	1.57	1.57	1.57	
推　土　机　59kW	台时	0.79	0.79	0.79	0.79	0.79	
自卸汽车　3.5t	台时	15.88	20.87	25.45	29.78	33.92	3.82
5t	台时	10.82	14.06	17.03	19.83	22.51	2.47
胶　轮　车	台时	9.93	9.93	9.93	9.93	9.93	
编　　号		10856	10857	10858	10859	10860	10861

(3) Ⅳ类土

单位:100m³

项　目	单位	运　距　（km）					增运 1km
		1	2	3	4	5	
工　　长	工时						
高　级　工	工时						
中　级　工	工时						
初　级　工	工时	49.3	49.3	49.3	49.3	49.3	
合　　计	工时	49.3	49.3	49.3	49.3	49.3	
零星材料费	%	3	3	3	3	3	
反铲挖掘机　0.6m³	台时	1.71	1.71	1.71	1.71	1.71	
推　土　机　59kW	台时	0.86	0.86	0.86	0.86	0.86	
自卸汽车　3.5t	台时	17.31	22.75	27.74	32.46	36.97	4.16
5t	台时	11.80	15.32	18.56	21.61	24.54	2.69
胶　轮　车	台时	10.82	10.82	10.82	10.82	10.82	
编　　　　　号		10862	10863	10864	10865	10866	10867

一－50　1m³ 液压反铲挖掘机挖渠道土方 自卸汽车运输

适用范围:上口宽小于16m的土渠。

工作内容:机械开挖、装汽车运输、人工配合挖保护层、胶轮车倒运土 50m、修边、修底等。

(1)　Ⅰ～Ⅱ类土

单位:100m³

项　　目	单位	运　距　（km）					增运 1km
		1	2	3	4	5	
工　　长	工时						
高　级　工	工时						
中　级　工	工时						
初　级　工	工时	38.0	38.0	38.0	38.0	38.0	
合　　计	工时	38.0	38.0	38.0	38.0	38.0	
零星材料费	%	3	3	3	3	3	
反铲挖掘机　1m³	台时	0.97	0.97	0.97	0.97	0.97	
推　土　机　59kW	台时	0.48	0.48	0.48	0.48	0.48	
自卸汽车　5t	台时	9.49	12.42	15.13	17.68	20.12	2.25
8t	台时	6.28	8.11	9.80	11.39	12.92	1.41
10t	台时	5.84	7.40	8.82	10.18	11.47	1.19
胶　轮　车	台时	9.04	9.04	9.04	9.04	9.04	
编　　号		10868	10869	10870	10871	10872	10873

(2) Ⅲ类土

项 目	单位	运 距 (km)					增运 1km
		1	2	3	4	5	
工 长	工时						
高 级 工	工时						
中 级 工	工时						
初 级 工	工时	41.8	41.8	41.8	41.8	41.8	
合 计	工时	41.8	41.8	41.8	41.8	41.8	
零星材料费	%	3	3	3	3	3	
反铲挖掘机 1m³	台时	1.06	1.06	1.06	1.06	1.06	
推 土 机 59kW	台时	0.53	0.53	0.53	0.53	0.53	
自卸汽车 5t	台时	10.43	13.65	16.62	19.43	22.11	2.47
8t	台时	6.90	8.91	10.77	12.52	14.19	1.55
10t	台时	6.42	8.13	9.70	11.18	12.60	1.30
胶 轮 车	台时	9.93	9.93	9.93	9.93	9.93	
编 号		10874	10875	10876	10877	10878	10879

(3) Ⅳ类土

项　目	单位	运　距　（km）					增运 1km
		1	2	3	4	5	
工　　长	工时						
高　级　工	工时						
中　级　工	工时						
初　级　工	工时	45.6	45.6	45.6	45.6	45.6	
合　　计	工时	45.6	45.6	45.6	45.6	45.6	
零星材料费	%	3	3	3	3	3	
反铲挖掘机　1m³	台时	1.16	1.16	1.16	1.16	1.16	
推　土　机　59kW	台时	0.58	0.58	0.58	0.58	0.58	
自卸汽车　5t	台时	11.37	14.88	18.12	21.17	24.10	2.69
8t	台时	7.52	9.71	11.74	13.65	15.47	1.69
10t	台时	7.00	8.86	10.57	12.19	13.74	1.42
胶　轮　车	台时	10.82	10.82	10.82	10.82	10.82	
编　　号		10880	10881	10882	10883	10884	10885

一－51 2m³ 液压反铲挖掘机挖渠道土方自卸汽车运输

适用范围:上口宽小于16m的土渠。

工作内容:机械开挖、装汽车运输、人工配合挖保护层、胶轮车倒运土50m、修边、修底等。

(1) Ⅰ～Ⅱ类土

单位:100m³

项 目	单位	运 距 (km)					增运 1km
		1	2	3	4	5	
工 长	工时						
高 级 工	工时						
中 级 工	工时						
初 级 工	工时	35.7	35.7	35.7	35.7	35.7	
合 计	工时	35.7	35.7	35.7	35.7	35.7	
零星材料费	%	3	3	3	3	3	
反铲挖掘机 2m³	台时	0.62	0.62	0.62	0.62	0.62	
推 土 机 59kW	台时	0.31	0.31	0.31	0.31	0.31	
自卸汽车 8t	台时	5.90	7.74	9.43	11.03	12.55	1.41
10t	台时	5.38	6.94	8.37	9.72	11.01	1.19
12t	台时	4.88	6.24	7.48	8.67	9.80	1.04
15t	台时	4.03	5.12	6.12	7.06	7.96	0.83
18t	台时	3.69	4.60	5.44	6.22	6.97	0.70
20t	台时	3.41	4.24	5.01	5.73	6.44	0.64
胶 轮 车	台时	9.04	9.04	9.04	9.04	9.04	
编 号		10886	10887	10888	10889	10890	10891

(2) Ⅲ类土

项　　目	单位	运　距　（km）					增运 1km
		1	2	3	4	5	
工　　长	工时						
高　级　工	工时						
中　级　工	工时						
初　级　工	工时	39.3	39.3	39.3	39.3	39.3	
合　　计	工时	39.3	39.3	39.3	39.3	39.3	
零星材料费	%	3	3	3	3	3	
反铲挖掘机 2m³	台时	0.68	0.68	0.68	0.68	0.68	
推　土　机 59kW	台时	0.34	0.34	0.34	0.34	0.34	
自　卸　汽　车 8t	台时	6.48	8.51	10.36	12.12	13.79	1.55
10t	台时	5.91	7.63	9.20	10.68	12.09	1.30
12t	台时	5.36	6.85	8.22	9.53	10.77	1.15
15t	台时	4.42	5.62	6.73	7.76	8.75	0.91
18t	台时	4.05	5.05	5.97	6.83	7.66	0.76
20t	台时	3.74	4.66	5.51	6.30	7.08	0.70
胶　轮　车	台时	9.93	9.93	9.93	9.93	9.93	
编　　　　号		10892	10893	10894	10895	10896	10897

(3) Ⅳ类土

单位:100m³

项 目	单位	运 距 (km)					增运 1km
		1	2	3	4	5	
工 长	工时						
高 级 工	工时						
中 级 工	工时						
初 级 工	工时	42.8	42.8	42.8	42.8	42.8	
合 计	工时	42.8	42.8	42.8	42.8	42.8	
零星材料费	%	3	3	3	3	3	
反铲挖掘机 2m³	台时	0.74	0.74	0.74	0.74	0.74	
推 土 机 59kW	台时	0.37	0.37	0.37	0.37	0.37	
自卸汽车 8t	台时	7.07	9.27	11.30	13.21	15.03	1.69
10t	台时	6.44	8.31	10.03	11.64	13.18	1.42
12t	台时	5.84	7.47	8.96	10.38	11.74	1.25
15t	台时	4.82	6.13	7.33	8.45	9.54	0.99
18t	台时	4.42	5.50	6.51	7.45	8.35	0.83
20t	台时	4.08	5.08	6.00	6.87	7.71	0.76
胶 轮 车	台时	10.82	10.82	10.82	10.82	10.82	
编 号		10898	10899	10900	10901	10902	10903

一－52 胶带机运土

工作内容:看管、操作、检查、掌握漏斗下料、清理胶带机和移动等。

单位:100m³

项　　　目	单位	心、斜墙土料	一般土料
工　　长	工时		
高　级　工	工时		
中　级　工	工时		
初　级　工	工时	4.3	2.9
合　　计	工时	4.3	2.9
零星材料费	%	10	10
胶带输送机　800mm	台时	1.39	0.93
1000mm	台时	1.13	0.72
1200mm	台时	0.88	0.57
1400mm	台时	0.67	0.41
编　　　号		10904	10905

第二章

石方开挖工程

说　　明

一、本章定额包括一般石方、基础石方、坡面、沟槽、坑、平洞、斜井、竖井、地下厂房等石方开挖定额和石渣运输定额共 46 节。

二、本章定额计量单位,除注明者外,均按自然方计算。

三、各节石方开挖定额的工作内容,均包括钻孔、爆破、撬移、解小、翻渣、清面、修整断面、安全处理、挖排水沟坑等。并按各部位的不同要求,根据规范规定,考虑了保护层开挖等措施。使用定额时均不作调整。

四、一般石方开挖定额,适用于一般明挖石方和底宽超过 7m 的沟槽石方、上口面积大于 $160m^2$ 的坑挖石方、以及倾角小于或等于 20°并垂直于设计面平均厚度大于 5m 的坡面石方等开挖工程。

五、一般坡面石方开挖定额,适用于设计倾角大于 20°、垂直于设计面的平均厚度小于或等于 5m 的石方开挖工程。

六、沟槽石方开挖定额,适用于底宽小于或等于 7m、两侧垂直或有边坡的长条形石方开挖工程。如渠道、截水槽、排水沟、地槽等。

七、坡面沟槽石方开挖定额,适用于槽底轴线与水平夹角大于 20°的沟槽石方开挖工程。

八、坑石方开挖定额,适用于上口面积小于或等于 $160m^2$、深度小于或等于上口短边长度或直径的石方开挖工程。如墩基、柱基、机座、混凝土基坑、集水坑等。

九、基础石方开挖定额,适用于不同开挖深度的基础石方开挖工程。如混凝土坝、水闸、溢洪道、厂房、消力池等基础石方开挖工程。其中潜孔钻钻孔定额系按 100 型潜孔钻拟定,使用时不作调整。

十、平洞石方开挖定额,适用于水平夹角小于或等于 6°的洞挖工程。

十一、斜井石方开挖定额,适用于水平夹角为 45°至 75°的井挖工程。水平夹角 6°~45°的斜井,按斜井石方开挖定额乘 0.9 系数计算。

十二、竖井石方开挖定额,适用于水平夹角大于 75°,上口面积大于 5m² 深度大于上口短边长度或直径的洞挖工程。如调压井、闸门井等。

十三、地下厂房石方开挖定额,适用于地下厂房或窑洞式厂房开挖工程。

十四、平洞、斜井、竖井等各节石方开挖定额的开挖断面,系指设计开挖断面。

十五、石方开挖定额中所列"合金钻头",系指风钻(手持式、气腿式)所用的钻头;"钻头"系指液压履带钻或液压凿岩台车所用的钻头。

十六、炸药按 1~9kg 包装的炸药价格计算,其代表型号规格:

一般石方开挖:2 号岩石铵梯炸药;

边坡、槽、坑、基础石方开挖:2 号岩石铵梯炸药和 4 号抗水岩石铵梯炸药各半计算;

平洞、斜井、竖井、地下厂房石方开挖:4 号抗水岩石铵梯炸药。

十七、洞井石方开挖定额中通风机台时量系按一个工作面长度 400m 拟定。如工作面长度超过 400m 时,应按下表系数调整通风机台时定额量。

通风机调整系数表

工作面长度 (m)	系数	工作面长度 (m)	系数	工作面长度 (m)	系数
400	1.00	1000	1.80	1600	2.50
500	1.20	1100	1.91	1700	2.65
600	1.33	1200	2.00	1800	2.78
700	1.43	1300	2.15	1900	2.90
800	1.50	1400	2.29	2000	3.00
900	1.67	1500	2.40		

十八、当岩石级别高于ⅪⅤ级时,按各节ⅩⅢ～ⅪⅤ级岩石开挖定额,乘下表系数进行调整。

项　　　目	系　　　数		
	人　工	材　料	机　械
风钻为主各节定额	1.30	1.10	1.40
潜孔钻为主各节定额	1.20	1.10	1.30
液压钻、多臂钻为主各节定额	1.15	1.10	1.15

十九、挖掘机或装载机装石渣汽车运输定额,其露天与洞内定额的区分,按挖掘机或装载机装车地点确定。

二十、二-30节平洞石渣运输、二-31节斜井石渣运输、二-32节竖井石渣运输定额中的绞车规格,按下表选用。

竖井绞车选型表

竖井井深(m)		≤50	50～100	>100
单筒绞车	卷筒 $\Phi \times B$(m)	2.0×1.5		参考冶金、煤炭建井定额
	功率(kW)	30	55	
双筒绞车	卷筒 $\Phi \times B$(m)	2.0×1.5		
	功率(kW)	30		

斜 井 绞 车 选 型 表

斜井井深（m）			≤140	140～300	300～500	500～700	700～900
单筒绞车	≤10°	卷筒 $\Phi \times B$(m)	1.2×1.0			1.6×1.2	
		功率(kW)	30			75	
	10°～20°	卷筒 $\Phi \times B$(m)	1.2×1.0			1.6×1.2	
		功率(kW)	30		75		110
	20°～30°	卷筒 $\Phi \times B$(m)	1.2×1.0		1.6×1.2		2.0×1.5
		功率(kW)	30		75	110	155
双筒绞车	≤10°	卷筒 $\Phi \times B$(m)	1.2×1.0			1.6×1.2	
		功率(kW)	30			75	
	10°～20°	卷筒 $\Phi \times B$(m)	1.2×1.0			1.6×1.2	
		功率(kW)	30		75	110	155
	20°～30°	卷筒 $\Phi \times B$(m)	1.2×1.0		1.6×1.2		2.0×1.5
		功率(kW)	30	55	110		155

二－1　一般石方开挖——风钻钻孔

项　　　目	单位	岩石级别			
		V～Ⅷ	Ⅸ～Ⅹ	Ⅺ～Ⅻ	ⅩⅢ～ⅩⅣ
工　　长	工时	1.6	2.0	2.5	3.2
高　级　工	工时				
中　级　工	工时	11.1	18.1	27.5	43.6
初　级　工	工时	61.3	74.2	89.0	111.3
合　　计	工时	74.0	94.3	119.0	158.1
合金钻头	个	1.02	1.74	2.56	3.66
炸　　药	kg	26	34	41	47
雷　　管	个	24	31	37	43
导　线　火线	m	64	85	101	117
电线	m	117	155	184	214
其他材料费	%	18	18	18	18
风　钻　手持式	台时	4.47	8.13	13.43	22.75
其他机械费	%	10	10	10	10
石渣运输	m³	104	104	104	104
编　　号		20001	20002	20003	20004

二－2 一般石方开挖——80型潜孔钻钻孔

(1) 孔深≤6m

单位：100m³

项　目	单位	岩 石 级 别			
		V～Ⅷ	Ⅸ～Ⅹ	Ⅺ～Ⅻ	ⅩⅢ～ⅩⅣ
工　　长	工时	1.6	1.9	2.2	2.6
高　级　工	工时				
中　级　工	工时	10.1	12.7	14.9	17.5
初　级　工	工时	41.1	49.3	57.5	67.7
合　　计	工时	52.8	63.9	74.6	87.8
合金钻头	个	0.11	0.19	0.26	0.36
潜孔钻钻头　80型	个	0.29	0.44	0.63	0.88
冲　击　器	套	0.03	0.04	0.06	0.09
炸　　药	kg	46	53	60	67
火　雷　管	个	13	15	18	20
电　雷　管	个	12	14	15	17
导　火　线	m	26	32	37	42
导　电　线	m	72	82	91	101
其他材料费	%	22	22	22	22
风　钻　手持式	台时	1.55	2.32	2.94	3.56
潜　孔　钻　80型	台时	4.13	5.95	8.21	11.49
其他机械费	%	10	10	10	10
石渣运输	m³	104	104	104	104
编　　　　号		20005	20006	20007	20008

(2) 孔深 6～9m

项　　目	单位	岩　石　级　别			
		V～Ⅷ	Ⅸ～Ⅹ	Ⅺ～Ⅻ	ⅩⅢ～ⅩⅣ
工　　长	工时	1.1	1.5	1.7	2.0
高　级　工	工时				
中　级　工	工时	8.0	10.3	12.4	14.6
初　级　工	工时	28.6	35.0	41.6	49.9
合　　计	工时	37.7	46.8	55.7	66.5
合金钻头	个	0.11	0.19	0.26	0.36
潜孔钻钻头 80型	个	0.24	0.36	0.52	0.73
冲　击　器	套	0.02	0.04	0.05	0.07
炸　　药	kg	42	49	55	62
火　雷　管	个	13	15	18	20
电　雷　管	个	10	12	13	15
导　火　线	m	26	32	37	42
导　电　线	m	94	108	120	135
其他材料费	%	22	22	22	22
风　钻　手持式	台时	1.55	2.32	2.94	3.56
潜　孔　钻 80型	台时	3.41	4.97	6.90	9.71
其他机械费	%	10	10	10	10
石渣运输	m³	103	103	103	103
编　　　号		20009	20010	20011	20012

(3) 孔深＞9m

单位：100m³

项　　　目	单位	岩　石　级　别			
		V～Ⅷ	Ⅸ～Ⅹ	Ⅺ～Ⅻ	ⅩⅢ～ⅩⅣ
工　　长	工时	0.8	1.0	1.4	1.6
高　级　工	工时				
中　级　工	工时	6.7	8.8	10.5	12.5
初　级　工	工时	20.4	25.8	31.2	38.2
合　　计	工时	27.9	35.6	43.1	52.3
合金钻头	个	0.11	0.19	0.26	0.36
潜孔钻钻头 80 型	个	0.20	0.31	0.43	0.61
冲　击　器	套	0.02	0.03	0.04	0.06
炸　　药	kg	38	45	50	56
火　雷　管	个	13	15	18	20
电　雷　管	个	9	10	12	13
导　火　线	m	26	32	37	42
导　电　线	m	107	123	139	157
其他材料费	%	22	22	22	22
风　钻　手持式	台时	1.55	2.32	2.94	3.56
潜　孔　钻　80 型	台时	2.84	4.17	5.83	8.27
其他机械费	%	10	10	10	10
石渣运输	m³	102	102	102	102
编　　　　号		20013	20014	20015	20016

二－3 一般石方开挖——100型潜孔钻钻孔

（1） 孔深≤6m

单位：100m³

项　　目	单位	岩　石　级　别			
		V～Ⅷ	Ⅸ～Ⅹ	Ⅺ～Ⅻ	ⅩⅢ～ⅩⅣ
工　　长	工时	1.3	1.7	2.0	2.3
高　级　工	工时				
中　级　工	工时	8.9	11.1	13.1	15.1
初　级　工	工时	36.7	43.5	49.8	57.7
合　　计	工时	46.9	56.3	64.9	75.1
合金钻头	个	0.11	0.19	0.26	0.36
潜孔钻钻头　100型	个	0.19	0.29	0.41	0.58
冲　击　器	套	0.02	0.03	0.04	0.06
炸　　药	kg	50	58	66	74
火　雷　管	个	13	15	18	20
电　雷　管	个	8	9	10	11
导　火　线	m	26	32	37	42
导　电　线	m	51	57	63	70
其他材料费	%	22	22	22	22
风　钻　手持式	台时	1.55	2.32	2.94	3.56
潜　孔　钻　100型	台时	2.47	3.63	5.06	7.18
其他机械费	%	10	10	10	10
石渣运输	m³	104	104	104	104
编　　　号		20017	20018	20019	20020

（2）孔深6～9m

项　　　目	单位	岩　石　级　别			
		V～Ⅷ	Ⅸ～Ⅹ	Ⅺ～Ⅻ	ⅩⅢ～ⅩⅣ
工　　　长	工时	0.9	1.2	1.4	1.7
高　级　工	工时				
中　级　工	工时	7.1	9.1	10.7	12.7
初　级　工	工时	24.7	29.9	35.0	40.9
合　　　计	工时	32.7	40.2	47.1	55.3
合 金 钻 头	个	0.11	0.19	0.26	0.36
潜孔钻钻头 100型	个	0.16	0.23	0.32	0.45
冲　击　器	套	0.02	0.02	0.03	0.04
炸　　　药	kg	46	53	60	67
火　雷　管	个	13	15	18	20
电　雷　管	个	7	8	9	10
导　火　线	m	26	32	37	42
导　电　线	m	63	71	79	88
其他材料费	%	22	22	22	22
风　钻　手持式	台时	1.55	2.32	2.94	3.56
潜 孔 钻 100型	台时	1.92	2.85	4.01	5.71
其他机械费	%	10	10	10	10
石 渣 运 输	m³	103	103	103	103
编　　　号		20021	20022	20023	20024

(3) 孔深＞9m

单位:100m³

项　　目	单位	岩　石　级　别			
		V～Ⅷ	Ⅸ～Ⅹ	Ⅺ～Ⅻ	ⅩⅢ～ⅩⅣ
工　　长	工时	0.7	0.9	1.1	1.3
高　级　工	工时				
中　级　工	工时	6.2	8.0	9.7	11.4
初　级　工	工时	17.8	22.2	26.5	31.7
合　　计	工时	24.7	31.1	37.3	44.4
合金钻头	个	0.11	0.19	0.26	0.36
潜孔钻钻头　100型	个	0.13	0.20	0.28	0.39
冲　击　器	套	0.01	0.02	0.03	0.04
炸　　药	kg	42	49	55	62
火　雷　管	个	13	15	18	20
电　雷　管	个	6	7	8	9
导　火　线	m	26	32	37	42
导　电　线	m	73	84	94	106
其他材料费	%	22	22	22	22
风　钻　手持式	台时	1.55	2.32	2.94	3.56
潜　孔　钻　100型	台时	1.63	2.45	3.50	5.03
其他机械费	%	10	10	10	10
石　渣　运　输	m³	102	102	102	102
编　　　　号		20025	20026	20027	20028

二－4 一般石方开挖——150型潜孔钻钻孔

(1) 孔深≤6m

单位:100m³

项 目	单位	岩 石 级 别			
		V～Ⅷ	Ⅸ～Ⅹ	Ⅺ～Ⅻ	ⅩⅢ～ⅩⅣ
工 长	工时	1.2	1.5	1.8	2.0
高 级 工	工时				
中 级 工	工时	7.9	9.9	11.5	13.4
初 级 工	工时	33.5	39.3	44.4	50.4
合 计	工时	42.6	50.7	57.7	65.8
合 金 钻 头	个	0.11	0.19	0.26	0.36
潜孔钻钻头 150型	个	0.06	0.09	0.12	0.18
冲 击 器	套	0.01	0.01	0.01	0.02
炸 药	kg	55	64	72	81
火 雷 管	个	13	15	18	20
电 雷 管	个	5	5	6	7
导 火 线	m	26	32	37	42
导 电 线	m	36	40	44	48
其他材料费	%	18	18	18	18
风 钻 手持式	台时	1.55	2.32	2.94	3.56
潜 孔 钻 150型	台时	1.38	2.04	2.89	4.13
其他机械费	%	10	10	10	10
石 渣 运 输	m³	104	104	104	104
编 号		20029	20030	20031	20032

（2） 孔深 6～9m

项　　目	单位	岩　石　级　别			
		Ⅴ～Ⅷ	Ⅸ～Ⅹ	Ⅺ～Ⅻ	ⅩⅢ～ⅩⅣ
工　　　长	工时	0.9	1.1	1.3	1.4
高　级　工	工时				
中　级　工	工时	6.4	8.3	9.9	11.6
初　级　工	工时	22.5	27.0	31.0	35.8
合　　　计	工时	29.8	36.4	42.2	48.8
合 金 钻 头	个	0.11	0.19	0.26	0.36
潜孔钻钻头 150型	个	0.05	0.07	0.10	0.14
冲　击　器	套	0.01	0.01	0.01	0.01
炸　　　药	kg	50	58	66	74
火　雷　管	个	13	15	18	20
电　雷　管	个	4	5	5	6
导　火　线	m	26	32	37	42
导　电　线	m	47	52	58	64
其他材料费	%	18	18	18	18
风　钻　手持式	台时	1.55	2.32	2.94	3.56
潜 孔 钻 150型	台时	1.12	1.69	2.41	3.48
其他机械费	%	10	10	10	10
石 渣 运 输	m³	103	103	103	103
编　　　号		20033	20034	20035	20036

（3） 孔深＞9m

单位:100m³

项 目	单位	岩 石 级 别			
		V～Ⅷ	Ⅸ～Ⅹ	Ⅺ～Ⅻ	ⅩⅢ～ⅩⅣ
工 长	工时	0.6	0.8	0.9	1.1
高 级 工	工时				
中 级 工	工时	5.6	7.3	8.9	10.3
初 级 工	工时	15.8	19.4	22.7	26.6
合 计	工时	22.0	27.5	32.5	38.0
合金钻头	个	0.11	0.19	0.26	0.36
潜孔钻钻头 150型	个	0.04	0.06	0.08	0.11
冲 击 器	套	0.01	0.01	0.01	0.01
炸 药	kg	46	53	60	67
火 雷 管	个	13	15	18	20
电 雷 管	个	4	4	5	5
导 火 线	m	26	32	37	42
导 电 线	m	49	56	62	69
其他材料费	%	18	18	18	18
风 钻 手持式	台时	1.55	2.32	2.94	3.56
潜 孔 钻 150型	台时	0.86	1.32	1.92	2.80
其他机械费	%	10	10	10	10
石 渣 运 输	m³	102	102	102	102
编 号		20037	20038	20039	20040

二－5 一般石方开挖——液压钻钻孔(Φ64～76mm)

(1) 孔深≤6m

项 目	单位	岩 石 级 别			
		V～Ⅷ	Ⅸ～Ⅹ	Ⅺ～Ⅻ	XⅢ～XⅣ
工 长	工时	1.3	1.5	1.8	2.0
高 级 工	工时				
中 级 工	工时	9.4	11.8	13.6	15.7
初 级 工	工时	34.7	40.2	44.6	49.4
合 计	工时	45.4	53.5	60.0	67.1
合 金 钻 头	个	0.11	0.19	0.26	0.36
钻 头 Φ64～76mm	个	0.05	0.06	0.07	0.09
炸 药	kg	44	51	57	64
火 雷 管	个	13	15	18	20
电 雷 管	个	12	14	16	18
导 火 线	m	26	32	37	42
导 电 线	m	74	84	93	104
其他材料费	%	21	21	21	21
风 钻 手持式	台时	1.55	2.32	2.94	3.56
液压履带钻	台时	0.55	0.71	0.90	1.10
其他机械费	%	10	10	10	10
石渣运输	m³	104	104	104	104
编 号		20041	20042	20043	20044

(2) 孔深 6～9m

项　　　目	单位	岩　石　级　别			
		Ⅴ～Ⅷ	Ⅸ～Ⅹ	Ⅺ～Ⅻ	ⅩⅢ～ⅩⅣ
工　　　长	工时	0.9	1.1	1.3	1.5
高　级　工	工时				
中　级　工	工时	7.4	9.4	11.1	12.9
初　级　工	工时	23.1	27.2	30.7	34.2
合　　　计	工时	31.4	37.7	43.1	48.6
合金钻头	个	0.11	0.19	0.26	0.36
钻　头　Φ64～76mm	个	0.04	0.05	0.06	0.07
炸　　　药	kg	40	47	52	59
火　雷　管	个	13	15	18	20
电　雷　管	个	11	13	14	16
导　火　线	m	26	32	37	42
导　电　线	m	97	111	125	140
其他材料费	%	21	21	21	21
风　钻　手持式	台时	1.55	2.32	2.94	3.56
液压履带钻	台时	0.45	0.60	0.74	0.92
其他机械费	%	10	10	10	10
石渣运输	m³	103	103	103	103
编　　　号		20045	20046	20047	20048

(3) 孔深＞9m

项　　目	单位	岩　石　级　别			
		V～Ⅷ	Ⅸ～Ⅹ	Ⅺ～Ⅻ	ⅩⅢ～ⅩⅣ
工　　长	工时	0.7	0.8	1.0	1.1
高　级　工	工时				
中　级　工	工时	6.4	8.3	9.8	11.4
初　级　工	工时	16.5	19.9	22.7	25.7
合　　计	工时	23.6	29.0	33.5	38.2
合　金　钻　头	个	0.11	0.19	0.26	0.36
钻　头　Φ64～76mm	个	0.04	0.04	0.05	0.06
炸　　药	kg	37	43	48	54
火　雷　管	个	13	15	18	20
电　雷　管	个	10	11	13	15
导　火　线	m	26	32	37	42
导　电　线	m	117	135	152	172
其他材料费	%	21	21	21	21
风　钻　手持式	台时	1.55	2.32	2.94	3.56
液压履带钻	台时	0.44	0.58	0.73	0.90
其他机械费	%	10	10	10	10
石渣运输	m³	102	102	102	102
编　　　号		20049	20050	20051	20052

二–6 一般石方开挖——液压钻钻孔(Φ89～102mm)

(1) 孔深≤6m

项 目	单位	岩 石 级 别			
		V～Ⅷ	Ⅸ～Ⅹ	Ⅺ～Ⅻ	ⅩⅢ～ⅩⅣ
工 长	工时	1.3	1.5	1.6	1.9
高 级 工	工时				
中 级 工	工时	8.7	10.8	12.7	14.6
初 级 工	工时	33.7	38.9	43.1	47.7
合 计	工时	43.7	51.2	57.4	64.2
合 金 钻 头	个	0.11	0.19	0.26	0.36
钻 头 Φ89～102mm	个	0.03	0.04	0.05	0.05
炸 药	kg	50	58	66	74
火 雷 管	个	13	15	18	20
电 雷 管	个	8	9	10	11
导 火 线	m	26	32	37	42
导 电 线	m	51	57	63	70
其他材料费	%	21	21	21	21
风 钻 手持式	台时	1.55	2.32	2.94	3.56
液压履带钻	台时	0.49	0.64	0.81	1.04
其他机械费	%	10	10	10	10
石 渣 运 输	m³	104	104	104	104
编 号		20053	20054	20055	20056

(2) 孔深 6～9m

单位:100m³

项　　　目	单位	岩　石　级　别			
		V～Ⅷ	Ⅸ～Ⅹ	Ⅺ～Ⅻ	ⅩⅢ～ⅩⅣ
工　　　长	工时	0.9	1.0	1.2	1.3
高　级　工	工时				
中　级　工	工时	6.9	8.9	10.5	12.2
初　级　工	工时	22.3	26.3	29.5	33.0
合　　　计	工时	30.1	36.2	41.2	46.5
合金钻头	个	0.11	0.19	0.26	0.36
钻　　头　Φ89～102mm	个	0.02	0.03	0.04	0.04
炸　　药	kg	46	53	60	67
火　雷　管	个	13	15	18	20
电　雷　管	个	7	8	9	10
导　火　线	m	26	32	37	42
导　电　线	m	63	71	79	88
其他材料费	%	21	21	21	21
风　　钻　手持式	台时	1.55	2.32	2.94	3.56
液压履带钻	台时	0.39	0.51	0.64	0.82
其他机械费	%	10	10	10	10
石　渣　运　输	m³	103	103	103	103
编　　　　　号		20057	20058	20059	20060

(3) 孔深＞9m

项　　　　目	单位	岩　石　级　别			
		V～Ⅷ	Ⅸ～Ⅹ	Ⅺ～Ⅻ	ⅩⅢ～ⅩⅣ
工　　　长	工时	0.7	0.8	0.9	1.1
高　级　工	工时				
中　级　工	工时	6.1	7.9	9.5	11.0
初　级　工	工时	16.0	19.2	22.0	24.9
合　　　计	工时	22.8	27.9	32.4	37.0
合金钻头	个	0.11	0.19	0.26	0.36
钻　头　Φ89～102mm	个	0.02	0.03	0.03	0.04
炸　　　药	kg	42	49	55	62
火　雷　管	个	13	15	18	20
电　雷　管	个	6	7	8	9
导　火　线	m	26	32	37	42
导　电　线	m	71	82	92	104
其他材料费	%	21	21	21	21
风　钻　手持式	台时	1.55	2.32	2.94	3.56
液压履带钻	台时	0.38	0.48	0.62	0.79
其他机械费	%	10	10	10	10
石渣运输	m³	102	102	102	102
编　　　　号		20061	20062	20063	20064

二－7 一般坡面石方开挖

项　目	单位	岩　石　级　别			
		V～Ⅷ	Ⅸ～Ⅹ	Ⅺ～Ⅻ	ⅩⅢ～ⅩⅣ
工　　长	工时	3.1	3.6	4.2	5.1
高　级　工	工时				
中　级　工	工时	14.5	22.3	32.3	49.0
初　级　工	工时	134.7	154.4	174.9	203.0
合　　计	工时	152.3	180.3	211.4	257.1
合金钻头	个	1.02	1.74	2.56	3.66
炸　　药	kg	26	34	41	47
雷　　管	个	24	31	37	43
导　线　火线	m	64	85	101	117
电线	m	117	155	184	214
其他材料费	%	18	18	18	18
风　钻　手持式	台时	4.98	8.79	14.23	23.67
其他机械费	%	10	10	10	10
石渣运输	m³	108	108	108	108
编　　号		20065	20066	20067	20068

二-8 沟槽石方开挖

(1) 底宽≤1m

单位:100m³

项　　目	单位	岩石级别			
		Ⅴ～Ⅷ	Ⅸ～Ⅹ	Ⅺ～Ⅻ	ⅩⅢ～ⅩⅣ
工　　长	工时	17.0	22.9	29.5	39.0
高 级 工	工时				
中 级 工	工时	221.5	319.7	435.6	609.2
初 级 工	工时	611.9	799.4	1007.9	1299.9
合　　计	工时	850.4	1142.0	1473.0	1948.1
合 金 钻 头	个	10.53	17.12	24.38	33.96
炸　　药	kg	164	208	240	271
火 雷 管	个	712	902	1041	1175
导 火 线	m	1017	1289	1487	1678
其他材料费	%	3	3	3	3
风 钻 手持式	台时	44.04	73.22	113.05	180.78
其他机械费	%	10	10	10	10
石渣运输	m³	113	113	113	113
编　　号		20069	20070	20071	20072

（2）底宽 1~2m

项 目	单位	岩 石 级 别			
		V～Ⅷ	Ⅸ～Ⅹ	Ⅺ～Ⅻ	ⅩⅢ～ⅩⅣ
工 长	工时	9.9	13.1	16.8	21.9
高 级 工	工时				
中 级 工	工时	116.5	169.0	231.1	325.0
初 级 工	工时	368.3	472.5	587.7	748.5
合 计	工时	494.7	654.6	835.6	1095.4
合 金 钻 头	个	5.35	8.69	12.38	17.25
炸 药	kg	104	132	152	172
雷 管	个	263	333	384	434
导 线 火线	m	401	508	586	661
电线	m	300	381	439	496
其他材料费	%	5	5	5	5
风 钻 手持式	台时	23.56	39.35	61.08	98.15
其他机械费	%	10	10	10	10
石 渣 运 输	m³	110	110	110	110
编 号		20073	20074	20075	20076

（3）底宽 2~4m

项　　目	单位	岩　石　级　别			
		V~Ⅷ	Ⅸ~Ⅹ	Ⅺ~Ⅻ	ⅩⅢ~ⅩⅣ
工　　长	工时	5.5	7.1	8.9	11.7
高　级　工	工时				
中　级　工	工时	57.8	84.6	117.1	166.6
初　级　工	工时	206.2	261.7	322.5	407.5
合　　计	工时	269.5	353.4	448.5	585.8
合 金 钻 头	个	2.77	4.57	6.58	9.26
炸　　药	kg	65	83	97	111
雷　　管	个	97	124	145	165
导　线　火线	m	188	243	283	323
电线	m	237	306	357	406
其他材料费	%	7	7	7	7
风　钻　手持式	台时	12.18	20.70	32.49	52.65
其他机械费	%	10	10	10	10
石渣运输	m³	106	106	106	106
编　　　号		20077	20078	20079	20080

（4） 底宽4～7m

项 目	单位	岩 石 级 别			
		V～Ⅷ	Ⅸ～Ⅹ	Ⅺ～Ⅻ	ⅩⅢ～ⅩⅣ
工 长	工时	4.0	5.2	6.4	8.3
高 级 工	工时				
中 级 工	工时	35.9	53.1	74.5	107.7
初 级 工	工时	162.9	200.5	241.5	298.6
合 计	工时	202.8	258.8	322.4	414.6
合金钻头	个	1.84	3.03	4.35	6.10
炸 药	kg	47	60	70	79
雷 管	个	45	58	68	77
导 线 火线	m	116	149	174	197
电线	m	182	234	272	309
其他材料费	%	10	10	10	10
风 钻 手持式	台时	8.78	14.98	23.61	38.42
其他机械费	%	10	10	10	10
石渣运输	m³	105	105	105	105
编 号		20081	20082	20083	20084

二－9 坡面沟槽石方开挖

(1) 底宽≤1m

单位:100m³

项 目	单位	岩 石 级 别			
		V～Ⅷ	Ⅸ～Ⅹ	Ⅺ～Ⅻ	ⅩⅢ～ⅩⅣ
工 长	工时	17.5	23.4	30.0	39.6
高 级 工	工时				
中 级 工	工时	233.8	335.2	453.4	629.2
初 级 工	工时	623.5	811.8	1020.2	1312.7
合 计	工时	874.8	1170.4	1503.6	1981.5
合 金 钻 头	个	10.53	17.12	24.38	33.96
炸 药	kg	164	208	240	271
火 雷 管	个	712	902	1041	1175
导 火 线	m	1017	1289	1487	1678
其他材料费	%	3	3	3	3
风 钻 手持式	台时	49.21	79.77	120.61	189.30
其他机械费	%	10	10	10	10
石 渣 运 输	m³	113	113	113	113
编 号		20085	20086	20087	20088

（2） 底宽 1～2m

项　　目	单位	岩 石 级 别			
		V～Ⅷ	Ⅸ～Ⅹ	Ⅺ～Ⅻ	ⅩⅢ～ⅩⅣ
工　　长	工时	11.3	14.6	18.4	23.7
高　级　工	工时				
中　级　工	工时	124.0	177.9	241.2	336.4
初　级　工	工时	428.6	537.8	656.6	820.9
合　　计	工时	563.9	730.3	916.2	1181.0
合金钻头	个	5.35	8.69	12.38	17.25
炸　　药	kg	104	132	152	172
雷　　管	个	263	333	385	434
导　线　火线	m	401	508	586	661
电线	m	300	381	439	496
其他材料费	%	5	5	5	5
风　钻　手持式	台时	26.15	42.67	64.92	102.47
其他机械费	%	10	10	10	10
石渣运输	m³	110	110	110	110
编　　　号		20089	20090	20091	20092

（3）底宽 2~4m

项　目	单位	岩　石　级　别			
		Ⅴ~Ⅷ	Ⅸ~Ⅹ	Ⅺ~Ⅻ	ⅩⅢ~ⅩⅣ
工　长	工时	7.7	9.6	11.7	14.6
高 级 工	工时				
中 级 工	工时	63.3	91.3	124.4	174.7
初 级 工	工时	315.0	379.6	448.0	540.4
合　计	工时	386.0	480.5	584.1	729.7
合金钻头	个	2.77	4.57	6.58	9.26
炸　药	kg	65	83	97	111
雷　管	个	97	124	145	165
导　线　火线	m	188	243	283	323
电线	m	237	306	357	406
其他材料费	%	7	7	7	7
风　钻　手持式	台时	13.53	22.45	34.53	54.98
其他机械费	%	10	10	10	10
石渣运输	m³	106	106	106	106
编　　　号		20093	20094	20095	20096

（4） 底宽 4～7m

项　目	单位	岩　石　级　别			
		V～Ⅷ	Ⅸ～Ⅹ	Ⅺ～Ⅻ	ⅩⅢ～ⅩⅣ
工　　长	工时	6.3	7.6	9.2	11.1
高　级　工	工时				
中　级　工	工时	40.6	58.6	80.5	114.4
初　级　工	工时	269.4	316.1	364.4	428.8
合　　计	工时	316.3	382.3	454.1	554.3
合金钻头	个	1.84	3.03	4.35	6.10
炸　药	kg	47	60	70	79
雷　管	个	45	58	68	77
导　线　火线	m	116	149	174	197
电线	m	182	234	272	309
其他材料费	%	10	10	10	10
风　钻　手持式	台时	9.68	16.14	24.96	39.95
其他机械费	%	10	10	10	10
石渣运输	m³	105	105	105	105
编　　号		20097	20098	20099	20100

二－10　坑石方开挖

（1）　坑口面积≤2.5m²

单位:100m³

项　目	单位	岩石级别			
		Ⅴ～Ⅷ	Ⅸ～Ⅹ	Ⅺ～Ⅻ	ⅩⅢ～ⅩⅣ
工　长	工时	26.7	36.6	47.1	61.6
高级工	工时				
中级工	工时	361.3	529.1	709.0	964.4
初级工	工时	945.8	1263.8	1599.0	2052.9
合　计	工时	1333.8	1829.5	2355.1	3078.9
合金钻头	个	11.85	20.20	28.37	38.45
炸　药	kg	298	399	454	498
火雷管	个	708	946	1077	1183
导火线	m	1012	1352	1539	1690
其他材料费	%	2	2	2	2
风　钻　手持式	台时	49.56	86.40	131.52	204.61
其他机械费	%	10	10	10	10
石渣运输	m³	121	121	121	121
编　　号		20101	20102	20103	20104

（2） 坑口面积2.5～5m²

项　　目	单位	岩　石　级　别			
		Ⅴ～Ⅷ	Ⅸ～Ⅹ	Ⅺ～Ⅻ	ⅩⅢ～ⅩⅣ
工　　长	工时	20.3	27.6	35.4	46.2
高　级　工	工时				
中　级　工	工时	257.3	379.5	512.3	703.5
初　级　工	工时	736.9	971.3	1218.8	1555.5
合　　计	工时	1014.5	1378.4	1766.5	2305.2
合金钻头	个	8.79	14.96	20.99	28.43
炸　　药	kg	221	295	336	368
火　雷　管	个	394	526	598	656
导　火　线	m	638	851	968	1062
其他材料费	%	3	3	3	3
风　钻　手持式	台时	38.69	67.73	103.53	161.65
其他机械费	%	10	10	10	10
石渣运输	m³	116	116	116	116
编　　　　号		20105	20106	20107	20108

（3）坑口面积 5～10m²

项　目	单位	岩　石　级　别			
		V～Ⅷ	Ⅸ～Ⅹ	Ⅺ～Ⅻ	ⅩⅢ～ⅩⅣ
工　长	工时	13.1	17.5	22.2	28.7
高级工	工时				
中级工	工时	152.2	225.0	304.5	419.5
初级工	工时	488.3	632.0	782.9	987.2
合　计	工时	653.6	874.5	1109.6	1435.4
合金钻头	个	6.55	11.13	15.61	21.14
炸　药	kg	165	220	250	274
雷　管	个	235	313	356	390
导　线　火线	m	448	596	677	743
电线	m	519	691	786	862
其他材料费	%	4	4	4	4
风　钻　手持式	台时	28.82	50.41	77.01	120.22
其他机械费	%	10	10	10	10
石渣运输	m³	109	109	109	109
编　　号		20109	20110	20111	20112

（4）坑口面积 10～20m²

项　目	单位	岩　石　级　别			
		Ⅴ～Ⅷ	Ⅸ～Ⅹ	Ⅺ～Ⅻ	ⅩⅢ～ⅩⅣ
工　　长	工时	7.8	10.7	13.7	18.1
高　级　工	工时				
中　级　工	工时	100.9	148.8	203.0	282.9
初　级　工	工时	281.8	372.2	470.7	607.2
合　　计	工时	390.5	531.7	687.4	908.2
合金钻头	个	4.33	7.30	10.40	14.38
炸　　药	kg	109	144	166	186
雷　　管	个	167	221	254	283
导　线　火线	m	302	398	460	513
电线	m	314	413	479	539
其他材料费	%	5	5	5	5
风　钻　手持式	台时	19.04	33.06	51.31	81.76
其他机械费	%	10	10	10	10
石渣运输	m³	105	105	105	105
编　　号		20113	20114	20115	20116

（5） 坑口面积 20～40m²

单位:100m³

项　目	单位	岩　石　级　别			
		Ⅴ～Ⅷ	Ⅸ～Ⅹ	Ⅺ～Ⅻ	ⅩⅢ～ⅩⅣ
工　长	工时	5.7	7.9	10.3	13.8
高　级　工	工时				
中　级　工	工时	75.5	112.2	155.5	220.6
初　级　工	工时	206.9	275.0	350.5	457.2
合　计	工时	288.1	395.1	516.3	691.6
合金钻头	个	3.35	5.67	8.14	11.38
炸　药	kg	81	106	124	140
雷　管	个	111	147	170	191
导　线　火线	m	225	297	346	391
电线	m	274	362	424	482
其他材料费	%	6	6	6	6
风　钻　手持式	台时	15.49	27.07	42.66	69.10
其他机械费	%	10	10	10	10
石渣运输	m³	104	104	104	104
编　　　号		20117	20118	20119	20120

（6） 坑口面积 40～80m²

项　　目	单位	岩　石　级　别			
		Ⅴ～Ⅷ	Ⅸ～Ⅹ	Ⅺ～Ⅻ	ⅩⅢ～ⅩⅣ
工　　　长	工时	4.8	6.5	8.4	11.3
高　级　工	工时				
中　级　工	工时	59.8	90.1	126.1	180.7
初　级　工	工时	173.9	228.6	289.7	377.0
合　　　计	工时	238.5	325.2	424.2	569.0
合　金　钻　头	个	2.97	5.03	7.26	10.18
炸　　　药	kg	71	94	110	125
雷　　　管	个	81	108	125	141
导　　线　　火线	m	191	253	296	335
电线	m	272	361	423	482
其他材料费	%	7	7	7	7
风　钻　手持式	台时	13.73	24.10	38.13	61.98
其他机械费	%	10	10	10	10
石　渣　运　输	m³	103	103	103	103
编　　　号		20121	20122	20123	20124

(7) 坑口面积 80～160m²

单位:100m³

项 目	单位	岩 石 级 别			
		V～Ⅷ	Ⅸ～Ⅹ	Ⅺ～Ⅻ	ⅩⅢ～ⅩⅣ
工 长	工时	3.7	5.1	6.6	8.9
高 级 工	工时				
中 级 工	工时	45.8	69.5	98.0	142.6
初 级 工	工时	133.5	175.6	223.3	292.2
合 计	工时	183.0	250.2	327.9	443.7
合 金 钻 头	个	2.42	4.09	5.94	8.38
炸 药	kg	57	76	89	102
雷 管	个	56	75	87	99
导 线 火线	m	151	200	235	269
电线	m	233	308	363	416
其他材料费	%	8	8	8	8
风 钻 手持式	台时	11.33	19.88	31.65	51.84
其他机械费	%	10	10	10	10
石 渣 运 输	m³	103	103	103	103
编 号		20125	20126	20127	20128

二－11 基础石方开挖——风钻钻孔

（1） 开挖深度≤2m

项　　目	单位	岩　石　级　别			
		V～Ⅷ	Ⅸ～Ⅹ	Ⅺ～Ⅻ	ⅩⅢ～ⅩⅣ
工　　长	工时	5.4	6.6	8.2	10.7
高　级　工	工时				
中　级　工	工时	52.5	75.8	104.1	147.6
初　级　工	工时	205.0	251.0	300.9	371.2
合　　计	工时	262.9	333.4	413.2	529.5
合金钻头	个	2.89	4.75	6.80	9.57
炸　　药	kg	46	59	69	79
火　雷　管	个	264	331	382	432
导　火　线	m	392	493	569	644
其他材料费	%	7	7	7	7
风　钻　手持式	台时	11.72	19.92	31.52	51.52
其他机械费	%	10	10	10	10
石渣运输	m³	110	110	110	110
编　　号		20129	20130	20131	20132

（2） 开挖深度 3m

项 目	单位	岩 石 级 别			
		V～Ⅷ	Ⅸ～Ⅹ	Ⅺ～Ⅻ	ⅩⅢ～ⅩⅣ
工　　长	工时	4.3	5.3	6.8	8.4
高 级 工	工时				
中 级 工	工时	39.9	58.3	80.6	115.8
初 级 工	工时	168.6	204.9	244.6	300.8
合　　计	工时	212.8	268.5	332.0	425.0
合 金 钻 头	个	2.29	3.78	5.46	7.71
炸　　药	kg	40	51	61	70
火 雷 管	个	186	233	269	305
导 火 线	m	285	360	416	472
其他材料费	%	8	8	8	8
风 钻 手持式	台时	9.51	16.30	25.94	42.59
其他机械费	%	10	10	10	10
石 渣 运 输	m³	107	107	107	107
编　　　号		20133	20134	20135	20136

（3） 开挖深度 4m

单位:100m³

项 目	单位	岩 石 级 别			
		V～Ⅷ	Ⅸ～Ⅹ	Ⅺ～Ⅻ	ⅩⅢ～ⅩⅣ
工 长	工时	3.8	4.8	5.8	7.4
高 级 工	工时				
中 级 工	工时	33.6	49.5	69.0	99.8
初 级 工	工时	150.8	182.3	216.9	265.8
合 计	工时	188.2	236.6	291.7	373.0
合 金 钻 头	个	2.00	3.31	4.78	6.76
炸 药	kg	37	48	56	65
火 雷 管	个	146	184	213	242
导 火 线	m	232	293	340	386
其他材料费	%	9	9	9	9
风 钻 手持式	台时	8.42	14.51	23.16	38.13
其他机械费	%	10	10	10	10
石 渣 运 输	m³	105	105	105	105
编 号		20137	20138	20139	20140

(4) 开挖深度5m

单位:100m³

项 目	单位	岩 石 级 别			
		V～Ⅷ	Ⅸ～Ⅹ	Ⅺ～Ⅻ	ⅩⅢ～ⅩⅣ
工 长	工时	3.6	4.3	5.3	6.7
高 级 工	工时				
中 级 工	工时	29.8	44.2	62.1	90.3
初 级 工	工时	140.1	169.1	200.5	245.2
合 计	工时	173.5	217.6	267.9	342.2
合 金 钻 头	个	1.82	3.02	4.36	6.21
炸 药	kg	35	45	54	62
火 雷 管	个	101	127	146	165
电 雷 管	个	22	28	33	39
导 火 线	m	148	185	213	241
导 电 线	m	86	114	135	157
其他材料费	%	10	10	10	10
风 钻 手持式	台时	7.77	13.44	21.50	35.48
其他机械费	%	10	10	10	10
石 渣 运 输	m³	104	104	104	104
编 号		20141	20142	20143	20144

(5) 开挖深度6m

单位:100m³

项 目	单位	岩石级别			
		V～Ⅷ	Ⅸ～Ⅹ	Ⅺ～Ⅻ	ⅩⅢ～ⅩⅣ
工 长	工时	3.4	4.1	5.0	6.6
高 级 工	工时				
中 级 工	工时	28.1	41.6	58.6	85.6
初 级 工	工时	135.2	162.8	192.9	235.3
合 计	工时	166.7	208.5	256.5	327.5
合 金 钻 头	个	1.73	2.90	4.19	5.92
炸 药	kg	34	45	53	61
火 雷 管	个	88	110	127	143
电 雷 管	个	23	30	35	41
导 火 线	m	128	160	185	209
导 电 线	m	92	121	144	167
其他材料费	%	11	11	11	11
风 钻 手持式	台时	7.45	12.94	20.74	34.29
其他机械费	%	10	10	10	10
石 渣 运 输	m³	104	104	104	104
编 号		20145	20146	20147	20148

(6) 开挖深度 7.5m

项　　目	单位	岩石级别			
		V～Ⅷ	Ⅸ～Ⅹ	Ⅺ～Ⅻ	ⅩⅢ～ⅩⅣ
工　　长	工时	3.2	3.8	4.8	6.1
高　级　工	工时				
中　级　工	工时	24.9	37.2	52.7	77.5
初　级　工	工时	126.2	151.4	178.7	217.4
合　　计	工时	154.3	192.4	236.2	301.0
合金钻头	个	1.59	2.65	3.84	5.45
炸　　药	kg	32	42	50	58
火　雷　管	个	68	85	98	110
电　雷　管	个	24	31	37	43
导　火　线	m	99	123	142	161
导　电　线	m	98	129	154	178
其他材料费	%	12	12	12	12
风　钻　手持式	台时	6.88	11.99	19.29	31.93
其他机械费	%	10	10	10	10
石渣运输	m³	103	103	103	103
编　　　　号		20149	20150	20151	20152

二－12 基础石方开挖——潜孔钻钻孔

（1） 开挖深度 7.5m

单位:100m³

项 目	单位	岩 石 级 别			
		Ⅴ～Ⅷ	Ⅸ～Ⅹ	Ⅺ～Ⅻ	ⅩⅢ～ⅩⅣ
工 长	工时	2.2	2.8	3.5	4.4
高 级 工	工时				
中 级 工	工时	21.3	30.3	40.9	57.1
初 级 工	工时	78.1	96.2	115.9	143.0
合 计	工时	101.6	129.3	160.3	204.5
合金钻头	个	1.04	1.75	2.50	3.52
潜孔钻钻头 100型	个	0.09	0.14	0.19	0.27
冲 击 器	套	0.01	0.01	0.02	0.02
炸 药	kg	44	54	61	70
火 雷 管	个	75	94	108	122
电 雷 管	个	14	17	20	23
导 火 线	m	114	142	164	186
导 电 线	m	66	80	92	104
其他材料费	%	15	15	15	15
风 钻 手持式	台时	4.96	8.32	12.79	20.27
潜 孔 钻 100型	台时	1.13	1.67	2.37	3.38
其他机械费	%	10	10	10	10
石渣运输	m³	103	103	103	103
编 号		20153	20154	20155	20156

（2） 开挖深度10m

单位：100m³

项 目	单位	岩 石 级 别			
		Ⅴ～Ⅷ	Ⅸ～Ⅹ	Ⅺ～Ⅻ	ⅩⅢ～ⅩⅣ
工 长	工时	1.8	2.4	3.2	3.8
高 级 工	工时				
中 级 工	工时	18.2	25.7	34.3	47.6
初 级 工	工时	66.6	81.9	98.4	121.1
合 计	工时	86.6	110.0	135.9	172.5
合 金 钻 头	个	0.86	1.38	1.99	2.81
潜孔钻钻头 100型	个	0.10	0.16	0.22	0.31
冲 击 器	套	0.01	0.01	0.02	0.02
炸 药	kg	45	54	62	70
火 雷 管	个	59	74	85	96
电 雷 管	个	13	17	19	22
导 火 线	m	92	115	132	150
导 电 线	m	66	79	90	102
其他材料费	%	16	16	16	16
风 钻 手持式	台时	4.22	6.99	10.63	16.56
潜 孔 钻 100型	台时	1.32	1.95	2.76	3.94
其他机械费	%	10	10	10	10
石 渣 运 输	m³	103	103	103	103
编 号		20157	20158	20159	20160

（3） 开挖深度 15m

项　　目	单位	岩　石　级　别			
		V～Ⅷ	Ⅸ～Ⅹ	Ⅺ～Ⅻ	ⅩⅢ～ⅩⅣ
工　　长	工时	1.7	1.9	2.4	3.0
高　级　工	工时				
中　级　工	工时	14.2	20.5	27.3	37.0
初　级　工	工时	49.3	61.1	73.9	91.5
合　　计	工时	65.2	83.5	103.6	131.5
合金钻头	个	0.63	1.06	1.49	2.11
潜孔钻钻头　100型	个	0.10	0.16	0.22	0.31
冲　击　器	套	0.01	0.02	0.02	0.03
炸　　药	kg	43	51	58	65
火　雷　管	个	44	55	63	71
电　雷　管	个	12	15	17	20
导　火　线	m	70	87	101	114
导　电　线	m	75	89	101	114
其他材料费	%	17	17	17	17
风　钻　手持式	台时	3.49	5.68	8.47	12.88
潜　孔　钻　100型	台时	1.34	1.99	2.82	4.04
其他机械费	%	10	10	10	10
石渣运输	m³	102	102	102	102
编　　　号		20161	20162	20163	20164

（4） 开挖深度20m

项 目	单位	岩 石 级 别			
		V～Ⅷ	Ⅸ～Ⅹ	Ⅺ～Ⅻ	ⅩⅢ～ⅩⅣ
工　　长	工时	1.5	1.7	2.2	2.7
高　级　工	工时				
中　级　工	工时	13.0	18.2	24.0	32.3
初　级　工	工时	43.0	53.6	65.0	80.3
合　　计	工时	57.5	73.5	91.2	115.3
合金钻头	个	0.52	0.87	1.25	1.77
潜孔钻钻头　100型	个	0.11	0.17	0.24	0.33
冲　击　器	套	0.01	0.02	0.02	0.03
炸　　药	kg	43	51	58	65
火　雷　管	个	36	45	52	59
电　雷　管	个	12	15	17	19
导　火　线	m	59	74	85	96
导　电　线	m	77	89	101	114
其他材料费	%	18	18	18	18
风　钻　手持式	台时	3.12	5.05	7.40	11.06
潜孔钻　100型	台时	1.37	2.05	2.92	4.22
其他机械费	%	10	10	10	10
石渣运输	m³	102	102	102	102
编　　号		20165	20166	20167	20168

（5） 开挖深度30m

单位：100m³

项　　目	单位	岩　石　级　别			
		Ⅴ～Ⅷ	Ⅸ～Ⅹ	Ⅺ～Ⅻ	ⅩⅢ～ⅩⅣ
工　　长	工时	1.2	1.5	2.0	2.3
高　级　工	工时				
中　级　工	工时	11.5	16.0	20.8	27.6
初　级　工	工时	36.9	46.1	55.8	68.7
合　　计	工时	49.6	63.6	78.6	98.6
合　金　钻　头	个	0.43	0.70	1.00	1.41
潜孔钻钻头　100型	个	0.13	0.18	0.25	0.35
冲　击　器	套	0.01	0.02	0.03	0.04
炸　　药	kg	43	51	58	65
火　雷　管	个	28	35	40	46
电　雷　管	个	12	14	16	19
导　火　线	m	48	60	69	78
导　电　线	m	77	90	102	115
其他材料费	%	19	19	19	19
风　钻　手持式	台时	2.76	4.41	6.32	9.21
潜　孔　钻　100型	台时	1.45	2.18	3.11	4.47
其他机械费	%	10	10	10	10
石　渣　运　输	m³	102	102	102	102
编　　　　号		20169	20170	20171	20172

二－13 基础石方开挖——液压钻钻孔

（1） 开挖深度 7.5m

单位：100m³

项 目	单位	岩 石 级 别			
		V～Ⅷ	Ⅸ～Ⅹ	Ⅺ～Ⅻ	ⅫⅠ～ⅩⅣ
工 长	工时	2.2	2.8	3.4	4.3
高 级 工	工时				
中 级 工	工时	21.4	30.5	41.2	57.3
初 级 工	工时	77.3	94.6	113.3	139.0
合 计	工时	100.9	127.9	157.9	200.6
合 金 钻 头	个	1.04	1.75	2.50	3.52
液压钻钻头 Φ64～76	个	0.03	0.03	0.04	0.04
炸 药	kg	41	50	57	65
火 雷 管	个	75	94	108	122
电 雷 管	个	16	20	23	27
导 火 线	m	114	142	164	186
导 电 线	m	86	104	118	134
其他材料费	%	13	13	13	13
风 钻 手持式	台时	4.96	8.32	12.79	20.27
液压履带钻 Φ64～76	台时	0.27	0.35	0.43	0.54
其他机械费	%	10	10	10	10
石 渣 运 输	m³	103	103	103	103
编 号		20173	20174	20175	20176

(2) 开挖深度 10m

单位:100m³

项　　目	单位	岩　石　级　别			
		V～Ⅷ	Ⅸ～Ⅹ	Ⅺ～Ⅻ	ⅩⅢ～ⅩⅣ
工　　长	工时	1.9	2.4	3.0	3.7
高　级　工	工时				
中　级　工	工时	18.5	25.9	34.6	47.7
初　级　工	工时	65.4	80.0	95.6	116.4
合　　计	工时	85.8	108.3	133.2	167.8
合金钻头	个	0.86	1.38	1.99	2.81
液压钻钻头 Φ64～76	个	0.03	0.04	0.04	0.05
炸　　药	kg	41	49	56	64
火　雷　管	个	59	74	85	96
电　雷　管	个	16	20	23	26
导　火　线	m	92	115	132	149
导　电　线	m	90	107	122	137
其他材料费	%	14	14	14	14
风　钻　手持式	台时	4.22	6.99	10.63	16.56
液压履带钻 Φ64～76	台时	0.31	0.41	0.52	0.63
其他机械费	%	10	10	10	10
石渣运输	m³	103	103	103	103
编　　号		20177	20178	20179	20180

（3） 开挖深度15m

项 目	单位	岩 石 级 别			
		V～Ⅷ	Ⅸ～Ⅹ	Ⅺ～Ⅻ	ⅩⅢ～ⅩⅣ
工 长	工时	1.4	1.8	2.3	2.9
高 级 工	工时				
中 级 工	工时	14.8	20.7	27.3	37.1
初 级 工	工时	48.2	59.4	71.0	86.7
合 计	工时	64.4	81.9	100.6	126.7
合金钻头	个	0.63	1.06	1.49	2.11
液压钻钻头 Φ64～76	个	0.03	0.03	0.04	0.05
炸 药	kg	38	46	52	59
火 雷 管	个	44	54	63	71
电 雷 管	个	15	19	21	24
导 火 线	m	70	87	100	114
导 电 线	m	109	129	147	166
其他材料费	%	15	15	15	15
风 钻 手持式	台时	3.49	5.68	8.47	12.89
液压履带钻 Φ64～76	台时	0.35	0.46	0.58	0.70
其他机械费	%	10	10	10	10
石 渣 运 输	m³	102	102	102	102
编 号		20181	20182	20183	20184

（4）开挖深度 20m

项　　目	单位	岩　石　级　别			
		V～Ⅷ	Ⅸ～Ⅹ	Ⅺ～Ⅻ	ⅩⅢ～ⅩⅣ
工　　长	工时	1.5	1.6	2.1	2.5
高　级　工	工时				
中　级　工	工时	13.2	18.4	24.0	32.3
初　级　工	工时	41.9	51.7	61.9	75.3
合　　计	工时	56.6	71.7	88.0	110.1
合　金　钻　头	个	0.52	0.87	1.25	1.77
液压钻钻头　Φ64～76	个	0.03	0.04	0.04	0.05
炸　　药	kg	38	46	52	59
火　雷　管	个	36	45	52	59
电　雷　管	个	15	18	21	24
导　火　线	m	59	74	85	96
导　电　线	m	114	132	150	170
其他材料费	%	16	16	16	16
风　钻　手持式	台时	3.12	5.05	7.40	11.06
液压履带钻　Φ64～76	台时	0.37	0.49	0.61	0.76
其他机械费	%	10	10	10	10
石　渣　运　输	m³	102	102	102	102
编　　　　号		20185	20186	20187	20188

（5）开挖深度30m

单位:100m³

项　目	单位	岩　石　级　别			
		V～Ⅷ	Ⅸ～Ⅹ	Ⅺ～Ⅻ	ⅩⅢ～ⅩⅣ
工　　长	工时	1.3	1.4	1.9	2.2
高　级　工	工时				
中　级　工	工时	11.6	16.2	20.9	27.6
初　级　工	工时	35.7	44.1	52.5	63.3
合　　计	工时	48.6	61.7	75.3	93.1
合金钻头	个	0.43	0.70	1.00	1.41
液压钻钻头 Φ64～76	个	0.04	0.04	0.05	0.05
炸　　药	kg	38	45	51	58
火　雷　管	个	28	35	40	45
电　雷　管	个	15	18	21	24
导　火　线	m	48	60	69	78
导　电　线	m	116	136	154	174
其他材料费	%	17	17	17	17
风　钻　手持式	台时	2.76	4.41	6.32	9.21
液压履带钻 Φ64～76	台时	0.42	0.51	0.66	0.80
其他机械费	%	10	10	10	10
石渣运输	m³	102	102	102	102
编　　　　号		20189	20190	20191	20192

二－14 坡面基础石方开挖

（1） 开挖深度2m

单位:100m³

项 目	单位	岩 石 级 别			
		V～Ⅷ	Ⅸ～Ⅹ	Ⅺ～Ⅻ	ⅩⅢ～ⅩⅣ
工 长	工时	6.5	7.9	9.6	11.9
高 级 工	工时				
中 级 工	工时	54.1	77.5	105.4	148.6
初 级 工	工时	259.1	308.8	361.4	433.9
合 计	工时	319.7	394.2	476.4	594.4
合 金 钻 头	个	2.85	4.66	6.69	9.42
炸 药	kg	45	57	68	77
火 雷 管	个	264	331	382	432
导 火 线	m	392	492	569	644
其他材料费	%	7	7	7	7
风 钻 手持式	台时	12.19	20.42	30.59	51.75
其他机械费	%	10	10	10	10
石 渣 运 输	m³	112	112	112	112
编 号		20193	20194	20195	20196

·173·

（2）　开挖深度 3m

单位：100m³

项　目	单位	岩　石　级　别			
		V ～ Ⅷ	Ⅸ ～ Ⅹ	Ⅺ ～ Ⅻ	ⅩⅢ ～ ⅩⅣ
工　　长	工时	5.3	6.4	7.7	9.6
高　级　工	工时				
中　级　工	工时	41.0	59.1	81.0	115.4
初　级　工	工时	213.5	252.8	294.4	351.7
合　　计	工时	259.8	318.3	383.1	476.7
合金钻头	个	2.24	3.69	5.32	7.51
炸　　药	kg	38	50	59	67
火　雷　管	个	184	231	267	302
导　火　线	m	283	356	413	469
其他材料费	%	9	9	9	9
风　钻　手持式	台时	9.78	16.55	26.04	42.39
其他机械费	%	10	10	10	10
石渣运输	m³	108	108	108	108
编　　　号		20197	20198	20199	20200

(3) 开挖深度4m

项　　目	单位	岩　石　级　别			
		V～Ⅷ	Ⅸ～Ⅹ	Ⅺ～Ⅻ	ⅩⅢ～ⅩⅣ
工　　长	工时	4.8	5.8	6.9	8.6
高　级　工	工时				
中　级　工	工时	35.8	51.7	71.3	102.1
初　级　工	工时	194.9	230.3	267.5	318.7
合　　计	工时	235.5	287.8	345.7	429.4
合金钻头	个	1.99	3.29	4.76	6.73
炸　　药	kg	36	47	55	63
火　雷　管	个	152	191	221	251
导　火　线	m	239	302	351	398
其他材料费	%	10	10	10	10
风　钻　手持式	台时	8.83	15.00	23.68	38.65
其他机械费	%	10	10	10	10
石渣运输	m³	106	106	106	106
编　　　　号		20201	20202	20203	20204

（4） 开挖深度 5m

项 目	单位	岩 石 级 别			
		V～Ⅷ	Ⅸ～Ⅹ	Ⅺ～Ⅻ	ⅩⅢ～ⅩⅣ
工 长	工时	4.3	5.1	6.2	7.8
高 级 工	工时				
中 级 工	工时	30.4	44.4	61.6	88.9
初 级 工	工时	178.5	209.6	242.5	287.9
合 计	工时	213.2	259.1	310.3	384.6
合金钻头	个	1.75	2.91	4.22	5.98
炸 药	kg	33	44	52	60
火 雷 管	个	120	151	175	199
导 火 线	m	195	248	288	328
其他材料费	%	11	11	11	11
风 钻 手持式	台时	7.86	13.46	21.34	34.93
其他机械费	%	10	10	10	10
石 渣 运 输	m³	105	105	105	105
编 号		20205	20206	20207	20208

二－15 平洞石方开挖——风钻钻孔

（1） 开挖断面≤10m²

单位:100m³

项　　目	单位	岩　石　级　别			
		V～Ⅷ	Ⅸ～Ⅹ	Ⅺ～Ⅻ	ⅩⅢ～ⅩⅣ
工　　长	工时	14.2	19.9	26.4	36.1
高　级　工	工时				
中　级　工	工时	264.8	379.4	512.9	711.0
初　级　工	工时	433.0	593.8	782.6	1057.5
合　　计	工时	712.0	993.1	1321.9	1804.6
合金钻头	个	6.89	11.68	16.35	22.12
炸　　药	kg	174	230	262	287
雷　　管	个	247	328	373	408
导　线　火线	m	471	625	710	778
电线	m	524	692	790	869
其他材料费	%	6	6	6	6
风　钻　气腿式	台时	41.56	74.18	120.65	196.35
轴流通风机　14kW	台时	24.86	29.84	35.80	42.97
其他机械费	%	6	6	6	6
石渣运输	m³	125	125	125	125
编　　号		20209	20210	20211	20212

·177·

(2) 开挖断面 15m²

单位:100m³

项 目	单位	岩 石 级 别			
		V～Ⅷ	Ⅸ～Ⅹ	Ⅺ～Ⅻ	XⅢ～XⅣ
工 长	工时	12.1	16.2	21.1	28.3
高 级 工	工时				
中 级 工	工时	187.5	264.8	359.0	502.2
初 级 工	工时	407.7	531.1	675.6	885.0
合 计	工时	607.3	812.1	1055.7	1415.5
合金钻头	个	4.51	7.65	10.95	15.21
炸 药	kg	112	148	171	193
雷 管	个	157	208	239	267
导 线 火线	m	306	406	470	528
电线	m	350	464	542	613
其他材料费	%	9	9	9	9
风 钻 气腿式	台时	19.24	34.43	56.65	93.43
风 钻 手持式	台时	8.79	15.92	27.23	46.79
轴流通风机 37kW	台时	22.07	26.48	31.78	38.13
其他机械费	%	8	8	8	8
石渣运输	m³	121	121	121	121
编 号		20213	20214	20215	20216

（3）开挖断面 30m²

项　　　目	单位	岩　石　级　别			
		V～Ⅷ	Ⅸ～Ⅹ	Ⅺ～Ⅻ	ⅩⅢ～ⅩⅣ
工　　　长	工时	8.9	12.1	16.0	21.8
高　级　工	工时				
中　级　工	工时	133.4	194.0	271.3	390.9
初　级　工	工时	303.3	399.2	514.7	685.3
合　　　计	工时	445.6	605.3	802.0	1098.0
合　金　钻　头	个	3.81	6.45	9.34	13.10
炸　　　药	kg	93	123	145	164
雷　　　管	个	114	151	176	198
导　线　火线	m	250	331	387	440
电线	m	335	443	521	596
其他材料费	%	9	9	9	9
风　钻　气腿式	台时	15.48	27.82	46.44	77.79
风　钻　手持式	台时	8.46	15.31	26.18	44.98
轴流通风机　37kW	台时	17.53	21.03	25.24	30.29
其他机械费	%	8	8	8	8
石　渣　运　输	m³	117	117	117	117
编　　　号		20217	20218	20219	20220

(4) 开挖断面 60m²

项　　目	单位	岩　石　级　别			
		V～Ⅷ	Ⅸ～Ⅹ	Ⅺ～Ⅻ	ⅩⅢ～ⅩⅣ
工　　长	工时	7.4	10.0	13.5	18.8
高　级　工	工时				
中　级　工	工时	109.3	161.7	229.9	337.3
初　级　工	工时	252.2	332.9	431.8	580.0
合　　计	工时	368.9	504.6	675.2	936.1
合金钻头	个	3.56	6.03	8.73	12.29
炸　　药	kg	87	115	135	154
雷　　管	个	94	125	146	165
导　线　火线	m	228	301	353	402
电线	m	324	429	505	578
其他材料费	%	10	10	10	10
风　钻　气腿式	台时	14.37	25.84	43.25	72.66
风　钻　手持式	台时	8.06	14.59	24.94	42.86
轴流通风机 55kW	台时	13.30	15.95	19.14	22.97
其他机械费	%	8	8	8	8
石渣运输	m³	113	113	113	113
编　　　　号		20221	20222	20223	20224

（5） 开挖断面120m²

项 目	单位	岩 石 级 别			
		V～Ⅷ	Ⅸ～Ⅹ	Ⅺ～Ⅻ	ⅩⅢ～ⅩⅣ
工 长	工时	5.9	8.2	11.2	15.8
高 级 工	工时				
中 级 工	工时	86.9	131.3	191.1	286.6
初 级 工	工时	204.8	271.6	356.0	484.4
合 计	工时	297.6	411.1	558.3	786.8
合金钻头	个	3.21	5.44	7.95	11.26
炸 药	kg	78	103	122	140
雷 管	个	79	104	123	141
导 线 火线	m	203	268	317	364
电线	m	308	409	483	556
其他材料费	%	11	11	11	11
风 钻 气腿式	台时	12.95	23.08	38.37	66.07
风 钻 手持式	台时	7.48	13.81	24.30	40.85
轴流通风机 55kW	台时	10.43	12.52	15.02	18.03
其他机械费	%	9	9	9	9
石 渣 运 输	m³	109	109	109	109
编 号		20225	20226	20227	20228

（6） 开挖断面≥240m²

项 目	单位	岩 石 级 别			
		Ⅴ～Ⅷ	Ⅸ～Ⅹ	Ⅺ～Ⅻ	ⅩⅢ～ⅩⅣ
工 长	工时	5.2	7.3	9.9	14.1
高 级 工	工时				
中 级 工	工时	75.0	115.2	170.6	259.9
初 级 工	工时	178.3	237.4	313.4	430.9
合 计	工时	258.5	359.9	493.9	704.9
合 金 钻 头	个	3.06	5.19	7.59	10.80
炸 药	kg	74	98	116	134
雷 管	个	72	95	113	130
导 线 火线	m	192	254	301	347
电线	m	298	395	468	540
其他材料费	%	12	12	12	12
风 钻 气腿式	台时	12.62	22.18	36.94	63.70
风 钻 手持式	台时	6.94	13.16	23.28	39.41
轴流通风机 55kW	台时	9.02	10.83	12.99	15.59
其他机械费	%	10	10	10	10
石 渣 运 输	m³	106	106	106	106
编 号		20229	20230	20231	20232

二－16 平洞石方开挖——二臂液压凿岩台车

（1） 开挖断面≤30m²

项 目	单位	岩 石 级 别			
		V～Ⅷ	Ⅸ～Ⅹ	Ⅺ～Ⅻ	ⅩⅢ～ⅩⅣ
工 长	工时	7.3	9.4	11.4	13.8
高 级 工	工时				
中 级 工	工时	79.4	103.6	124.2	148.7
初 级 工	工时	161.2	206.9	251.3	306.5
合 计	工时	247.9	319.9	386.9	469.0
钻 头 Φ45mm	个	0.51	0.61	0.72	0.82
钻 头 Φ102mm	个	0.01	0.01	0.01	0.02
炸 药	kg	134	153	173	190
非电毫秒雷管	个	103	118	134	147
导 爆 管	m	693	792	898	984
其他材料费	%	28	28	28	28
凿 岩 台 车 二臂	台时	2.46	2.97	3.61	4.29
平 台 车	台时	1.17	1.33	1.52	1.66
轴流通风机 37kW	台时	16.06	19.27	23.13	27.76
其他机械费	%	3	3	3	3
石渣运输	m³	117	117	117	117
编 号		20233	20234	20235	20236

(2) 开挖断面 60m²

项　　目	单位	岩　石　级　别			
		V～Ⅷ	Ⅸ～Ⅹ	Ⅺ～Ⅻ	ⅩⅢ～ⅩⅣ
工　　长	工时	5.2	6.6	8.0	9.7
高　级　工	工时				
中　级　工	工时	55.7	73.2	87.7	104.6
初　级　工	工时	112.1	144.2	175.2	213.2
合　　计	工时	173.0	224.0	270.9	327.5
钻　头　Φ45mm	个	0.42	0.50	0.60	0.67
钻　头　Φ102mm	个	0.01	0.01	0.01	0.01
炸　　药	kg	110	126	143	156
非电毫秒雷管	个	85	97	110	120
导　爆　管	m	580	664	753	824
其他材料费	%	28	28	28	28
凿岩台车　二臂	台时	2.02	2.43	2.98	3.53
平　台　车	台时	1.20	1.37	1.56	1.71
轴流通风机　55kW	台时	11.93	14.33	17.19	20.62
其他机械费	%	3	3	3	3
石渣运输	m³	113	113	113	113
编　　　　号		20237	20238	20239	20240

二-17 平洞石方开挖——三臂液压凿岩台车

（1） 开挖断面≤30m²

单位：100m³

项 目	单位	岩 石 级 别			
		V～Ⅷ	Ⅸ～Ⅹ	Ⅺ～Ⅻ	ⅩⅢ～ⅩⅣ
工 长	工时	7.1	9.0	11.1	13.4
高 级 工	工时				
中 级 工	工时	75.7	99.4	119.4	143.4
初 级 工	工时	155.9	200.5	244.0	298.1
合 计	工时	238.7	308.9	374.5	454.9
钻 头 Φ45mm	个	0.51	0.61	0.72	0.82
钻 头 Φ102mm	个	0.01	0.01	0.01	0.02
炸 药	kg	134	153	173	190
非电毫秒雷管	个	103	118	134	147
导 爆 管	m	693	792	898	984
其他材料费	%	28	28	28	28
凿岩台车 三臂	台时	1.64	1.98	2.41	2.86
平 台 车	台时	1.17	1.33	1.52	1.66
轴流通风机 37kW	台时	16.06	19.27	23.13	27.76
其他机械费	%	3	3	3	3
石 渣 运 输	m³	117	117	117	117
编 号		20241	20242	20243	20244

（2） 开挖断面 60m²

单位：100m³

项 目	单位	岩 石 级 别			
		V～Ⅷ	Ⅸ～Ⅹ	Ⅺ～Ⅻ	ⅩⅢ～ⅩⅣ
工 长	工时	5.0	6.5	7.8	9.5
高 级 工	工时				
中 级 工	工时	53.8	70.9	85.2	101.8
初 级 工	工时	109.1	140.6	170.8	208.3
合 计	工时	167.9	218.0	263.8	319.6
钻 头 Φ45mm	个	0.42	0.50	0.60	0.67
钻 头 Φ102mm	个	0.01	0.01	0.01	0.01
炸 药	kg	110	126	143	156
非电毫秒雷管	个	85	97	110	120
导 爆 管	m	580	664	753	824
其他材料费	%	28	28	28	28
凿岩台车 三臂	台时	1.35	1.62	1.98	2.35
平 台 车	台时	1.20	1.37	1.56	1.71
轴流通风机 55kW	台时	11.93	14.33	17.19	20.62
其他机械费	%	3	3	3	3
石 渣 运 输	m³	113	113	113	113
编 号		20245	20246	20247	20248

(3) 开挖断面 120m²

项　目	单位	岩　石　级　别			
		V～Ⅷ	Ⅸ～Ⅹ	Ⅺ～Ⅻ	ⅩⅢ～ⅩⅣ
工　　长	工时	3.7	4.8	5.7	6.9
高　级　工	工时				
中　级　工	工时	37.3	48.5	58.3	70.0
初　级　工	工时	86.2	107.6	128.2	153.1
合　　计	工时	127.2	160.9	192.2	230.0
钻　头　Φ45mm	个	0.30	0.36	0.44	0.51
钻　头　Φ102mm	个	0.01	0.01	0.01	0.01
炸　　药	kg	79	92	107	121
非电毫秒雷管	个	60	69	81	92
导　爆　管	m	416	481	562	637
其他材料费	%	28	28	28	28
凿岩台车　三臂	台时	0.96	1.16	1.45	1.78
平　台　车	台时	1.32	1.53	1.79	2.05
轴流通风机　55kW	台时	9.45	11.35	13.62	16.34
其他机械费	%	3	3	3	3
石　渣　运　输	m³	109	109	109	109
编　　号		20249	20250	20251	20252

（4） 开挖断面≥240m²

项　　目	单位	岩石级别 V～Ⅷ	岩石级别 Ⅸ～Ⅹ	岩石级别 Ⅺ～Ⅻ	岩石级别 ⅩⅢ～ⅩⅣ
工　　长	工时	3.0	3.9	4.5	5.4
高　级　工	工时				
中　级　工	工时	29.5	38.4	46.2	55.0
初　级　工	工时	70.2	86.7	102.4	121.2
合　　计	工时	102.7	129.0	153.1	181.6
钻　头　Φ45mm	个	0.27	0.34	0.40	0.47
钻　头　Φ102mm	个	0.01	0.01	0.01	0.01
炸　　药	kg	74	85	100	113
非电毫秒雷管	个	56	64	75	85
导　爆　管	m	389	450	526	598
其他材料费	%	28	28	28	28
凿岩台车　三臂	台时	0.88	1.08	1.36	1.66
平　台　车	台时	1.52	1.77	2.08	2.38
轴流通风机　55kW	台时	7.95	9.53	11.43	13.73
其他机械费	%	3	3	3	3
石渣运输	m³	106	106	106	106
编　　号		20253	20254	20255	20256

二－18 斜井石方开挖——风钻钻孔(下行)

(1) 开挖断面≤10m²

项 目		单位	岩 石 级 别			
			V～Ⅷ	Ⅸ～Ⅹ	Ⅺ～Ⅻ	ⅩⅢ～ⅩⅣ
工 长		工时	15.9	22.3	31.0	44.8
高 级 工		工时				
中 级 工		工时	322.7	488.9	677.2	974.1
初 级 工		工时	454.4	602.6	843.0	1221.5
合 计		工时	793.0	1113.8	1551.2	2240.4
合 金 钻 头		个	11.19	19.01	26.66	36.10
炸 药		kg	290	387	440	482
雷 管		个	401	534	607	666
导 线	火线	m	764	1018	1157	1269
	电线	m	887	1181	1342	1472
其他材料费		%	4	4	4	4
风 钻 手持式		台时	71.54	128.07	208.55	339.63
轴流通风机 14kW		台时	51.47	61.77	74.13	88.95
其他机械费		%	6	6	6	6
石 渣 运 输		m³	125	125	125	125
编 号			20257	20258	20259	20260

(2) 开挖断面 15m²

单位:100m³

项　　　目	单位	岩 石 级 别			
		V～Ⅷ	Ⅸ～Ⅹ	Ⅺ～Ⅻ	ⅩⅢ～ⅩⅣ
工　　　长	工时	13.6	18.9	25.5	35.4
高　级　工	工时				
中　级　工	工时	220.6	327.2	460.8	666.9
初　级　工	工时	444.2	598.6	786.6	1066.8
合　　　计	工时	678.4	944.7	1272.9	1769.1
合金钻头	个	6.60	11.15	15.91	22.04
炸　　　药	kg	166	219	253	284
雷　　　管	个	238	315	362	404
导　线　火线	m	452	597	690	773
电线	m	493	649	754	851
其他材料费	%	6	6	6	6
风　钻　气腿式	台时	13.46	23.48	40.19	68.03
风　钻　手持式	台时	30.01	54.27	89.01	147.38
轴流通风机　37kW	台时	37.89	45.47	54.56	65.48
其他机械费	%	7	7	7	7
石渣运输	m³	121	121	121	121
编　　　号		20261	20262	20263	20264

（3）开挖断面 30m²

单位:100m³

项　　目	单位	岩　石　级　别			
		Ⅴ～Ⅷ	Ⅸ～Ⅹ	Ⅺ～Ⅻ	ⅩⅢ～ⅩⅣ
工　　　长	工时	11.8	16.0	21.5	29.9
高　级　工	工时				
中　级　工	工时	170.4	254.5	364.3	536.7
初　级　工	工时	404.7	532.3	689.2	924.6
合　　　计	工时	586.9	802.8	1075.0	1491.2
合金钻头	个	5.57	9.38	13.50	18.87
炸　　药	kg	138	181	211	239
雷　　管	个	178	235	273	307
导　线　火线	m	371	488	569	644
电线	m	454	595	696	792
其他材料费	%	6	6	6	6
风　钻　气腿式	台时	12.75	22.77	38.65	65.99
风　钻　手持式	台时	24.43	43.67	72.68	121.42
轴流通风机　37kW	台时	23.49	28.20	33.83	40.60
其他机械费	%	8	8	8	8
石渣运输	m³	117	117	117	117
编　　　　号		20265	20266	20267	20268

（4） 开挖断面 60m²

单位：100m³

项 目	单位	岩 石 级 别			
		V～Ⅷ	Ⅸ～Ⅹ	Ⅺ～Ⅻ	ⅩⅢ～ⅩⅣ
工 长	工时	9.7	13.2	17.6	24.5
高 级 工	工时				
中 级 工	工时	128.7	196.5	286.4	429.1
初 级 工	工时	343.9	448.4	577.6	772.0
合 计	工时	482.3	658.1	881.6	1225.6
合金钻头	个	4.64	7.88	11.39	16.01
炸 药	kg	115	152	178	203
雷 管	个	124	165	193	218
导 线 火线	m	298	395	462	526
电线	m	430	570	669	764
其他材料费	%	7	7	7	7
风 钻 气腿式	台时	12.24	22.07	37.47	64.16
风 钻 手持式	台时	18.72	33.75	56.61	94.95
轴流通风机 55kW	台时	15.13	18.15	21.78	26.13
其他机械费	%	8	8	8	8
石渣运输	m³	113	113	113	113
编 号		20269	20270	20271	20272

（5） 开挖断面 120m²

单位:100m³

项　　目	单位	岩　石　级　别			
		V～Ⅷ	Ⅸ～Ⅹ	Ⅺ～Ⅻ	ⅩⅢ～ⅩⅣ
工　　长	工时	8.7	11.7	15.6	21.6
高　级　工	工时				
中　级　工	工时	103.9	160.6	238.4	364.0
初　级　工	工时	321.1	411.9	524.9	695.7
合　　计	工时	433.7	584.2	778.9	1081.3
合　金　钻　头	个	4.11	6.96	10.14	14.38
炸　　药	kg	100	133	157	180
雷　　管	个	102	135	159	181
导　线　火线	m	259	344	406	465
电线	m	393	520	615	707
其他材料费	%	8	8	8	8
风　钻　气腿式	台时	11.61	21.00	35.93	61.72
风　钻　手持式	台时	16.03	28.92	48.83	82.74
轴流通风机　55kW	台时	9.64	11.58	13.89	16.67
其他机械费	%	9	9	9	9
石　渣　运　输	m³	109	109	109	109
编　　　　号		20273	20274	20275	20276

（6）　开挖断面≥240m²

项　目	单位	岩石级别			
		V～Ⅷ	Ⅸ～Ⅹ	Ⅺ～Ⅻ	ⅩⅢ～ⅩⅣ
工　　长	工时	8.0	10.7	14.4	20.0
高级工	工时				
中级工	工时	90.3	141.3	213.1	329.9
初级工	工时	303.8	386.8	490.3	648.1
合　　计	工时	402.1	538.8	717.8	998.0
合金钻头	个	3.87	6.57	9.60	13.65
炸　药	kg	94	124	147	170
雷　管	个	92	121	144	165
导线　火线	m	243	321	381	438
电线	m	376	498	591	682
其他材料费	%	9	9	9	9
风钻　气腿式	台时	10.97	19.86	33.99	59.07
风钻　手持式	台时	15.21	27.47	46.66	78.93
轴流通风机　55kW	台时	6.37	7.64	9.16	11.00
其他机械费	%	10	10	10	10
石渣运输	m³	106	106	106	106
编　　号		20277	20278	20279	20280

二－19 斜井石方开挖——风钻钻孔(上行)

(1) 开挖断面≤10m²

单位:100m³

项　　目	单位	岩　石　级　别			
		V～Ⅷ	Ⅸ～Ⅹ	Ⅺ～Ⅻ	ⅩⅢ～ⅩⅣ
工　　长	工时	17.7	26.6	37.1	53.0
高　级　工	工时				
中　级　工	工时	369.4	600.2	830.3	1175.1
初　级　工	工时	501.1	701.9	987.2	1418.2
合　　计	工时	888.2	1328.7	1854.6	2646.3
合金钻头	个	9.39	15.92	22.29	30.16
炸　　药	kg	237	314	357	391
雷　　管	个	337	448	508	557
导　线　火线	m	642	853	968	1061
电线	m	745	989	1122	1230
其他材料费	%	5	5	5	5
风　钻　气腿式	台时	72.09	128.64	209.21	340.62
轴流通风机 14kW	台时	33.15	39.78	47.74	57.29
其他机械费	%	6	6	6	6
石渣运输	m³	125	125	125	125
编　　号		20281	20282	20283	20284

(2) 开挖断面 15m²

项　目	单位	岩　石　级　别			
		V～Ⅷ	Ⅸ～Ⅹ	Ⅺ～Ⅻ	ⅩⅢ～ⅩⅣ
工　　长	工时	15.8	21.8	28.9	39.9
高　级　工	工时				
中　级　工	工时	281.4	408.3	556.8	779.9
初　级　工	工时	488.7	657.6	858.4	1155.2
合　　计	工时	785.9	1087.7	1444.1	1975.0
合金钻头	个	6.17	10.40	14.85	20.60
炸　　药	kg	152	201	232	260
雷　　管	个	218	288	332	370
导　线　火线	m	421	555	641	719
电线	m	467	614	714	806
其他材料费	%	6	6	6	6
风　钻　气腿式	台时	31.36	56.58	93.01	153.33
风　钻　手持式	台时	13.32	23.21	39.41	67.30
轴流通风机　37kW	台时	30.16	36.19	43.43	52.12
其他机械费	%	7	7	7	7
石渣运输	m³	121	121	121	121
编　　　　号		20285	20286	20287	20288

（3）开挖断面 30m²

项 目	单位	岩 石 级 别			
		Ⅴ～Ⅷ	Ⅸ～Ⅹ	Ⅺ～Ⅻ	ⅩⅢ～ⅩⅣ
工 长	工时	12.8	17.4	23.2	31.9
高 级 工	工时				
中 级 工	工时	201.7	296.3	413.8	595.2
初 级 工	工时	427.6	562.9	726.3	970.3
合 计	工时	642.1	876.6	1163.3	1597.4
合 金 钻 头	个	5.35	9.00	12.95	18.13
炸 药	kg	131	172	200	227
雷 管	个	168	221	257	290
导 线 火线	m	355	466	544	616
电线	m	440	577	675	769
其他材料费	%	7	7	7	7
风 钻 气腿式	台时	25.05	44.72	74.34	124.11
风 钻 手持式	台时	12.75	22.77	38.65	65.99
轴流通风机 37kW	台时	19.51	23.41	28.10	33.72
其他机械费	%	8	8	8	8
石渣运输	m³	117	117	117	117
编 号		20289	20290	20291	20292

（4） 开挖断面 60m²

单位:100m³

项　目	单位	岩　石　级　别			
		V～Ⅷ	Ⅸ～Ⅹ	Ⅺ～Ⅻ	ⅩⅢ～ⅩⅣ
工　　长	工时	10.1	13.8	18.4	25.6
高　级　工	工时				
中　级　工	工时	141.7	213.6	307.5	455.6
初　级　工	工时	355.3	463.7	596.8	797.0
合　　计	工时	507.1	691.1	922.7	1278.2
合　金　钻　头	个	4.46	7.56	10.94	15.40
炸　　药	kg	109	144	169	193
雷　　管	个	118	156	182	207
导　线　火线	m	285	378	443	504
电线	m	415	550	647	739
其他材料费	%	7	7	7	7
风　钻　气腿式	台时	19.23	34.60	57.97	97.15
风　钻　手持式	台时	12.24	22.07	37.47	64.16
轴流通风机　55kW	台时	12.06	14.48	17.38	20.85
其他机械费	%	8	8	8	8
石　渣　运　输	m³	113	113	113	113
编　　　　号		20293	20294	20295	20296

（5） 开挖断面 120m²

项　　目	单位	岩　石　级　别			
		V～Ⅷ	Ⅸ～Ⅹ	Ⅺ～Ⅻ	ⅩⅢ～ⅩⅣ
工　　长	工时	8.9	12.0	15.9	22.2
高　级　工	工时				
中　级　工	工时	109.8	168.5	248.1	376.1
初　级　工	工时	326.5	418.9	533.9	707.2
合　　计	工时	445.2	599.4	797.9	1105.5
合 金 钻 头	个	4.02	6.82	9.94	14.09
炸　　药	kg	98	129	153	175
雷　　管	个	99	131	154	176
导　线　火线	m	254	336	397	455
电线	m	386	511	605	695
其他材料费	%	8	8	8	8
风　钻　气腿式	台时	16.28	29.33	49.46	83.76
风　钻　手持式	台时	11.61	21.00	35.93	61.72
轴流通风机　55kW	台时	8.23	9.88	11.85	14.23
其他机械费	%	9	9	9	9
石 渣 运 输	m³	109	109	109	109
编　　　号		20297	20298	20299	20300

(6) 开挖断面≥240m²

单位:100m³

项 目	单位	岩 石 级 别			
		V～Ⅷ	Ⅸ～Ⅹ	Ⅺ～Ⅻ	ⅩⅢ～ⅩⅣ
工 长	工时	8.1	10.9	14.6	20.3
高 级 工	工时				
中 级 工	工时	93.2	145.2	217.9	335.9
初 级 工	工时	306.6	390.3	494.6	653.9
合 计	工时	407.9	546.4	727.1	1010.1
合 金 钻 头	个	3.83	6.50	9.50	13.52
炸 药	kg	93	123	145	168
雷 管	个	90	119	141	163
导 线 火线	m	240	317	376	433
电线	m	373	494	586	676
其他材料费	%	8	8	8	8
风 钻 气腿式	台时	15.22	27.29	46.22	78.59
风 钻 手持式	台时	11.08	20.23	34.75	59.91
轴流通风机 55kW	台时	5.66	6.80	8.17	9.80
其他机械费	%	9	9	9	9
石 渣 运 输	m³	106	106	106	106
编 号		20301	20302	20303	20304

二-20 斜井石方开挖——爬罐开导井

(1) 开挖断面≤30m²

单位:100m³

项 目	单位	岩 石 级 别			
		V～Ⅷ	Ⅸ～Ⅹ	Ⅺ～Ⅻ	ⅩⅢ～ⅩⅣ
工　　　长	工时	18.9	25.6	34.0	46.7
高 级 工	工时				
中 级 工	工时	186.5	274.4	385.1	557.2
初 级 工	工时	429.6	562.2	722.6	962.0
合　　　计	工时	635.0	862.2	1141.7	1565.9
合 金 钻 头	个	5.23	8.79	12.67	17.79
炸　　　药	kg	128	167	196	222
雷　　　管	个	160	210	244	276
导　线　火线	m	345	452	528	600
电线	m	439	575	674	769
其他材料费	%	7	7	7	7
风　钻　气腿式	台时	13.37	23.86	40.51	69.18
风　钻　手持式	台时	13.37	23.86	40.51	69.18
爬　　　罐	台时	8.93	15.48	23.54	36.06
轴流通风机 37kW	台时	19.48	23.38	28.06	33.68
其他机械费	%	4	4	4	4
石 渣 运 输	m³	117	117	117	117
编　　　号		20305	20306	20307	20308

（2） 开挖断面 60m²

项　　目	单位	岩　石　级　别			
		Ⅴ～Ⅷ	Ⅸ～Ⅹ	Ⅺ～Ⅻ	ⅩⅢ～ⅩⅣ
工　　长	工时	15.3	20.6	27.2	37.4
高　级　工	工时				
中　级　工	工时	131.3	197.3	283.6	420.1
初　级　工	工时	369.1	474.7	603.4	795.6
合　　计	工时	515.7	692.6	914.2	1253.1
合　金　钻　头	个	4.21	7.14	10.41	14.75
炸　　药	kg	102	136	160	183
雷　　管	个	110	146	172	196
导　线　火线	m	269	356	420	482
电线	m	390	516	611	703
其他材料费	%	7	7	7	7
风　钻　气腿式	台时	12.70	22.99	39.06	67.03
风　钻　手持式	台时	12.70	22.99	39.06	67.03
爬　　罐	台时	4.76	8.26	12.56	19.24
轴流通风机　55kW	台时	12.66	15.19	18.23	21.88
其他机械费	%	5	5	5	5
石　渣　运　输	m³	113	113	113	113
编　　　　号		20309	20310	20311	20312

(3) 开挖断面 120m²

单位:100m³

项 目	单位	岩 石 级 别			
		V～Ⅷ	Ⅸ～Ⅹ	Ⅺ～Ⅻ	ⅩⅢ～ⅩⅣ
工　　长	工时	13.4	17.8	23.5	32.6
高　级　工	工时				
中　级　工	工时	101.4	156.2	230.8	351.3
初　级　工	工时	332.0	422.8	535.1	703.9
合　　计	工时	446.8	596.8	789.4	1087.8
合　金　钻　头	个	3.89	6.60	9.66	13.73
炸　　药	kg	94	125	148	170
雷　　管	个	94	125	147	169
导　线　火线	m	245	324	384	443
电线	m	374	495	587	678
其他材料费	%	8	8	8	8
风　钻　气腿式	台时	12.23	22.14	37.88	65.07
风　钻　手持式	台时	12.23	22.14	37.88	65.07
爬　　罐	台时	2.01	3.47	5.28	8.08
轴流通风机　55kW	台时	8.23	9.88	11.85	14.23
其他机械费	%	5	5	5	5
石　渣　运　输	m³	109	109	109	109
编　　　号		20313	20314	20315	20316

（4） 开挖断面≥240m²

项　　　目	单位	岩　石　级　别			
		Ⅴ～Ⅷ	Ⅸ～Ⅹ	Ⅺ～Ⅻ	ⅫⅢ～ⅩⅣ
工　　　长	工时	12.2	16.3	21.7	30.0
高　级　工	工时				
中　级　工	工时	88.0	137.8	207.5	320.7
初　级　工	工时	309.4	392.5	495.9	653.5
合　　　计	工时	409.6	546.6	725.1	1004.2
合金钻头	个	3.77	6.40	9.39	13.37
炸　　　药	kg	91	121	143	166
雷　　　管	个	89	117	139	160
导　　线　　火线	m	236	313	371	429
电线	m	367	486	578	668
其他材料费	%	9	9	9	9
风　　钻　气腿式	台时	11.91	21.51	37.10	63.81
风　　钻　手持式	台时	11.91	21.51	37.10	63.81
爬　　　罐	台时	1.12	1.94	2.96	4.54
轴流通风机　55kW	台时	5.77	6.93	8.30	9.96
其他机械费	%	6	6	6	6
石渣运输	m³	106	106	106	106
编　　　号		20317	20318	20319	20320

二－21 斜井石方开挖——反井钻机开导井

（1） 开挖断面≤30m²

单位:100m³

项　　　目		单位	岩　石　级　别			
			V～Ⅷ	Ⅸ～Ⅹ	Ⅺ～Ⅻ	ⅩⅢ～ⅩⅣ
工　　　长		工时	16.2	21.5	28.3	38.9
高　级　工		工时				
中　级　工		工时	129.8	193.3	279.6	417.5
初　级　工		工时	399.1	510.5	647.2	850.5
合　　　计		工时	545.1	725.3	955.1	1306.9
合金钻头		个	4.29	7.19	10.46	14.85
炸　　　药		kg	104	135	160	184
雷　　　管		个	110	144	170	196
导　　　线	火线	m	273	357	421	485
	电线	m	394	515	608	699
其他材料费		%	25	25	25	25
风　　　钻	气腿式	台时	14.60	26.07	44.24	75.53
风　　　钻	手持式	台时	14.60	26.07	44.24	75.53
反井钻机	LM－200	台时	10.36	15.72	22.18	30.10
轴流通风机	37kW	台时	10.35	12.42	14.91	17.88
其他机械费		%	1	1	1	1
石渣运输		m³	117	117	117	117
编　　　号			20321	20322	20323	20324

（2） 开挖断面 60m²

项　　　目	单位	岩石级别			
		V～Ⅷ	Ⅸ～Ⅹ	Ⅺ～Ⅻ	ⅩⅢ～ⅩⅣ
工　　　长	工时	13.9	18.4	24.1	33.1
高　级　工	工时				
中　级　工	工时	100.1	152.7	225.6	343.2
初　级　工	工时	351.9	445.9	561.4	733.6
合　　　计	工时	465.9	617.0	811.1	1109.9
合 金 钻 头	个	3.68	6.25	9.18	13.10
炸　　　药	kg	89	118	140	162
雷　　　管	个	83	110	131	151
导　线　火线	m	229	303	361	417
电线	m	365	483	574	665
其他材料费	%	20	20	20	20
风　钻　气腿式	台时	12.53	22.68	38.79	66.63
风　钻　手持式	台时	12.53	22.68	38.79	66.63
反井钻机　LM－200	台时	5.33	8.10	11.43	15.51
轴流通风机　55kW	台时	7.66	9.20	11.04	13.24
其他机械费	%	1	1	1	1
石 渣 运 输	m³	113	113	113	113
编　　　号		20325	20326	20327	20328

（3） 开挖断面120m²

项 目	单位	岩 石 级 别			
		V～Ⅷ	Ⅸ～Ⅹ	Ⅺ～Ⅻ	ⅩⅢ～ⅩⅣ
工 长	工时	12.3	16.1	21.1	28.9
高 级 工	工时				
中 级 工	工时	82.1	127.1	190.0	292.4
初 级 工	工时	318.1	399.5	499.3	648.1
合 计	工时	412.5	542.7	710.4	969.4
合 金 钻 头	个	3.34	5.66	8.29	11.82
炸 药	kg	81	106	126	146
雷 管	个	67	88	105	121
导 线 火线	m	204	269	319	369
电线	m	337	445	529	611
其他材料费	%	15	15	15	15
风 钻 气腿式	台时	11.36	20.51	35.02	60.11
风 钻 手持式	台时	11.36	20.51	35.02	60.11
反井钻机 LM-200	台时	2.62	3.97	5.60	7.60
轴流通风机 55kW	台时	5.41	6.50	7.80	9.36
其他机械费	%	1	1	1	1
石 渣 运 输	m³	109	109	109	109
编 号		20329	20330	20331	20332

（4） 开挖断面≥240m²

单位：100m³

项　目	单位	岩　石　级　别			
		V～Ⅷ	Ⅸ～Ⅹ	Ⅺ～Ⅻ	ⅩⅢ～ⅩⅣ
工　长	工时	11.2	14.8	19.6	26.9
高　级　工	工时				
中　级　工	工时	71.6	113.1	172.0	268.6
初　级　工	工时	296.2	370.9	462.8	601.2
合　　计	工时	379.0	498.8	654.4	896.7
合金钻头	个	3.15	5.39	7.95	11.39
炸　药	kg	76	101	121	141
雷　管	个	63	84	101	117
导　线　火线	m	192	256	306	356
电线	m	318	425	507	589
其他材料费	%	10	10	10	10
风　钻　气腿式	台时	10.73	19.56	33.61	57.94
风　钻　手持式	台时	10.73	19.56	33.61	57.94
反井钻机 LM－200	台时	1.40	2.12	2.98	4.06
轴流通风机 55kW	台时	4.05	4.86	5.83	7.00
其他机械费	%	1	1	1	1
石渣运输	m³	106	106	106	106
编　　号		20333	20334	20335	20336

二-22 竖井石方开挖——风钻钻孔(下行)

(1) 开挖断面≤10m²

单位:100m³

项　目	单位	岩　石　级　别			
		V～Ⅷ	Ⅸ～Ⅹ	Ⅺ～Ⅻ	XⅢ～XⅣ
工　　长	工时	12.6	19.0	26.8	38.4
高　级　工	工时				
中　级　工	工时	272.9	413.7	579.7	828.7
初　级　工	工时	342.2	517.8	731.9	1053.2
合　　计	工时	627.7	950.5	1338.4	1920.3
合金钻头	个	9.75	16.58	23.26	31.49
炸　药	kg	253	337	383	421
雷　管	个	350	466	530	581
导　线　火线	m	667	888	1009	1107
电线	m	774	1030	1171	1284
其他材料费	%	5	5	5	5
风　钻　手持式	台时	58.86	105.36	171.60	279.55
轴流通风机　14kW	台时	48.11	57.73	69.29	83.14
其他机械费	%	6	6	6	6
石渣运输	m³	118	118	118	118
编　　号		20337	20338	20339	20340

(2) 开挖断面 15m²

单位:100m³

项 目	单位	岩 石 级 别			
		V～Ⅷ	Ⅸ～Ⅹ	Ⅺ～Ⅻ	ⅩⅢ～ⅩⅣ
工 长	工时	10.3	14.7	20.3	28.5
高 级 工	工时				
中 级 工	工时	186.0	276.8	389.6	563.2
初 级 工	工时	317.5	443.6	599.5	833.1
合 计	工时	513.8	735.1	1009.4	1424.8
合 金 钻 头	个	5.81	8.78	13.99	19.36
炸 药	kg	146	193	223	250
雷 管	个	210	278	320	357
导 线 火线	m	398	526	608	680
电线	m	431	568	660	744
其他材料费	%	7	7	7	7
风 钻 手持式	台时	36.04	64.45	107.04	178.43
轴流通风机 37kW	台时	35.74	42.89	51.46	61.76
其他机械费	%	7	7	7	7
石渣运输	m³	115	115	115	115
编 号		20341	20342	20343	20344

(3) 开挖断面 30m²

单位:100m³

项 目		单位	岩 石 级 别			
			V～Ⅷ	Ⅸ～Ⅹ	Ⅺ～Ⅻ	ⅩⅢ～ⅩⅣ
工 长		工时	8.6	12.1	16.7	23.6
高 级 工		工时				
中 级 工		工时	142.1	213.1	304.8	448.5
初 级 工		工时	281.2	383.3	510.9	704.1
合 计		工时	431.9	608.5	832.4	1176.2
合 金 钻 头		个	4.85	8.17	11.75	16.42
炸 药		kg	120	158	184	208
雷 管		个	156	206	239	269
导 线	火线	m	324	426	496	561
	电线	m	393	516	604	687
其他材料费		%	7	7	7	7
风 钻	手持式	台时	30.53	54.55	91.36	153.77
轴流通风机	37kW	台时	22.16	26.59	31.91	38.30
其他机械费		%	8	8	8	8
石 渣 运 输		m³	111	111	111	111
编 号			20345	20346	20347	20348

（4） 开挖断面 60m²

项　　目	单位	岩石级别			
		Ⅴ～Ⅷ	Ⅸ～Ⅹ	Ⅺ～Ⅻ	ⅩⅢ～ⅩⅣ
工　　长	工时	7.3	10.2	13.9	19.7
高　级　工	工时				
中　级　工	工时	109.3	166.7	242.4	362.3
初　级　工	工时	248.2	333.0	439.2	600.0
合　　计	工时	364.8	509.9	695.5	982.0
合金钻头	个	4.08	6.92	10.01	14.05
炸　　药	kg	101	134	157	178
雷　　管	个	110	146	170	192
导　线　火线	m	262	347	407	462
电线	m	377	500	587	669
其他材料费	%	8	8	8	8
风　钻　手持式	台时	25.65	46.23	77.88	131.69
轴流通风机　37kW	台时	14.40	17.27	20.73	24.87
其他机械费	%	8	8	8	8
石渣运输	m³	108	108	108	108
编　　　　号		20349	20350	20351	20352

(5) 开挖断面120m²

单位:100m³

项 目	单位	岩 石 级 别			
		Ⅴ～Ⅷ	Ⅸ～Ⅹ	Ⅺ～Ⅻ	ⅩⅢ～ⅩⅣ
工 长	工时	6.9	9.4	12.7	17.8
高 级 工	工时				
中 级 工	工时	102.9	138.3	204.5	311.1
初 级 工	工时	232.5	321.0	415.5	559.1
合 计	工时	342.3	468.7	632.7	888.0
合金钻头	个	3.65	6.20	9.02	12.78
炸 药	kg	89	118	140	160
雷 管	个	91	120	142	162
导 线 火线	m	231	306	361	414
电线	m	349	462	546	628
其他材料费	%	10	10	10	10
风 钻 手持式	台时	23.20	41.88	71.07	121.12
轴流通风机 55kW	台时	9.36	11.24	13.48	16.18
其他机械费	%	8	8	8	8
石渣运输	m³	106	106	106	106
编 号		20353	20354	20355	20356

(6) 开挖断面≥240m²

单位:100m³

项 目	单位	岩 石 级 别			
		V～Ⅷ	Ⅸ～Ⅹ	Ⅺ～Ⅻ	ⅩⅢ～ⅩⅣ
工　　长	工时	6.7	9.0	12.1	16.9
高 级 工	工时				
中 级 工	工时	98.3	122.8	184.2	283.7
初 级 工	工时	221.1	310.0	408.4	542.8
合　　计	工时	326.1	441.8	604.7	843.4
合金钻头	个	3.46	5.87	8.59	12.21
炸　　药	kg	84	111	132	152
雷　　管	个	82	109	129	148
导　线　火线	m	217	288	341	392
电线	m	336	446	528	609
其他材料费	%	10	10	10	10
风　钻　手持式	台时	22.10	39.94	68.04	116.42
轴流通风机 55kW	台时	6.24	7.49	8.98	10.78
其他机械费	%	8	8	8	8
石渣运输	m³	104	104	104	104
编　　号		20357	20358	20359	20360

· 214 ·

二－23 竖井石方开挖——风钻钻孔(上行)

(1) 开挖断面≤10m²

项　　目	单位	岩　石　级　别			
		V～Ⅷ	Ⅸ～Ⅹ	Ⅺ～Ⅻ	ⅩⅢ～ⅩⅣ
工　　　长	工时	16.3	24.0	33.1	46.5
高　级　工	工时				
中　级　工	工时	372.3	547.7	745.3	1036.8
初　级　工	工时	424.8	629.9	874.8	1241.1
合　　　计	工时	813.4	1201.6	1653.2	2324.4
合 金 钻 头	个	8.19	13.89	19.46	26.32
炸　　　药	kg	206	274	311	341
雷　　　管	个	294	390	443	486
导　线　火线	m	560	744	844	925
电线	m	650	863	979	1073
其他材料费	%	5	5	5	5
风　钻　气腿式	台时	59.32	105.88	172.22	280.29
轴流通风机　14kW	台时	30.98	37.18	44.62	53.55
其他机械费	%	6	6	6	6
石 渣 运 输	m³	118	118	118	118
编　　　　　号		20361	20362	20363	20364

(2) 开挖断面 15m²

单位:100m³

项 目	单位	岩 石 级 别			
		V~Ⅷ	Ⅸ~Ⅹ	Ⅺ~Ⅻ	ⅩⅢ~ⅩⅣ
工 长	工时	13.0	18.3	24.4	33.4
高 级 工	工时				
中 级 工	工时	264.2	380.6	510.9	702.7
初 级 工	工时	370.7	514.2	683.4	933.2
合 计	工时	647.9	913.1	1218.7	1669.3
合金钻头	个	5.42	9.14	13.04	18.07
炸 药	kg	134	176	204	229
雷 管	个	193	255	293	327
导 线 火线	m	370	488	564	632
电线	m	408	537	624	704
其他材料费	%	7	7	7	7
风 钻 气腿式	台时	20.23	36.11	58.74	95.60
风 钻 手持式	台时	16.84	30.08	51.06	87.23
轴流通风机 37kW	台时	28.45	34.13	40.96	49.16
其他机械费	%	6	6	6	6
石渣运输	m³	115	115	115	115
编 号		20365	20366	20367	20368

(3) 开挖断面 30m²

单位:100m³

项 目		单位	岩 石 级 别			
			V~Ⅷ	Ⅸ~Ⅹ	Ⅺ~Ⅻ	ⅩⅢ~ⅩⅣ
工 长		工时	10.1	14.0	18.8	26.0
高 级 工		工时				
中 级 工		工时	182.4	266.5	367.2	520.5
初 级 工		工时	308.5	419.6	554.2	755.7
合 计		工时	501.0	700.1	940.2	1302.2
合 金 钻 头		个	4.66	7.82	11.26	15.75
炸 药		kg	114	149	174	197
雷 管		个	147	194	225	253
导 线	火线	m	309	406	473	536
	电线	m	382	500	585	666
其他材料费		%	8	8	8	8
风 钻	气腿式	台时	13.92	24.62	40.27	66.05
风 钻	手持式	台时	17.14	30.82	52.51	89.98
轴流通风机	37kW	台时	18.41	22.08	26.50	31.81
其他机械费		%	7	7	7	7
石 渣 运 输		m³	111	111	111	111
编 号			20369	20370	20371	20372

(4) 开挖断面 60m²

单位:100m³

项　　目	单位	岩　石　级　别			
		V～Ⅷ	Ⅸ～Ⅹ	Ⅺ～Ⅻ	ⅩⅢ～ⅩⅣ
工　　长	工时	7.9	10.9	14.7	20.8
高　级　工	工时				
中　级　工	工时	124.2	186.5	266.3	391.3
初　级　工	工时	260.7	349.3	459.2	625.3
合　　计	工时	392.8	546.7	740.2	1037.4
合金钻头	个	3.91	6.63	9.60	13.49
炸　药	kg	96	127	149	169
雷　管	个	104	138	161	182
导　线　火线	m	250	332	389	443
电线	m	364	482	566	647
其他材料费	%	9	9	9	9
风　钻　气腿式	台时	8.64	15.43	25.09	40.84
风　钻　手持式	台时	17.44	31.55	53.96	92.73
轴流通风机 55kW	台时	11.48	13.78	16.54	19.85
其他机械费	%	7	7	7	7
石渣运输	m³	108	108	108	108
编　　号		20373	20374	20375	20376

（5） 开挖断面 120m²

单位:100m³

项 目	单位	岩 石 级 别			
		V～Ⅷ	Ⅸ～Ⅹ	Ⅺ～Ⅻ	ⅩⅢ～ⅩⅣ
工　　长	工时	7.1	9.7	13.1	18.3
高　级　工	工时				
中　级　工	工时	96.6	147.6	215.8	324.8
初　级　工	工时	251.7	328.6	424.8	570.9
合　　计	工时	355.4	485.9	653.7	914.0
合 金 钻 头	个	3.57	6.06	8.84	12.51
炸　　药	kg	87	115	136	156
雷　　管	个	88	116	137	157
导　　线　火线	m	226	299	353	405
电线	m	343	454	537	617
其他材料费	%	10	10	10	10
风　钻　气腿式	台时	4.07	7.26	11.81	19.22
风　钻　手持式	台时	19.33	34.97	59.81	102.78
轴流通风机　55kW	台时	7.99	9.59	11.51	13.81
其他机械费	%	7	7	7	7
石 渣 运 输	m³	106	106	106	106
编　　　号		20377	20378	20379	20380

（6） 开挖断面≥240m²

项　　目	单位	岩　石　级　别			
		V～Ⅷ	Ⅸ～Ⅹ	Ⅺ～Ⅻ	Ⅻ～ⅩⅣ
工　　长	工时	6.8	9.2	12.4	17.2
高　级　工	工时				
中　级　工	工时	82.2	127.4	189.7	290.4
初　级　工	工时	242.6	317.9	413.0	549.0
合　　计	工时	331.6	454.5	615.1	856.6
合金钻头	个	3.42	5.81	8.49	12.08
炸　　药	kg	83	110	130	150
雷　　管	个	81	107	127	146
导　线　火线	m	214	284	336	388
电线	m	333	441	523	604
其他材料费	%	10	10	10	10
风　钻　气腿式	台时	2.03	3.63	5.90	9.61
风　钻　手持式	台时	20.18	36.48	62.42	107.25
轴流通风机　55kW	台时	5.55	6.66	8.00	9.60
其他机械费	%	7	7	7	7
石渣运输	m³	104	104	104	104
编　　　　号		20381	20382	20383	20384

二－24 竖井石方开挖——爬罐开导井

（1） 开挖断面≤30m²

单位:100m³

项　　目	单位	岩　石　级　别			
		V～Ⅷ	Ⅸ～Ⅹ	Ⅺ～Ⅻ	ⅩⅢ～ⅩⅣ
工　　长	工时	13.5	18.3	24.3	33.1
高　级　工	工时				
中　级　工	工时	152.1	218.0	295.8	413.3
初　级　工	工时	289.4	384.7	498.2	666.3
合　　计	工时	455.0	621.0	818.3	1112.7
合　金　钻　头	个	4.54	7.62	10.99	15.42
炸　　药	kg	111	145	170	193
雷　　管	个	139	183	213	240
导　　线　　火线	m	300	393	459	521
电线	m	380	497	583	665
其他材料费	%	9	9	9	9
风　钻　手持式	台时	21.63	38.61	65.54	111.93
爬　　罐	台时	7.75	13.37	20.25	30.89
轴流通风机　37kW	台时	18.38	22.05	26.47	31.77
其他机械费	%	3	3	3	3
石　渣　运　输	m³	111	111	111	111
编　　　　号		20385	20386	20387	20388

221

(2) 开挖断面60m²

单位:100m³

项　目	单位	岩 石 级 别			
		V～Ⅷ	Ⅸ～Ⅹ	Ⅺ～Ⅻ	ⅩⅢ～ⅩⅣ
工　　长	工时	11.2	15.2	20.2	27.7
高　级　工	工时				
中　级　工	工时	109.1	160.5	224.9	325.2
初　级　工	工时	258.1	337.3	433.2	576.2
合　　计	工时	378.4	513.0	678.3	929.1
合金钻头	个	3.68	6.23	9.07	12.85
炸　药	kg	89	118	140	160
雷　管	个	97	128	150	172
导　线　火线	m	235	311	367	420
电线	m	339	449	531	611
其他材料费	%	9	9	9	9
风　钻　手持式	台时	19.54	35.35	60.47	103.90
爬　罐	台时	4.17	7.20	10.91	16.63
轴流通风机　55kW	台时	12.05	14.46	17.36	20.83
其他机械费	%	3	3	3	3
石渣运输	m³	108	108	108	108
编　　号		20389	20390	20391	20392

（3） 开挖断面120m²

项 目	单位	岩 石 级 别			
		V～Ⅷ	Ⅸ～Ⅹ	Ⅺ～Ⅻ	ⅩⅢ～ⅩⅣ
工 长	工时	10.4	13.9	18.5	25.7
高 级 工	工时				
中 级 工	工时	86.6	131.7	191.8	287.9
初 级 工	工时	251.0	323.3	413.0	548.0
合 计	工时	348.0	468.9	623.3	861.6
合 金 钻 头	个	3.44	5.84	8.55	12.16
炸 药	kg	83	110	131	151
雷 管	个	84	111	131	150
导 线 火线	m	217	287	340	391
电线	m	330	438	519	600
其他材料费	%	10	10	10	10
风 钻 手持式	台时	18.72	34.01	57.79	99.47
爬 罐	台时	1.79	3.09	4.68	7.13
轴流通风机 55kW	台时	7.99	9.59	11.51	13.81
其他机械费	%	4	4	4	4
石 渣 运 输	m³	106	106	106	106
编 号		20393	20394	20395	20396

(4) 开挖断面≥240m²

项　　　目	单位	岩　石　级　别			
		V～Ⅷ	Ⅸ～Ⅹ	Ⅺ～Ⅻ	ⅩⅢ～ⅩⅣ
工　　　长	工时	10.1	13.5	18.0	24.9
高　级　工	工时				
中　级　工	工时	76.4	118.0	175.7	268.8
初　级　工	工时	242.6	311.9	407.9	538.2
合　　　计	工时	329.1	443.4	601.6	831.9
合　金　钻　头	个	3.37	5.72	8.37	11.94
炸　　　药	kg	81	108	128	148
雷　　　管	个	79	105	124	143
导　线　火线	m	211	279	332	383
电线	m	328	434	515	596
其他材料费	%	10	10	10	10
风　钻　手持式	台时	18.54	33.80	57.38	98.88
爬　　　罐	台时	1.01	1.75	2.65	4.04
轴流通风机　55kW	台时	5.65	6.79	8.14	9.76
其他机械费	%	5	5	5	5
石渣运输	m³	104	104	104	104
编　　　号		20397	20398	20399	20400

二－25 竖井石方开挖——反井钻机开导井

（1）开挖断面≤30m²

单位:100m³

项 目	单位	岩 石 级 别			
		V～Ⅷ	Ⅸ～Ⅹ	Ⅺ～Ⅻ	ⅩⅢ～ⅩⅣ
工 长	工时	11.3	15.5	21.1	29.7
高 级 工	工时				
中 级 工	工时	106.3	158.9	230.4	344.0
初 级 工	工时	264.7	351.7	460.6	625.2
合 计	工时	382.3	526.1	712.1	998.9
合金钻头	个	3.68	6.16	8.97	12.74
炸 药	kg	89	116	137	157
雷 管	个	95	124	146	168
导 线 火线	m	234	306	361	416
电线	m	338	442	521	599
其他材料费	%	25	25	25	25
风 钻 手持式	台时	23.62	42.16	71.56	122.22
反井钻机 LM－200	台时	5.92	9.17	13.09	18.00
轴流通风机 37kW	台时	9.76	11.71	14.06	16.86
其他机械费	%	1	1	1	1
石渣运输	m³	111	111	111	111
编 号		20401	20402	20403	20404

(2) 开挖断面 60m²

单位:100m³

项 目	单位	岩 石 级 别			
		Ⅴ～Ⅷ	Ⅸ～Ⅹ	Ⅺ～Ⅻ	ⅩⅢ～ⅩⅣ
工 长	工时	10.1	13.7	18.3	25.7
高 级 工	工时				
中 级 工	工时	83.6	127.7	188.6	286.2
初 级 工	工时	245.1	319.5	412.5	553.0
合 计	工时	338.8	460.9	619.4	864.9
合金钻头	个	3.18	5.41	7.94	11.34
炸 药	kg	77	102	121	140
雷 管	个	72	95	113	131
导 线 火线	m	198	262	312	361
电线	m	316	418	497	575
其他材料费	%	20	20	20	20
风 钻 手持式	台时	20.47	37.02	63.32	108.81
反井钻机 LM-200	台时	3.08	4.77	6.81	9.36
轴流通风机 55kW	台时	7.29	8.76	10.51	12.61
其他机械费	%	2	2	2	2
石渣运输	m³	108	108	108	108
编 号		20405	20406	20407	20408

(3) 开挖断面 120m²

单位:100m³

项 目	单位	岩 石 级 别			
		V～Ⅷ	Ⅸ～Ⅹ	Ⅺ～Ⅻ	ⅩⅢ～ⅩⅣ
工　　长	工时	9.6	12.8	16.9	23.5
高 级 工	工时				
中 级 工	工时	70.4	108.8	162.2	248.7
初 级 工	工时	240.2	306.7	389.4	513.7
合　　计	工时	320.2	428.3	568.5	785.9
合金钻头	个	2.95	4.99	7.31	10.43
炸　　药	kg	71	94	112	129
雷　　管	个	59	78	93	107
导　线　火线	m	180	237	282	326
电线	m	298	393	467	540
其他材料费	%	10	10	10	10
风　钻　手持式	台时	18.92	34.14	58.32	100.09
反井钻机　LM-200	台时	1.55	2.39	3.40	4.69
轴流通风机　55kW	台时	5.25	6.31	7.57	9.08
其他机械费	%	2	2	2	2
石渣运输	m³	106	106	106	106
编　　号		20409	20410	20411	20412

（4） 开挖断面≥240m²

单位:100m³

项　　目	单位	岩　石　级　别			
		V～Ⅷ	Ⅸ～Ⅹ	Ⅺ～Ⅻ	ⅩⅢ～ⅩⅣ
工　　长	工时	9.4	12.4	16.5	22.6
高 级 工	工时				
中 级 工	工时	62.2	97.9	148.4	230.7
初 级 工	工时	234.3	300.7	380.6	501.3
合　　计	工时	305.9	411.0	545.5	754.6
合金钻头	个	2.81	4.80	7.09	10.16
炸　　药	kg	68	90	108	125
雷　　管	个	56	75	90	104
导　线　火线	m	171	228	273	317
电线	m	284	378	452	525
其他材料费	%	10	10	10	10
风　钻　手持式	台时	18.05	32.88	56.50	97.41
反井钻机 LM－200	台时	0.83	1.29	1.83	2.52
轴流通风机 55kW	台时	3.97	4.76	5.72	6.86
其他机械费	%	2	2	2	2
石渣运输	m³	104	104	104	104
编　　　号		20413	20414	20415	20416

二－26　地下厂房石方开挖——潜孔钻钻孔

单位:100m³

项　　目	单位	岩　石　级　别			
		V～Ⅷ	Ⅸ～Ⅹ	Ⅺ～Ⅻ	ⅩⅢ～ⅩⅣ
工　　　长	工时	5.6	7.3	9.1	11.9
高　级　工	工时				
中　级　工	工时	43.9	62.6	85.0	118.3
初　级　工	工时	136.8	172.3	211.4	266.5
合　　　计	工时	186.3	242.2	305.5	396.7
合金钻头	个	1.80	2.96	4.22	5.88
潜孔钻钻头　100型	个	0.11	0.18	0.25	0.35
冲　击　器	套	0.01	0.02	0.02	0.03
炸　　药	kg	60	73	83	94
火　雷　管	个	141	177	204	230
电　雷　管	个	14	17	19	21
导　火　线	m	211	264	304	344
导　电　线	m	69	85	96	105
其他材料费	%	20	20	20	20
风　钻　气腿式	台时	9.28	15.92	25.03	40.21
潜　孔　钻　100型	台时	1.72	2.52	3.52	4.98
轴流通风机　55kW	台时	11.95	14.34	17.21	20.65
其他机械费	%	5	5	5	5
石渣运输	m³	104	104	104	104
编　　　号		20417	20418	20419	20420

二－27　地下厂房石方开挖——液压钻钻孔

项　　目	单位	岩　石　级　别			
		Ⅴ～Ⅷ	Ⅸ～Ⅹ	Ⅺ～Ⅻ	ⅩⅢ～ⅩⅣ
工　　　长	工时	4.4	5.5	6.5	7.9
高　级　工	工时				
中　级　工	工时	35.6	47.3	58.9	73.9
初　级　工	工时	105.4	129.4	152.9	182.8
合　　　计	工时	145.4	182.2	218.3	264.6
合金钻头	个	0.56	0.92	1.31	1.84
钻　头　Φ45mm	个	0.15	0.17	0.20	0.23
钻　头　Φ76mm	个	0.03	0.03	0.04	0.05
炸　　药	kg	70	81	92	102
火　雷　管	个	57	71	82	92
电　雷　管	个	35	41	46	51
导　火　线	m	87	109	126	142
导　电　线	m	199	227	256	282
其他材料费	%	25	25	25	25
风　钻　手持式	台时	3.12	5.15	7.72	11.89
凿岩台车　三臂	台时	0.46	0.55	0.67	0.79
平　台　车	台时	0.41	0.46	0.52	0.57
液压履带钻	台时	0.35	0.47	0.59	0.73
轴流通风机　55kW	台时	11.47	13.77	16.53	19.82
其他机械费	%	5	5	5	5
石渣运输	m³	104	104	104	104
编　　　号		20421	20422	20423	20424

二－28 人工装石渣胶轮车运输

适用范围:露天作业。

工作内容:撬移、解小、清渣、装车、运输、卸除、空回、平场。

单位:100m³

项 目	单位	运 距 (m)				增运50m
		50	100	150	200	
工 长	工时					
高 级 工	工时					
中 级 工	工时					
初 级 工	工时	336.6	375.6	412.9	449.4	33.8
合 计	工时	336.6	375.6	412.9	449.4	33.8
零星材料费	%	2	2	2	2	
胶 轮 车	台时	92.04	131.02	168.30	204.76	33.78
编 号		20425	20426	20427	20428	20429

二－29 人工装石渣机动翻斗车运输

适用范围:露天作业。

工作内容:撬移、解小、扒渣、装车、运输、卸除、空回、平场。

单位:100m³

项 目	单位	运 距 (m)					增运100m
		100	200	300	400	500	
工 长	工时						
高 级 工	工时						
中 级 工	工时						
初 级 工	工时	215.8	215.8	215.8	215.8	215.8	
合 计	工时	215.8	215.8	215.8	215.8	215.8	
零星材料费	%	2	2	2	2	2	
机动翻斗车 1t	台时	63.77	67.98	71.85	75.51	79.01	3.22
编 号		20430	20431	20432	20433	20434	20435

二－30 平洞石渣运输

（1）水 平 运 输

适用范围：平洞开挖时，洞内石渣运输。

工作内容：平洞内装载、组车、洞内外运输、卸除、空回。

单位:100m³

项 目	单位	1.0m³ 斗车		3.5m³ 矿车		8.0m³ 梭车	
		运距 200m	增运 100m	运距 200m	增运 100m	运距 200m	增运 100m
工　　长	工时						
高　级　工	工时	9.3		5.2		4.1	
中　级　工	工时	18.5		18.5		17.5	
初　级　工	工时	53.6	4.1	23.7	2.1	17.5	2.1
合　　计	工时	81.4	4.1	47.4	2.1	39.1	2.1
零星材料费	%	1		1		1	
风动装岩机　0.26m³	台时	7.83					
立爪装岩机　100m³/h	台时			4.12		3.50	
电瓶机车　5t	台时	6.49	0.72	8.03	0.52	8.24	0.72
斗　　车　1.0m³	台时	103.82	5.77				
矿　　车　3.5m³	台时			24.10	1.55		
梭　　车　8.0m³	台时					8.24	0.72
其他机械费	%	3		3		3	
编　　　号		20436	20437	20438	20439	20440	20441

注：运距按洞内洞外运距之和计算。

(2) 通过斜井提升出渣

适用范围:平洞开挖时通过斜井出渣,井深<900m。

工作内容:井下摘挂钩、斜井内提升、卸于洞口或转载、空回。

单位:100m³

项 目	单位	斜 井 倾 角 (°)		
		≤10	10~20	20~30
工 长	工时			
高 级 工	工时			
中 级 工	工时	7.2	7.2	7.2
初 级 工	工时	26.8	27.8	28.8
合 计	工时	34.0	35.0	36.0
零星材料费	%	2	2	2
双 筒 绞 车	台时	5.87	6.08	6.28
斗 车 1.0m³	台时	35.23	36.46	37.70
矿 车 3.5m³	台时	11.74	12.15	12.57
其他机械费	%	3	3	3
编 号		20442	20443	20444

注:绞车按井深选型,参见本章说明。

(3) 通过竖井提升出渣

适用范围:平洞开挖时通过竖井出渣,井深<100m。

工作内容:井下调车、井内提升、井口外30m人工卸渣、空回。

单位:100m³

项 目	单位	数 量
工 长	工时	
高 级 工	工时	
中 级 工	工时	26.8
初 级 工	工时	45.3
合 计	工时	72.1
零星材料费	%	2
双 筒 绞 车	台时	7.83
吊 桶 2m³	台时	15.66
其他机械费	%	6
编 号		20445

注:1.当井深>100m时,可参考冶金、煤炭建井定额;

2.绞车按井深选型,参见本章说明。

二–31 斜井石渣运输

（1） 卷扬机提升出渣

适用范围：斜井开挖，井深≤140m，倾角6°～30°。

工作内容：人工装渣、提升、洞口30m卸渣或转载、空回。

单位：100m³

项 目	单位	数 量
工 长	工时	
高 级 工	工时	
中 级 工	工时	57.7
初 级 工	工时	288.4
合 计	工时	346.1
零星材料费	%	2
快速卷扬机 5t	台时	43.26
斗 车 1m³	台时	50.88
其他机械费	%	2
编 号		20446

注：1. 斜井倾角30°～45°时，定额乘以1.2系数；

2. 斜井倾角45°～75°时，定额乘以1.5系数。

（2） 绞车提升出渣

适用范围：斜井开挖，单钩提升，井深＜900m。

工作内容：装载、提升、卸于洞口渣仓或转载、空回。

单位：100m³

项 目	单位	斜 井 倾 角 （°）		
		≤10	10～20	20～30
工 长	工时			
高 级 工	工时	18.5	19.6	22.7
中 级 工	工时	56.7	59.7	66.9
初 级 工	工时	75.2	79.3	89.6
合 计	工时	150.4	158.6	179.2
零星材料费	%	2	2	2
耙斗装岩机 0.6m³	台时	6.18	6.70	7.21
单筒绞车	台时	16.48	17.41	19.57
矿 车 3.5m³	台时	16.48	17.41	19.57
其他机械费	%	4	4	4
编 号		20447	20448	20449

注：绞车按井深选型，参见本章说明。

二-32 竖井石渣运输

(1) 卷扬机提升出渣

适用范围:竖井开挖,单钩提升,井深≤50m。

工作内容:人工装渣、提升、自动翻渣到井口渣仓、空回。

单位:100m³

项 目	单位	数 量
工 长	工时	
高 级 工	工时	
中 级 工	工时	142.2
初 级 工	工时	213.2
合 计	工时	355.4
零星材料费	%	2
快速卷扬机 5t	台时	49.65
吊 桶 0.5m³	台时	62.01
其他机械费	%	5
编 号		20450

(2) 绞车提升出渣

适用范围:竖井开挖,单钩提升,井深≤100m。

工作内容:装载、提升、自动翻渣到井口渣仓、空回。

单位:100m³

项 目	单位	数 量
工 长	工时	
高 级 工	工时	26.8
中 级 工	工时	53.6
初 级 工	工时	80.3
合 计	工时	160.7
零星材料费	%	2
长绳悬吊抓斗 0.6m³	台时	9.68
卷 扬 机 5t	台时	30.90
单 筒 绞 车	台时	23.69
吊 桶 2m³	台时	23.69
其他机械费	%	5
编 号		20451

注:1.当井深>100 m时,可参考冶金、煤炭建井定额;

   2.绞车按井深选型,参见本章说明。

二－33 推土机推运石渣

工作内容:推运、堆集、空回、平场。

单位:100m³

项　　目	单位	运　　距　（m）				
		≤20	40	60	80	100
工　　长	工时					
高　级　工	工时					
中　级　工	工时					
初　级　工	工时	8.2	8.2	8.2	8.2	8.2
合　　计	工时	8.2	8.2	8.2	8.2	8.2
零星材料费	%	8	8	8	6	6
推　土　机　　88kW	台时	2.73	4.00	5.12	6.37	7.76
103kW	台时	2.43	3.58	4.70	5.83	7.12
118kW	台时	2.33	3.46	4.61	5.77	6.99
132kW	台时	2.13	3.18	4.26	5.31	6.50
162kW	台时	1.94	2.90	3.91	4.88	5.97
235kW	台时	1.27	1.82	2.41	3.01	3.67
301kW	台时	0.79	1.15	1.51	1.88	2.31
编　　　　号		20452	20453	20454	20455	20456

二－34 $1m^3$挖掘机装石渣汽车运输

工作内容:挖装、运输、卸除、空回。

(1) 露 天

单位:100m³

项 目	单位	运 距 (km)					增运 1km
		1	2	3	4	5	
工 长	工时						
高 级 工	工时						
中 级 工	工时						
初 级 工	工时	18.7	18.7	18.7	18.7	18.7	
合 计	工时	18.7	18.7	18.7	18.7	18.7	
零星材料费	%	2	2	2	2	2	
挖 掘 机 $1m^3$	台时	2.82	2.82	2.82	2.82	2.82	
推 土 机 88kW	台时	1.41	1.41	1.41	1.41	1.41	
自卸汽车 5t	台时	16.50	21.24	25.61	29.72	33.65	3.64
8t	台时	11.20	14.15	16.87	19.43	21.88	2.27
编 号		20457	20458	20459	20460	20461	20462

(2) 洞 内

单位:100m³

项 目	单位	运 距 (km)				增运 0.5km
		0.5	1	2	3	
工 长	工时					
高 级 工	工时					
中 级 工	工时					
初 级 工	工时	23.2	23.2	23.2	23.2	
合 计	工时	23.2	23.2	23.2	23.2	
零星材料费	%	2	2	2	2	
挖 掘 机 $1m^3$	台时	3.49	3.49	3.49	3.49	
推 土 机 88kW	台时	1.75	1.75	1.75	1.75	
自卸汽车 5t	台时	16.23	22.51	34.06	43.69	3.78
8t	台时	11.25	15.16	22.36	28.36	2.36
编 号		20463	20464	20465	20466	20467

二－35 2m³ 挖掘机装石渣汽车运输

工作内容:挖装、运输、卸除、空回。

(1) 露 天

项 目	单位	运 距 (km)					增运 1km
		1	2	3	4	5	
工 长	工时						
高 级 工	工时						
中 级 工	工时						
初 级 工	工时	10.2	10.2	10.2	10.2	10.2	
合 计	工时	10.2	10.2	10.2	10.2	10.2	
零星材料费	%	2	2	2	2	2	
挖掘机 2m³	台时	1.53	1.53	1.53	1.53	1.53	
推 土 机 88kW	台时	0.77	0.77	0.77	0.77	0.77	
自卸汽车 8t	台时	9.93	12.88	15.59	18.16	20.61	2.27
10t	台时	8.93	11.30	13.47	15.52	17.48	1.81
12t	台时	7.78	9.75	11.57	13.28	14.90	1.51
15t	台时	6.49	8.08	9.52	10.89	12.20	1.21
编 号		20468	20469	20470	20471	20472	20473

（2） 洞　内

项　　目	单位	运　　距（km）				增运0.5km
		0.5	1	2	3	
工　　长	工时					
高　级　工	工时					
中　级　工	工时					
初　级　工	工时	12.9	12.9	12.9	12.9	
合　　计	工时	12.9	12.9	12.9	12.9	
零星材料费	%	2	2	2	2	
挖　掘　机　2m³	台时	1.94	1.94	1.94	1.94	
推　土　机　88kW	台时	0.97	0.97	0.97	0.97	
自　卸　汽　车　8t	台时	9.70	13.61	20.81	26.81	2.36
10t	台时	8.86	11.99	17.75	22.55	1.88
12t	台时	7.81	10.41	15.21	19.22	1.58
15t	台时	6.58	8.67	12.51	15.72	1.26
编　　号		20474	20475	20476	20477	20478

二-36 3m³挖掘机装石渣汽车运输

工作内容:挖装、运输、卸除、空回。

(1) 露 天

项 目	单位	运 距 (km)					增运 1km
		1	2	3	4	5	
工 长	工时						
高 级 工	工时						
中 级 工	工时						
初 级 工	工时	7.3	7.3	7.3	7.3	7.3	
合 计	工时	7.3	7.3	7.3	7.3	7.3	
零星材料费	%	2	2	2	2	2	
挖 掘 机 3m³	台时	1.10	1.10	1.10	1.10	1.10	
推 土 机 103kW	台时	0.55	0.55	0.55	0.55	0.55	
自 卸 汽 车 12t	台时	7.19	9.16	10.97	12.68	14.32	1.51
15t	台时	6.04	7.62	9.06	10.43	11.74	1.21
18t	台时	5.59	6.90	8.11	9.25	10.34	1.01
20t	台时	5.04	6.21	7.30	8.32	9.31	0.91
25t	台时	4.20	5.15	6.02	6.84	7.62	0.72
编 号		20479	20480	20481	20482	20483	20484

(2) 洞 内

项 目	单位	运 距 (km)				增运 0.5km
		0.5	1	2	3	
工 长	工时					
高 级 工	工时					
中 级 工	工时					
初 级 工	工时	9.1	9.1	9.1	9.1	
合 计	工时	9.1	9.1	9.1	9.1	
零星材料费	%	2	2	2	2	
挖 掘 机 3m³	台时	1.36	1.36	1.36	1.36	
推 土 机 103kW	台时	0.68	0.68	0.68	0.68	
自 卸 汽 车 12t	台时	7.03	9.65	14.45	18.46	1.58
15t	台时	5.98	8.08	11.92	15.13	1.26
18t	台时	5.60	7.34	10.55	13.21	1.05
20t	台时	5.05	6.61	9.50	11.90	0.95
25t	台时	4.25	5.51	7.81	9.73	0.75
编 号		20485	20486	20487	20488	20489

二－37 4m³挖掘机装石渣汽车运输

工作内容:挖装、运输、卸除、空回。

露 天

单位:100m³

项 目	单位	运 距 (km)					增运 1km
		1	2	3	4	5	
工 长	工时						
高 级 工	工时						
中 级 工	工时						
初 级 工	工时	5.7	5.7	5.7	5.7	5.7	
合 计	工时	5.7	5.7	5.7	5.7	5.7	
零星材料费	%	2	2	2	2	2	
挖掘机 4m³	台时	0.85	0.85	0.85	0.85	0.85	
推 土 机 132kW	台时	0.43	0.43	0.43	0.43	0.43	
自卸汽车 15t	台时	5.78	7.36	8.81	10.18	11.48	1.21
18t	台时	5.14	6.45	7.66	8.80	9.89	1.01
20t	台时	4.85	6.04	7.12	8.15	9.13	0.91
25t	台时	4.06	5.01	5.87	6.70	7.48	0.72
27t	台时	3.76	4.64	5.44	6.20	6.93	0.67
32t	台时	3.31	4.05	4.73	5.37	5.98	0.57
编 号		20490	20491	20492	20493	20494	20495

二－38　6m³挖掘机装石渣汽车运输

工作内容:挖装、运输、卸除、空回。

露　天

单位:100m³

项　目	单位	运　　距　（km）					增运1km
		1	2	3	4	5	
工　　长	工时						
高　级　工	工时						
中　级　工	工时						
初　级　工	工时	4.4	4.4	4.4	4.4	4.4	
合　　计	工时	4.4	4.4	4.4	4.4	4.4	
零星材料费	%	2	2	2	2	2	
挖　掘　机 6m³	台时	0.66	0.66	0.66	0.66	0.66	
推　土　机 132kW	台时	0.33	0.33	0.33	0.33	0.33	
自卸汽车 20t	台时	4.74	5.92	7.00	8.03	9.01	0.91
25t	台时	4.00	4.94	5.82	6.63	7.42	0.72
27t	台时	3.71	4.58	5.39	6.15	6.87	0.67
32t	台时	3.29	4.03	4.71	5.35	5.95	0.57
45t	台时	2.59	3.11	3.59	4.05	4.48	0.40
编　　　号		20496	20497	20498	20499	20500	20501

二 - 39 1m³装载机装石渣汽车运输

工作内容:挖装、运输、卸除、空回。

(1) 露　天

单位:100m³

项　　目	单位	运　距 (km)					增运 1km
		1	2	3	4	5	
工　　长	工时						
高 级 工	工时						
中 级 工	工时						
初 级 工	工时	19.8	19.8	19.8	19.8	19.8	
合　　计	工时	19.8	19.8	19.8	19.8	19.8	
零星材料费	%	2	2	2	2	2	
装 载 机 1m³	台时	3.72	3.72	3.72	3.72	3.72	
推 土 机 88kW	台时	1.86	1.86	1.86	1.86	1.86	
自卸汽车 5t	台时	17.45	22.19	26.55	30.66	34.60	3.64
8t	台时	12.08	15.04	17.76	20.31	22.76	2.27
编　　　号		20502	20503	20504	20505	20506	20507

(2) 洞　内

单位:100m³

项　　目	单位	运　距 (km)				增运 0.5km
		0.5	1	2	3	
工　　长	工时					
高 级 工	工时					
中 级 工	工时					
初 级 工	工时	24.6	24.6	24.6	24.6	
合　　计	工时	24.6	24.6	24.6	24.6	
零星材料费	%	2	2	2	2	
装 载 机 1m³	台时	4.62	4.62	4.62	4.62	
推 土 机 88kW	台时	2.31	2.31	2.31	2.31	
自卸汽车 5t	台时	17.42	23.69	35.25	44.88	3.78
8t	台时	12.36	16.26	23.46	29.47	2.36
编　　　号		20508	20509	20510	20511	20512

二－40 1.5m³装载机装石渣汽车运输

工作内容:挖装、运输、卸除、空回。

(1) 露 天

单位:100m³

项　　　目	单位	运　　距　(km)					增运 1km
		1	2	3	4	5	
工　　长	工时						
高 级 工	工时						
中 级 工	工时						
初 级 工	工时	14.2	14.2	14.2	14.2	14.2	
合　　计	工时	14.2	14.2	14.2	14.2	14.2	
零星材料费	%	2	2	2	2	2	
装 载 机　1.5m³	台时	2.67	2.67	2.67	2.67	2.67	
推 土 机　88kW	台时	1.34	1.34	1.34	1.34	1.34	
自卸汽车　8t	台时	11.01	13.97	16.69	19.24	21.69	2.27
10t	台时	9.92	12.29	14.46	16.51	18.48	1.81
12t	台时	8.70	10.67	12.48	14.19	15.83	1.51
编　　　　　号		20513	20514	20515	20516	20517	20518

(2) 洞 内

单位:100m³

项　　　目	单位	运　　距　(km)				增运 0.5km
		0.5	1	2	3	
工　　长	工时					
高 级 工	工时					
中 级 工	工时					
初 级 工	工时	17.8	17.8	17.8	17.8	
合　　计	工时	17.8	17.8	17.8	17.8	
零星材料费	%	2	2	2	2	
装 载 机　1.5m³	台时	3.36	3.36	3.36	3.36	
推 土 机　88kW	台时	1.68	1.68	1.68	1.68	
自卸汽车　8t	台时	11.06	14.98	22.18	28.17	2.36
10t	台时	10.09	13.23	18.99	23.79	1.88
12t	台时	8.96	11.57	16.38	20.37	1.58
编　　　　　号		20519	20520	20521	20522	20523

二－41 2m³装载机装石渣汽车运输

工作内容:挖装、运输、卸除、空回。

(1) 露 天

单位:100m³

项 目	单位	运 距 (km)					增运 1km
		1	2	3	4	5	
工 长	工时						
高 级 工	工时						
中 级 工	工时						
初 级 工	工时	11.2	11.2	11.2	11.2	11.2	
合 计	工时	11.2	11.2	11.2	11.2	11.2	
零星材料费	%	2	2	2	2	2	
装 载 机 2m³	台时	2.11	2.11	2.11	2.11	2.11	
推 土 机 88kW	台时	1.06	1.06	1.06	1.06	1.06	
自卸汽车 8t	台时	10.48	13.43	16.15	18.70	21.16	2.27
10t	台时	9.53	11.89	14.06	16.11	18.08	1.81
12t	台时	8.39	10.36	12.17	13.88	15.52	1.51
15t	台时	7.09	8.66	10.11	11.48	12.79	1.21
编 号		20524	20525	20526	20527	20528	20529

（2）洞　　内

单位:100m³

项　　　目	单位	运　　　距　（km）				增运0.5km
		0.5	1	2	3	
工　　长	工时					
高　级　工	工时					
中　级　工	工时					
初　级　工	工时	13.9	13.9	13.9	13.9	
合　　计	工时	13.9	13.9	13.9	13.9	
零星材料费	%	2	2	2	2	
装　载　机　2m³	台时	2.62	2.62	2.62	2.62	
推　土　机　88kW	台时	1.31	1.31	1.31	1.31	
自卸汽车　8t	台时	10.36	14.28	21.48	27.47	2.36
10t	台时	9.57	12.70	18.46	23.26	1.88
12t	台时	8.54	11.15	15.95	19.96	1.58
15t	台时	7.29	9.38	13.23	16.43	1.26
编　　　号		20530	20531	20532	20533	20534

二－42 3m³ 装载机装石渣汽车运输

工作内容:挖装、运输、卸除、空回。

(1) 露 天

单位:100m³

项　　目	单位	运　　距　（km）					增运1km
		1	2	3	4	5	
工　　长	工时						
高 级 工	工时						
中 级 工	工时						
初 级 工	工时	7.6	7.6	7.6	7.6	7.6	
合　　计	工时	7.6	7.6	7.6	7.6	7.6	
零星材料费	%	2	2	2	2	2	
装 载 机　3m³	台时	1.44	1.44	1.44	1.44	1.44	
推 土 机　103kW	台时	0.72	0.72	0.72	0.72	0.72	
自卸汽车　12t	台时	7.52	9.50	11.30	13.01	14.65	1.51
15t	台时	6.40	7.97	9.42	10.79	12.10	1.21
18t	台时	5.96	7.27	8.48	9.62	10.71	1.01
20t	台时	5.37	6.55	7.63	8.66	9.64	0.91
25t	台时	4.52	5.47	6.33	7.16	7.94	0.72
编　　　　　号		20535	20536	20537	20538	20539	20540

（2） 洞　内

项　　目	单位	运　距　（km）				增运 0.5km
		0.5	1	2	3	
工　　长	工时					
高　级　工	工时					
中　级　工	工时					
初　级　工	工时	9.7	9.7	9.7	9.7	
合　　计	工时	9.7	9.7	9.7	9.7	
零星材料费	%	2	2	2	2	
装　载　机　3m³	台时	1.81	1.81	1.81	1.81	
推　土　机　103kW	台时	0.91	0.91	0.91	0.91	
自卸汽车　12t	台时	7.48	10.09	14.89	18.90	1.58
15t	台时	6.46	8.55	12.39	15.60	1.26
18t	台时	6.10	7.84	11.03	13.70	1.05
20t	台时	5.49	7.06	9.94	12.34	0.95
25t	台时	4.68	5.93	8.24	10.16	0.75
编　　号		20541	20542	20543	20544	20545

二-43 5m³装载机装石渣汽车运输

工作内容:挖装、运输、卸除、空回。

露 天

单位:100m³

项 目	单位	运 距 (km)					增运 1km
		1	2	3	4	5	
工 长	工时						
高 级 工	工时						
中 级 工	工时						
初 级 工	工时	4.9	4.9	4.9	4.9	4.9	
合 计	工时	4.9	4.9	4.9	4.9	4.9	
零星材料费	%	2	2	2	2	2	
装 载 机 5m³	台时	0.94	0.94	0.94	0.94	0.94	
推 土 机 132kW	台时	0.47	0.47	0.47	0.47	0.47	
自 卸 汽 车 18t	台时	5.41	6.73	7.93	9.06	10.16	1.01
20t	台时	4.87	6.06	7.14	8.17	9.15	0.91
25t	台时	4.14	5.09	5.95	6.78	7.56	0.72
27t	台时	3.83	4.71	5.52	6.27	7.00	0.67
32t	台时	3.42	4.16	4.84	5.48	6.10	0.57
编 号		20546	20547	20548	20549	20550	20551

二－44 7m³ 装载机装石渣汽车运输

工作内容:挖装、运输、卸除、空回。

露 天

单位:100m³

项 目	单位	运　距 (km)					增运 1km
		1	2	3	4	5	
工　　长	工时						
高 级 工	工时						
中 级 工	工时						
初 级 工	工时	3.6	3.6	3.6	3.6	3.6	
合　　计	工时	3.6	3.6	3.6	3.6	3.6	
零星材料费	%	2	2	2	2	2	
装 载 机 7m³	台时	0.68	0.68	0.68	0.68	0.68	
推 土 机 132kW	台时	0.34	0.34	0.34	0.34	0.34	
自卸汽车 25t	台时	3.91	4.86	5.74	6.55	7.34	0.72
27t	台时	3.63	4.50	5.30	6.07	6.80	0.67
32t	台时	3.25	4.00	4.67	5.31	5.92	0.57
45t	台时	2.59	3.11	3.59	4.05	4.48	0.40
编　　号		20552	20553	20554	20555	20556	20557

二－45 9.6m³装载机装石渣汽车运输

工作内容:挖装、运输、卸除、空回。

露 天

项 目	单位	运 距 (km)					增运 1km
		1	2	3	4	5	
工 长	工时						
高 级 工	工时						
中 级 工	工时						
初 级 工	工时	2.8	2.8	2.8	2.8	2.8	
合 计	工时	2.8	2.8	2.8	2.8	2.8	
零星材料费	%	2	2	2	2	2	
装 载 机 9.6m³	台时	0.53	0.53	0.53	0.53	0.53	
推 土 机 162kW	台时	0.27	0.27	0.27	0.27	0.27	
自 卸 汽 车 32t	台时	3.09	3.82	4.50	5.15	5.76	0.57
45t	台时	2.47	3.00	3.48	3.93	4.37	0.40
65t	台时	1.81	2.17	2.51	2.82	3.13	0.28
77t	台时	1.62	1.92	2.20	2.47	2.72	0.24
编 号		20558	20559	20560	20561	20562	20563

二－46　10.7m³装载机装石渣汽车运输

工作内容:挖装、运输、卸除、空回。

露　天

项　　目	单位	运　　距　（km）					增运1km
		1	2	3	4	5	
工　　长	工时						
高　级　工	工时						
中　级　工	工时						
初　级　工	工时	2.6	2.6	2.6	2.6	2.6	
合　　计	工时	2.6	2.6	2.6	2.6	2.6	
零星材料费	%	2	2	2	2	2	
装　载　机　10.7m³	台时	0.48	0.48	0.48	0.48	0.48	
推　土　机　162kW	台时	0.24	0.24	0.24	0.24	0.24	
自卸汽车　45t	台时	2.34	2.86	3.35	3.80	4.23	0.40
65t	台时	1.80	2.16	2.50	2.80	3.11	0.28
77t	台时	1.61	1.91	2.19	2.45	2.71	0.24
108t	台时	1.31	1.53	1.74	1.94	2.12	0.18
编　　　号		20564	20565	20566	20567	20568	20569

第二章

土石填筑工程

说　　明

一、本章包括抛石、砌石、土料及砂石料压实等定额共 20 节。

二、本章定额计量单位,除注明者外,按建筑实体方计算。

三、本章定额石料规格及标准说明:

碎　石　指经破碎、加工分级后,粒径大于 5mm 的石块。

卵　石　指最小粒径大于 20cm 的天然河卵石。

块　石　指厚度大于 20cm,长、宽各为厚度的 2～3 倍,上下两面平行且大致平整,无尖角、薄边的石块。

片　石　指厚度大于 15cm,长、宽各为厚度的 3 倍以上,无一定规则形状的石块。

毛条石　指一般长度大于 60cm 的长条形四棱方正的石料。

料　石　指毛条石经过修边打荒加工,外露面方正,各相邻面正交,表面凸凹不超过 10mm 的石料。

砂砾料　指天然砂卵(砾)石混合料。

堆石料　指山场岩石经爆破后,无一定规格、无一定大小的任意石料。

反滤料、过渡料　指土石坝或一般堆砌石工程的防渗体与坝壳(土料、砂砾料或堆石料)之间的过渡区石料,由粒径、级配均有一定要求的砂、砾石(碎石)等组成。

四、各节材料定额中砂石料计量单位,砂、碎石、堆石料为堆方,块石、卵石为码方,条石、料石为清料方。

五、第 19 节土石坝物料压实定额按自料场直接运输上坝与自成品供料场运输上坝两种情况分别编制,根据施工组织设计方案采用相应的定额子目。定额已包括压实过程中所有损耗量以及坝面施工干扰因素。如为非土石堤、坝的一般土料、砂石料压实,其人工、机械定额乘以 0.8 系数。

反滤料压实定额中的砂及碎(卵)石数量和组成比例,按设计资料进行调整。

过渡料如无级配要求时,可采用砂砾石定额子目。如有级配要求,需经筛分处理时,则应采用反滤料定额子目。

六、本章未编列土石坝物料的运输定额。编制概算时,可根据定额所列物料运输数量采用本概算定额相关章节子目计算物料运输上坝费用,并乘以坝面施工干扰系数1.02。

自料场直接运输上坝的物料运输,采用第一章土方开挖工程和第二章石方开挖工程定额相应子目,计量单位为自然方。其中砂砾料运输按Ⅳ类土定额计算。

自成品供料场上坝的物料运输,采用第六章砂石备料工程定额,计量单位为成品堆方。其中反滤料运输采用骨料运输定额。

三－1 人工铺筑砂石垫层

工作内容:填筑砂石料、压实、修坡。

单位:100m³ 砌体方

项　　　　目	单位	碎　石 垫　　层	反滤层
工　　　长	工时	10.2	10.2
高　级　工	工时		
中　级　工	工时		
初　级　工	工时	497.4	497.4
合　　　计	工时	507.6	507.6
碎（卵）石	m³	102	81.6
砂	m³		20.4
其他材料费	%	1	1
编　　　　号		30001	30002

三－2 人工抛石护底护岸

工作内容:石料运输、抛石、整平。

单位:100m³ 抛投方

项　　　　目	单位	人工抛石护底护岸
工　　　长	工时	4.4
高　级　工	工时	
中　级　工	工时	
初　级　工	工时	216.2
合　　　计	工时	220.6
块　　　石	m³	103
其他材料费	%	1
胶　轮　车	台时	68.20
编　　　　号		30003

三－3 石驳抛石护底护岸

工作内容:吊装、运输、定位、抛石、空回。

(1) 100m³ 石驳

单位:100m³ 抛投方

项 目	单位	运 距 (km)			增运 0.5km
		0.5	1	2	
工 长	工时				
高 级 工	工时				
中 级 工	工时				
初 级 工	工时	7.6	7.6	7.6	
合 计	工时	7.6	7.6	7.6	
块 石	m³	108	108	108	
其他材料费	%	2	2	2	
液压挖掘机 1m³	台时	1.01	1.01	1.01	
推 土 机 132kW	台时	0.50	0.50	0.50	
自行式石驳 100m³	台时	1.55	1.87	2.53	0.21
其他机械费	%	2	2	2	
编 号		30004	30005	30006	30007

(2) 120m³ 石驳

单位:100m³ 抛投方

项 目	单位	运 距 (km)			增运 0.5km
		0.5	1	2	
工 长	工时				
高 级 工	工时				
中 级 工	工时				
初 级 工	工时	7.6	7.6	7.6	
合 计	工时	7.6	7.6	7.6	
块 石	m³	108	108	108	
其他材料费	%	2	2	2	
液压挖掘机 1m³	台时	1.01	1.01	1.01	
推 土 机 132kW	台时	0.50	0.50	0.50	
拖 轮 176m³	台时	1.41	1.61	2.00	0.16
底开式石驳 120m³	台时	1.41	1.61	2.00	0.16
其他机械费	%	2	2	2	
编 号		30008	30009	30010	30011

三－4 干砌卵石

工作内容:选石、砌筑、填缝、找平。

单位:100m³ 砌体方

项　　　目	单位	护　坡		护底	基础	挡土墙
		平面	曲面			
工　　长	工时	12.3	14.4	10.6	9.4	11.9
高　级　工	工时					
中　级　工	工时	197.0	247.3	156.7	126.4	187.0
初　级　工	工时	406.6	459.1	364.7	333.2	396.0
合　　计	工时	615.9	720.8	532.0	469.0	594.9
卵　　石	m³	112	112	112	112	112
其他材料费	%	1	1	1	1	1
胶　轮　车	台时	77.87	77.87	77.87	77.87	77.87
编　　　号		30012	30013	30014	30015	30016

三－5 干砌块石

工作内容:选石、修石、砌筑、填缝、找平。

单位:100m³ 砌体方

项　　　目	单位	护　坡		护　底	基础	挡土墙
		平面	曲面			
工　　长	工时	11.6	13.6	10.2	9.1	11.3
高　级　工	工时					
中　级　工	工时	179.1	224.8	142.4	114.9	170.0
初　级　工	工时	394.0	441.7	355.9	327.2	384.4
合　　计	工时	584.7	680.1	508.5	451.2	565.7
块　　石	m³	116	116	116	116	116
其他材料费	%	1	1	1	1	1
胶　轮　车	台时	80.61	80.61	80.61	80.61	80.61
编　　　号		30017	30018	30019	30020	30021

三-6 斜坡干砌块石

适用范围:坝坡、渠道干砌块石。

工作内容:反铲挖掘机砌筑、填缝、找平。

单位:100m³ 砌体方

项 目	单位	斜坡干砌块石
工 长	工时	
高 级 工	工时	
中 级 工	工时	
初 级 工	工时	21.6
合 计	工时	21.6
块 石	m³	116
其他材料费	%	1
反铲挖掘机 2m³	台时	5.19
编 号		30022

三-7 浆砌卵石

工作内容:选石、冲洗、拌制砂浆、砌筑、勾缝。

单位:100m³ 砌体方

项 目	单位	护 坡		护底	基础	挡土墙	桥墩
		平面	曲面				
工 长	工时	18.5	21.3	16.3	14.5	17.8	19.6
高 级 工	工时						
中 级 工	工时	397.0	486.2	325.4	270.2	378.0	432.1
初 级 工	工时	511.2	557.2	474.3	441.7	498.5	527.8
合 计	工时	926.7	1064.7	816.0	726.4	894.3	979.5
卵 石	m³	105	105	105	105	105	105
砂 浆	m³	37.0	37.0	37.0	35.7	36.1	36.5
其他材料费	%	0.5	0.5	0.5	0.5	0.5	0.5
砂浆搅拌机 0.4m³	台时	6.86	6.86	6.86	6.62	6.70	6.77
胶 轮 车	台时	165.61	165.61	165.61	162.36	163.36	164.37
编 号		30023	30024	30025	30026	30027	30028

三－8 浆砌块石

工作内容:选石、修石、冲洗、拌制砂浆、砌筑、勾缝。

单位:100m³ 砌体方

项 目	单位	护 坡		护底	基础	挡土墙	桥墩闸墩
		平面	曲面				
工 长	工时	17.3	19.8	15.4	13.7	16.7	18.2
高 级 工	工时						
中 级 工	工时	356.5	436.2	292.6	243.3	339.4	387.8
初 级 工	工时	490.1	531.2	457.2	427.4	478.5	504.7
合 计	工时	863.9	987.2	765.2	684.4	834.6	910.7
块 石	m³	108	108	108	108	108	108
砂 浆	m³	35.3	35.3	35.3	34.0	34.4	34.8
其他材料费	%	0.5	0.5	0.5	0.5	0.5	0.5
砂浆搅拌机 0.4m³	台时	6.54	6.54	6.54	6.30	6.38	6.45
胶 轮 车	台时	163.44	163.44	163.44	160.19	161.18	162.18
编 号		30029	30030	30031	30032	30033	30034

三－9 浆砌条料石

工作内容:选石、修石、冲洗,拌制砂浆、砌筑、勾缝。

单位:100m³ 砌体方

项　　　目	单位	平面护坡	护底	基础	挡土墙	桥墩闸墩	帽石	防浪墙
工　　长	工时	18.6	16.5	14.7	17.9	19.7	25.8	24.1
高　级　工	工时							
中　级　工	工时	376.3	306.0	252.2	360.9	413.8	613.9	560.0
初　级　工	工时	535.3	499.0	468.0	520.2	548.4	648.0	620.3
合　　计	工时	930.2	821.5	734.9	899.0	981.9	1287.7	1204.4
毛　条　石	m³	86.7	86.7	86.7	86.7	36.7		
料　　石	m³					50.0	86.7	86.7
砂　　浆	m³	26.0	26.0	25.0	25.2	25.5	23.0	23.0
其他材料费	%	0.5	0.5	0.5	0.5	0.5	0.5	0.5
砂浆搅拌机　0.4m³	台时	4.82	4.82	4.64	4.68	4.73	4.26	4.26
胶　轮　车	台时	165.54	165.54	163.04	163.54	164.30	158.03	158.03
编　　　号		30035	30036	30037	30038	30039	30040	30041

三-10 浆砌石拱圈

工作内容:拱架模板制作、安装、拆除,选石、修石、洗石,拌制砂浆、砌筑、勾缝。

单位:100m³ 砌体方

项　目	单位	料石拱	块石拱
工　长	工时	28.3	26.7
高　级　工	工时		
中　级　工	工时	640.3	609.6
初　级　工	工时	745.6	695.4
合　计	工时	1414.2	1331.7
料　石	m³	86.7	
块　石	m³		108
砂　浆	m³	25.9	35.4
锯　材	m³	2.75	2.75
原　木	m³	1.29	1.29
铁　钉	kg	17	17
铁　件	kg	78	78
其他材料费	%	1	1
砂浆搅拌机　0.4m³	台时	4.80	6.56
胶　轮　车	台时	165.29	163.69
编　　号		30042	30043

三－11　浆砌预制混凝土块

工作内容：冲洗、拌制砂浆、砌筑、勾缝。

单位:100m³ 砌体方

项　　　目	单位	护坡护底	栏　杆	挡土墙 桥台　闸墩
工　　　长	工时	13.6	18.0	13.4
高　级　工	工时			
中　级　工	工时	261.4	403.6	256.0
初　级　工	工时	403.6	481.0	399.1
合　　　计	工时	678.6	902.6	668.5
混凝土预制块	m³	92	92	92
砂　　　浆	m³	16.0	17.3	15.5
其他材料费	%	0.5	0.5	0.5
砂浆搅拌机　0.4m³	台时	2.97	3.20	2.87
胶　轮　车	台时	125.11	128.37	123.87
编　　　　　号		30044	30045	30046

三－12　砌辉绿岩铸石

工作内容：人工拌制岩浆、砌筑、填缝。

单位:100m² 砌体

项　　　目	单位	铸石板厚度　（cm）		
		3	5	10
工　　　长	工时	7.2	11.9	19.2
高　级　工	工时			
中　级　工	工时	125.8	209.4	335.3
初　级　工	工时	226.5	377.1	603.4
合　　　计	工时	359.5	598.4	957.9
辉绿岩铸石	t	9.0	15.0	30.0
辉绿岩铸石粉	t	2.23	2.57	3.43
其他材料费	%	0.5	0.5	0.5
载　重　汽　车　5t	台时	3.30	5.15	9.79
编　　　　　号		30047	30048	30049

三－13 浆砌石明渠

工作内容:选石、修石、洗石,拌制砂浆、砌筑、填缝、勾缝。

(1) 非岩石地基

单位:100m³ 砌体方

项 目	单位	块 石		条 石		
		渠底宽度 (m)				
		≤1	>1	≤2	2~3	>3
工 长	工时	18.0	17.0	19.0	18.0	18.0
高 级 工	工时					
中 级 工	工时	334.0	334.0	352.0	352.0	352.0
初 级 工	工时	528.0	510.0	557.0	547.0	539.0
合 计	工时	880.0	861.0	928.0	917.0	909.0
块 石	m³	108	108			
毛 条 石	m³			86.7	86.7	86.7
砂 浆	m³	35.3	35.3	26.0	26.0	26.0
其他材料费	%	1	1	1	1	1
砂浆搅拌机 0.4m³	台时	6.54	6.54	4.82	4.82	4.82
胶 轮 车	台时	163.44	163.44	165.54	165.54	165.54
编 号		30050	30051	30052	30053	30054

（2）岩石地基

项　　目	单位	块　　石		条　　石		
		渠底宽度（m）				
		≤1	>1	≤2	2~3	>3
工　　长	工时	19.0	18.0	20.0	19.0	19.0
高 级 工	工时					
中 级 工	工时	334.0	334.0	352.0	352.0	352.0
初 级 工	工时	628.0	572.0	629.0	597.0	572.0
合　　计	工时	981.0	924.0	1001.0	968.0	943.0
块　　石	m³	108	108			
毛 条 石	m³			86.7	86.7	86.7
砂　　浆	m³	47.8	47.8	38.5	38.5	38.5
其他材料费	%	1	1	1	1	1
砂浆搅拌机 0.4m³	台时	8.86	8.86	7.14	7.14	7.14
胶 轮 车	台时	177.68	177.68	183.86	183.86	183.86
编　　　号		30055	30056	30057	30058	30059

三－14 浆砌石隧洞衬砌

工作内容:拱架及支撑制作、安装、拆除,选石、修石、洗石,拌制砂浆、砌筑、填缝、勾缝。

单位:100m³ 砌体方

项　目	单位	开挖断面 （m²）	
		≤5	＞5
工　　长	工时	27.1	26.8
高　级　工	工时		
中　级　工	工时	446.6	442.9
初　级　工	工时	879.7	872.4
合　　计	工时	1353.4	1342.1
料　　石	m³	86.7	86.7
片　　石	m³	48.7	46.4
砂　　浆	m³	26.0	26.0
锯　　材	m³	0.96	0.96
原　　木	m³	0.45	0.45
铁　　钉	kg	5.95	5.95
铁　　件	kg	27.3	27.3
其他材料费	%	0.5	0.5
砂浆搅拌机　0.4m³	台时	4.82	4.82
V 型斗车　1.0m³	台时	136.26	134.33
胶　轮　车	台时	22.23	22.23
编　　　号		30060	30061

三－15　砌石重力坝

工作内容:凿毛、冲洗、清理,选石、修石、洗石,砂浆(混凝土)拌制、砌筑、勾缝、养护。

项　　　目	单位	浆　砌		混凝土砌	
		块　石	条　石	块　石	条　石
工　　　长	工时	14.0	15.0	19.0	20.0
高　级　工	工时				
中　级　工	工时	274.0	293.0	353.0	374.0
初　级　工	工时	433.0	462.0	556.0	589.0
合　　　计	工时	721.0	770.0	928.0	983.0
块　　　石	m³	108		88	
毛　条　石	m³		87		58
砂　　　浆	m³	34.0	25.0		
混　凝　土	m³			54.6	52.5
其他材料费	%	1	1	1	1
搅 拌 机　0.4m³	台时	6.38	4.68	10.40	10.00
起 重 机　6t	台时	8.48	6.64	8.48	6.58
混凝土吊罐　1.6m³	台时	2.08	1.48	3.26	3.14
胶 轮 车	台时	164.40	164.61	201.52	202.44
编　　　　　号		30062	30063	30064	30065

三－16 砌条石拱坝

工作内容:凿毛、冲洗、清理,选石、修石、洗石,砂浆(混凝土)拌制、砌筑、勾缝、养护。

单位:100m³ 砌体方

项　　目	单位	浆　　砌	混凝土砌
工　　　长	工时	17.0	22.0
高　级　工	工时		
中　级　工	工时	322.0	415.0
初　级　工	工时	508.0	654.0
合　　　计	工时	847.0	1091.0
毛　条　石	m³	87	58
砂　　浆	m³	25.0	
混　凝　土	m³		52.5
其他材料费	%	1	1
搅　拌　机　0.4m³	台时	4.68	10.00
起　重　机　6t	台时	6.64	6.58
混凝土吊罐　1.6m³	台时	1.48	3.14
胶　轮　车	台时	164.61	202.44
编　　　号		30066	30067

三－17 砌体砂浆抹面

工作内容:冲洗、抹粉、压光。

单位:100m²

项　　目	单位	平均厚度　2cm			增减1cm
		平　面	立　面	拱　面	
工　　长	工时	1.3	1.9	3.4	
高　级　工	工时				
中　级　工	工时	29.9	42.6	79.2	13.8
初　级　工	工时	36.6	50.6	89.2	16.5
合　　计	工时	67.8	95.1	171.8	30.3
砂　　浆	m³	2.1	2.3	2.5	1.0
其他材料费	%	8	8	8	
砂浆搅拌机　0.4m³	台时	0.39	0.42	0.46	0.20
胶　轮　车	台时	5.25	5.76	6.26	2.63
编　　　　号		30068	30069	30070	30071

三－18 砌体拆除

工作内容:拆除、清理、堆放。

单位:100m³ 砌体方

项　　目	单位	水泥浆砌石	石灰浆砌石	干砌石
工　　长	工时	18.6	12.4	5.1
高　级　工	工时			
中　级　工	工时			
初　级　工	工时	889.9	593.3	259.6
合　　计	工时	908.5	605.7	264.7
零星材料费	%	0.5	0.5	0.5
编　　　　号		30072	30073	30074

三－19 土石坝物料压实

工作内容:推平、刨毛、压实,削坡、洒水、补夯边及坝面各种辅助工作。

(1) 自料场直接运输上坝
① 土　料

单位:100m³ 实方

项　　　　目	单位	拖拉机压实		羊脚碾压实	
		干密度(kN/m³)			
		≤16.67	>16.67	≤16.67	>16.67
工　　　长	工时				
高　级　工	工时				
中　级　工	工时				
初　级　工	工时	21.8	25.1	26.8	29.4
合　　　计	工时	21.8	25.1	26.8	29.4
零星材料费	%	10	10	10	10
羊脚碾 5~7t 拖拉机 59kW	组时			1.81	2.33
8~12t 　　　　 74kW	组时			1.30	1.68
拖拉机 74kW	台时	2.06	2.65		
推土机 74kW	台时	0.55	0.55	0.55	0.55
蛙式打夯机 2.8kW	台时	1.09	1.09	1.09	1.09
刨毛机	台时	0.55	0.55	0.55	0.55
其他机械费	%	1	1	1	1
土料运输(自然方)	m³	126	126	126	126
编　　　　　号		30075	30076	30077	30078

项　　目	单位	轮胎碾压实		凸块振动碾压实	
		干密度（kN/m³）			
		≤16.67	>16.67	≤16.67	>16.67
工　　长	工时				
高　级　工	工时				
中　级　工	工时				
初　级　工	工时	23.2	25.2	22.1	23.2
合　　计	工时	23.2	25.2	22.1	23.2
零星材料费	%	10	10	10	10
轮胎碾 9～16t 拖拉机 74kW	组时	1.08	1.51		
凸块振动碾 13.5t	台时			0.86	1.08
推土机 74kW	台时	0.55	0.55	0.55	0.55
蛙式打夯机 2.8kW	台时	1.09	1.09	1.09	1.09
刨毛机	台时	0.55	0.55	0.55	0.55
其他机械费	%	1	1	1	1
土料运输（自然方）	m³	126	126	126	126
编　　号		30079	30080	30081	30082

注：1. 一般土料压实的土料运输（自然方）为118m³；

2. 本节定额零星材料费计算基数不含土料及砂石料运输费。

② 砂石料

项　　　目	单位	拖拉机压实	振动碾压实	
		砂砾料	砂砾料	堆石料
工　　　长	工时			
高　级　工	工时			
中　级　工	工时			
初　级　工	工时	21.8	19.7	19.7
合　　　计	工时	21.8	19.7	19.7
零星材料费	%	10	10	10
振 动 碾　13～14t 拖 拉 机　74kW	组时		0.26	0.26
拖 拉 机　74kW	台时	0.86		
推 土 机　74kW	台时	0.55	0.55	0.55
蛙式打夯机　2.8kW	台时	1.09	1.09	1.09
其他机械费	%	1	1	1
砂石料运输(自然方)	m³	118	118	78
编　　　号		30083	30084	30085

（2） 自成品供料场运输上坝

单位：100m³ 实方

项 目	单位	拖拉机压实		振动碾压实		
		砂砾料	反滤料	砂砾料	堆石料	反滤料垫层料
工 长	工时					
高 级 工	工时					
中 级 工	工时					
初 级 工	工时	21.8	22.9	19.7	19.7	20.8
合 计	工时	21.8	22.9	19.7	19.7	20.8
砂 砾 料	m³	139		139		
堆 石 料	m³				121	
碎（卵）石	m³		77			77
砂	m³		40			40
其他材料费	%	5	1	5	5	1
振 动 碾 13～14t	组时			0.26	0.26	0.48
拖 拉 机 74kW						
拖 拉 机 74kW	台时	0.86	1.08			
推 土 机 74kW	台时	0.55	0.55	0.55	0.55	0.55
蛙式打夯机 2.8kW	台时	1.09	1.09	1.09	1.09	1.09
其他机械费	%	1	1	1	1	1
砂石料运输（堆方）	m³	139	118	139	121	118
编 号		30086	30087	30088	30089	30090

三－20 斜坡压实

适用范围:面板堆石坝垫层料斜坡压实。

工作内容:削坡、修整、机械压实。

单位:100m² 实方

项　　目	单位	斜坡压实
工　　长	工时	
高　级　工	工时	
中　级　工	工时	
初　级　工	工时	117.9
合　　计	工时	117.9
零星材料费	%	1
斜坡振动碾　10t	台时	0.76
拖　拉　机　74kW	台时	0.76
挖　掘　机　1m³	台时	0.76
其他机械费	%	1
编　　号		30091

第四章

混凝土工程

说　　明

一、本章定额包括常态混凝土、碾压混凝土、沥青混凝土、混凝土预制及安装、钢筋制作及安装,以及混凝土拌制、运输,止水等定额共 61 节。

二、本章定额的计量单位,除注明者外,均为建筑物及构筑物的成品实体方。

三、本章混凝土定额的主要工作内容:

1.常态混凝土浇筑包括冲(凿)毛、冲洗、清仓,铺水泥砂浆、平仓浇筑、振捣、养护,工作面运输及辅助工作。

2.碾压混凝土浇筑包括冲毛、冲洗、清仓、铺水泥砂浆、平仓、碾压、切缝、养护,工作面运输及辅助工作。

3.沥青混凝土浇筑包括配料、混凝土加温、铺筑、养护,模板制作、安装、拆除、修整,以及场内运输及辅助工作。

4.预制混凝土包括预制场冲洗、清理、配料、拌制、浇筑、振捣、养护,模板制作、安装、拆除、修整,现场冲洗、拌浆、吊装、砌筑、勾缝,以及预制场和安装现场场内运输及辅助工作。

5.混凝土拌制包括配料、加水、加外加剂,搅拌、出料、清洗及辅助工作。

6.混凝土运输包括装料、运输、卸料、空回、冲洗、清理及辅助工作。

四、混凝土材料定额中的"混凝土",系指完成单位产品所需的混凝土成品量,其中包括干缩,运输、浇筑和超填等损耗的消耗量在内。混凝土半成品的单价,为配制混凝土所需水泥、骨料、水、掺和料及其外加剂等的费用之和。各项材料用量定额,按试验资料计算;无试验资料时,可采用本定额附录中的混凝土材料配合比表列示量。

五、混凝土拌制

1.混凝土拌制定额均以半成品方为计量单位,不包括干缩,运输、浇筑和超填等损耗的消耗量在内。

2.混凝土拌制定额按拌制常态混凝土拟定,若拌制加冰、加掺和料等其他混凝土,则按表4-1系数对拌制定额进行调整。

表 4-1

搅拌楼规格	混凝土类别			
	常 态 混凝土	加 冰 混凝土	加掺和料 混凝土	碾 压 混凝土
$1 \times 2.0 m^3$ 强制式	1.00	1.20	1.00	1.00
$2 \times 2.5 m^3$ 强制式	1.00	1.17	1.00	1.00
$2 \times 1.0 m^3$ 自落式	1.00	1.00	1.10	1.30
$2 \times 1.5 m^3$ 自落式	1.00	1.00	1.10	1.30
$3 \times 1.5 m^3$ 自落式	1.00	1.00	1.10	1.30
$2 \times 3.0 m^3$ 自落式	1.00	1.00	1.10	1.30
$4 \times 3.0 m^3$ 自落式	1.00	1.00	1.10	1.30

六、混凝土运输

1.现浇混凝土运输,指混凝土自搅拌楼或搅拌机出料口至浇筑现场工作面的全部水平和垂直运输。

2.预制混凝土构件运输,指预制场至安装现场之间的运输。预制混凝土构件在预制场和安装现场的运输,包括在预制及安装定额内。

3.混凝土运输定额均以半成品方为计量单位,不包括干缩、运输、浇筑和超填等损耗的消耗量在内。

4.混凝土和预制混凝土构件运输,应根据设计选定的运输方式、设备型号规格,按本章运输定额计算。

七、混凝土浇筑

1.混凝土浇筑定额中包括浇筑和工作面运输所需全部人工、材料和机械的数量及费用。

2.地下工程混凝土浇筑施工照明用电,已计入浇筑定额的其他材料费中。

3.平洞、竖井、地下厂房、渠道等混凝土衬砌定额中所列示的开挖断面和衬砌厚度按设计尺寸选取。设计厚度不符,可用插入法计算。

4.混凝土构件预制及安装定额,包括预制及安装过程中所需人工、材料、机械的数量和费用。若预制混凝土构件单位重量超过定额中起重机械起重量时,可用相应起重量机械替换,台时量不变。

八、预制混凝土定额中的模板材料为单位混凝土成品方的摊销量,已考虑了周转。

九、混凝土拌制及浇筑定额中,不包括骨料预冷、加冰、通水等温控所需人工、材料、机械的数量和费用。

十、平洞衬砌定额,适用于水平夹角小于和等于6°单独作业的平洞。如开挖、衬砌平行作业时,按平洞定额的人工和机械定额乘1.1系数;水平夹角大于6°的斜井衬砌,按平洞定额的人工、机械乘1.23系数。

十一、如设计采用耐磨混凝土、钢纤维混凝土、硅粉混凝土、铁矿石混凝土、高强混凝土、膨胀混凝土等特种混凝土时,其材料配合比,采用试验资料计算。

十二、沥青混凝土面板、沥青混凝土心墙铺筑、沥青混凝土涂层、斜墙碎石垫层面涂层及沥青混凝土拌制、运输等定额,适用于抽水蓄能电站库盆的防渗处理,堆石坝和砂砾石坝的心墙、斜墙及均质土坝上游面的防渗处理。

十三、钢筋制作与安装定额中,其钢筋定额消耗量已包括钢筋制作与安装过程中的加工损耗、搭接损耗及施工架立筋附加量。

四－1 常态混凝土坝(堰)体

适用范围:各类坝型及围堰。

单位:100m³

| 项 目 | 单位 | 薄层浇筑(≤1.5m) | | 一般层厚浇筑 | |
		半机械化	机械化	半机械化	机械化
工 长	工时	7.6	7.5	5.8	5.1
高 级 工	工时	10.2	7.5	7.8	5.1
中 级 工	工时	127.1	93.9	97.4	64.2
初 级 工	工时	109.3	78.9	83.8	54.0
合 计	工时	254.2	187.8	194.8	128.4
混 凝 土	m³	102	102	103	103
砂 浆	m³	2	2	1	1
水	m³	82	82	46	46
其他材料费	%	2	2	2	2
振 动 器 1.5kW	台时	10.50	1.06	10.50	1.06
变 频 机 组 8.5kVA	台时	5.25	0.53	5.25	0.53
平仓振捣机 40kW	台时		1.23		1.23
风 水 枪	台时	14.10	14.10	7.53	7.53
其他机械费	%	15	10	15	10
混凝土及砂浆拌制	m³	104	104	104	104
混凝土及砂浆运输	m³	104	104	104	104
编 号		40001	40002	40003	40004

四－2 碾压混凝土坝(堰)体

适用范围:各类坝型及围堰。

(1) RCC工法

单位:100m³

项 目	单位	仓面面积(m²)		
		≤3000	3000~6000	>6000
工 长	工时	1.0	1.0	0.9
高 级 工	工时	1.0	1.0	0.9
中 级 工	工时	8.2	7.5	6.7
初 级 工	工时	30.0	27.3	24.5
合 计	工时	40.2	36.8	33.0
混 凝 土	m³	103	103	103
砂 浆	m³	1	1	1
水	m³	41	38	35
其他材料费	%	1	1	1
湿地推土机 120kW	台时	0.90	0.82	0.73
装 载 机 2m³	台时	0.65	0.59	0.53
振 动 碾 BW202AD	台时	0.90	0.82	0.73
切 缝 机 55kW	台时	0.25	0.26	0.27
平仓振捣机 40kW	台时	0.07	0.06	0.06
振 动 器 1.5kW	台时	0.03	0.03	0.03
变 频 机 组 8.5kVA	台时	0.02	0.02	0.02
冲 洗 机 PS6.3	台时	0.83	0.75	0.68
高压冲毛机 GCHJ50	台时	0.20	0.18	0.16
其他机械费	%	1	1	1
混凝土及砂浆拌制	m³	104	104	104
混凝土及砂浆运输	m³	104	104	104
编 号		40005	40006	40007

注:本定额是碾压混凝土与变态混凝土的综合定额。

(2) RCD工法

项 目	单位	仓面面积(m²)		
		≤3000	3000～6000	>6000
工 长	工时	3.6	3.4	3.3
高 级 工	工时	19.0	17.8	17.2
中 级 工	工时	43.7	41.0	39.5
初 级 工	工时	34.7	32.4	31.3
合 计	工时	101.0	94.6	91.3
混 凝 土	m³	101	101	101
砂 浆	m³	3	3	3
铁 板 1.5mm	kg	0.1	0.1	0.1
角 铁 50×50	kg	0.1	0.1	0.1
钢 筋	kg	0.2	0.2	0.2
水	m³	67	65	63
其他材料费	%	1	1	1
湿地推土机 120kW	台时	1.21	1.06	0.95
装 载 机 2m³	台时	0.72	0.65	0.59
振 动 碾 BW200	台时	1.29	1.11	1.02
手扶式振动碾 BW-75	台时	0.45	0.43	0.41
切 缝 机 55kW	台时	0.21	0.22	0.24
平仓振捣机 40kW	台时	0.70	0.68	0.66
冲 洗 机 PS6.3	台时	0.33	0.30	0.27
高压冲毛机 GCHJ50	台时	0.79	0.72	0.65
电 焊 机 25kVA	台时	1.52	1.52	1.52
其他机械费	%	1	1	1
混凝土及砂浆拌制	m³	104	104	104
混凝土及砂浆运输	m³	104	104	104
编 号		40008	40009	40010

注:本定额是碾压混凝土与上、下游起模板作用的常态混凝土的综合定额。

四-3 厂　　房

适用范围:各式厂房。

单位:100m³

项　目	单位	厂房机组段		河床式厂房进出口段	
		下部	上部	下部	上部
工　　长	工时	14.8	19.9	10.9	12.6
高　级　工	工时	29.7	66.3	21.8	33.6
中　级　工	工时	292.2	384.6	207.4	243.6
初　级　工	工时	158.5	192.3	123.8	130.2
合　　计	工时	495.2	663.1	363.9	420.0
混　凝　土	m³	105	104	104	104
水	m³	73	124	52	82
其他材料费	%	2	2	2	2
振　动　器　1.1kW	台时	28.63	58.06	28.63	35.90
风　水　枪	台时	10.35	10.35	10.35	10.35
其他机械费	%	15	15	15	15
混凝土拌制	m³	105	104	104	104
混凝土运输	m³	105	104	104	104
编　　　号		40011	40012	40013	40014

注:1.厂房机组段上部指发电机层楼板顶面以上的混凝土构筑物,以及安装间和副厂
　　房的梁、板、柱;下部指发电机层楼板顶面以下的混凝土构筑物。

　　2.河床式厂房进出口段上部指进水口底板顶面以上的混凝土构筑物,以及尾水管
　　顶板底面以上的混凝土构筑物;下部指进水口底板顶面以下的混凝土构筑物,以
　　及尾水管顶板底面以下的混凝土构筑物。

　　3.地下厂房和坝内式厂房的上、下部混凝土采用本节厂房机组段上、下部定额,人
　　工定额乘以1.25系数;顶拱、边墙采用四-6节地下厂房衬砌定额。

四－4 泵 站

适用范围:抽水站、扬水站等各式泵站。

单位:100m³

项 目	单位	下部	中部	上部
工 长	工时	14.8	19.4	22.9
高 级 工	工时	29.5	54.4	76.3
中 级 工	工时	280.3	370.1	442.3
初 级 工	工时	167.3	198.7	221.2
合 计	工时	491.9	642.6	762.7
混 凝 土	m³	108	108	104
水	m³	75	75	124
其他材料费	%	4	4	4
振 动 器 1.1kW	台时	25.36	42.86	58.06
风 水 枪	台时	8.82	4.41	2.12
其他机械费	%	20	20	20
混凝土拌制	m³	108	108	104
混凝土运输	m³	108	108	104
编 号		40015	40016	40017

注:1. 适用于工作水头≤10m,或工作水头>10m,装机容量≤500kW或泵径≤1m的泵站。

2. 下部,指底板自底面与基础接触面起至进出水流道(管)底部接触面;有廊道的,至主廊道底板面层止的浇筑层间部分,以及厂房、副厂房、过道间的地坪和设备基础。

3. 中部,指底部与上部界线之间的各混凝土构筑物。

4. 上部,指岸、翼墙顶面线以上,公路、工作桥大梁搁置面以上需另设脚手层施工的部分,厂房、副厂房、过道间的地坪面层以上的建筑物安装工程项目,以及出水管管顶面层以上的施工部分混凝土构筑物。

四 - 5 溢 洪 道

适用范围:岸边及非常溢洪道。

单位:100m³

项　　目	单位	数　　量
工　　长	工时	12.8
高　级　工	工时	20.0
中　级　工	工时	229.2
初　级　工	工时	163.4
合　　计	工时	425.4
混　凝　土	m³	111
水	m³	117
其他材料费	%	1
振　动　器　1.1kW	台时	32.67
振　动　器　1.5kW	台时	4.28
变　频　机　组　8.5kVA	台时	2.14
风　水　枪	台时	10.85
混　凝　土　泵　30m³/h	台时	2.37
其他机械费	%	10
混凝土拌制	m³	111
混凝土运输	m³	111
编　　　　号		40018

四-6 地下厂房衬砌

适用范围:地下厂房顶拱及边墙。

单位:100m³

项　目	单位	厂房宽度(m)					
		≤15			15~20		
		衬砌厚度(m)					
		0.6	0.9	1.2	0.8	1.1	1.4
工　　长	工时	16.1	11.9	10.7	13.1	11.1	10.4
高　级　工	工时	26.8	19.8	17.8	21.8	18.5	17.4
中　级　工	工时	289.0	213.4	192.6	235.5	199.4	187.6
初　级　工	工时	203.4	150.1	135.6	165.7	140.3	132.0
合　　计	工时	535.3	395.2	356.7	436.1	369.3	347.4
混　凝　土	m³	135	125	121	128	122	118
水	m³	60	37	27	44	30	23
其他材料费	%	2	2	2	2	2	2
混凝土泵　30m³/h	台时	16.08	13.25	12.17	13.87	12.36	11.77
振动器　1.1kW	台时	48.31	39.73	36.60	41.69	37.11	35.29
风　水　枪	台时	24.58	20.12	18.67	18.35	16.35	15.53
其他机械费	%	15	15	15	15	15	15
混凝土拌制	m³	135	125	121	128	122	118
混凝土运输	m³	135	125	121	128	122	118
编　　　号		40019	40020	40021	40022	40023	40024

注:1.厂房上、下部混凝土构筑物采用四-3节厂房机组段定额;

2.坝内式厂房的顶拱、边墙采用本节编号40033定额,人工定额乘以0.8系数。

项 目	单位	厂房宽度(m)					
		20~25			25~30		
		衬砌厚度(m)					
		1.0	1.3	1.6	1.2	1.5	1.8
工 长	工时	11.3	10.3	9.4	10.5	9.9	9.3
高 级 工	工时	18.9	17.1	15.7	17.4	16.4	15.5
中 级 工	工时	204.0	184.7	169.1	187.6	177.9	167.5
初 级 工	工时	143.5	130.0	119.0	132.1	125.2	117.9
合 计	工时	377.7	342.1	313.2	347.6	329.4	310.2
混 凝 土	m³	123	119	116	121	117	115
水	m³	30	24	17	24	23	17
其他材料费	%	2	2	2	2	2	2
混凝土泵 30m³/h	台时	12.70	11.98	11.52	12.11	11.67	11.17
振 动 器 1.1kW	台时	38.07	35.93	34.58	36.36	35.02	33.55
风 水 枪	台时	14.67	13.79	13.16	12.47	11.87	11.40
其他机械费	%	15	15	15	15	15	15
混凝土拌制	m³	123	119	116	121	117	115
混凝土运输	m³	123	119	116	121	117	115
编 号		40025	40026	40027	40028	40029	40030

项 目	单位	厂房宽度(m)		
		>30		
		衬砌厚度(m)		
		1.4	1.7	2.0
工 长	工时	10.1	9.5	9.0
高 级 工	工时	16.9	15.8	15.0
中 级 工	工时	182.4	170.2	162.0
初 级 工	工时	128.4	119.8	114.0
合 计	工时	337.8	315.3	300.0
混 凝 土	m³	118	115	114
水	m³	23	17	17
其他材料费	%	2	2	2
混凝土泵 30m³/h	台时	11.72	11.32	11.03
振 动 器 1.1kW	台时	34.90	33.94	33.03
风 水 枪	台时	10.86	10.35	10.07
其他机械费	%	15	15	15
混凝土拌制	m³	118	115	114
混凝土运输	m³	118	115	114
编 号		40031	40032	40033

四－7 平洞衬砌

适用范围:圆形、马蹄形、直墙圆拱形等各式平洞。

(1)混凝土泵入仓浇筑

单位:100m³

项　　　目	单位	开挖断面(m²)					
		≤10			10～30		
		衬砌厚度(cm)					
		30	50	70	50	70	90
工　　　长	工时	34.4	27.1	22.0	23.8	19.4	16.8
高　级　工	工时	57.4	45.1	36.8	39.6	32.3	28.0
中　级　工	工时	619.2	487.3	396.8	427.8	348.7	302.5
初　级　工	工时	435.7	342.9	279.2	301.0	245.4	212.9
合　　　计	工时	1146.7	902.4	734.8	792.2	645.8	560.2
混　凝　土	m³	171	149	140	147	137	132
水	m³	144	81	55	80	54	39
其他材料费	%	0.5	0.5	0.5	0.5	0.5	0.5
混凝土泵　30m³/h	台时	22.40	17.52	14.35	14.98	12.14	10.63
振　动　器　1.1kW	台时	77.97	60.98	49.96	60.14	42.73	37.43
风　水　枪	台时	52.99	44.94	28.85	44.32	28.21	20.86
其他机械费	%	3	3	3	3	3	3
混凝土拌制	m³	171	149	140	147	137	132
混凝土运输	m³	171	149	140	147	137	132
编　　　号		40034	40035	40036	40037	40038	40039

项　　　　目	单位	开挖断面(m²)					
		30~100			>100		
		衬砌厚度(cm)					
		50	70	90	70	90	110
工　　　长	工时	22.4	17.2	14.5	16.4	13.9	12.5
高　级　工	工时	37.4	28.6	24.1	27.3	23.2	20.9
中　级　工	工时	403.8	309.4	260.6	295.4	249.8	226.0
初　级　工	工时	284.2	217.7	183.3	207.9	175.8	159.1
合　　　计	工时	747.8	572.9	482.5	547.0	462.7	418.5
混　凝　土	m³	146	136	130	133	127	124
水	m³	80	54	39	53	38	31
其他材料费	%	0.5	0.5	0.5	0.5	0.5	0.5
混凝土泵　30m³/h	台时	14.87	11.53	9.69	10.86	9.13	8.38
振　动　器　1.1kW	台时	59.71	40.46	33.99	38.19	32.04	29.48
风　水　枪	台时	44.01	28.00	20.53	27.36	16.07	13.41
其他机械费	%	3	3	3	3	3	3
混凝土拌制	m³	146	136	130	133	127	124
混凝土运输	m³	146	136	130	133	127	124
编　　　号		40040	40041	40042	40043	40044	40045

（2） 人工入仓浇筑

项 目	单位	开挖断面(m²)				
		≤5		5～10		
		衬砌厚度(cm)				
		20	30	30	40	50
工 长	工时	56.6	48.7	46.3	39.0	33.4
高 级 工	工时	94.4	81.2	77.2	65.0	55.6
中 级 工	工时	1019.6	877.2	834.1	701.5	600.8
初 级 工	工时	717.5	617.3	587.0	493.7	422.8
合 计	工时	1888.1	1624.4	1544.6	1299.2	1112.6
混 凝 土	m³	190	173	170	157	149
水	m³	244	146	143	101	81
其他材料费	%	0.5	0.5	0.5	0.5	0.5
振 动 器 1.1kW	台时	96.54	78.91	77.50	63.92	53.26
风 水 枪	台时	98.15	53.63	52.67	47.11	30.75
其他机械费	%	3	3	3	3	3
混凝土拌制	m³	190	173	170	157	149
混凝土运输	m³	190	173	170	157	149
编 号		40046	40047	40048	40049	40050

四－8 竖井衬砌

适用范围:竖井及调压井。

单位:100m³

项 目	单位	衬砌厚度(cm)			
		50	70	90	110
工 长	工时	25.8	21.5	19.6	18.4
高 级 工	工时	85.9	71.5	65.4	61.3
中 级 工	工时	420.7	350.4	320.4	300.5
初 级 工	工时	326.3	271.7	248.4	233.1
合 计	工时	858.7	715.1	653.8	613.3
混 凝 土	m³	139	130	125	122
水	m³	76	51	37	30
其他材料费	%	0.5	0.5	0.5	0.5
振 动 器 1.1kW	台时	56.77	40.48	33.79	31.28
风 水 枪	台时	27.05	17.46	12.91	10.31
其他机械费	%	5	5	5	5
混凝土拌制	m³	139	130	125	122
混凝土运输	m³	139	130	125	122
编 号		40051	40052	40053	40054

四－9　溢流面及面板

适用范围:堆石坝、砂砾石坝、岸坡等的防渗面板。

单位:100m³

项　　　目	单位	面板	溢流面
工　　　长	工时	16.3	11.7
高　级　工	工时	32.7	19.4
中　级　工	工时	176.4	205.9
初　级　工	工时	290.5	151.5
合　　　计	工时	515.9	388.5
混　凝　土	m³	104	103
水	m³	165	122
其他材料费	%	4	1
振　动　器 1.1kW	台时	40.60	24.68
风　水　枪	台时		14.28
其他机械费	%	5	8
混凝土拌制	m³	104	103
混凝土运输	m³	104	103
编　　　号		40055	40056

四-10 底 板

适用范围:溢流堰、护坦、铺盖、阻滑板、闸底板、趾板等。

单位:100m³

项 目	单位	厚度(cm)		
		100	200	400
工 长	工时	17.6	11.8	8.1
高 级 工	工时	23.4	15.8	10.9
中 级 工	工时	310.6	209.3	143.8
初 级 工	工时	234.4	157.9	108.5
合 计	工时	586.0	394.8	271.3
混 凝 土	m³	112	108	106
水	m³	133	107	74
其他材料费	%	0.5	0.5	0.5
振 动 器 1.1kW	台时	45.84	44.16	43.31
风 水 枪	台时	17.08	11.51	7.91
其他机械费	%	3	3	3
混凝土拌制	m³	112	108	106
混凝土运输	m³	112	108	106
编 号		40057	40058	40059

注:当溢流堰堰高>4m时,采用四-1节常态混凝土坝(堰)体定额。

四－11 渠 道

（1）明 渠

适用范围:引水、泄水、灌溉渠道及隧洞进出口明挖段的边坡、底板,土
基上的槽形整体。

单位:100m³

项　　　目	单位	衬砌厚度(cm)		
		15	25	35
工　　　长	工时	34.1	23.6	18.0
高　级　工	工时	56.9	39.4	30.0
中　级　工	工时	454.8	315.2	240.1
初　级　工	工时	591.2	409.7	312.2
合　　　计	工时	1137.0	787.9	600.3
混　凝　土	m³	137	124	117
水	m³	244	220	163
其他材料费	%	1	1	1
振　动　器 1.1kW	台时	61.45	55.44	42.61
风　水　枪	台时	61.45	36.94	26.33
其他机械费	%	11	11	11
混凝土拌制	m³	137	124	117
混凝土运输	m³	137	124	117
编　　　号		40060	40061	40062

注:土基上的槽形整体或明渠,风水枪台时均改为0.00,用水量乘以0.7系数。

(2) 暗 渠

适用范围:直墙圆拱形暗渠、矩形暗渠,涵洞等。

单位:100m³

项　　　目	单位	衬砌厚度(cm)		
		40	50	60
工　　　长	工时	15.6	13.3	11.6
高　级　工	工时	26.0	22.1	19.2
中　级　工	工时	285.9	243.3	211.9
初　级　工	工时	192.4	163.7	142.6
合　　　计	工时	519.9	442.4	385.3
混　凝　土	m³	106	106	106
水	m³	68	58	48
其他材料费	%	0.5	0.5	0.5
振动器 1.1kW	台时	46.78	38.50	30.28
风　水　枪	台时	29.76	23.13	19.45
其他机械费	%	10	10	10
混凝土拌制	m³	106	106	106
混凝土运输	m³	106	106	106
编　　　号		40063	40064	40065

四 – 12 墩

适用范围:水闸闸墩、溢洪道闸墩、桥墩、靠船墩、渡槽墩、镇支墩等。

单位:100m³

项 目	单位	数 量
工 长	工时	12.2
高 级 工	工时	16.3
中 级 工	工时	220.4
初 级 工	工时	159.2
合 计	工时	408.1
混 凝 土	m³	105
水	m³	73
其他材料费	%	2
振 动 器 1.5kW	台时	21.42
变 频 机 组 8.5kVA	台时	10.71
风 水 枪	台时	5.74
其他机械费	%	18
混凝土拌制	m³	105
混凝土运输	m³	105
编 号		40066

注:当墩厚>4m时,采用四–1节常态混凝土坝(堰)体定额。

四-13 墙

适用范围:坝体内截水墙、齿墙、心墙、斜墙、挡土墙、板桩墙、导水墙、防浪墙、胸墙、地面板式直墙、污工砌体外包混凝土等。

单位:100m³

项 目	单位	墙厚(cm)					
		20	30	60	90	120	150
工 长	工时	18.6	14.5	11.3	8.7	8.1	7.5
高 级 工	工时	43.3	33.9	26.4	20.4	18.9	17.4
中 级 工	工时	346.5	270.9	211.1	163.3	151.4	139.4
初 级 工	工时	210.4	164.4	128.2	99.2	91.9	84.6
合 计	工时	618.8	483.7	377.0	291.6	270.3	248.9
混 凝 土	m³	107	107	107	107	107	107
水	m³	191	180	170	149	138	127
其他材料费	%	2	2	2	2	2	2
混凝土泵 30m³/h	台时	12.73	11.03	9.56	8.35	6.57	6.57
振 动 器 1.1kW	台时	54.05	54.05	43.73	43.73	19.66	19.66
风 水 枪	台时	13.50	13.50	10.92	10.92	4.91	4.91
其他机械费	%	13	13	13	13	13	13
混凝土拌制	m³	107	107	107	107	107	107
混凝土运输	m³	107	107	107	107	107	107
编 号		40067	40068	40069	40070	40071	40072

注:本定额按混凝土泵入仓拟定,如采用人工入仓,则按下表增加人工工时并取消混凝土泵台时数。

单位:100m³

项 目	单位	墙厚(cm)					
		20	30	60	90	120	150
增加初级工	工时	176.9	170.1	163.2	156.4	149.5	142.7

四－14　渡槽槽身

单位:100m³

项　目	单位	矩形、U形				箱形
		平均壁厚(cm)				
		10	20	30	40	
工　　长	工时	32.4	27.9	24.0	20.1	30.0
高　级　工	工时	75.6	65.1	56.0	46.9	69.9
中　级　工	工时	605.1	520.9	447.8	375.3	559.1
初　级　工	工时	367.4	316.2	271.9	227.9	339.5
合　　计	工时	1080.5	930.1	799.7	670.2	998.5
混　凝　土	m³	103	103	103	103	103
水	m³	194	184	173	163	184
其他材料费	%	3	3	3	3	3
振　动　器　1.1kW	台时	46.20	46.20	46.20	46.20	46.20
风　水　枪	台时	2.10	2.10	2.10	2.10	2.10
其他机械费	%	14	14	14	14	14
混凝土拌制	m³	103	103	103	103	103
混凝土运输	m³	103	103	103	103	103
编　　　　号		40073	40074	40075	40076	40077

四-15 拱排架

适用范围:渡槽、桥梁。

单位:100m³

项 目	单位	拱		排架			
				单根立柱横断面面积(m²)			
		肋拱	板拱	0.2	0.3	0.4	0.5
工 长	工时	26.9	19.4	25.8	22.6	20.2	19.4
高 级 工	工时	80.6	58.2	77.5	67.9	60.7	58.3
中 级 工	工时	510.7	368.8	491.1	430.2	384.5	369.0
初 级 工	工时	277.7	200.6	267.1	234.0	209.1	200.7
合 计	工时	895.9	647.0	861.5	754.7	674.5	647.4
混 凝 土	m³	103	103	105	105	105	105
水	m³	122	122	187	167	147	127
其他材料费	%	3	3	3	3	3	3
振 动 器 1.1kW	台时	46.20	46.20	47.12	47.12	38.13	38.13
风 水 枪	台时	2.10	2.10	2.14	2.14	2.14	2.14
其他机械费	%	20	20	20	20	20	20
混凝土拌制	m³	103	103	105	105	105	105
混凝土运输	m³	103	103	105	105	105	105
编 号		40078	40079	40080	40081	40082	40083

四-16 混凝土管

适用范围:圆形倒虹吸管、压力管道及各种现浇线型涵管。

单位:100m³

项　　　目	单位	管道内径(m)			
		≤1		1~2	
		管壁厚度(m)			
		0.2	0.3	0.3	0.4
工　　　长	工时	25.0	19.7	16.8	15.6
高　级　工	工时	58.4	46.0	39.3	36.4
中　级　工	工时	467.3	367.7	314.1	291.1
初　级　工	工时	283.7	223.2	190.7	176.7
合　　　计	工时	834.4	656.6	560.9	519.8
混　凝　土	m³	103	103	103	103
水	m³	184	174	174	163
其他材料费	%	0.5	0.5	0.5	0.5
振　动　器　1.1kW	台时	46.20	46.20	46.20	46.20
风　水　枪	台时	46.20	29.82	27.30	19.32
其他机械费	%	10	10	10	10
混凝土拌制	m³	103	103	103	103
混凝土运输	m³	103	103	103	103
编　　　号		40084	40085	40086	40087

项　　目	单位	管道内径(m)				
		2～3		3～4		
		管壁厚度(m)				
		0.4	0.5	0.5	0.6	0.7
工　　长	工时	14.2	12.8	11.5	10.1	7.4
高　级　工	工时	33.0	29.9	26.8	23.5	17.2
中　级　工	工时	264.3	239.0	214.5	187.7	137.9
初　级　工	工时	160.5	145.1	130.2	114.0	83.7
合　　计	工时	472.0	426.8	383.0	335.3	246.2
混　凝　土	m³	103	103	103	103	103
水	m³	163	153	153	143	133
其他材料费	%	0.5	0.5	0.5	0.5	0.5
振　动　器　1.1kW	台时	46.20	37.38	37.38	37.38	37.38
风　水　枪	台时	19.32	15.54	14.70	12.43	10.50
其他机械费	%	10	10	10	10	10
混凝土拌制	m³	103	103	103	103	103
混凝土运输	m³	103	103	103	103	103
编　　　号		40088	40089	40090	40091	40092

四－17 回填混凝土

适用范围:隧洞回填:施工支洞封堵及塌方回填混凝土。

露天回填:露天各部位回填混凝土。

腹腔回填:箱形拱填腹及一般填腹。

单位:100m³

项　　　目	单位	隧洞回填	露天回填	腹腔回填
工　　　长	工时	12.6	10.4	10.7
高　级　工	工时	16.7	14.0	14.3
中　级　工	工时	226.0	188.4	192.4
初　级　工	工时	163.2	136.0	139.0
合　　　计	工时	418.5	348.8	356.4
混　凝　土	m³	105	105	103
水	m³	47	47	20
其他材料费	%	0.5	0.5	0.5
振　动　器 1.1kW	台时	42.89	42.89	21.00
风　水　枪	台时	4.28	4.28	6.30
其他机械费	%	8	8	8
混凝土拌制	m³	105	105	103
混凝土运输	m³	105	105	103
编　　　号		40093	40094	40095

四-18 其他混凝土

适用范围:基础、护坡框格、二期混凝土及小体积混凝土。

单位:100m³

项 目	单位	基础	护坡框格	厂房二期	闸门槽二期	小体积
工 长	工时	11.4	21.8	32.4	72.6	30.8
高 级 工	工时	19.0	65.3	108.1	242.1	102.6
中 级 工	工时	198.1	406.3	615.9	1380.0	584.8
初 级 工	工时	152.4	232.2	324.2	726.3	307.8
合 计	工时	380.9	725.6	1080.6	2421.0	1026.0
混 凝 土	m³	105	105	103	103	103
水	m³	125	125	102	143	122
其他材料费	%	2	2	3	3	3
振 动 器 1.1kW	台时	21.42	47.66	42.45	95.17	37.38
风 水 枪	台时	27.85	15.98	8.40	16.80	7.81
其他机械费	%	10	10	11	11	10
混凝土拌制	m³	105	105	103	103	103
混凝土运输	m³	105	105	103	103	103
编 号		40096	40097	40098	40099	40100

四－19 渡槽槽身预制及安装

适用范围:各型混凝土渡槽。

单位:100m³

项 目	单位	U 形	矩形肋板式
工 长	工时	262.1	93.8
高 级 工	工时	1239.8	693.0
中 级 工	工时	3718.6	1615.6
初 级 工	工时	1749.5	361.4
合 计	工时	6970.0	2763.8
锯 材	m³	2.40	4.60
组合钢模板	kg	376	25
型 钢	kg	764	
卡 扣 件	kg	154.45	12.46
铁 件	kg	603	70
电 焊 条	kg	29.46	28.20
环 氧 砂 浆	m³	0.10	0.10
膨 胀 混 凝 土	m³	6.59	6.59
混 凝 土	m³	104	104
水	m³	184	184
其他材料费	%	3	3
振 动 器 1.1kW	台时	46.20	46.20
搅 拌 机 0.4m³	台时	19.28	19.28
胶 轮 车	台时	97.44	97.44
载 重 汽 车 5t	台时	3.82	0.63
电 焊 机 25kVA	台时	34.65	33.18
平板振动器 2.2kW	台时		27.78
卷 扬 机 3t	台时	51.45	51.45
起 重 机 40t	台时	33.60	33.60
其他机械费	%	10	10
预制件运输	m³	100	100
混凝土运输	m³	7	7
编 号		40101	40102

四－20 混凝土拱、排架预制及安装

适用范围：渡槽、桥梁或变电站等。

单位：100m³

项　　　目	单位	矩形拱肋	横系梁	双曲拱波	箱形拱肋	腹拱肋	排架
工　　　长	工时	119.8	86.2	196.8	289.8	170.5	107.0
高　级　工	工时	989.6	455.5	1240.0	1603.0	1215.4	748.1
中　级　工	工时	2181.5	1278.1	3144.6	4375.6	2884.7	1794.6
初　级　工	工时	349.1	525.5	984.7	1723.3	702.2	457.3
合　　　计	工时	3640.0	2345.3	5566.1	7991.7	4972.8	3107.0
锯　　　材	m³	1.63	1.12	1.23	1.76	1.93	2.24
钢　模　板	kg	92	125	95	520	94	157
型　　　钢	kg	65		62	357	72	63
钢　　　板	kg	161		161			
卡　扣　件	kg	49		6	229	150	93
铁　　　件	kg	2071	2833	31	5780	50	490
钢　　　筋	kg						639
电　焊　条	kg	44.74	9.78	37.70	71.72	43.30	25.42
环氧砂浆	m³				0.57	0.57	
膨胀混凝土	m³	1.77		1.77			7.50
混　凝　土	m³	102	102	102	102	102	102
水	m³	184	184	184	184	184	184
其他材料费	%	2	2	2	2	2	2
振动器　1.1kW	台时	46.20	46.20	46.20	46.20	46.20	46.20
搅拌机　0.4m³	台时	19.28	19.28	19.28	19.28	19.28	19.28
胶　轮　车	台时	97.44	97.44	97.44	97.44	97.44	97.44
载重汽车　5t	台时	0.55	0.67	0.55	3.02	0.92	0.65
电焊机　25kVA	台时	52.63	11.51	44.35	84.50	50.69	29.90
卷扬机　3t	台时	138.60		138.60	158.24	158.24	28.35
起重机　40t	台时	43.26	16.30	43.26	48.04	48.04	43.16
其他机械费	%	10	10	10	10	10	10
预制件运输	m³	100	100	100	100	100	100
混凝土运输	m³	2		2			8
编　　　号		40103	40104	40105	40106	40107	40108

四－21　混凝土板预制及砌筑

适用范围:渠道护坡、护底。

单位:100m³

项　　目	单位	厚度(cm)			
		4～8	8～12	12～16	16～20
工　　长	工时	112.4	98.5	91.1	85.8
高　级　工	工时	365.3	320.1	295.9	278.9
中　级　工	工时	1404.9	1231.3	1138.0	1072.4
初　级　工	工时	927.2	812.6	751.1	707.8
合　　计	工时	2809.8	2462.5	2276.1	2144.9
钢　模　板	kg	107	84	75	69
铁　　件	kg	23	16	14	12
混　凝　土	m³	92	92	92	92
水　泥　砂　浆	m³	24	21	19	18
水	m³	220	220	220	220
其他材料费	%	1	1	1	1
搅　拌　机　0.4m³	台时	17.35	17.35	17.35	17.35
胶　轮　车	台时	87.70	87.70	87.70	87.70
载　重　汽　车　5t	台时	1.51	1.21	1.06	0.98
平板振动器　2.2kW	台时	33.60	28.27	25.33	22.68
其他机械费	%	7	7	7	7
预制板运输	m³	90	90	90	90
编　　号		40109	40110	40111	40112

四－22 混凝土管安装

适用范围:露天铺设的水泵站出水管、倒虹管及其他低压输水管。
工作内容:测量、就位、探测砂浆、安装。

单位:100延长米

项　　　目	单位	平段				
		管道内径(m)				
		0.8	1.0	1.2	1.4	1.6
工　　长	工时	16.4	21.9	24.6	35.5	41.0
高　级　工	工时	139.6	186.0	209.3	302.3	348.9
中　级　工	工时	143.6	191.5	215.5	311.2	359.1
初　级　工	工时	110.8	147.7	166.1	240.1	277.0
合　　计	工时	410.4	547.1	615.5	889.1	1026.0
锯　　材	m³	1.02	1.02	1.02	2.04	2.04
型　　钢	kg	8	10	12	14	17
铁　　丝	kg	28	35	41	48	56
混凝土管	m	100	100	100	100	100
水泥砂浆	m³	1.02	1.02	1.02	1.02	1.02
橡胶止水圈	个	21	21	21	27	27
其他材料费	%	3	3	3	3	3
卷扬机 3t	台时	31.50	42.00	47.25	63.00	68.25
电动葫芦 3t	台时	57.75	78.75	89.25	126.00	136.50
其他机械费	%	10	10	10	10	10
混凝土管运输	m	100	100	100	100	100
编　　　号		40113	40114	40115	40116	40117

项　目	单位	斜段 管道内径(m)				
		0.8	1.0	1.2	1.4	1.6
工　　　长	工时	24.6	35.5	38.3	52.0	60.2
高　级　工	工时	209.3	302.3	325.6	441.8	511.6
中　级　工	工时	215.5	311.2	335.1	454.8	526.6
初　级　工	工时	166.1	240.1	258.5	350.8	406.2
合　　　计	工时	615.5	889.1	957.5	1299.4	1504.6
锯　　　材	m³	1.02	2.04	2.04	2.04	3.06
型　　　钢	kg	12	16	19	22	26
铁　　　丝	kg	41	53	62	72	84
混 凝 土 管	m	100	100	100	100	100
水 泥 砂 浆	m³	1.02	1.02	1.02	1.02	1.02
橡胶止水圈	个	21	21	21	27	27
其他材料费	%	3	3	3	3	3
卷 扬 机 3t	台时	42.00	57.75	68.25	94.50	105.00
电 动 葫 芦 3t	台时	89.25	120.75	131.25	183.75	210.00
其他机械费	%	10	10	10	10	10
混凝土管运输	m	100	100	100	100	100
编　　　号		40118	40119	40120	40121	40122

四－23 钢筋制作与安装

适用范围:水工建筑物各部位。

工作内容:回直、除锈、切断、弯制、焊接、绑扎及加工场至施工场地运输。

单位:1t

项 目	单位	数量
工 长	工时	10.6
高 级 工	工时	29.7
中 级 工	工时	37.1
初 级 工	工时	28.6
合 计	工时	106.0
钢 筋	t	1.07
铁 丝	kg	4
电 焊 条	kg	7.36
其他材料费	%	1
钢筋调直机 14kW	台时	0.63
风 砂 枪	台时	1.58
钢筋切断机 20kW	台时	0.42
钢筋弯曲机 Φ6~40	台时	1.10
电 焊 机 25kVA	台时	10.50
电弧对焊机 150型	台时	0.42
载 重 汽 车 5t	台时	0.47
塔式起重机 10t	台时	0.11
其他机械费	%	2
编 号		40123

四－24 止水

项　　　　目	单位	铜片止水	铁片止水	塑料止水	橡胶止水	菱形接缝
工　　　长	工时	26.3	9.2	7.6	8.4	33.5
高　级　工	工时	184.1	64.4	53.4	58.9	234.6
中　级　工	工时	157.8	55.2	45.8	50.5	201.1
初　级　工	工时	157.8	55.2	45.8	50.5	201.1
合　　　计	工时	526.0	184.0	152.6	168.3	670.3
沥　　　青	t	1.73	1.73			2.45
木　　　柴	t	0.58	0.58			0.82
紫铜片　厚15mm	kg	572				
白铁片　厚0.82mm	kg		207			
塑料止水带	m			105		
橡胶止水带	m				105	
铜电焊条	kg	3.18				
焊　　　锡	kg		4			
铁　　　件	kg		2			53
伸　缩　节	节					68
镀锌铁管	m					214
混凝土 U 型管	m					110
钢　　　筋	kg					337
水　　　泥	kg					204
其他材料费	%	1	1	1	1	1
电焊机 25kVA	台时	14.15				
胶轮车	台时	9.24	7.98			13.02
编　　　号		40124	40125	40126	40127	40128

四-25 沥青砂柱止水

工作内容:清洗缝面、熔化沥青、烤砂、拌和、洗模、拆模、安装。

单位:100 延长米

项 目	单位	重量配合比(沥青:砂)					
		1:2			2:1		
		直径(cm)					
		10	20	30	10	20	30
工 长	工时	9.8	19.2	34.5	9.7	18.8	33.8
高 级 工	工时	68.4	134.3	241.8	67.7	131.7	236.5
中 级 工	工时	58.7	115.1	207.2	58.1	112.8	202.7
初 级 工	工时	58.7	115.1	207.2	58.1	112.8	202.7
合 计	工时	195.6	383.7	690.7	193.6	376.1	675.7
沥 青	t	0.51	2.04	4.59	0.87	3.47	7.80
木 柴	t	0.34	1.36	3.06	0.58	2.32	5.23
砂	m³	0.70	2.82	6.33	0.30	1.18	2.66
其他材料费	%	1	1	1	1	1	1
胶 轮 车	台时	6.30	24.78	55.86	5.46	21.84	49.56
编 号		40129	40130	40131	40132	40133	40134

注:本定额不包括外模制作的人工和材料。

四－26 渡槽止水及支座

工作内容:止水:模板制作、安装、拆除、修整,填料配制、填塞、养护。

支座:放线、定位、校正、焊接、安装。

项 目	单位	止水(100延长米)			支座(个)
		环氧粘橡皮	木屑水泥	胶泥填料	盆式橡胶支座
工 长	工时	43.1	13.7	16.2	1.8
高 级 工	工时	301.6	96.2	113.2	12.7
中 级 工	工时	258.5	82.5	97.0	10.9
初 级 工	工时	258.5	82.5	97.0	10.9
合 计	工时	861.7	274.9	323.4	36.3
锯 材	m³	0.31	0.90		
型 钢	kg				50
预 埋 铁 件	kg		85		
铁 钉	kg		3		
电 焊 条	kg				3.17
环氧树脂6101	kg	67			
甲 苯	kg	10			
二 丁 脂	kg	10		28	
乙 二 胺	kg	6			
沥 青	kg	139			
煤 焦 油	kg			278	
水	m³	38	6		
聚 氯 乙 烯 粉	kg			28	
硬 脂 酸 钙	kg			3	
粉 煤 灰	kg			28	
木 屑	kg		820		
麻 丝	kg		14		
水 泥	kg	171	1805		
砂	m³	0.26			
橡 胶 支 座	个				1.02
钢 筋	kg				9
麻 絮	kg	94			
橡 胶 止 水 带	m	107			
其 他 材 料 费	%	1	1	1	1
电 焊 机 25kVA	台时				1.55
编 号		40135	40136	40137	40138

四－27 趾板止水

适用范围:碾压堆石坝混凝土面板与趾板间的止水。

工作内容:底座清刷、烘干、涂料、嵌缝、固定扣板(或面膜)以及沥青杉板制作安装、橡胶止水带铺设、止水铜片制作安装。

单位:100m

项　　　目	单位	三道止水	二道止水
工　　　长	工时	53.1	17.9
高　级　工	工时	371.7	125.0
中　级　工	工时	318.6	107.1
初　级　工	工时	318.6	107.1
合　　　计	工时	1062.0	357.1
塑性填料 PVC	t	5.78	3.49
底　料 PVC	t		0.12
PVC 板　厚6mm	m²	60.08	
氯丁橡胶　薄膜	m²		48.25
氯丁橡胶管　Φ50mm	m	105	
氯丁橡胶棒　Φ25mm	m	210	
橡胶止水带	m	105	105
紫铜片　厚1mm	kg	507	
铜电焊条	kg	3.16	
锯　　　材	m³	0.57	0.29
沥　　　青	t	0.51	
木　　　柴	t	0.56	0.20
镀锌角钢	kg	793	
其他材料费	%	0.5	0.5
胶　轮　车	台时	16.80	8.40
交流电焊机　25kVA	台时	14.15	
编　　　号		40139	40140

注:1.三道止水,是指塑性填料、橡胶止水、铜片止水,表面用扣板保护、镀锌角钢固定,适用于较高坝体;

2.二道止水,是指塑性填料、橡胶止水,表面用氯丁橡胶薄膜保护,适用于较低堤坝。

四－28 防水层

工作内容:抹水泥砂浆:清洗、拌和、抹面。

涂沥青:清洗、熔化、浇涂。

麻布沥青:清洗、熔化、裁铺麻布、浇涂。

青麻沥青:清洗、熔化、浸刷塞缝、浇涂。

单位:100m²

项　　目	单位	抹水泥砂浆			涂沥青	
		立面	平面	拱面	立面拱面	平面
工　　长	工时	4.6	3.2	8.0	3.5	2.6
高　级　工	工时	32.1	22.3	56.3	24.2	18.0
中　级　工	工时	27.5	19.1	48.2	20.7	15.4
初　级　工	工时	27.5	19.1	48.2	20.7	15.4
合　　计	工时	91.7	63.7	160.7	69.1	51.4
沥　　青	t				0.30	0.27
木　　柴	t				0.10	0.09
砂	m³	3.40	2.66	2.66		
水　　泥	t	1.55	1.16	1.16		
水	m³	1.02	1.02	1.02		
其他材料费	%	3	3	3	3	3
胶　轮　车	台时	5.71	4.49	4.49		
编　　　号		40141	40142	40143	40144	40145

注:1.砌体倾斜与水平交角30°以下为平面、大于30°为立面;

　　2.抹水泥砂浆适用于料石砌体,如抹条片石砌体,人工定额乘以1.3系数。

项 目	单位	麻布沥青		青麻沥青
		一布二油	二布二油	
工 长	工时	5.3	7.7	18.8
高 级 工	工时	36.9	53.6	131.4
中 级 工	工时	31.6	46.0	112.6
初 级 工	工时	31.6	46.0	112.6
合 计	工时	105.4	153.3	375.4
沥 青	t	0.60	0.60	0.89
麻 布	m²	122	245	
煤 沥 青	t			1.76
木 柴	t	0.16	0.21	0.93
麻 刀	t			0.45
其他材料费	%	3	3	3
编 号		40146	40147	40148

四－29 伸缩缝

工作内容:沥青油毛毡:清洗缝面、熔化、涂刷沥青、铺油毡。

沥青木板:木板制作、熔化、涂沥青、安装。

单位:100m²

项　　目	单位	沥青油毛毡			沥青木板
		一毡二油	二毡三油	三毡四油	
工　　长	工时	6.2	9.2	12.2	11.8
高　级　工	工时	43.5	64.4	85.5	82.8
中　级　工	工时	37.3	55.2	73.2	71.0
初　级　工	工时	37.3	55.2	73.2	71.0
合　　计	工时	124.3	184.0	244.1	236.6
锯　　材	m³				2.24
油　毛　毡	m²	117	231	347	
沥　　青	t	1.24	1.87	2.49	1.26
木　　柴	t	0.43	0.64	0.86	0.43
其他材料费	%	1	1	1	1
胶　轮　车	台时	1.76	2.81	3.65	3.53
编　　号		40149	40150	40151	40152

四－30 沥青混凝土面板

适用范围:沥青混凝土防渗面板。

工作内容:沥青混凝土拌制、现场浇筑及养护等。

单位:100m³

项 目	单位	坡 面		平 面	
		开级配	密级配	开级配	密级配
工 长	工时	16.5	22.2	13.2	17.7
高 级 工	工时	49.5	66.5	39.6	53.2
中 级 工	工时	82.5	110.9	66.0	88.7
初 级 工	工时	70.5	97.9	56.4	78.3
合 计	工时	219.0	297.5	175.2	237.9
沥青混凝土	m³	103	103	103	103
其他材料费	%	0.5	0.5	0.5	0.5
搅 拌 楼 LB-1000型	台时	5.50	5.90	5.50	5.90
骨料沥青系统	组时	5.50	5.90	5.50	5.90
卷 扬 台 车	台时	6.67	10.00		
摊 铺 机 GTLY750	台时	6.67	10.00	4.00	6.00
喂 料 小 车	台时	6.67	10.00		
汽车起重机 10t	台时	6.67	10.00	6.67	10.00
卷 扬 机 5t	台时	6.67	10.00		
拖 拉 机 88kW	台时	6.67	10.00	2.01	3.00
振 动 碾 1.5t	台时	6.67	10.00	2.01	3.00
其他机械费	%	0.5	0.5	0.5	0.5
沥青混凝土运输	m³	103	103	103	103
编 号		40153	40154	40155	40156

四－31 沥青混凝土心墙铺筑

（1） 人工摊铺、机械碾压

工作内容:模板转运;立拆模;清理、修整;沥青混凝土拌和、运输、铺筑及养护;施工层铺筑前的处理。

单位:100m³

项 目	单位	立 模	铺筑
工 长	工时		5.7
高 级 工	工时	34.8	18.8
中 级 工	工时	34.8	50.8
初 级 工	工时	155.0	186.1
合 计	工时	224.6	261.4
组合钢模板	kg	76.99	
卡 扣 件	kg	120.97	
沥青混凝土	m³		106
其他材料费	%	0.5	0.5
搅 拌 楼 LB-1000型	台时		6.89
骨料沥青系统	组时		6.89
振 动 碾 BW90AD	台时		1.75
载 重 汽 车 5t	台时	20.72	
自 卸 汽 车 保温8t	台时		11.91
其他机械费	%	2	2
编 号		40157	40158

注:本定额是按心墙厚100cm拟定,若厚度不同时立模定额按下表系数调整:

心墙平均厚度(cm)	50	60	70	80	90	100	110	120
调整系数	2.00	1.67	1.43	1.25	1.11	1.00	0.91	0.83

(2) 机械摊铺碾压

工作内容:沥青混凝土拌和、运输、铺筑及养护;沥青混凝土施工层铺筑前的处理。过渡料铺筑。

单位:100m³

项　　目	单位	沥青混凝土	过渡料
工　　长	工时	8.0	1.6
高级工	工时	26.6	5.5
中级工	工时	71.7	14.6
初级工	工时	54.9	11.2
合　　计	工时	161.2	32.9
沥青混凝土	m³	106	
过　渡　料	m³		116
其他材料费	%	0.5	0.5
搅拌楼　LB-1000型	台时	6.89	
骨料沥青系统	组时	6.89	
摊铺机　DF130C	台时	1.94	1.94
振动碾　BW90AD	台时	1.75	
振动碾　BW120AD-3	台时		1.75
自卸汽车　保温8t	台时	11.91	
装载机　3m³	台时	1.94	1.94
其他机械费	%	2	2
过渡料运输	m³		116
编　　　　号		40159	40160

注:若摊铺机仅摊铺沥青混凝土时,则沥青混凝土定额中的人工乘以1.4、摊铺机乘以3.0。

四－32 沥青混凝土涂层

适用范围:涂于底面石垫层或层间结合面上。

工作内容:清扫表面杂物、浮土、人工配制、挑运、涂刷、用红外线加热器或硅碳棒加热沥青混凝土接缝。

单位:100m²

项　　目	单位	乳化沥青		稀释沥青	热涂沥青
		开级配	密级配		
工　　长	工时	0.4	0.2	1.9	2.3
高　级　工	工时	2.9	1.4	13.4	15.8
中　级　工	工时	2.5	1.2	11.5	13.5
初　级　工	工时	2.5	1.2	11.5	13.5
合　　计	工时	8.3	4.0	38.3	45.1
涂　　层	m²	104	104	104	104
其他材料费	%	1	1	1	1
编　　号		40161	40162	40163	40164

续表

项　　目	单位	封闭层沥青胶	岸 边 接 头	
			热沥青胶	再生胶粉沥青胶
工　　长	工时	3.0	3.0	6.0
高　级　工	工时	20.9	20.9	41.9
中　级　工	工时	17.9	17.9	35.9
初　级　工	工时	17.9	17.9	35.9
合　　计	工时	59.7	59.7	119.7
涂　　层	m²	104	104	104
其他材料费	%	1	1	1
编　　号		40165	40166	40167

四 - 33 无砂混凝土垫层铺筑

工作内容:人工配料、机械拌和、翻斗车运输、卷扬机牵引至坝面,人工摊
铺。

单位:100m³

项　　　目	单位	数　　量
工　　长	工时	58.3
高　级　工	工时	276.8
中　级　工	工时	320.5
初　级　工	工时	801.2
合　　计	工时	1456.8
混　凝　土	m³	103
其他材料费	%	0.5
搅　拌　机　0.25m³	台时	36.02
摊　铺　机　TX150	台时	35.49
机动翻斗车　1t	台时	40.11
卷　扬　机　5t	台时	28.09
平板振动器　2.2kW	台时	35.49
其他机械费	%	0.5
编　　　　　号		40168

四－34 斜墙碎石垫层面涂层

工作内容：沥青配制、运输、涂刷及坝面清扫等。

项　　目	单位	乳化沥青	稀释沥青
工　　长	工时	0.5	1.1
高　级　工	工时	2.0	4.9
中　级　工	工时	7.5	18.8
初　级　工	工时	5.1	12.8
合　　计	工时	15.1	37.6
沥　　青	kg	52	63
柴　　油	kg		146
水	m³	0.16	
烧　　碱	kg	1	
洗　衣　粉	kg	1	
水　玻　璃	kg	1	
其他材料费	%	10	10
编　　　号		40169	40170

四-35 搅拌机拌制混凝土

适用范围：各种级配常态混凝土。

单位：100m³

项 目	单位	搅拌机出料(m³)	
		0.4	0.8
工 长	工时		
高 级 工	工时		
中 级 工	工时	126.2	93.8
初 级 工	工时	167.2	124.4
合 计	工时	293.4	218.2
零星材料费	%	2	2
搅 拌 机	台时	18.90	9.07
胶 轮 车	台时	87.15	87.15
编 号		40171	40172

四-36 搅拌楼拌制混凝土

适用范围：各种级配常态混凝土。

单位：100m³

项 目	单位	搅拌楼容量(m³)				
		2×1.0	2×1.5	3×1.5	2×3.0	4×3.0
工 长	工时	2.4	1.8	1.1	0.9	0.5
高 级 工	工时	2.4	1.8	1.1	0.9	0.5
中 级 工	工时	17.6	13.5	8.2	6.8	4.2
初 级 工	工时	24.2	18.5	11.3	9.4	5.7
合 计	工时	46.6	35.6	21.7	18.0	10.9
零星材料费	%	5	5	5	5	5
搅 拌 楼	台时	3.01	2.10	1.49	1.24	0.62
骨 料 系 统	组时	3.01	2.10	1.49	1.24	0.62
水 泥 系 统	组时	3.01	2.10	1.49	1.24	0.62
编 号		40173	40174	40175	40176	40177

四－37　强制式搅拌楼拌制混凝土

适用范围:各种级配常态混凝土。

单位:100m³

项　　目	单位	搅拌楼容量(m³)	
		1×2.0	2×2.5
工　　长	工时	2.3	1.1
高　级　工	工时	2.3	2.1
中　级　工	工时	16.0	7.4
初　级　工	工时	13.7	6.3
合　　计	工时	34.3	16.9
零星材料费	%	5	5
搅　拌　楼	台时	1.75	0.81
骨料系统	组时	1.75	0.81
水泥系统	组时	1.75	0.81
编　　　　号		40178	40179

四－38　胶轮车运混凝土

适用范围:人工给料。

单位:100m³

项　　目	单位	运　　距(m)					增运50m
		50	100	200	300	400	
工　　长	工时						
高　级　工	工时						
中　级　工	工时						
初　级　工	工时	76.6	102.6	160.7	218.9	277.0	29.1
合　　计	工时	76.6	102.6	160.7	218.9	277.0	29.1
零星材料费	%	6	6	6	6	6	
胶　轮　车	台时	58.80	78.75	123.38	168.00	212.63	22.31
编　　　　号		40180	40181	40182	40183	40184	40185

注:洞内运输,人工、胶轮车定额乘以1.5系数。

四－39 斗车运混凝土

适用范围:人工给料。

单位:100m³

项　　目	单位	运　　距(m)					增运 50m
		100	200	300	400	500	
工　　长	工时						
高　级　工	工时						
中　级　工	工时						
初　级　工	工时	76.6	104.0	129.9	157.3	183.8	13.3
合　　计	工时	76.6	104.0	129.9	157.3	183.8	13.3
零星材料费	%	6	6	6	6	6	
V 型斗车 0.6m³	台时	29.40	39.90	49.88	60.38	70.04	4.83
编　　　　号		40186	40187	40188	40189	40190	40191

注:洞内运输运距≤100m,人工、斗车定额乘以 1.25 系数;运距>100m,人工、斗车定
额乘以 1.33 系数。

四－40 机动翻斗车运混凝土

适用范围:人工给料。

单位:100m³

项　　目	单位	运　　距(m)					增运 100m
		100	200	300	400	500	
工　　长	工时						
高　级　工	工时						
中　级　工	工时	37.6	37.6	37.6	37.6	37.6	
初　级　工	工时	30.8	30.8	30.8	30.8	30.8	
合　　计	工时	68.4	68.4	68.4	68.4	68.4	
零星材料费	%	5	5	5	5	5	
机动翻斗车 1t	台时	20.32	23.73	26.93	29.87	32.76	2.78
编　　　　号		40192	40193	40194	40195	40196	40197

注:洞内运输,人工、机械定额乘 1.25 系数。

四－41 内燃机车运混凝土

适用范围:搅拌楼给料,配合缆机、门塔机直接入仓。

单位:100m³

项 目	单位	运 距(m)				增运100m
		200	400	600	800	
工 长	工时					
高 级 工	工时					
中 级 工	工时	5.3	6.2	7.1	8.0	0.4
初 级 工	工时	2.9	3.4	3.8	4.3	0.3
合 计	工时	8.2	9.6	10.9	12.3	0.7
零星材料费	%	15	15	15	15	
内燃机车 88kW	台时	3.68	4.57	5.36	6.41	0.26
平 车 10t	台时	11.03	13.70	16.07	19.22	0.79
混凝土吊罐 3m³	台时	7.35	9.14	10.71	12.81	0.53
编 号		40198	40199	40200	40201	40202

注:1.本定额按拖运 3m³ 混凝土吊罐拟定,如拖运 6m³ 吊罐,人工、机械定额乘以 0.58 系数;机车功率及平板车吨位数按实际配备计算;

2.本定额适用于起重机吊运混凝土罐直接入仓,如需经溜槽(筒)转运时,人工、机械定额乘以 1.2 系数。

四－42 自卸汽车运混凝土

适用范围:搅拌楼或贮料斗给料。

单位:100m³

项　　目	单位	运　距(km)				增运 0.5km
		0.5	1	2	3	
工　　长	工时					
高　级　工	工时					
中　级　工	工时	14.2	14.2	14.2	14.2	
初　级　工	工时	7.7	7.7	7.7	7.7	
合　　计	工时	21.9	21.9	21.9	21.9	
零星材料费	%	5	5	5	5	
自卸汽车 3.5t	台时	16.96	21.40	28.26	33.41	3.08
5t	台时	12.71	16.07	21.17	25.14	2.36
8t	台时	9.64	12.05	15.03	17.58	1.28
10t	台时	9.02	11.29	14.08	16.44	1.19
15t	台时	6.00	7.56	9.40	10.96	0.81
20t	台时	4.82	6.05	7.51	8.79	0.66
编　　　号		40203	40204	40205	40206	40207

注:本定额适用于露天运输。洞内运输,人工、机械定额乘以1.25系数。

四－43　泻槽运混凝土

适用范围:贮料斗给料。

单位:100m³

项　　目	单位	泻槽斜长(m)			增运 2m
		5	7	9	
工　　长	工时				
高　级　工	工时				
中　级　工	工时				
初　级　工	工时	32.8	36.2	40.4	4.1
合　　计	工时	32.8	36.2	40.4	4.1
零星材料费	%	20	20	20	
编　　号		40208	40209	40210	40211

注:泻槽摊销费已计入零星材料费。

四－44　胶带机运混凝土

适用范围:贮料斗给料。

单位:100m³

项　　目	单位	胶带宽度(mm)			
		800	1000	1200	1400
工　　长	工时				
高　级　工	工时				
中　级　工	工时	6.2	4.4	3.1	2.7
初　级　工	工时	3.4	2.4	1.7	1.4
合　　计	工时	9.6	6.8	4.8	4.1
零星材料费	%	1	1	1	1
电磁给料机	台时	0.53	0.37	0.21	0.16
胶带输送机	台时	0.53	0.37	0.21	0.16
编　　号		40212	40213	40214	40215

四 - 45　搅拌车运混凝土

适用范围:搅拌楼(机)给料。

单位:100m³

项　　目	单位	运　　距(km)				增运 0.5km
		0.5	1	2	3	
工　　长	工时					
高 级 工	工时					
中 级 工	工时	14.9	14.9	14.9	14.9	
初 级 工	工时	7.0	7.0	7.0	7.0	
合　　计	工时	21.9	21.9	21.9	21.9	
零星材料费	%	2	2	2	2	
混凝土搅拌车 3m³	台时	16.22	19.10	22.96	26.03	1.58
编　　号		40216	40217	40218	40219	40220

注:1. 如采用6m³ 混凝土搅拌车,机械定额乘以 0.52 系数;

　　2. 洞内运输,人工、机械定额乘以 1.25 系数。

四 - 46　塔、胎带机运混凝土

适用范围:塔带机、搅拌楼给料;胎带机、胶带机给料。

单位:100m³

项　　目	单位	塔带机运混凝土	胎带机运混凝土
工　　长	工时	0.1	0.4
高 级 工	工时	0.2	1.8
中 级 工	工时	0.3	2.4
初 级 工	工时	0.8	6.1
合　　计	工时	1.4	10.7
零星材料费	%	1	1
塔 带 机 TC/TB2400	台时	0.59	
胎 带 机	台时		0.92
编　　号		40221	40222

四－47　缆索起重机吊运混凝土

适用范围:内燃机车或汽车运混凝土罐给料。

单位:100m³

项　　目	单位	混凝土吊罐　3m³			混凝土吊罐　6m³		
		提升50m 滑行50m	提升 每增50m	滑行 每增50m	提升50m 滑行50m	提升 每增50m	滑行 每增50m
工　　　　长	工时						
高　级　工	工时	8.1	0.7	0.7	4.7	0.4	0.4
中　级　工	工时	17.2	1.4	1.4	9.9	0.8	0.8
初　级　工	工时						
合　　　计	工时	25.3	2.1	2.1	14.6	1.2	1.2
零星材料费	%	6			6		
缆索起重机　20t	台时	2.05	0.21	0.11	1.18	0.12	0.06
混凝土吊罐	台时	2.05	0.21	0.11	1.18	0.12	0.06
编　　　　　号		40223	40224	40225	40226	40227	40228

注:不适用于高速缆机。

四－48　门座式起重机吊运混凝土

适用范围:内燃机车运混凝土罐给料。

单位:100m³

项　　目	单位	混凝土吊罐　3m³			混凝土吊罐　6m³		
		吊高(m)					
		≤10	10～30	>30	≤10	10～30	>30
工　　　　长	工时						
高　级　工	工时	2.9	3.7	4.3	2.6	3.3	3.7
中　级　工	工时	7.9	10.4	11.9	7.2	9.1	10.4
初　级　工	工时	2.9	3.7	4.3	2.6	3.3	3.7
合　　　计	工时	13.7	17.8	20.5	12.4	15.7	17.8
零星材料费	%	6	6	6	6	6	6
门座起重机　1260/60型	台时				1.31	1.73	2.00
门座起重机　540/30型	台时	2.42	3.10	3.62			
混凝土吊罐	台时	2.42	3.10	3.62	1.31	1.73	2.00
编　　　　　号		40229	40230	40231	40232	40233	40234

注:适用于吊罐直接入仓,如经溜槽(筒)转运,人工、机械定额乘以1.25系数。

四－49 塔式起重机吊运混凝土

适用范围:内燃机车或汽车运混凝土吊罐给料。

单位:100m³

项　　　目	单位	混凝土吊罐　0.65m³			混凝土吊罐　1.6m³		
		吊高(m)					
		≤10	10~30	>30	≤10	10~30	>30
工　　　长	工时						
高　级　工	工时	16.4	19.3	22.0	6.6	8.3	10.0
中　级　工	工时	49.3	57.9	66.1	19.7	25.0	30.0
初　级　工	工时	16.4	19.3	22.0	6.6	8.3	10.0
合　　　计	工时	82.1	96.5	110.1	32.9	41.6	50.0
零星材料费	%	6	6	6	6	6	6
塔式起重机　6t	台时	11.60	13.86	15.59	4.67	5.93	7.09
混凝土吊罐	台时	11.60	13.86	15.59	4.67	5.93	7.09
编　　　号		40235	40236	40237	40238	40239	40240

注:适用于混凝土吊罐直接入仓,如经溜槽(筒)转运,人工、机械定额乘以1.25系数。

续表

项　　　目	单位	混凝土吊罐　3m³			混凝土吊罐　6m³		
		吊高(m)					
		≤10	10~30	>30	≤10	10~30	>30
工　　　长	工时						
高　级　工	工时	2.7	3.4	4.0	2.5	3.0	3.6
中　级　工	工时	8.2	10.3	11.9	7.4	9.0	10.7
初　级　工	工时	2.7	3.4	4.0	2.5	3.0	3.6
合　　　计	工时	13.6	17.1	19.9	12.4	15.0	17.9
零星材料费	%	6	6	6	6	6	6
塔式起重机　25t	台时	2.26	2.94	3.41			
塔式起重机　1800/60型	台时				1.31	1.73	2.00
混凝土吊罐	台时	2.26	2.94	3.41	1.31	1.73	2.00
编　　　号		40241	40242	40243	40244	40245	40246

四－50 履带机吊运混凝土

适用范围:内燃机车或汽车运混凝土罐给料。

单位:100m³

项　　　目	单位	吊高(m)	
		≤15	>15
工　　长	工时		
高　级　工	工时		
中　级　工	工时	7.8	11.0
初　级　工	工时	3.8	5.4
合　　计	工时	11.6	16.4
零星材料费	%	10	10
履带起重机	台时	1.68	2.42
混凝土吊罐　3m³	台时	1.68	2.42
编　　　　号		40247	40248

注:1.如经溜槽(筒)转运,人工、机械定额乘以1.25系数;

　2.履带起重机可采用4m³挖掘机台时费。

四－51 斜坡道吊运混凝土

适用范围:搅拌机或贮料斗给料。

单位:100m³

项　　　目	单位	斜　　距(m)				增运 5m
		20	30	40	50	
工　　长	工时					
高　级　工	工时	5.2	6.4	8.0	8.7	0.7
中　级　工	工时	9.5	11.7	14.6	15.9	1.2
初　级　工	工时	14.1	17.4	21.7	23.6	1.8
合　　计	工时	28.8	35.5	44.3	48.2	3.7
零星材料费	%	6	6	6	6	
卷　扬　机　10t	台时	4.49	5.55	6.62	7.59	0.44
V型斗车　1m³	台时	4.49	5.55	6.62	7.59	0.44
编　　　　号		40249	40250	40251	40252	40253

四-52　平洞衬砌混凝土运输

适用范围:用于平洞衬砌的混凝土运输。

工作内容:装料、平洞内外或井内运输、卸料、组车、空回、冲洗、清理及辅
助工作。

单位:100m³

项　目	单位	平洞段		斜井段 ≤900m	竖井段 ≤100m
		运距 200m	增运 100m		
工　　长	工时				
高 级 工	工时				
中 级 工	工时				
初 级 工	工时	72.1	4.1	12.4	12.4
合　　计	工时	72.1	4.1	12.4	12.4
零星材料费	%	2		2	2
V 型 斗 车　1m³	台时	96.18	5.04	34.02	
电瓶机车　5t	台时	7.98	0.74		
移动胶带机　500×10	台时	7.98			
双 筒 绞 车	台时			5.78	5.78
吊　桶　2m³	台时				11.55
其他机械费	%	3		5	5
编　　　号		40254	40255	40256	40257

注:1.运距不分洞内洞外;

2.通过斜井或竖井向平洞内运输混凝土时,采用斜井段(或竖井段)加平洞段定
额计算。

四－53 斜、竖井衬砌混凝土运输

适用范围:斜井:用于斜井衬砌时,斜井段混凝土运输,井深≤900m,倾角≤30°。

竖井:用于竖井衬砌时,竖井段混凝土运输,井深≤100m。

工作内容:井口30m装料、斜(竖)井运输、卸料、空回、冲洗、清理及辅助工作。

单位:100m³

项 目	单位	斜井	竖井
工 长	工时		
高 级 工	工时		
中 级 工	工时		
初 级 工	工时	67.0	84.5
合 计	工时	67.0	84.5
零星材料费	%	2	2
V 型 斗 车 1m³	台时	67.73	
移动胶带机 500×10	台时	8.51	
吊 桶 2m³	台时		22.05
单 筒 绞 车	台时	8.51	11.03
其他机械费	%	5	5
编 号		40258	40259

四－54 胶轮车运混凝土预制板

适用范围:人工装车。

单位:100m³

项　　目	单位	装运 50m	增运 25m
工　　长	工时		
高　级　工	工时		
中　级　工	工时		
初　级　工	工时	259.9	15.0
合　　计	工时	259.9	15.0
零星材料费	%	4	
胶　轮　车	台时	199.50	11.55
编　　　号		40260	40261

注:本节定额适用于运距≤200m。

四－55 手扶拖拉机运混凝土预制板

适用范围:人工装车。

单位:100m³

项　　目	单位	运　　距(m)				增运 50m
		50	100	200	300	
工　　长	工时					
高　级　工	工时					
中　级　工	工时					
初　级　工	工时	181.9	181.9	181.9	181.9	
合　　计	工时	181.9	181.9	181.9	181.9	
零星材料费	%	3	3	3	3	
手扶拖拉机 11kW	台时	55.56	57.37	61.00	64.39	1.32
编　　　号		40262	40263	40264	40265	40266

四-56 简易龙门式起重机运预制混凝土构件

适用范围:单件重小于40t预制混凝土渡槽槽壳、拱肋、排架等大型构件的预制场至安装地点运输。

工作内容:装车、平运200m以内、卸除、堆放、空回。

单位:100m³

项 目	单位	槽壳	拱肋	其他
工 长	工时			
高 级 工	工时	24.4	41.6	21.5
中 级 工	工时	67.5	115.2	59.5
初 级 工	工时	24.4	41.6	21.5
合 计	工时	116.3	198.4	102.5
锯 材	m³	0.31	0.31	0.20
铁 件	kg	12	12	12
其他材料费	%	10	10	10
龙门起重机 简易40t	台时	12.60	21.53	11.03
其他机械费	%	10	10	10
编 号		40267	40268	40269

四-57 汽车运预制混凝土构件

适用范围:汽车起重机吊装。

单位:100m³

项 目	单位	一般混凝土构件			增运 1km
		运 距(km)			
		1	2	3	
工 长	工时				
高 级 工	工时				
中 级 工	工时	44.5	44.5	44.5	
初 级 工	工时	44.6	44.6	44.6	
合 计	工时	89.1	89.1	89.1	
锯 材	m³	0.10	0.10	0.10	
铁 件	kg	12	12	12	
其他材料费	%	3	3	3	
汽车起重机 5t	台时	13.65	13.65	13.65	
载重汽车 10t	台时	24.15	27.38	30.49	2.99
其他机械费	%	1	1	1	
编 号		40270	40271	40272	40273

项　　　目	单位	截流用预制块			增运 1km
		运　　距(km)			
		1	2	3	
工　　长	工时				
高　级　工	工时				
中　级　工	工时	20.0	20.0	20.0	
初　级　工	工时	20.0	20.0	20.0	
合　　计	工时	40.0	40.0	40.0	
汽车起重机　10t	台时	6.12	6.12	6.12	
自卸汽车　20t	台时	9.45	12.08	14.58	1.46
其他机械费	%	1	1	1	
编　　　号		40274	40275	40276	40277

四－58　胶轮车运沥青混凝土

适用范围:人工给料。

单位:100m³

项　　　目	单位	运　　距(m)					增运 50m
		50	100	200	300	400	
工　　长	工时						
高　级　工	工时						
中　级　工	工时						
初　级　工	工时	99.6	133.4	208.9	284.6	360.1	37.8
合　　计	工时	99.6	133.4	208.9	284.6	360.1	37.8
零星材料费	%	6	6	6	6	6	
胶　轮　车	台时	76.44	102.38	160.39	218.40	276.41	29.01
编　　　号		40278	40279	40280	40281	40282	40283

四－59 斗车运沥青混凝土

适用范围:人工给料。

单位:100m³

项 目	单位	运 距(m)					增运 50m
		50	100	200	300	400	
工 长	工时						
高 级 工	工时						
中 级 工	工时						
初 级 工	工时	81.9	99.6	135.1	169.0	204.5	17.3
合 计	工时	81.9	99.6	135.1	169.0	204.5	17.3
零星材料费	%	6	6	6	6	6	
V 型 斗 车 0.6m³	台时	31.40	38.22	51.87	64.84	78.49	6.28
编 号		40284	40285	40286	40287	40288	40289

四－60 机动翻斗车运沥青混凝土

适用范围:人工给料。

单位:100m³

项 目	单位	运 距(m)					增运 100m
		100	200	300	400	500	
工 长	工时						
高 级 工	工时						
中 级 工	工时	48.9	48.9	48.9	48.9	48.9	
初 级 工	工时	40.1	40.1	40.1	40.1	40.1	
合 计	工时	89.0	89.0	89.0	89.0	89.0	
零星材料费	%	5	5	5	5	5	
机动翻斗车 1t	台时	26.42	30.85	35.02	38.84	42.59	3.62
编 号		40290	40291	40292	40293	40294	40295

四－61 载重汽车运沥青混凝土

适用范围:搅拌楼给料。

单位:100m³

项 目	单位	运 距(km)						增运 0.5km
		0.5		1		2		
		开级配	密级配	开级配	密级配	开级配	密级配	
工 长	工时							
高 级 工	工时							
中 级 工	工时	41.9	62.8	41.9	62.8	41.9	62.8	
初 级 工	工时	20.9	31.4	20.9	31.4	20.9	31.4	
合 计	工时	62.8	94.2	62.8	94.2	62.8	94.2	
零星材料费	%	5	5	5	5	5	5	
载 重 汽 车 10t	台时	22.85	24.95	25.07	27.17	29.53	31.63	2.23
保 温 罐 1.5m³	台时	45.70	49.90	50.15	54.35	59.05	63.25	4.45
编 号		40296	40297	40298	40299	40300	40301	40302

第五章

模板工程

说　　明

一、本章包括平面模板、曲面模板、异形模板、滑模等模板安装拆除及制作定额共 22 节。

二、本章定额计量单位，除注明者外，模板定额的计量面积为混凝土与模板的接触面积，即建筑物体形及施工分缝要求所需的立模面面积。

各式隧洞衬砌模板及涵洞模板定额中的堵头和键槽模板已按一定比例摊入，不再计算立模面面积。

三、模板定额中的模板预算价格，采用本章制作定额计算的预算价格。如采用外购模板，定额中的模板预算价格计算公式为：

（外购模板预算价格 - 残值）÷ 周转次数 × 综合系数

公式中残值为 10%，周转次数为 50 次，综合系数为 1.15（含露明系数及维修损耗系数）。

四、模板定额中的材料，除模板本身外，还包括支撑模板的立柱、围令、桁（排）架及铁件等。对于悬空建筑物（如渡槽槽身）的模板，计算到支撑模板结构的承重梁（或枋木）为止，承重梁以下的支撑结构未包括在本定额内。

五、模板定额材料中的铁件包括铁钉、铁丝及预埋铁件。铁件和预制混凝土柱均按成品预算价格计算。

六、滑模台车、针梁模板台车和钢模台车的行走机构、构架、模板及其支撑型钢，为拉滑模板或台车行走及支立模板所配备的电动机、卷扬机、千斤顶等动力设备，均作为整体设备以工作台时计入定额。

滑模台车定额中的材料包括滑模台车轨道及安装轨道所用的埋件、支架和铁件。

针梁模板台车和钢模台车轨道及安装轨道所用的埋件等应计

入其他临时工程。

七、坝体廊道模板,均采用一次性(一般为建筑物结构的一部分)预制混凝土模板。混凝土模板预制及安装,可参考本定额第四章混凝土预制及安装定额编制补充定额。

八、本章第 1 节至第 11 节的模板定额,其他材料费的计算基数,不包括模板本身的价值。

五－1 普通模板

适用范围:标准钢模板:直墙、挡土墙、防浪墙、闸墩、底板、趾板、板、梁、柱等。

平面木模板:混凝土坝、厂房下部结构等大体积混凝土的直立面、斜面,混凝土墙、墩等。

曲面模板:混凝土墩头、进水口侧和下收缩曲面等弧形柱面。

工作内容:模板安装、拆除、除灰、刷脱模剂,维修、倒仓。

单位:100m²

项　　目	单位	标准钢模板		平面木模板	曲面模板
		一般部位	板梁柱部位		
工　　长	工时	17.5	21.9	11.0	14.1
高　级　工	工时	85.2	106.5	7.4	59.3
中　级　工	工时	123.2	154.0	111.2	167.2
初　级　工	工时			27.7	37.2
合　　计	工时	225.9	282.4	157.3	277.8
模　　板	m²	100	100	100	100
铁　　件	kg	124		321	357
预制混凝土柱	m³	0.3		1.0	
电　焊　条	kg	2.0	2.0	5.2	5.8
其他材料费	%	2	2	2	2
汽车起重机　5t	台时	14.60	14.60	11.95	12.88
电　焊　机　25kVA	台时	2.06	2.06	6.71	2.06
其他机械费	%	5	5	5	10
编　　号		50001	50002	50003	50004

注:底板、趾板为岩石基础时,标准钢模板定额人工乘1.2系数,其他材料费按8%计算。

五－2 悬臂组合钢模板

适用范围:各种混凝土坝、厂房下部结构等大体积混凝土的直立平面、倾斜平面、坝体纵横缝键槽。

工作内容:模板安装、拆除、除灰、刷脱模剂,维修、倒仓。

单位:100m²

项　　目	单位	平　面	键　槽
工　　长	工时	10.3	12.8
高　级　工	工时	9.6	12.0
中　级　工	工时	74.2	92.7
初　级　工	工时	9.6	12.0
合　　计	工时	103.7	129.5
模　　板	m²	100	100
铁　　件	kg	234	234
电　焊　条	kg	3.8	3.8
其他材料费	%	5	5
汽车起重机　8t	台时	9.61	12.02
电　焊　机　25kVA	台时	2.06	2.58
其他机械费	%	15	15
编　　　　号		50005	50006

五－3　尾水肘管模板

适用范围:水轮机混凝土尾水肘管(弯管段)。

工作内容:模板及排架安装、拆除、除灰、刷脱模剂,维修、倒仓。

单位:100m²

项　　目	单位	肘管进口直径　D₄(m)					
		≤2.00	4.00	6.00	8.00	10.00	≥12.00
工　　长	工时	53.8	61.8	69.8	77.8	85.8	93.8
高　级　工	工时	161.3	185.3	209.4	233.4	257.5	281.6
中　级　工	工时	322.5	370.6	418.8	466.9	515.0	563.1
初　级　工	工时	107.5	123.5	139.6	155.6	171.7	187.7
合　　计	工时	645.1	741.2	837.6	933.7	1030.0	1126.2
模　　板	m²	100	100	100	100	100	100
铁　　件	kg	340	345	350	354	359	363
预制混凝土柱	m³	0.7	0.7	0.7	0.7	0.7	0.7
电　焊　条	kg	6.2	6.2	6.2	6.2	6.2	6.2
其他材料费	%	2	2	2	2	2	2
汽车起重机　8t	台时	23.89	27.46	31.02	34.59	38.15	41.72
电　焊　机　25kVA	台时	6.71	6.71	6.71	6.71	6.71	6.71
其他机械费	%	10	10	10	10	10	10
编　　号		50007	50008	50009	50010	50011	50012

五－4 蜗壳模板

适用范围:水轮机混凝土蜗壳。

工作内容:模板及排架安装、拆除、除灰、刷脱模剂,维修、倒仓。

单位:100m²

项　　目	单位	水轮机转轮直径　D₁(m)					
		≤2.00	4.00	6.00	8.00	10.00	≥12.00
工　　长	工时	69.4	69.4	69.4	69.4	69.4	69.4
高　级　工	工时	381.4	404.5	427.6	450.6	473.7	496.8
中　级　工	工时	503.5	515.0	526.5	538.1	549.6	561.1
初　级　工	工时	13.5	25.0	36.6	48.1	59.6	71.2
合　　计	工时	967.8	1013.9	1060.1	1106.2	1152.3	1198.5
模　　板	m²	100	100	100	100	100	100
铁　　件	kg	292	292	292	292	292	292
预制混凝土柱	m³	0.7	0.7	0.7	0.7	0.7	0.7
电　焊　条	kg	4.6	4.6	4.6	4.6	4.6	4.6
其他材料费	%	2	2	2	2	2	2
汽车起重机　8t	台时	29.88	31.96	34.03	36.11	38.19	40.26
电　焊　机　25kVA	台时	6.71	6.71	6.71	6.71	6.71	6.71
其他机械费	%	10	10	10	10	10	10
编　　　　号		50013	50014	50015	50016	50017	50018

五－5 异形模板

适用范围:进水口曲面模板:进水口上部收缩曲面。

坝体孔洞顶面模板:坝体孔洞顶部平面。

键槽模板:混凝土零星键槽。

牛腿模板:多部位混凝土牛腿。

工作内容:模板及排架安装、拆除、除灰、刷脱模剂,维修、倒仓。

单位:100m²

项 目	单位	进水口曲面模板	坝体孔洞顶面模板	键槽模板	牛腿模板
工 长	工时	33.2	26.5	10.7	34.2
高 级 工	工时	139.2	118.3		39.7
中 级 工	工时	253.2	220.9	141.2	272.2
初 级 工	工时				39.7
合 计	工时	425.6	365.7	151.9	385.8
模 板	m²	100	100	100	100
铁 件	kg	250	87	2	6440
电 焊 条	kg	5.8	2.0		52.3
其他材料费	%	2	2	2	2
汽车起重机 5t	台时			2.06	
汽车起重机 8t	台时	18.32	15.64		26.42
电 焊 机 25kVA	台时	2.06	2.06		50.13
其他机械费	%	10	5	5	15
编 号		50019	50020	50021	50022

注:1.进水口曲面模板,进水口下、侧收缩曲面采用五－1节"曲面模板"定额;

2.混凝土坝体纵、横缝键槽模板采用五－2节"悬臂组合钢模板"定额;

3.键槽模板定额以拼装在该部位的平面模板上为准;

4.键槽部位平面模板的立模面积计算,不扣除被键槽模板遮盖的面积。

五－6 渡槽槽身模板

适用范围:各型渡槽槽身。

工作内容:模板及钢支架安装、拆除、除灰、刷脱模剂,维修、倒仓。

单位:100m²

项　　　目	单位	矩形渡槽	箱形渡槽	U形渡槽
工　长	工时	15.9	16.1	29.0
高　级　工	工时	77.1	85.5	93.5
中　级　工	工时	169.6	181.9	216.2
初　级　工	工时	2.7	2.7	27.2
合　　计	工时	265.3	286.2	365.9
模　　板	m²	100	100	100
铁　　件	kg	63	51	43
预制混凝土柱	m³	0.1	0.1	
电　焊　条	kg	1.1	0.9	0.7
其他材料费	%	2	2	2
汽车起重机　5t	台时	10.05	11.72	13.40
电　焊　机　25kVA	台时	2.06	2.06	2.06
其他机械费	%	5	5	5
编　　　　　号		50023	50024	50025

五－7 圆形隧洞衬砌模板

(1) 钢模板

适用范围:圆形、马蹄形隧洞及渐变段混凝土衬砌。

工作内容:模板及钢架安装、拆除、除灰、刷脱模剂,维修、倒仓。

单位:100m²

项　　目	单位	隧洞直径　(m)		
		≤6	6～10	>10
工　　长	工时	28.3	30.1	32.8
高　级　工	工时	79.2	84.6	92.8
中　级　工	工时	445.1	477.0	524.8
初　级　工	工时	11.2	11.2	11.2
合　　计	工时	563.8	602.9	661.6
模　　板	m²	100	100	100
铁　　件	kg	249	269	299
预制混凝土柱	m³	0.4	0.4	0.4
电　焊　条	kg	2.0	2.2	2.4
其他材料费	%	2	2	2
汽车起重机　5t	台时	15.71	16.89	18.67
电　焊　机　25kVA	台时	2.06	2.22	2.47
其他机械费	%	5	5	5
编　　号		50026	50027	50028

注:用于弯段时,人工乘1.2系数。

(2) 木模板

适用范围:圆形、马蹄形隧洞及渐变段混凝土衬砌。

工作内容:模板及排架安装、拆除、除灰、刷脱模剂,维修、倒仓。

单位:100m²

项　　　目	单位	隧洞直径　(m)	
		≤5	>5
工　　　长	工时	102.4	113.3
高　级　工	工时	120.1	132.6
中　级　工	工时	482.3	531.0
初　级　工	工时	279.7	309.3
合　　　计	工时	984.5	1086.2
模　　　板	m²	100	100
铁　　　件	kg	5	6
其他材料费	%	2	2
汽车起重机　5t	台时	11.18	12.32
其他机械费	%	5	5
编　　　号		50029	50030

注:用于渐变段时,人工乘1.05系数。

（3） 针梁模板

适用范围:圆形隧洞混凝土衬砌。

工作内容:场内运输、安装、调试、运行(就位,架立、拆除模板,移位),维
护保养、拆除。

单位:100m²

项　　　　目	单位	衬砌内径　（m）				
		4	6	8	10	12
工　　　　长	工时	4.2	4.4	4.6	4.8	5.2
高　级　工	工时	80.4	59.5	50.4	45.7	43.2
中　级　工	工时	21.4	23.0	24.5	26.1	27.5
初　级　工	工时	18.8	19.5	20.2	20.8	21.4
合　　　　计	工时	124.8	106.4	99.7	97.4	97.3
针梁模板台车＜60t	台时	44.91				
60～95t	台时		30.12			
95～130t	台时			23.08		
130～180t	台时				19.14	
＞180t	台时					16.51
载重汽车　15t	台时	0.09	0.10	0.10	0.11	0.12
汽车起重机　25t	台时	1.74	1.92	2.09	2.27	2.44
电　焊　机　25kVA	台时	1.04	1.15	1.26	1.36	1.46
其他机械费	%	5	5	5	5	5
编　　　号		50031	50032	50033	50034	50035

注:立模面面积按内曲面面积计算。

五－8 直墙圆拱形隧洞衬砌模板

(1) 钢模板

适用范围:直墙圆拱形隧洞混凝土衬砌。

工作内容:模板及钢架安装、拆除、除灰、刷脱模剂,维修、倒仓。

单位:100m²

项　　　目	单位	衬砌后断面面积 （m²）		
		≤35	35~80	>80
工　　长	工时	19.6	20.9	22.8
高　级　工	工时	55.0	58.9	64.6
中　级　工	工时	320.4	343.5	378.1
初　级　工	工时	7.4	7.4	7.4
合　　计	工时	402.4	430.7	472.9
模　　板	m²	100	100	100
铁　　件	kg	152	164	183
预制混凝土柱	m³	0.4	0.4	0.4
电　焊　条	kg	1.8	1.9	2.1
其他材料费	%	2	2	2
汽车起重机　5t	台时	13.50	14.54	16.09
电　焊　机　25kVA	台时	2.81	3.03	3.37
其他机械费	%	5	5	5
编　　　　号		50036	50037	50038

注:弯段时,人工乘1.2系数。

（2） 钢模台车

适用范围:直墙圆拱形隧洞边墙和顶拱混凝土衬砌。

工作内容:场内运输、安装、调试、运行(就位,架立、拆除模板,移位),维护保养、拆除。

单位:100m²

项 目	单位	衬砌后断面面积 （m²）					
		≤20	40	70	110	150	≥200
工 长	工时	4.2	4.2	4.3	4.4	4.6	4.8
高 级 工	工时	54.4	43.2	36.1	33.1	31.7	30.9
中 级 工	工时	62.7	51.6	44.4	41.6	40.4	39.8
初 级 工	工时	18.8	19.1	19.3	19.5	20.0	20.5
合 计	工时	140.1	118.1	104.1	98.6	96.7	96.0
钢模台车 30～50t	台时	41.21					
50～70t	台时		29.72				
70～100t	台时			22.95			
100～130t	台时				18.72		
130～160t	台时					16.32	
>160t	台时						14.40
载重汽车 15t	台时	0.08	0.08	0.09	0.10	0.10	0.11
汽车起重机 25t	台时	2.34	2.39	2.49	2.54	2.73	2.91
电 焊 机 25kVA	台时	1.40	1.43	1.47	1.52	1.64	1.75
其他机械费	%	5	5	5	5	5	5
编 号		50039	50040	50041	50042	50043	50044

注:立模面积按边墙面和顶拱圆弧面计算。

五－9 涵洞模板

适用范围:各式涵洞。

工作内容:模板及钢架安装、拆除、除灰、刷脱模剂,维修、倒仓。

单位:100m²

项　　　　目	单位	直墙圆拱形	矩　形	圆　形
工　　长	工时	14.7	19.8	27.5
高　级　工	工时	42.2	55.2	55.1
中　级　工	工时	260.2	234.3	322.7
初　级　工	工时	4.3		1.8
合　　　计	工时	321.4	309.3	407.1
模　　板	m²	100	100	100
铁　　件	kg	99	78	62
预制混凝土柱	m³	0.2	0.2	0.3
电　焊　条	kg	1.6	1.3	1.0
其他材料费	%	2	2	2
汽车起重机　5t	台时	13.55	12.88	17.04
电焊机　25kVA	台时	2.41	2.06	2.06
其他机械费	%	5	5	5
编　　　　号		50045	50046	50047

五－10　渠道模板

适用范围:引水、泄水、灌溉渠道及隧洞进出口明挖段混凝土衬砌。

工作内容:模板安装、拆除、除灰、刷脱模剂,维修、倒仓。

单位:100m²

项　　目	单位	边坡模板		堵头
		岩石坡(陡于1:0.75)	土坡	
工　　长	工时	11.9		21.1
高　级　工	工时	71.3		42.2
中　级　工	工时	188.3	13.4	184.3
初　级　工	工时		13.4	42.2
合　　计	工时	271.5	26.8	289.8
模　　板	m²	100	100	100
铁　　件	kg	142		
预制混凝土柱	m³	0.7		
电　焊　条	kg	4.6		
其他材料费	%	2		
汽车起重机　5t	台时	12.62		4.12
电　焊　机　25kVA	台时	2.06		
其他机械费	%	5		5
编　　　号		50048	50049	50050

五－11 滑　模

（1）竖井滑模

适用范围:竖井混凝土衬砌。

工作内容:场内运输、安装、调试,拉滑模板,拆除,维护保养。

单位:100m²

项　　　　目		单位	衬砌后断面面积　（m²）					
			5	7	10	13	15	18
工　　　长		工时	19.0	14.7	11.3	9.7	8.9	8.0
高　级　工		工时	67.5	59.9	52.2	49.6	48.0	46.6
中　级　工		工时	74.8	74.3	71.9	71.7	71.2	71.1
初　级　工		工时	22.1	22.1	22.1	22.8	22.8	22.9
合　　　计		工时	183.4	171.0	157.5	153.8	150.9	148.6
滑模台车	<25t	台时	37.47					
	25～40t	台时		26.76				
	40～60t	台时			18.74			
	60～85t	台时				14.41		
	85～110t	台时					12.49	
	>110t	台时						10.41
载重汽车	15t	台时	0.10	0.13	0.18	0.23	0.27	0.32
汽车起重机	25t	台时	0.59	0.59	0.59	0.59	0.59	0.59
卷　扬　机	5t	台时	2.37	2.37	2.37	2.37	2.37	2.37
电　焊　机	25kVA	台时	0.71	0.71	0.71	0.71	0.71	0.71
其他机械费		%	5	5	5	5	5	5
编　　　号			50051	50052	50053	50054	50055	50056

（2） 溢流面滑模

适用范围：溢流面混凝土。

工作内容：场内运输、轨道及埋件制作、安装，滑模安装、调试、拆除，拉滑模板，维护保养。

单位：100m²

项　　　目		单位	分缝宽度（m）	
			≤10	>10
工　　　长		工时	42.3	31.3
高　级　工		工时	120.6	89.2
中　级　工		工时	197.6	150.3
初　级　工		工时	107.5	84.4
合　　　计		工时	468.0	355.2
型　　　钢		kg	363	290
铁　　　件		kg	134	107
电　焊　条		kg	10.7	8.5
其他材料费		%	2	2
滑模台车	<10t	台时	36.78	
	>10t	台时		24.52
型钢剪断机	13kW	台时	0.25	0.20
型材弯曲机		台时	4.15	3.32
钢筋切断机	20kW	台时	0.07	0.06
汽车起重机	5t	台时	0.13	0.11
汽车起重机	25t	台时	2.03	1.49
载重汽车	5t	台时	12.52	10.02
载重汽车	15t	台时	0.18	0.24
电　焊　机	25kVA	台时	12.24	9.83
其他机械费		%	5	5
编　　　号			50057	50058

（3） 混凝土面板滑(侧)模板

适用范围：堆石坝混凝土面板。

工作内容：侧模：安装、拆除、除灰、刷脱模剂，维修、倒仓。

滑模：场内运输、安装、调试、拉滑模板，维护保养、拆除。

单位：100m²

项 目	单位	侧 模	滑 模	
			分缝宽度（m）	
			≤10	>10
工 长	工时	21.1	10.8	7.5
高 级 工	工时	56.5	35.0	24.9
中 级 工	工时	149.1	38.4	27.5
初 级 工	工时	56.5	10.1	7.5
合 计	工时	283.2	94.3	67.4
模 板	m²	100		
铁 件	kg	1461		
电 焊 条	kg	1.3		
其他材料费	%	2		
滑 模 台 车 ＜10t	台时		18.40	
＞10t	台时			12.26
载 重 汽 车 15t	台时		0.16	0.18
汽车起重机 25t	台时		1.39	1.03
电 焊 机 25kVA	台时	2.06	1.19	0.98
其他机械费	%	5	5	5
编 号		50059	50060	50061

五-12 普通模板制作

适用范围:标准钢模板:直墙、挡土墙、防浪墙、闸墩、底板、趾板、板、梁、柱等。

平面木模板:混凝土坝、厂房下部结构等大体积混凝土的直立面、斜面,混凝土墙、墩等。

曲面模板:混凝土墩头、进水口下侧收缩曲面等弧形柱面。

工作内容:标准钢模板:铁件制作、模板运输。

平面木模板:模板制作、立柱、围令制作、铁件制作、模板运输。

曲面模板:钢架制作、面板拼装、铁件制作、模板运输。

单位:100m²

项　　　　目	单位	标准钢模板	平面木模板	曲面模板
工　　　　长	工时	1.2	4.1	4.5
高　级　工	工时	3.8	12.1	14.7
中　级　工	工时	4.2	33.6	30.3
初　级　工	工时	1.5	12.8	11.9
合　　　　计	工时	10.7	62.6	61.4
锯　　　　材	m³		2.3	0.4
组合钢模板	kg	81		106
型　　　　钢	kg	44		498
卡　扣　件	kg	26		43
铁　　　　件	kg	2	25	36
电　焊　条	kg	0.6		11.0
其他材料费	%	2	2	2
圆　盘　锯	台时		4.69	
双面刨床	台时		3.91	
型钢剪断机　13kW	台时			0.98
型材弯曲机	台时			1.53
钢筋切断机　20kW	台时	0.07	0.17	0.19
钢筋弯曲机　Φ6～40	台时		0.44	0.49
载重汽车　5t	台时	0.37	1.68	0.43
电　焊　机　25kVA	台时	0.72		8.17
其他机械费	%	5	5	5
编　　　　号		50062	50063	50064

五-13 悬臂组合钢模板制作

适用范围:各种混凝土坝、厂房下部结构等大体积混凝土的直立平面、倾斜平面、坝体纵横缝键槽。

工作内容:钢架制作、面板拼装、铁件制作、模板运输。

单位:100m²

项　　　目	单位	平　　面	键　　槽
工　　长	工时	4.0	4.4
高　级　工	工时	11.0	12.1
中　级　工	工时	23.5	25.8
初　级　工	工时	9.9	10.9
合　　计	工时	48.4	53.2
组合钢模板	kg	101	111
型　　钢	kg	493	542
卡　扣　件	kg	17	19
铁　　件	kg	26	29
电　焊　条	kg	10.8	11.9
其他材料费	%	2	2
型钢剪断机　13kW	台时	0.97	1.07
钢筋切断机　20kW	台时	0.13	0.14
钢筋弯曲机　Φ6~40	台时	0.32	0.35
载重汽车　5t	台时	0.36	0.40
电　焊　机　25kVA	台时	8.09	8.89
其他机械费	%	5	5
编　　　　号		50065	50066

注:坝体纵、横键槽立模面面积计算,按各立模面在竖直面上的投影面积计算(即与无键槽的纵、横缝立模面积计算相同)。

五－14 尾水肘管模板制作

适用范围:水轮机混凝土尾水肘管(弯管段)。

工作内容:木模板及排架制作、铁件制作、整体试拼装、模板运输。

单位:100m²

项 目	单位	肘管进口直径 D₄(m)					
		≤2.00	4.00	6.00	8.00	10.00	≥12.00
工 长	工时	74.4	82.4	90.4	98.5	106.5	114.5
高 级 工	工时	351.3	391.5	431.7	471.8	512.0	552.2
中 级 工	工时	492.4	556.7	621.0	685.3	749.5	813.8
初 级 工	工时	215.4	247.5	279.6	311.8	343.9	376.1
合 计	工时	1133.5	1278.1	1422.7	1567.4	1711.9	1856.6
锯 材	m³	7.2	8.3	9.3	10.4	11.5	12.6
组合钢模板	kg	29	29	29	29	29	29
型 钢	kg	411	566	721	876	1030	1185
卡 扣 件	kg	51	90	129	167	206	245
铁 件	kg	279	325	370	415	461	506
电 焊 条	kg	2.1	2.1	2.1	2.1	2.1	2.1
其他材料费	%	2	2	2	2	2	2
圆 盘 锯	台时	11.65	13.28	14.90	16.54	18.17	19.80
双 面 刨 床	台时	7.08	7.60	8.12	8.64	9.17	9.69
小 型 带 锯	台时	2.12	2.12	2.12	2.12	2.12	2.12
型钢剪断机 13kW	台时	0.25	0.33	0.42	0.52	0.61	0.70
钢筋切断机 20kW	台时	0.17	0.17	0.17	0.17	0.17	0.17
钢筋弯曲机 Φ6～40	台时	0.43	0.43	0.43	0.43	0.43	0.43
载 重 汽 车 5t	台时	2.51	2.88	3.25	3.63	4.00	4.36
汽车起重机 8t	台时	9.72	11.18	12.63	14.07	15.52	16.97
电 焊 机 25kVA	台时	2.22	2.22	2.22	2.22	2.22	2.22
其他机械费	%	5	5	5	5	5	5
编 号		50067	50068	50069	50070	50071	50072

五－15 蜗壳模板制作

适用范围:水轮机混凝土蜗壳。

工作内容:木模板及排架制作、铁件制作、模板运输。

单位:100m²

项 目	单位	水轮机转轮直径 D₁(m)					
		≤2.00	4.00	6.00	8.00	10.00	≥12.00
工 长	工时	20.5	20.5	20.5	20.5	20.5	20.5
高 级 工	工时	46.7	47.5	48.3	49.1	50.0	50.8
中 级 工	工时	201.2	203.6	206.1	208.6	211.0	213.5
初 级 工	工时	26.6	31.0	35.5	40.0	44.5	48.9
合 计	工时	295.0	302.6	310.4	318.2	326.0	333.7
锯 材	m³	4.0	4.8	5.7	6.5	7.3	8.1
组合钢模板	kg	26	26	26	26	26	26
型 钢	kg	257	373	489	605	720	836
卡 扣 件	kg	41	72	102	133	163	194
铁 件	kg	82	115	148	181	215	248
电 焊 条	kg	2.1	2.1	2.1	2.1	2.1	2.1
其他材料费	%	2	2	2	2	2	2
圆 盘 锯	台时	6.53	7.78	9.03	10.28	11.53	12.78
双面刨床	台时	6.84	8.04	9.25	10.45	11.66	12.86
小型带锯	台时	0.97	0.97	0.97	0.97	0.97	0.97
型钢剪断机 13kW	台时	0.28	0.28	0.28	0.28	0.28	0.28
钢筋切断机 20kW	台时	0.16	0.16	0.16	0.16	0.16	0.16
钢筋弯曲机 Φ6～40	台时	0.39	0.39	0.39	0.39	0.39	0.39
载重汽车 5t	台时	2.04	2.34	2.63	2.93	3.22	3.51
电 焊 机 25kVA	台时	2.32	2.32	2.32	2.32	2.32	2.32
其他机械费	%	5	5	5	5	5	5
编 号		50073	50074	50075	50076	50077	50078

注:蜗壳截取范围为自水轮机轴线起向上游1.3D₁。

五－16 异形模板制作

适用范围:进水口曲面模板:进水口上部收缩曲面。

坝体孔洞顶面模板:坝体孔洞顶部平面。

键槽模板:混凝土零星键槽。

牛腿模板:各部位混凝土牛腿。

工作内容:进水口曲面模板:钢架制作、面板拼装、铁件制作、模板运输。

坝体孔洞顶面模板:铁件制作、模板运输。

键槽模板:模板制作、铁件制作、模板运输。

牛腿模板:钢围令及钢支架制作、铁件制作、模板运输。

单位:100m²

项　　　　　目	单位	进水口曲面模板	坝体孔洞顶面模板	键槽模板	牛腿模板
工　　　　长	工时	5.0	1.2	6.0	16.0
高　级　工	工时	15.9	3.7	2.0	54.0
中　级　工	工时	33.0	4.0	53.3	103.9
初　级　工	工时	13.7	1.1	10.0	52.9
合　　　计	工时	67.6	10.0	71.3	226.8
锯　　　材	m³	0.4		2.1	
组合钢模板	kg	106	77		64
型　　　钢	kg	751	320		224
卡　扣　件	kg	170	170		18
铁　　　件	kg	36	2	40	4
电　焊　条	kg	11.0	1.2		57.3
其他材料费	%	2	2	2	2
圆　盘　锯	台时			4.30	
双面刨床	台时			4.69	
型钢剪断机　13kW	台时	1.47	0.63		8.37
型材弯曲机	台时	1.53			
钢筋切断机　20kW	台时	0.14	0.05		1.27
钢筋弯曲机　Φ6~40	台时	0.34	0.13		3.32
载重汽车　5t	台时	0.53	0.26	0.56	2.48
电　焊　机　25kVA	台时	12.32	5.24		48.30
其他机械费	%	5	5	5	5
编　　　号		50079	50080	50081	50082

注:1.进水口曲面模板　进水口下、侧收缩曲面采用"普通曲面模板"定额;

2.键槽模板　键槽部位平面模板的立模面积计算,不扣除被键槽模板遮盖的面积。

五－17 渡槽槽身模板制作

适用范围:各型渡槽槽身。

工作内容:木模板及钢支架制作、铁件制作、模板运输。

单位:100m²

项　　　　　目	单位	矩形渡槽	箱形渡槽	U形渡槽
工　　　　长	工时	1.5	1.4	2.7
高　级　工	工时	6.8	6.3	9.8
中　级　工	工时	12.5	10.0	19.0
初　级　工	工时	2.0	1.8	4.3
合　　　计	工时	22.8	19.5	35.8
锯　　　材	m³	0.3	0.3	0.4
组合钢模板	kg	76	76	75
型　　　钢	kg	71	71	127
卡　扣　件	kg	40	40	28
铁　　　件	kg	8	3	63
电　焊　条	kg	0.6	0.6	1.7
其他材料费	%	2	2	2
圆　盘　锯	台时	0.39	0.43	0.55
双　面　刨床	台时	0.41	0.45	0.53
型钢剪断机　13kW	台时	0.15	0.15	0.25
钢筋切断机　20kW	台时	0.04	0.04	0.03
钢筋弯曲机　Φ6~40	台时		0.08	0.07
载重汽车　5t	台时	0.24	0.23	0.24
电　焊　机　25kVA	台时	1.17	1.16	2.09
其他机械费	%	5	5	5
编　　　　　号		50083	50084	50085

五－18 圆形隧洞衬砌模板制作

（1） 钢模板

适用范围:圆形、马蹄形隧洞及渐变段混凝土衬砌。

工作内容:木模板及钢架制作、铁件制作、模板运输。

单位:100m²

项 目	单位	隧洞直径(m)		
		≤6	6~10	>10
工 长	工时	1.7	1.8	1.9
高 级 工	工时	4.0	4.1	4.3
中 级 工	工时	16.5	16.7	17.1
初 级 工	工时	4.6	4.8	5.1
合 计	工时	26.8	27.4	28.4
锯 材	m³	0.8	0.8	0.8
组 合 钢 模 板	kg	78	84	94
型 钢	kg	90	97	106
卡 扣 件	kg	26	28	31
铁 件	kg	32	35	38
电 焊 条	kg	4.2	4.5	5.0
其他材料费	%	2	2	2
圆 盘 锯	台时	0.77	0.77	0.77
双 面 刨 床	台时	0.76	0.76	0.76
型钢剪断机 13kW	台时	0.78	0.84	0.93
型 材 弯 曲 机	台时	1.74	1.88	2.09
钢筋切断机 20kW	台时	0.04	0.04	0.04
钢筋弯曲机 Φ6~40	台时	0.08	0.09	0.09
载 重 汽 车 5t	台时	0.32	0.34	0.36
电 焊 机 25kVA	台时	4.97	5.37	5.97
其他机械费	%	5	5	5
编 号		50086	50087	50088

（2） 木模板

适用范围:圆形、马蹄形隧洞及渐变段混凝土衬砌。

工作内容:模板及排架制作、铁件制作、模板运输。

单位:100m²

项　　　　　目	单位	隧洞直径　（m）			
		≤5		>5	
		曲　面	渐变曲面	曲　面	渐变曲面
工　　　　长	工时	5.9	7.2	6.5	8.1
高　级　工	工时	26.2	33.3	29.1	37.0
中　级　工	工时	73.3	92.3	81.4	102.6
初　级　工	工时	21.9	27.7	24.3	30.8
合　　　计	工时	127.3	160.5	141.3	178.5
锯　　　材	m³	3.7	4.7	4.1	5.2
铁　　　件	kg	245.8	315.6	273.1	350.6
其他材料费	%	2	2	2	2
圆　盘　锯	台时	6.32	7.97	7.02	8.86
双面刨床	台时	5.79	7.32	6.43	8.13
小型带锯	台时	1.30	1.69	1.44	1.87
载重汽车 5t	台时	1.23	1.55	1.36	1.73
其他机械费	%	5	5	5	5
编　　　号		50089	50090	50091	50092

五－19 直墙圆拱形隧洞衬砌钢模板制作

适用范围:直墙圆拱形隧洞混凝土衬砌。

工作内容:木模板及钢架制作、铁件制作、模板运输。

单位:100m²

项　　　　目	单位	衬砌后断面面积　（m²）		
		≤35	35～80	>80
工　　　长	工时	1.5	1.6	1.7
高　级　工	工时	4.9	5.2	5.5
中　级　工	工时	13.4	13.6	14.1
初　级　工	工时	3.5	3.6	3.8
合　　　计	工时	23.3	24.0	25.1
锯　　　材	m³	0.5	0.5	0.5
组合钢模板	kg	74	80	89
型　　　钢	kg	76	81	89
卡　扣　件	kg	26	28	31
铁　　　件	kg	19	19	20
电　焊　条	kg	1.6	1.7	1.9
其他材料费	%	2	2	2
圆　盘　锯	台时	0.60	0.60	0.60
双面刨床	台时	0.60	0.60	0.60
型钢剪断机　13kW	台时	0.34	0.36	0.40
型材弯曲机	台时	0.51	0.55	0.62
钢筋切断机　20kW	台时	0.04	0.04	0.04
钢筋弯曲机　Φ6～40	台时	0.09	0.10	0.11
载重汽车　5t	台时	0.42	0.44	0.48
电　焊　机　25kVA	台时	2.17	2.35	2.61
其他机械费	%	5	5	5
编　　　号		50093	50094	50095

五－20 涵洞模板制作

适用范围:各式涵洞。

工作内容:木模板及钢架制作、铁件制作、模板运输。

单位:100m²

项 目	单位	直墙圆拱形	矩 形	圆 形
工 长	工时	1.6	1.9	3.4
高 级 工	工时	5.1	5.7	10.9
中 级 工	工时	12.0	17.2	19.6
初 级 工	工时	3.2	3.0	4.0
合 计	工时	21.9	27.8	37.9
锯 材	m³	0.4	0.6	0.6
组合钢模板	kg	74	72	93
型 钢	kg	65	64	50
卡 扣 件	kg	30	32	29
铁 件	kg	7	3	9
电 焊 条	kg	0.8	0.6	1.0
其他材料费	%	2	2	2
圆 盘 锯	台时	0.46	0.87	0.62
双 面 刨 床	台时	0.45	0.85	0.61
型钢剪断机 13kW	台时	0.17	0.11	0.10
型材弯曲机	台时	0.71		1.92
钢筋切断机 20kW	台时	0.04	0.04	0.04
钢筋弯曲机 Φ6~40	台时	0.10	0.10	0.09
载重汽车 5t	台时	0.31	0.35	0.39
电焊机 25kVA	台时	0.94	0.84	0.74
其他机械费	%	5	5	5
编 号		50096	50097	50098

五－21 渠道模板制作

适用范围:引水、泄水、灌溉渠道及隧洞进出口明挖段混凝土衬砌。

工作内容:木模板制作、铁件制作、模板运输。

单位:100m²

项　　　目	单位	边 坡 模 板 岩石坡(陡于1:0.75)	土坡	堵头
工　　　长	工时	2.4		4.4
高　级　工	工时	10.4		13.2
中　级　工	工时	11.2	2.1	55.3
初　级　工	工时	3.2		11.4
合　　　计	工时	27.2	2.1	84.3
锯　　　材	m³			2.2
组合钢模板	kg	80		
型　　　钢	kg	44	13	31
卡　扣　件	kg	26		
铁　　　件	kg	3		24
电　焊　条	kg	1.0	0.3	0.7
其他材料费	%	2	2	2
圆　盘　锯	台时			3.79
双面刨床	台时			3.43
型钢剪断机　13kW	台时		0.03	0.07
钢筋切断机　20kW	台时	0.15		
钢筋弯曲机　Φ6～40	台时	0.39		
载重汽车　5t	台时	0.79	0.01	0.61
电　焊　机　25kVA	台时	0.72	0.31	1.11
其他机械费	%	5	5	5
编　　　号		50099	50100	50101

五－22 混凝土面板侧模制作

适用范围：堆石坝混凝土面板。

工作内容：木模板及钢支架制作、铁件制作、模板运输。

单位：100m²

项　　　　目	单位	数　　　量
工　　　长	工时	1.9
高　级　工	工时	5.6
中　级　工	工时	19.0
初　级　工	工时	13.1
合　　　计	工时	39.6
锯　　　材	m³	1.7
型　　　钢	kg	80
铁　　　件	kg	145
电　焊　条	kg	1.8
其他材料费	%	2
圆　盘　锯	台时	2.88
双面刨床	台时	1.94
型钢剪断机 13kW	台时	0.17
钢筋切断机 20kW	台时	0.76
载重汽车 5t	台时	1.07
电焊机 25kVA	台时	3.06
其他机械费	%	5
编　　　号		50102

中华人民共和国水利部

水利建筑工程概算定额

下　册

黄河水利出版社

水 利 部 文 件

水总〔2002〕116号

关于发布《水利建筑工程预算定额》、
《水利建筑工程概算定额》、
《水利工程施工机械台时费定额》
及《水利工程设计概(估)算编制规定》的通知

各流域机构,部直属各设计院,各省、自治区、直辖市水利
(水务)厅(局),各计划单列市水利(水务)局,新疆生产建
设兵团水利局,中国水电工程总公司,武警水电指挥部:

为适应建立社会主义市场经济体制的需要,合理确
定和有效控制水利工程基本建设投资,提高投资效益,由
我部水利建设经济定额站组织编制的《水利建筑工程预
算定额》、《水利建筑工程概算定额》、《水利工程施工机械
台时费定额》及《水利工程设计概(估)算编制规定》,已经

审查批准,现予以颁布,自2002年7月1日起执行。原水利电力部、能源部和水利部于1986年颁布的《水利水电建筑工程预算定额》、1988年颁发的《水利水电建筑工程概算定额》、1991年颁发的《水利水电施工机械台班费定额》及1998年颁发的《水利工程设计概(估)算费用构成及计算标准》同时废止。

此次颁布的定额及规定由水利部水利建设经济定额站负责解释。在执行过程中如有问题请及时函告水利部水利建设经济定额站。

中华人民共和国水利部
二○○二年三月六日

主题词:水利 工程 建筑 定额△ 通知

抄送:国家发展计划委员会。

水利部办公厅　　　　　　　2002年4月1日印发

总 目 录

上 册

下 册

总　说　明

一、《水利建筑工程概算定额》是在我部制订的《水利建筑工程预算定额》的基础上进行编制的，包括土方开挖工程、石方开挖工程、土石填筑工程、混凝土工程、模板工程、砂石备料工程、钻孔灌浆及锚固工程、疏浚工程、其他工程共九章及附录。

二、本定额适用于大中型水利工程项目，是编制初步设计概算的依据。

三、本定额适用于海拔高程小于或等于2000m地区的工程项目。海拔高程大于2000m的地区，根据水利枢纽工程所在地的海拔高程及规定的调整系数计算。海拔高程应以拦河坝或水闸顶部的海拔高程为准。没有拦河坝或水闸的，以厂房顶部海拔高程为准。一个工程项目只采用一个调整系数。

高原地区定额调整系数表

项目	海　拔　高　程　（m）					
	2000～2500	2500～3000	3000～3500	3500～4000	4000～4500	4500～5000
人　工	1.10	1.15	1.20	1.25	1.30	1.35
机　械	1.25	1.35	1.45	1.55	1.65	1.75

四、本定额不包括冬季、雨季和特殊地区气候影响施工的因素及增加的设施费用。

五、本定额按一日三班作业施工，每班八小时工作制拟订。如采用一日一班或二班制时，定额不作调整。

六、本定额的"工作内容"仅扼要说明各章节的主要施工过程及工序。次要的施工过程、施工工序和必要的辅助工作所需的人工、材料、机械也已包括在定额内。

七、本定额的计量，按工程设计几何轮廓尺寸计算。即由完成每一有效单位实体所消耗的人工、材料、机械数量定额组成。其不构成实体的各种施工操作损耗、允许的超挖及超填量、合理的施工附加量、体积变化等已根据施工技术规范规定的合理消耗量，计入定额。

八、本定额人工以"工时"、机械以"台(组)时"为计量单位。人工和机械定额数量包括基本工作、辅助工作、准备与结束、不可避免的中断、必要的休息、工程检查、交接班、班内工作干扰、夜间工效影响以及常用工具和机械的维修、保养、加油、加水等全部工作内容。

九、定额中的人工是指完成该定额子目工作内容所需的人工耗用量。包括基本用工和辅助用工，并按其所需技术等级，分别列示出工长、高级工、中级工、初级工的工时及其合计数。

十、定额中的材料是指完成该定额子目工作内容所需的全部材料耗用量，包括主要材料及其他材料、零星材料。

主要材料以实物量形式在定额中列项。

定额中未列示品种规格的材料，根据设计选定的品种规格计算，但定额数量不得调整。已列示品种规格的，使用时不得变动。

凡一种材料名称之后，同时并列几种不同型号规格的，如石方开挖工程定额导线中的火线和电线，表示这种材料只能选用其中一种型号规格的定额进行计价。

凡一种材料分几种型号规格与材料名称同时并列的，如石方开挖工程定额中同时并列的导火线和导电线，则表示这些名称相同而型号规格不同的材料都应同时计价。

其他材料费和零星材料费是指完成该定额工作内容所需，但未在定额中列量的全部其他或零星材料费用，如工作面内的脚手架、排架、操作平台等的摊销费，地下工程的照明费，石方开挖工程的钻杆、空心钢，混凝土工程的养护用材料以及其他用量少的材料等。

材料从分仓库或相当于分仓库材料堆放地至工作面的场内运

输所需人工、机械及费用,已包括在各相应定额内。

十一、定额中的机械是指完成该定额子目工作内容所需的全部机械耗用量,包括主要机械和其他机械。

主要机械以台(组)时数量在定额中列项。

凡机械定额以"组时"表示的,其每组机械配置均按设计资料计算,但定额数量不得调整。

凡一种机械名称之后,同时并列几种不同型号规格的,如土石方、砂石料运输定额中的自卸汽车,表示这种机械只能选用其中一种型号规格的定额进行计价。

凡一种机械分几种型号规格与机械名称同时并列的,则表示这些名称相同而规格不同的机械都应同时计价。

其他机械费是指完成该定额工作内容所需,但未在定额中列量的次要辅助机械的使用费,如疏浚工程中的油驳等辅助生产船舶等。

十二、本定额中其他材料费、零星材料费、其他机械费均以费率(%)形式表示,其计量基数如下:

1. 其他材料费:以主要材料费之和为计算基数;

2. 零星材料费:以人工费、机械费之和为计算基数;

3. 其他机械费:以主要机械费之和为计算基数。

十三、定额表头用数字表示的适用范围

1. 只用一个数字表示的,仅适用于该数字本身。当需要选用的定额介于两子目之间时,可用插入法计算。

2. 数字用上下限表示的,如 2000～2500,适用于大于 2000、小于或等于 2500 的数字范围。

十四、各章的挖掘机定额,均按液压挖掘机拟定。

十五、各章的汽车运输定额,适用于水利工程施工路况 10km 以内的场内运输。运距超过 10km 时,超过部分按增运 1km 台时数乘 0.75 系数计算。

目　　录

第六章　砂石备料工程

第七章　钻孔灌浆及锚固工程

第八章　疏浚工程

第九章　其他工程

附　　录

砂石备料工程

说　明

一、本章定额包括天然砂石料开采及加工、人工砂石料开采及加工、砂石料运输、砂料开采加工及运输共40节。

二、本章定额计量单位,除注明者外,开采、运输等节一般为成品方(堆方、码方),砂石料加工等节按成品重量(t)计算。计量单位间的换算如无实测资料时,可参考表6-1数据。

表6-1　　　　　　　砂石料密度参考表

砂石料类别	天　然　砂　石　料			人　工　砂　石　料		
	松散砂砾混合料	分级砾石	砂	碎石原料	成品碎石	成品砂
密度(t/m³)	1.74	1.65	1.55	1.76	1.45	1.50

三、本章定额砂石料规格及标准说明:

砂石料　指砂砾料、砂、砾石、碎石、骨料等的统称。

砂砾料　指未经加工的天然砂卵石料。

骨　料　指经过加工分级后可用于混凝土制备的砂、砾石和碎石的统称。

砂　指粒径小于或等于5mm的骨料。

砾　石　指砂砾料经加工分级后粒径大于5mm的卵石。

碎　石　指经破碎、加工分级后粒径大于5mm的骨料。

碎石原料　指未经破碎、加工的岩石开采料。

超径石　指砂砾料中大于设计骨料最大粒径的卵石。

块　石　指长、宽各为厚度的2～3倍,厚度大于20cm的石块。

片　石　指长、宽各为厚度的3倍以上,厚度大于15cm的石块。

毛条石　指一般长度大于60cm的长条形四棱方正的石料。

料　石　指毛条石经过修边打荒加工,外露面方正,各相邻面正交,表面凹凸不超过10mm的石料。

四、砂石加工定额适用范围

1.六－10节天然砂砾料筛洗定额工作内容包括砂砾料筛分、清洗、成品运输和堆存,适用于天然砂砾料加工。如天然砂砾料场单独设置预筛工序时,该定额应作相应调整。

2.如砂砾料中的超径石需要通过破碎后加以利用,应根据施工组织设计确定的超径石破碎成品粒度的要求及破碎车间的生产规模,选用六－11节超径石破碎定额。该定额也适用于中间砾石级的破碎。超径石及中间砾石的破碎量占成品总量的百分数,应根据施工组织设计砂石料级配平衡计算确定。

3.人工砂石料加工定额的采用

六－14节制碎石定额适用于单独生产碎石的加工工艺。如生产碎石的同时,附带生产人工砂其数量不超过10％,也可采用本节定额。

六－15节制砂定额适用于单独生产人工砂的加工工艺。

六－16节制碎石和砂定额适用于同时生产碎石和人工砂,且产砂量比例通常超过总量11％的加工工艺。

人工砂石料加工定额表内"碎石原料开采、运输"数量计算式中的"Ni"符号,表示碎石原料的含泥率。六－14节还包括原料中小于5mm的石屑含量。

当人工砂石料加工的碎石原料含泥量 Ni 超过5％,需考虑增加预洗工序时,可采用六－13节含泥碎石预洗定额,并乘以下系数编制预洗工序单价:制碎石1.22;制人工砂1.34。

4.制砂定额的棒磨机钢棒消耗量"40kg/100t成品"系按花岗岩类原料拟定。当原料不同时,钢棒消耗量按表6-2系数(以符号"k"表示)进行调整。

表6-2　　　　　　　　　**钢棒消耗定额调整系数表**

项　　　　目	石灰岩	花岗岩、玢岩辉绿岩	流纹岩安山岩	硬质石英砂岩
调整系数 k	0.3	1.0	2.0	3.0
钢棒耗量(kg/100t成品)	12	40	80	120

5.人工砂石料加工定额中破碎机械生产效率系按中等硬度岩石拟定。如加工不同硬度岩石时,破碎机械台时量按表 6-3 系数进行调整。

表 6-3   **破碎机械定额调整系数表**

项 目	软 岩 石	中等硬度岩石	坚硬岩石
	抗压强度(MPa)		
	40～80	80～160	>160
调整系数	0.85～0.95	1	1.05～1.10

6.天然砂砾料场由于级配不平衡需补充人工砂石料时,其补充部分的人工砂石料加工可采用六-14 节至六-16 节定额。

7.根据施工组织设计,如骨料在进入搅拌楼之前需设置二次筛洗时,可采用六-34 节骨料二次筛洗定额计算其工序单价。如只需对其中某一级骨料进行二次筛洗,则可按其数量所占比例折算该工序加工费用。

8.根据施工组织设计,砂石加工厂的预筛粗碎车间与成品筛洗车间距离超过 200m 时,应按半成品料运输方式及相关定额计算单价。

五、砂石加工厂规模

砂石加工厂规模由施工组织设计确定。根据施工组织设计规范规定,砂石加工厂的生产能力应按混凝土高峰时段(3～5 个月)月平均骨料所需用量及其他砂石料需用量计算。砂石加工厂生产时间,通常为每日二班制,高峰时三班制,每月有效工作可按 360 小时计算。小型工程砂石加工厂一班制生产时,每月有效工作可按 180 小时计算。

计算出需要成品的小时生产能力后计及损耗,即可求得按进料量计的砂石加工厂小时处理能力,据此套用相应定额。

六、胶带输送机计量单位折算

本章砂石料加工定额中,胶带输送机用量以"米时"计。台时与米时按以下方法折算:

带宽 $B=500\text{mm}$，　带长 $L=30\text{m}$，　1台时 $=30$ 米时

带宽 $B=650\text{mm}$，　带长 $L=50\text{m}$，　1台时 $=50$ 米时

带宽 $B=800\text{mm}$，　带长 $L=75\text{m}$，　1台时 $=75$ 米时

带宽 $B\geqslant1000\text{mm}$，带长 $L=100\text{m}$，1台时 $=100$ 米时

七、砂石料单价计算

1.根据施工组织设计确定的砂石备料方案和工艺流程,按本章相应定额计算各加工工序单价,然后累计计算成品单价。

骨料成品单价自开采、加工、运输一般计算至搅拌楼前调节料仓或与搅拌楼上料胶带输送机相接为止。

砂石料加工过程中如需进行超径砾石破碎或含泥碎石原料预洗,以及骨料需进行二次筛洗时,可按本章有关定额子目计算其费用,摊入骨料成品单价。

2.天然砂砾料加工过程中,由于生产或级配平衡需要进行中间工序处理的砂石料,包括级配余料、级配弃料、超径弃料等,应以料场勘探资料和施工组织设计级配平衡计算结果为依据。

计算砂石料单价时,弃料处理费用应按处理量与骨料总量的比例摊入骨料成品单价。余弃料单价应为选定处理工序处的砂石料单价。在预筛时产生的超径石弃料单价,可按六－10节定额中的人工和机械台时数量各乘 0.2 系数计价,并扣除用水。若余弃料需转运至指定弃料地点时,其运输费应按本章有关定额子目计算,并按比例摊入骨料成品单价。

3.料场覆盖层剥离和无效层处理,按一般土石方工程定额计算费用,并按设计工程量比例摊入骨料成品单价。

八、本章定额已考虑砂石料开采、加工、运输、堆存等损耗因素,使用定额时不得加计。

九、机械挖运松散状态下的砂砾料,采用六－21至六－33节运砂砾料定额时,其中人工及挖装机械乘 0.85 系数。

十、六－9节采砂船挖砂砾料定额,运距超过10km时,超过部分增运 1km 的拖轮、砂驳台时定额乘 0.85 系数。

六－1 人工开采砂砾料

工作内容:挖装、运输、卸除、堆存、空回。

(1) 水上开采

单位:100m³ 成品堆方

项　目	单位	挖 装 运 卸 50m					增运 10m
		含 砾 石 率 (%)					
		≤10 及砂	10～30	30～50	50～70	>70	
工　　长	工时						
高 级 工	工时						
中 级 工	工时						
初 级 工	工时	258.5	279.1	298.7	322.4	350.2	27.8
合　计	工时	258.5	279.1	298.7	322.4	350.2	27.8
零星材料费	%	1	1	1	1	1	
编　　　　号		60001	60002	60003	60004	60005	60006

(2) 水下开采

单位:100m³ 成品堆方

项　目	单位	挖 装 运 卸 50m					增运 10m
		含 砾 石 率 (%)					
		≤10 及砂	10～30	30～50	50～70	>70	
工　　长	工时						
高 级 工	工时						
中 级 工	工时						
初 级 工	工时	302.8	327.5	352.3	382.1	416.1	27.8
合　计	工时	302.8	327.5	352.3	382.1	416.1	27.8
零星材料费	%	1	1	1	1	1	
编　　　　号		60007	60008	60009	60010	60011	60012

六－2 人工筛分砂石料

适用范围:经开采后的堆存料。

工作内容:上料、过筛、堆存。

单位:100m³ 成品堆方

项　　　目	单位	三　层　筛	四　层　筛
工　　长	工时		
高　级　工	工时		
中　级　工	工时		
初　级　工	工时	166.9	189.5
合　　计	工时	166.9	189.5
零星材料费	%	1	1
编　　号		60013	60014

六－3 人工溜洗骨料

适用范围:经筛分后的骨料。

工作内容:上料、翻洗、堆存。

(1) 洗砂砾石

单位:100m³ 成品堆方

项　　　目	单位	砂	砾 石 粒 径 （mm）		
			5～20	20～40	40～80
工　　长	工时				
高　级　工	工时				
中　级　工	工时				
初　级　工	工时	296.6	144.2	175.1	218.4
合　　计	工时	296.6	144.2	175.1	218.4
水	m³	150	100	100	100
其他材料费	%	20	20	20	20
编　　号		60015	60016	60017	60018

（2） 洗碎石

单位:100m³ 成品堆方

项 目	单位	碎 石 粒 径 （mm）		
		5～20	20～40	40～80
工 长	工时			
高 级 工	工时			
中 级 工	工时			
初 级 工	工时	173.0	210.1	262.7
合 计	工时	173.0	210.1	262.7
水	m³	100	100	100
其他材料费	%	20	20	20
编 号		60019	60020	60021

六－4 人工运砂石料

适用范围:经开采加工后的堆存料。

工作内容:装料、运输、卸除、堆存、空回。

单位:100m³ 成品堆方

项 目	单位	装运卸 50m				增运 10m	
		砂	砾石	碎石	砂砾料	骨料	砂砾料
工 长	工时						
高 级 工	工时						
中 级 工	工时						
初 级 工	工时	198.8	213.2	219.4	293.6	20.6	27.8
合 计	工时	198.8	213.2	219.4	293.6	20.6	27.8
零星材料费	%	2	2	2	2		
编 号		60022	60023	60024	60025	60026	60027

六－5 人工装砂石料胶轮车运输

工作内容:装料、运输、卸除、堆存、空回。

单位:100m³ 成品堆方

项　　目	单位	挖 装 运 卸 50m				增运50m
		砂	砾石	碎石	砂砾料	
工　　长	工时					
高 级 工	工时					
中 级 工	工时					
初 级 工	工时	143.2	164.8	174.1	181.3	18.0
合　　计	工时	143.2	164.8	174.1	181.3	18.0
零星材料费	%	2	2	2	2	
胶 轮 车	台时	63.65	64.27	64.27	64.27	9.79
编　　　　号		60028	60029	60030	60031	60032

六－6 人工装砂石料斗车运输

工作内容:装料、运输、卸除、堆存、空回。

单位:100m³ 成品堆方

项　　目	单位	挖 装 运 卸 50m				增运50m
		砂	砾石	碎石	砂砾料	
工　　长	工时					
高 级 工	工时					
中 级 工	工时					
初 级 工	工时	82.4	92.7	96.8	99.9	11.3
合　　计	工时	82.4	92.7	96.8	99.9	11.3
零星材料费	%	4	4	4	4	
V 型 斗 车 0.6m³	台时	18.54	18.54	18.54	18.54	4.94
编　　　　号		60033	60034	60035	60036	60037

六－7 索式挖掘机挖砂砾料

工作内容:采挖、卸除、堆存。

(1) 1m³ 索式挖掘机

单位:100m³ 成品堆方

项　　　目	单位	水　上	水　下
工　　　长	工时		
高　级　工	工时		
中　级　工	工时		
初　级　工	工时	10.3	12.4
合　　　计	工时	10.3	12.4
零星材料费	%	8	8
挖掘机　1m³	台时	1.31	1.57
推土机　74kW	台时	0.66	0.78
编　　　号		60038	60039

(2) 2m³ 索式挖掘机

单位:100m³ 成品堆方

项　　　目	单位	水　上	水　下
工　　　长	工时		
高　级　工	工时		
中　级　工	工时		
初　级　工	工时	7.2	8.2
合　　　计	工时	7.2	8.2
零星材料费	%	8	8
挖掘机　2m³	台时	0.84	1.01
推土机　74kW	台时	0.42	0.50
编　　　号		60040	60041

(3) 3m³索式挖掘机

项 目	单位	水 上	水 下
工 长	工时		
高 级 工	工时		
中 级 工	工时		
初 级 工	工时	5.2	6.2
合 计	工时	5.2	6.2
零星材料费	%	7	7
挖 掘 机 3m³	台时	0.62	0.74
推 土 机 88kW	台时	0.31	0.37
编 号		60042	60043

(4) 4m³索式挖掘机

项 目	单位	水 上	水 下
工 长	工时		
高 级 工	工时		
中 级 工	工时		
初 级 工	工时	4.1	5.2
合 计	工时	4.1	5.2
零星材料费	%	7	7
挖 掘 机 4m³	台时	0.52	0.62
推 土 机 88kW	台时	0.26	0.31
编 号		60044	60045

六－8 反铲挖掘机挖砂砾料

工作内容:采挖、卸除,堆存。

(1) 2m³反铲挖掘机

项 目	单位	水 上	水 下
工 长	工时		
高 级 工	工时		
中 级 工	工时		
初 级 工	工时	4.1	5.2
合 计	工时	4.1	5.2
零星材料费	%	10	10
挖 掘 机 2m³	台时	0.53	0.63
推 土 机 74kW	台时	0.27	0.32
编 号		60046	60047

(2) 3m³反铲挖掘机

单位:100m³成品堆方

项 目	单位	水 上	水 下
工 长	工时		
高 级 工	工时		
中 级 工	工时		
初 级 工	工时	3.1	4.1
合 计	工时	3.1	4.1
零星材料费	%	10	10
挖 掘 机 3m³	台时	0.39	0.47
推 土 机 88kW	台时	0.20	0.24
编 号		60048	60049

(3) 4m³反铲挖掘机

项　　　目	单位	水　上	水　下
工　　　长	工时		
高　级　工	工时		
中　级　工	工时		
初　级　工	工时	3.1	3.1
合　　　计	工时	3.1	3.1
零星材料费	%	10	10
挖　掘　机　4m³	台时	0.31	0.37
推　土　机　88kW	台时	0.16	0.19
编　　　　　号		60050	60051

六-9　链斗式采砂船挖砂砾料

工作内容:挖装、运输、卸至码头、空回、移位、转运上岸。

(1) 120m³链斗式采砂船

适用范围:采挖水深≤7m。

单位:100m³ 成品堆方

项　　　目	单位	运　距　1km				增运 1km
		砂	砾　石　率　(%)			
			≤10	10~15	>15	
工　　　长	工时					
高　级　工	工时					
中　级　工	工时	2.1	2.1	2.1	3.1	
初　级　工	工时	3.1	3.1	3.1	4.1	
合　　　计	工时	5.2	5.2	5.2	7.2	
零星材料费	%	2	2	2	2	
采　砂　船　120m³	台时	0.85	0.95	1.13	1.36	
拖　轮　125kW	台时	1.56	1.65	1.82	2.05	0.34
砂　驳　60m³	台时	1.56	1.65	1.82	2.05	0.34
输砂逫船　800t/h	台时	0.21	0.21	0.21	0.21	
胶带输送机　800mm	组时	0.21	0.21	0.21	0.21	
其他机械费	%	3	3	3	3	
编　　　　　号		60052	60053	60054	60055	60056

（2） 150m³链斗式采砂船

适用范围:采挖水深≤7m。

单位:100m³成品堆方

项　　　　目	单位	运　距　1km				增运1km
		砂	砾　石　率　（%）			
			≤10	10～15	>15	
工　　　长	工时					
高　级　工	工时					
中　级　工	工时	1.0	2.1	2.1	2.1	
初　级　工	工时	2.1	2.1	3.1	3.1	
合　　　计	工时	3.1	4.2	5.2	5.2	
零星材料费	%	2	2	2	2	
采　砂　船　150m³	台时	0.69	0.73	0.92	0.96	
拖　　轮　125kW	台时	1.38	1.43	1.62	1.66	0.34
砂　　驳　60m³	台时	1.38	1.43	1.62	1.66	0.34
输砂趸船　800t/h	台时	0.21	0.21	0.21	0.21	
胶带输送机　800mm	组时	0.21	0.21	0.21	0.21	
其他机械费	%	3	3	3	3	
编　　　　号		60057	60058	60059	60060	60061

(3) 250m³ 链斗式采砂船

适用范围:采挖水深≤12m。

单位:100m³ 成品堆方

项　　　目	单位	运　距　1km				增运 1km
		砂	砾　石　率　(%)			
			≤10	10~15	>15	
工　　长	工时					
高　级　工	工时					
中　级　工	工时	2.1	2.1	3.1	3.1	
初　级　工	工时	3.1	3.1	3.1	4.1	
合　　计	工时	5.2	5.2	6.2	7.2	
零星材料费	%	2	2	2	2	
采砂船　250m³	台时	0.41	0.46	0.52	0.62	
拖　轮　353kW	台时	0.69	0.74	0.79	0.90	0.12
砂　驳　180m³	台时	0.69	0.74	0.79	0.90	0.12
输砂趸船　1500t/h	台时	0.11	0.11	0.11	0.11	
胶带输送机　1200mm	组时	0.11	0.11	0.11	0.11	
其他机械费	%	3	3	3	3	
编　　　号		60062	60063	60064	60065	60066

（4） 750m³链斗式采砂船

适用范围:采挖水深≤20m。

项　　　　目	单位	运　　距　1km				增运1km
		砂	砾　石　率　（%）			
			≤10	10～15	>15	
工　　　　长	工时					
高　级　工	工时					
中　级　工	工时	1.0	1.0	1.0	1.0	
初　级　工	工时	1.0	1.0	1.0	1.0	
合　　　　计	工时	2.0	2.0	2.0	2.0	
零星材料费	%	3	3	3	3	
采　砂　船　750m³	台时	0.13	0.15	0.19	0.23	
拖　　轮　353kW	台时	0.41	0.43	0.45	0.50	0.12
砂　　驳　180m³	台时	0.41	0.43	0.45	0.50	0.12
输砂趸船　1500t/h	台时	0.11	0.11	0.11	0.11	
胶带输送机　1200mm	组时	0.11	0.11	0.11	0.11	
其他机械费	%	3	3	3	3	
编　　　　号		60067	60068	60069	60070	60071

六－10 天然砂砾料筛洗

工作内容:上料、筛洗、成品运输、堆存。

(1) 处理能力 60～110t/h

项 目	单位	筛组×处理能力 (t/h)	
		1×60	1×110
工 长	工时		
高 级 工	工时		
中 级 工	工时	10.3	9.3
初 级 工	工时	15.5	11.3
合 计	工时	25.8	20.6
砂砾料采运	t	110	110
水	m³	120	120
其他材料费	%	1	1
圆振动筛 1200×3600	台时	2.21	
圆振动筛 3-1200×3600	台时	2.21	
圆振动筛 1500×3600	台时		1.22
圆振动筛 3-1500×3600	台时		1.22
砂石洗选机 XL－450	台时	2.21	
砂石洗选机 XL－914	台时		1.22
槽式给料机 1100×2700	台时	2.21	1.22
胶带输送机 B＝500	米时	422	253
胶带输送机 B＝650	米时	317	426
推 土 机 88kW	台时	0.82	0.82
其他机械费	%	5	5
编 号		60072	60073

注:有超径石处理或砾石中间破碎时,砂砾料采运量为113t;有超径石处理同时有砾石中间破碎时,砂砾料采运量为116t。

（2） 处理能力 220～1100t/h

项　　目	单位	筛组×处理能力 （t/h）				
		1×220	2×220	3×220	4×220	5×220
工　　长	工时					
高　级　工	工时					
中　级　工	工时	6.2	3.1	3.1	2.1	2.1
初　级　工	工时	8.2	5.2	4.1	4.1	3.1
合　　计	工时	14.4	8.3	7.2	6.2	5.2
天然砂砾料	t	110	110	110	110	110
水	m³	120	120	120	120	120
其他材料费	%	1	1	1	1	1
圆振动筛　1500×3600	台时	0.61	0.30	0.21		
圆振动筛　1800×3600	台时				0.15	0.24
圆振动筛　1800×4200	台时	1.21	1.21	1.21	1.21	1.21
螺旋分级机　1500	台时	0.61	0.61	0.61	0.61	0.61
直线振动筛　1500×4800	台时	0.61	0.30			
直线振动筛　1800×4800	台时			0.21	0.30	0.24
槽式给料机　1100×2700	台时	0.61	0.61	0.61	0.61	0.61
胶带输送机　B=500	米时	109	52			
胶带输送机　B=650	米时	138	52	53	35	37
胶带输送机　B=800	米时	260	176	149	55	39
胶带输送机　B=1000	米时		35	27	100	92
摇臂堆料机　500m³/h	台时			0.21	0.15	0.24
推　土　机　88kW	台时	0.82	0.82	0.82	0.82	0.82
其他机械费	%	5	5	5	5	5
编　　号		60074	60075	60076	60077	60078

六-11 超径石破碎

适用范围:天然砂砾料筛洗厂超径石处理及砾石破碎。

工作内容:进料、破碎、返回筛分。

(1) 成品粒度 d<150mm

单位:100t成品

项　　目	单位	粗碎机台数×处理能力　(t/h)			
		1×40	1×60	1×80	1×160
工　　长	工时				
高　级　工	工时				
中　级　工	工时	4.1	3.1	2.1	1.0
初　级　工	工时	5.2	3.1	2.1	1.0
合　　计	工时	9.3	6.2	4.2	2.0
旋回破碎机　500/70	台时				0.76
颚式破碎机　600×900	台时			1.52	
颚式破碎机　500×750	台时		2.03		
颚式破碎机　400×600	台时	3.04			
胶带输送机　B=500	米时	122	81	62	
胶带输送机　B=650	米时				61
其他机械费	%	1	1	1	1
编　　　　号		60079	60080	60081	60082

（2） 成品粒度 d＜80mm

项　　　　目	单位	粗碎机台数×处理能力 （t/h）				
		1×20	2×20	1×60	1×80	1×160
工　　　长	工时					
高　级　工	工时					
中　级　工	工时	9.3	4.1	4.1	3.1	1.0
初　级　工	工时	9.3	5.2	5.2	3.1	2.1
合　　　计	工时	18.6	9.3	9.3	6.2	3.1
旋回破碎机　500/70	台时					0.76
颚式破碎机　600×900	台时				1.52	
颚式破碎机　500×750	台时			2.03		
颚式破碎机　400×600	台时	6.08	6.08			1.52
颚式破碎机　250×1000	台时			2.03	1.52	
胶带输送机　B＝500	米时	304	255	223	198	
胶带输送机　B＝650	米时					106
其他机械费	%	1	1	1	1	1
编　　　　　号		60083	60084	60085	60086	60087

（3） 成品粒度 d＜40mm

项　　　　目	单位	粗碎机台数×处理能力 （t/h）				
		1×20	1×40	1×60	1×80	1×160
工　　　长	工时					
高　级　工	工时					
中　级　工	工时	12.4	6.2	4.1	3.1	1.0
初　级　工	工时	14.4	7.2	5.2	3.1	2.1
合　　　计	工时	26.8	13.4	9.3	6.2	3.1
旋回破碎机　500/70	台时					0.76
圆锥破碎机　1750	台时					0.76
颚式破碎机　600×900	台时				1.52	
颚式破碎机　500×750	台时			2.03		
颚式破碎机　400×600	台时	6.08	3.04			
颚式破碎机　250×1000	台时	6.08	6.08	3.85	3.05	
胶带输送机　B＝500	米时	304	256	223	198	
胶带输送机　B＝650	米时					106
其他机械费	%	1	1	1	1	1
编　　　　　号		60088	60089	60090	60091	60092

六－12 碎石原料开采

工作内容:钻孔、爆破、撬移、解小、堆集、清面。

(1) 风钻钻孔一般爆破

单位:100m³ 成品堆方

项　目	单位	岩　石　级　别		
		IX～X	XI～XII	XIII～XIV
工　　长	工时	1.3	1.8	2.4
高　级　工	工时			
中　级　工	工时	13.9	21.1	33.3
初　级　工	工时	52.7	63.8	80.5
合　　计	工时	67.9	86.7	116.2
合　金　钻　头	个	1.37	2.01	2.87
炸　　药	kg	27	32	37
雷　　管	个	23	28	32
导　线　火线	m	66	79	91
电线	m	121	144	167
其他材料费	%	10	10	10
风　钻　手持式	台时	6.23	10.29	17.40
其他机械费	%	10	10	10
编　　　号		60093	60094	60095

(2) 100型潜孔钻钻孔深孔爆破

单位:100m³ 成品堆方

项　　　　目	单位	岩　石　级　别		
		IX～X	XI～XII	XIII～XIV
工　　　长	工时	0.8	1.0	1.1
高　级　工	工时			
中　级　工	工时	6.4	7.6	9.0
初　级　工	工时	20.9	24.5	28.9
合　　　计	工时	28.1	33.1	39.0
合　金　钻　头	个	0.12	0.18	0.25
钻　头　100型	个	0.18	0.25	0.34
冲　击　器	套	0.02	0.02	0.03
炸　　　药	kg	37	41	46
火　雷　管	个	11	12	14
电　雷　管	个	7	8	9
导　火　线	m	22	26	29
导　电　线	m	54	60	67
其他材料费	%	15	15	15
风　钻　手持式	台时	1.60	2.02	2.44
潜　孔　钻　100型	台时	2.15	3.04	4.34
其他机械费	%	10	10	10
编　　　号		60096	60097	60098

（3） 150 型潜孔钻钻孔深孔爆破

单位：100m³ 成品堆方

项　　目	单位	岩　石　级　别		
		IX～X	XI～XII	XIII～XIV
工　　长	工时	0.7	0.9	1.0
高　级　工	工时			
中　级　工	工时	5.9	6.9	8.1
初　级　工	工时	18.7	21.6	25.0
合　　计	工时	25.3	29.4	34.1
合金钻头	个	0.12	0.18	0.25
钻　头　150型	个	0.05	0.08	0.11
冲　击　器	套	0.01	0.01	0.01
炸　　药	kg	40	45	51
火　雷　管	个	11	12	14
电　雷　管	个	4	5	6
导　火　线	m	22	26	29
导　电　线	m	40	44	49
其他材料费	%	15	15	15
风　钻　手持式	台时	1.60	2.02	2.44
潜　孔　钻　150型	台时	1.28	1.82	2.64
其他机械费	%	10	10	10
编　　　号		60099	60100	60101

(4) 液压履带钻钻孔深孔爆破(Φ64～76mm)

项 目	单位	岩 石 级 别		
		IX～X	XI～XII	XIII～XIV
工 长	工时	0.8	0.9	1.0
高 级 工	工时			
中 级 工	工时	6.6	7.8	9.1
初 级 工	工时	18.8	21.3	23.8
合 计	工时	26.2	30.0	33.9
合金钻头	个	0.12	0.18	0.25
钻 头 Φ64～76	个	0.04	0.05	0.05
炸 药	kg	32	36	41
火 雷 管	个	11	12	14
电 雷 管	个	11	12	14
导 火 线	m	22	26	29
导 电 线	m	84	94	106
其他材料费	%	26	26	26
风 钻 手持式	台时	1.60	2.02	2.44
液压履带钻	台时	0.45	0.57	0.70
其他机械费	%	10	10	10
编 号		60102	60103	60104

（5） 液压履带钻钻孔深孔爆破（Φ89～102mm）

单位：100m³ 成品堆方

项　　　目	单位	岩石级别		
		Ⅸ～Ⅹ	Ⅺ～Ⅻ	ⅩⅢ～ⅩⅣ
工　　　长	工时	0.7	0.8	0.9
高　级　工	工时			
中　级　工	工时	6.3	7.4	8.7
初　级　工	工时	18.1	20.4	22.9
合　　　计	工时	25.1	28.6	32.5
合　金　钻头	个	0.12	0.18	0.25
钻　头　Φ89～102	个	0.02	0.03	0.03
炸　　　药	kg	37	41	46
火　雷　管	个	11	12	14
电　雷　管	个	7	8	9
导　火　线	m	22	26	29
导　电　线	m	54	60	67
其他材料费	%	26	26	26
风　钻　手持式	台时	1.60	2.02	2.44
液压履带钻	台时	0.38	0.48	0.62
其他机械费	%	10	10	10
编　　　号		60105	60106	60107

六－13 含泥碎石预洗

适用范围:碎石厂粗碎后预筛同时洗泥。

工作内容:水冲、筛下碎石搓洗、脱水、胶带输出。

单位:100t 成品

项 目	单位	工厂规模(按进料计处理能力) t/h/台					
		30/1	100/1	300/1	500/2	700/3	900/4
工 长	工时						
高 级 工	工时						
中 级 工	工时	5.4	1.6	0.5	0.6	0.5	0.5
初 级 工	工时	5.4	3.2	1.1	0.7	0.5	0.5
合 计	工时	10.8	4.8	1.6	1.3	1.0	1.0
水	m³	150	150	150	150	150	150
其他材料费	%	15	15	15	15	15	15
槽式洗矿机 1070×4600	台时	5.28					
槽式洗矿机 1800×6900	台时		1.59				
槽式洗矿机 2400×8300	台时			0.53	0.64	0.68	0.70
胶带输送机 B=500	米时	268					
胶带输送机 B=650	米时		238	95			
胶带输送机 B=800	米时				64	53	
胶带输送机 B=1000	米时						40
其他机械费	%	5	5	5	5	5	5
编 号		60108	60109	60110	60111	60112	60113

六－14 制碎石

适用范围:混凝土所需碎石加工。

工作内容:上料、粗碎、预筛、中碎、筛洗、成品堆存。

(1) 颚式破碎机

单位:100t 成品

项 目		单位	粗碎机台数×处理能力 (t/h)				
			1×20	2×20	1×60	1×80	2×60
工 长		工时					
高 级 工		工时					
中 级 工		工时	35.0	21.6	17.5	15.5	12.4
初 级 工		工时	44.3	27.8	21.6	19.6	14.4
合 计		工时	79.3	49.4	39.1	35.1	26.8
碎石原料		t	$128 \times (1 + Ni)$				
水		m³	100	100	100	100	100
其他材料费		%	1	1	1	1	1
颚式破碎机	600×900	台时				1.83	
颚式破碎机	500×750	台时			2.43		2.43
颚式破碎机	400×600	台时	7.31	7.31			
颚式破碎机	250×1000	台时	7.31	7.31	4.86	3.66	4.86
槽式给料机	1100×2700	台时	7.31	3.66	2.43	1.83	1.22
圆振动筛	1200×3600	台时	7.31	3.66	2.43	1.83	
圆振动筛	1500×3600	台时					1.22
圆振动筛	3-1200×3600	台时	7.31	3.66	2.43	1.83	
圆振动筛	3-1500×3600	台时					1.22
砂石洗选机	XL-450	台时	7.31	3.66	2.43	1.83	
砂石洗选机	XL-914	台时					1.22
胶带输送机	B=500	米时	527	626	549	486	379
胶带输送机	B=650	米时	692	676	571	527	407
推 土 机	88kW	台时	0.41	0.41	0.41	0.41	0.41
其他机械费		%	2	2	2	2	2
编 号			60114	60115	60116	60117	60118

（2） 旋回破碎机

项　　目	单位	粗碎机台数×处理能力　（t/h）					
		1×160	1×300	1×500	1×700	1×900	1×1200
工　　长	工时						
高 级 工	工时						
中 级 工	工时	10.3	6.2	5.2	4.1	4.1	4.1
初 级 工	工时	12.4	8.2	7.2	6.2	6.2	5.2
合　　计	工时	22.7	14.4	12.4	10.3	10.3	9.3
碎 石 原 料	t	128×(1+Ni)					
水	m³	100	100	100	100	100	100
其他材料费	%	1	1	1	1	1	1
旋回破碎机　1200/170	台时						0.13
旋回破碎机　900/130	台时			0.29	0.21	0.17	
旋回破碎机　700/100	台时		0.48				
旋回破碎机　500/70	台时	0.92					
圆锥破碎机　2200	台时				0.21	0.33	0.25
圆锥破碎机　1750	台时	0.92	0.48	0.29			
重 型 筛　1750×3500	台时	0.92	0.48	0.29	0.41	0.33	0.25
圆振动筛　1800×4800	台时			1.17	1.24	1.32	1.48
圆振动筛　1500×3600	台时	1.83	1.95				
螺旋分级机　1500	台时			0.58	0.62	0.66	0.74
砂石洗选机　XL-914	台时	0.92	0.98				
槽式给料机　1100×2700	台时	0.92	0.98	1.17	1.24	1.32	1.48
胶带输送机　B=500	米时	326	83	32			
胶带输送机　B=650	米时	346	123	47	81	44	
胶带输送机　B=800	米时		254	235	138	105	148
胶带输送机　B=1000	米时			79	117	124	44
胶带输送机　B=1200	米时						69
推 土 机　88kW	台时	0.41	0.41	0.41	0.41	0.41	0.41
其他机械费	%	2	2	2	2	2	2
编　　　　　号		60119	60120	60121	60122	60123	60124

六－15 制 砂

适用范围:制混凝土用砂。

工作内容:上料、粗碎、细碎、筛洗、棒磨制砂、堆存脱水。

(1) 处理能力 22～44t/h

单位:100t 成品

项　　　目	单位	粗碎机台数×处理能力 （t/h）	
		1×22	2×22
工　　长	工时		
高　级　工	工时		
中　级　工	工时	79.3	52.5
初　级　工	工时	79.3	53.6
合　　计	工时	158.6	106.1
碎 石 原 料	t	141×(1+Ni)	
水	m³	200	200
钢　　棒	kg	40k	40k
其他材料费	%	0.5	0.5
颚式破碎机　400×600	台时	7.35	7.35
颚式破碎机　250×1000	台时	7.35	7.35
圆锥破碎机　900	台时	7.35	
圆锥破碎机　1200	台时		3.68
棒 磨 机　1500×3000	台时	7.35	7.35
圆 振 动 筛　1200×3600	台时	7.35	3.68
圆 振 动 筛　3-1200×3600	台时	7.35	3.68
砂石洗选机　XL-450	台时	14.71	11.03
槽式给料机　1100×2700	台时	7.35	3.68
胶带输送机　B=500	米时	1367	586
胶带输送机　B=650	米时	3059	1627
推 土 机　88kW	台时	0.82	0.82
其他机械费	%	2	2
编　　　号		60125	60126

（2） 处理能力 100～200t/h

项　　　目	单位	粗碎机台数×处理能力 （t/h）	
		1×100	2×100
工　　　长	工时		
高　级　工	工时		
中　级　工	工时	28.8	18.5
初　级　工	工时	29.9	18.5
合　　　计	工时	58.7	37.0
碎石原料	t	141×（1＋Ni）	
水	m³	200	200
钢　　　棒	kg	40k	40k
其他材料费	%	0.5	0.5
颚式破碎机　600×900	台时	1.62	1.62
颚式破碎机　250×1000	台时	1.62	1.62
圆锥破碎机　1750	台时	1.62	1.62
棒　磨　机　2100×3600	台时	3.09	3.09
反击式破碎机　1000×1000	台时	1.62	1.62
重　型　筛　1750×3500	台时	1.62	0.80
圆振动筛　1500×3600	台时	1.62	1.62
圆振动筛　1800×4800	台时	1.62	1.62
螺旋分级机　1500	台时	4.85	4.85
直线振动筛　1800×4800	台时	1.62	0.80
槽式给料机　1100×2700	台时	1.62	1.62
胶带输送机　B=500	米时	143	143
胶带输送机　B=650	米时	687	337
胶带输送机　B=800	米时	473	376
推　土　机　88kW	台时	0.82	0.82
其他机械费	%	2	2
编　　　　　号		60127	60128

(3) 处理能力 300～400t/h

项 目	单位	粗碎机台数×处理能力 （t/h）	
		1×300	1×400
工 长	工时		
高 级 工	工时		
中 级 工	工时	14.4	12.4
初 级 工	工时	15.5	13.4
合 计	工时	29.9	25.8
碎石原料	t	141×(1+Ni)	
水	m³	200	200
钢 棒	kg	40k	40k
其他材料费	%	0.5	0.5
旋回破碎机 700/100	台时	0.52	0.40
圆锥破碎机 1750	台时	1.55	0.40
圆锥破碎机 2200	台时		0.80
棒 磨 机 2100×3600	台时	3.09	3.09
反击式破碎机 1200×1000	台时	0.52	0.80
重 型 筛 1750×3500	台时	0.52	0.40
圆振动筛 1500×3600	台时	1.55	1.21
圆振动筛 1800×4800	台时	1.55	1.21
螺旋分级机 1500	台时	4.85	4.85
直线振动筛 1800×4800	台时	1.03	0.80
槽式给料机 1100×2700	台时	1.55	1.21
胶带输送机 B=500	米时	172	143
胶带输送机 B=650	米时	277	247
胶带输送机 B=800	米时	299	260
推 土 机 88kW	台时	0.82	0.82
其他机械费	%	2	2
编 号		60129	60130

（4） d＜40mm砾石制砂

适用范围:利用筛洗后的天然砾石制砂。

工作内容:上料、细碎、棒磨制砂、转运、堆存脱水。

单位:100t成品

项 目	单位	棒磨机台数×处理能力 （t/h）				
		1×20	1×50	2×50	3×50	4×50
工 长	工时					
高 级 工	工时					
中 级 工	工时	47.4	31.9	17.5	14.4	11.3
初 级 工	工时	47.4	31.9	17.5	14.4	11.3
合 计	工时	94.8	63.8	35.0	28.8	22.6
碎 石 原 料	t			128		
水	m³	200	200	200	200	200
钢 棒	kg	40k	40k	40k	40k	40k
其他材料费	%	0.5	0.5	0.5	0.5	0.5
圆锥破碎机 900	台时	7.35				
圆锥破碎机 1200	台时		3.09			
圆锥破碎机 1750	台时			1.55	1.55	1.55
棒 磨 机 1500×3000	台时	7.35				
棒 磨 机 2100×3600	台时		3.09	3.09	3.09	3.09
反击式破碎机 1200×1000	台时			1.55	1.03	0.77
砂石洗选机 XL－914	台时	7.35				
螺旋分级机 1500	台时		3.09	3.09	3.09	3.09
直线振动筛 1800×4800	台时	7.35	3.09	3.09	2.06	1.55
振动给料机 45DA	台时	7.35	3.09	3.09	3.09	3.09
胶带输送机 B＝500	米时	588	278	77	77	77
胶带输送机 B＝650	米时	1691	773	371	242	181
胶带输送机 B＝800	米时			255	216	201
推 土 机 88kW	台时	0.82	0.82	0.82	0.82	0.82
其他机械费	%	2	2	2	2	2
编 号		60131	60132	60133	60134	60135

注:砾石粒度＜20mm时,人工定额乘以0.7系数,并取消圆锥破碎机定额用量。

409

六－16 制碎石和砂

适用范围:制混凝土用碎石和砂。

工作内容:上料、粗碎、中碎、细碎、筛洗、棒磨制砂、成品堆存。

(1) 处理能力 40t/h

项　　目	单位	粗碎机台数×处理能力 （t/h）	
		1×40	
		碎　石	砂
工　　长	工时		
高　级　工	工时		
中　级　工	工时	27.8	21.6
初　级　工	工时	27.8	83.4
合　　计	工时	55.6	105.0
碎石原料	t	111×(1+Ni)	141×(1+Ni)
水	m³	100	200
钢　　棒	kg		40k
其他材料费	%	1	0.5
颚式破碎机　400×600	台时	3.36	3.36
颚式破碎机　250×1000	台时	6.73	6.73
圆锥破碎机　900	台时		6.73
棒　磨　机　1500×3000	台时		6.73
圆振动筛　1200×3600	台时	3.36	3.36
圆振动筛　3-1200×3600	台时	3.36	3.36
砂石洗选机　XL-450	台时		13.45
槽式给料机　1100×2700	台时	3.36	3.36
胶带输送机　B=500	米时	639	1244
胶带输送机　B=650	米时	707	2354
推　土　机　88kW	台时	0.41	0.82
其他机械费	%	5	2
编　　　　号		60136	60137

（2） 处理能力 100t/h

项　　　目	单位	粗碎机台数×处理能力 （t/h）			
		1×100			
		小磨机制砂		大磨机制砂	
		碎石	砂	碎石	砂
工　　　长	工时				
高　级　工	工时				
中　级　工	工时	15.5	25.8	15.5	25.8
初　级　工	工时	16.5	46.4	16.5	46.4
合　　　计	工时	32.0	72.2	32.0	72.2
碎石原料	t	碎石 111×（1+Ni），砂 141×（1+Ni）			
水	m³	100	200	100	200
钢　　　棒	kg		40k		40k
其他材料费	%	1	0.5	1	0.5
颚式破碎机　600×900	台时	1.32	1.32	1.32	1.32
颚式破碎机　250×1000	台时	1.32	1.32	1.32	1.32
圆锥破碎机　1750	台时		3.27		2.66
棒　磨　机　2100×3600	台时				2.66
棒　磨　机　1500×3000	台时		6.53		
圆振动筛　1200×3600	台时	1.32	1.32	1.32	1.32
圆振动筛　3-1500×3600	台时	1.32	1.32	1.32	1.32
砂石洗选机　XL-914	台时		9.80		7.97
槽式给料机　1100×2700	台时	1.32	1.32	1.32	1.32
胶带输送机　B=500	米时	448	770	429	691
胶带输送机　B=650	米时	460	1241	454	1103
推　土　机　88kW	台时	0.41	0.82	0.41	0.82
其他机械费	%	5	2	5	2
编　　　号		60138	60139	60140	60141

(3) 处理能力 200t/h

项　　　目	单位	粗碎机台数×处理能力　（t/h）			
		2×100			
		小磨机制砂		大磨机制砂	
		碎　石	砂	碎　石	砂
工　　　长	工时				
高　级　工	工时				
中　级　工	工时	9.3	20.6	9.3	20.6
初　级　工	工时	11.3	22.7	11.3	22.7
合　　　计	工时	20.6	43.3	20.6	43.3
碎石原料	t	碎石 111×(1+Ni)，砂 141×(1+Ni)			
水	m³	100	200	100	200
钢　　　棒	kg		40k		40k
其他材料费	%	1	0.5	1	0.5
颚式破碎机　600×900	台时	1.32	1.32	1.32	1.32
圆锥破碎机　1750	台时	0.66	2.86	0.66	2.00
棒　磨　机　2100×3600	台时				2.66
棒　磨　机　1500×3000	台时		6.59		
圆振动筛　1200×3600	台时	1.32	1.32	1.32	1.32
圆振动筛　3-1500×3600	台时	1.32	1.32	1.32	1.32
砂石洗选机　XL-914	台时		10.98		7.97
槽式给料机　1100×2700	台时	0.66	0.66	0.66	0.66
胶带输送机　B=500	米时	271	711	258	527
胶带输送机　B=650	米时	278	781	273	585
胶带输送机　B=800	米时		264		425
推　土　机　88kW	台时	0.41	0.82	0.41	0.82
其他机械费	%	5	2	5	2
编　　　号		60142	60143	60144	60145

（4） 处理能力 300～500t/h

单位：100t 成品

项　目	单位	粗碎机台数×处理能力　（t/h）			
		1×300		1×500	
		碎　石	砂	碎　石	砂
工　　　　长	工时				
高　　级　　工	工时				
中　　级　　工	工时	7.2	16.5	6.2	13.4
初　　级　　工	工时	9.3	16.5	7.2	13.4
合　　　　计	工时	16.5	33.0	13.4	26.8
碎石原料	t	碎石 111×（1+Ni），砂 141×（1+Ni）			
水	m³	100	200	100	200
钢　　棒	kg		40k		40k
其他材料费	%	1	0.5	1	0.5
旋回破碎机　900/130	台时			0.26	0.26
旋回破碎机　700/100	台时	0.43	0.43		
圆锥破碎机　2200	台时				0.86
圆锥破碎机　1750	台时	0.43	1.85	0.26	0.26
反击式破碎机　1000×1000	台时				0.86
棒　磨　机　2100×3600	台时		2.86		2.58
重　型　筛　1750×3500	台时	0.43	0.43	0.26	0.26
圆振动筛　1500×4800	台时	1.73	1.73		
圆振动筛　2100×4800	台时			1.03	1.03
螺旋分级机　1500	台时		5.72		4.26
直线振动筛　1500×4800	台时		1.43		0.86
槽式给料机　1100×2700	台时	0.87	0.87	0.77	0.77
胶带运输机　B=500	米时	81	253	31	184
胶带运输机　B=650	米时	120	478	46	260
胶带运输机　B=800	米时	248	436	229	399
胶带运输机　B=1000	米时			77	77
推　土　机　88kW	台时	0.41	0.82	0.41	0.82
其他机械费	%	5	2	5	2
编　　　号		60146	60147	60148	60149

(5) 处理能力 700～900t/h

项　　目	单位	粗碎机台数×处理能力　（t/h）			
		1×700		1×900	
		碎　石	砂	碎　石	砂
工　　长	工时				
高　级　工	工时				
中　级　工	工时	4.1	10.3	3.1	8.2
初　级　工	工时	6.2	10.3	5.2	8.2
合　　计	工时	10.3	20.6	8.3	16.4
碎石原料	t	碎石 111×（1＋Ni），砂 141×（1＋Ni）			
水	m³	100	200	100	200
钢　　棒	kg		40k		40k
其他材料费	%	1	0.5	1	0.5
旋回破碎机　900/130	台时	0.19	0.19	0.15	0.15
圆锥破碎机　2200	台时	0.19	0.79	0.29	0.76
反击式破碎机　1000×1000	台时		1.23		
反击式破碎机　1200×1000	台时				0.96
棒　磨　机　2100×3600	台时		2.44		2.38
重　型　筛　1750×3500	台时	0.37	0.37	0.29	0.29
圆振动筛　2100×4800	台时	1.11	1.11	1.14	1.14
螺旋分级机　1500	台时		4.29		4.29
直线振动筛　1500×4800	台时		1.23		
直线振动筛　1800×4800	台时				0.47
槽式给料机　1100×2700	台时	0.74	0.74	0.58	0.58
胶带运输机　B＝500	米时		123		143
胶带运输机　B＝650	米时	79	263	43	186
胶带运输机　B＝800	米时	134	317	102	270
胶带运输机　B＝1000	米时	115	114	120	121
推　土　机　88kW	台时	0.41	0.82	0.41	0.82
其他机械费	%	5	2	5	2
编　　　　号		60150	60151	60152	60153

（6） 处理能力 1200t/h

项　　　目	单位	粗碎机台数×处理能力　（t/h）	
		1×1200	
		碎　石	砂
工　　　长	工时		
高　级　工	工时		
中　级　工	工时	3.1	7.2
初　级　工	工时	4.1	7.2
合　　　计	工时	7.2	14.4
碎石原料	t	碎石 111×（1＋Ni），砂 141×（1＋Ni）	
水	m³	100	200
钢　　　棒	kg		40k
其他材料费	%	1	0.5
旋回破碎机　1200/170	台时	0.10	0.10
圆锥破碎机　2200	台时	0.21	0.93
反击式破碎机　1200×1000	台时		1.07
棒　磨　机　2100×3600	台时		2.50
重　型　筛　1750×3500	台时	0.21	0.21
圆振动筛　2100×4800	台时	1.03	1.03
螺旋分级机　1500	台时		4.29
直线振动筛　1800×4800	台时		0.71
槽式给料机　1100×2700	台时	0.62	0.62
胶带输送机　B＝500	米时		126
胶带输送机　B＝650	米时		126
胶带输送机　B＝800	米时	145	216
胶带输送机　B＝1000	米时	43	97
胶带输送机　B＝1200	米时	68	67
推　土　机　88kW	台时	0.41	0.82
其他机械费	%	5	2
编　　　号		60154	60155

六－17 拖轮运骨料

工作内容:进料、胶带输送机装砂驳、运输、卸除、空回。

单位:100 m³成品堆方

项 目	单位	运 距 (km)			增运 1km
		3	4	5	
工 长	工时				
高 级 工	工时				
中 级 工	工时				
初 级 工	工时	9.3	11.3	12.4	
合 计	工时	9.3	11.3	12.4	
零星材料费	%	1	1	1	
电磁给料机	台时	0.74	0.74	0.74	
胶带输送机 800～1000mm	组时	0.37	0.37	0.37	
拖 轮 353kW	台时	0.87	1.03	1.19	0.12
砂 驳 180m³	台时	0.87	1.03	1.19	0.12
其他机械费	%	3	3	3	
编 号		60156	60157	60158	60159

六－18 胶带输送机运砂石料

工作内容：漏斗进料、运输、堆存。

单位：100 m³成品堆方

项　　目	单位	砂砾料　碎石原料				骨　　料			
		胶　带　宽　度　（mm）							
		800	1000	1200	1400	800	1000	1200	1400
工　　长	工时								
高　级　工	工时								
中　级　工	工时								
初　级　工	工时	4.1	3.1	2.1	2.1	5.2	3.1	2.1	2.1
合　　计	工时	4.1	3.1	2.1	2.1	5.2	3.1	2.1	2.1
零星材料费	%	15	15	15	15	15	15	15	15
电磁给料机	组时	0.30	0.19	0.13	0.10	0.36	0.22	0.14	0.11
胶带输送机	组时	0.30	0.19	0.13	0.10	0.36	0.22	0.14	0.11
推　土　机　132kW	台时	0.14	0.09	0.06	0.05	0.18	0.11	0.07	0.05
堆　料　机	台时	0.30	0.19	0.13	0.10	0.36	0.22	0.14	0.11
其他机械费	%	3	3	3	3	3	3	3	3
编　　　　号		60160	60161	60162	60163	60164	60165	60166	60167

六－19 胶带输送机装砂石料自卸汽车运输

（1） 装砂砾料

适用范围:水上运输,砂驳经胶带输送机直接给料装车。

工作内容:装料、运输、卸除、空回。

项　　目	单位	运　　距　（km）					增运1km
		1	2	3	4	5	
工　　长	工时						
高　级　工	工时						
中　级　工	工时						
初　级　工	工时	12.2	12.2	12.2	12.2	12.2	
合　　计	工时	12.2	12.2	12.2	12.2	12.2	
零星材料费	%	2	2	2	2	2	
胶带输送机　800mm	组时	0.65	0.65	0.65	0.65	0.65	
自卸汽车　8t	台时	4.86	6.55	8.11	9.57	10.98	1.30
10t	台时	4.23	5.59	6.83	8.00	9.13	1.03
12t	台时	3.66	4.79	5.82	6.80	7.74	0.87
15t	台时	3.08	3.99	4.81	5.59	6.34	0.69
18t	台时	2.80	3.55	4.24	4.89	5.52	0.58
20t	台时	2.61	3.28	3.90	4.48	5.05	0.52
25t	台时	2.24	2.78	3.28	3.74	4.19	0.41
27t	台时	2.13	2.63	3.09	3.52	3.94	0.38
32t	台时	1.92	2.34	2.73	3.10	3.45	0.32
45t	台时	1.63	1.94	2.20	2.47	2.72	0.23
编　　　号		60168	60169	60170	60171	60172	60173

(2) 装骨料

适用范围:廊道斗门喂料,胶带输送机送料装车。

工作内容:装料、运输、卸除、空回。

单位:100 m³ 成品堆方

| 项 目 | 单位 | 运 距 (km) | | | | | 增运 1km |
		1	2	3	4	5	
工 长	工时						
高 级 工	工时						
中 级 工	工时						
初 级 工	工时	8.7	8.7	8.7	8.7	8.7	
合 计	工时	8.7	8.7	8.7	8.7	8.7	
零星材料费	%	2	2	2	2	2	
胶带输送机 800mm	组时	0.46	0.46	0.46	0.46	0.46	
自 卸 汽 车 8t	台时	4.43	6.04	7.51	8.90	10.23	1.23
10t	台时	3.83	5.12	6.29	7.41	8.47	0.98
12t	台时	3.29	4.36	5.34	6.26	7.15	0.81
15t	台时	2.74	3.59	4.38	5.12	5.83	0.66
18t	台时	2.48	3.19	3.84	4.46	5.06	0.55
20t	台时	2.29	2.93	3.51	4.07	4.60	0.49
25t	台时	1.94	2.45	2.93	3.37	3.79	0.39
27t	台时	1.83	2.31	2.75	3.16	3.55	0.36
32t	台时	1.64	2.04	2.41	2.75	3.09	0.31
45t	台时	1.36	1.65	1.92	2.16	2.39	0.22
编 号		60174	60175	60176	60177	60178	60179

419

六－20 人工装砂石料自卸汽车运输

工作内容:装料、运输、卸除、空回。

单位:100 m³成品堆方

项　　目	单位	装 运 卸 1km				增 运 1km			
		砂	砾石	碎石	砂砾石	砂	砾石	碎石	砂砾石
工　　长	工时								
高 级 工	工时								
中 级 工	工时								
初 级 工	工时	122.6	201.9	222.1	170.2				
合　　计	工时	122.6	201.9	222.1	170.2				
零星材料费	%	1	1	1	1				
自卸汽车　5t	台时	12.56	16.92	18.78	19.11	1.78	1.97	2.03	2.07
8t	台时	9.06	12.99	13.91	15.39	1.11	1.23	1.27	1.30
编　　　　号		60180	60181	60182	60183	60184	60185	60186	60187

六－21 1m³挖掘机装砂石料自卸汽车运输

工作内容:挖装、运输、卸除、空回。

(1) 运骨料

单位:100 m³成品堆方

项　　目	单位	运　　　距　　（km）					增运 1km
		1	2	3	4	5	
工　　长	工时						
高 级 工	工时						
中 级 工	工时						
初 级 工	工时	4.8	4.8	4.8	4.8	4.8	
合　　计	工时	4.8	4.8	4.8	4.8	4.8	
零星材料费	%	1	1	1	1	1	
挖 掘 机　1m³	台时	0.72	0.72	0.72	0.72	0.72	
推 土 机　74kW	台时	0.36	0.36	0.36	0.36	0.36	
自卸汽车　5t	台时	8.72	11.34	13.72	16.06	18.30	2.06
8t	台时	5.58	7.26	8.78	10.27	11.71	1.24
10t	台时	5.19	6.63	7.95	9.21	10.40	1.10
编　　　　号		60188	60189	60190	60191	60192	60193

(2) 运砂砾料

项　　目		单位	运　　距　（km）					增运 1km
			1	2	3	4	5	
工　　长		工时						
高 级 工		工时						
中 级 工		工时						
初 级 工		工时	6.0	6.0	6.0	6.0	6.0	
合　　计		工时	6.0	6.0	6.0	6.0	6.0	
零星材料费		%	1	1	1	1	1	
挖 掘 机	1m³	台时	0.90	0.90	0.90	0.90	0.90	
推 土 机	74kW	台时	0.45	0.45	0.45	0.45	0.45	
自卸汽车	5t	台时	8.83	11.56	14.07	16.45	18.72	2.09
	8t	台时	5.84	7.54	9.12	10.60	12.02	1.31
	10t	台时	5.44	6.88	8.21	9.47	10.67	1.10
编　　　　号			60194	60195	60196	60197	60198	60199

(3) 运碎石原料

项　　目		单位	运　　距　（km）					增运 1km
			1	2	3	4	5	
工　　长		工时						
高 级 工		工时						
中 级 工		工时						
初 级 工		工时	10.1	10.1	10.1	10.1	10.1	
合　　计		工时	10.1	10.1	10.1	10.1	10.1	
零星材料费		%	2	2	2	2	2	
挖 掘 机	1m³	台时	1.51	1.51	1.51	1.51	1.51	
推 土 机	88kW	台时	0.76	0.76	0.76	0.76	0.76	
自卸汽车	5t	台时	10.72	13.80	16.64	19.31	21.88	2.36
	8t	台时	7.28	9.20	10.97	12.63	14.22	1.47
编　　　　号			60200	60201	60202	60203	60204	60205

六－22 2m³挖掘机装砂石料自卸汽车运输

工作内容:挖装、运输、卸除、空回。

（1）运骨料

单位:100 m³成品堆方

项　　目	单位	运　　距（km）					增运 1km
		1	2	3	4	5	
工　　长	工时						
高　级　工	工时						
中　级　工	工时						
初　级　工	工时	3.0	3.0	3.0	3.0	3.0	
合　　计	工时	3.0	3.0	3.0	3.0	3.0	
零星材料费	%	1	1	1	1	1	
挖　掘　机　2m³	台时	0.45	0.45	0.45	0.45	0.45	
推　土　机　74kW	台时	0.23	0.23	0.23	0.23	0.23	
自卸汽车　10t	台时	4.92	6.37	7.68	8.94	10.14	1.10
12t	台时	4.22	5.43	6.53	7.57	8.57	0.92
15t	台时	3.48	4.44	5.33	6.16	6.95	0.73
18t	台时	3.10	3.90	4.64	5.33	5.99	0.62
20t	台时	2.86	3.58	4.24	4.87	5.47	0.56
编　　　　号		60206	60207	60208	60209	60210	60211

（2） 运砂砾料

单位:100 m³ 成品堆方

项　　　　目		单位	运　　距　（km）					增运 1km
			1	2	3	4	5	
工　　　　长		工时						
高　级　工		工时						
中　级　工		工时						
初　级　工		工时	3.8	3.8	3.8	3.8	3.8	
合　　　计		工时	3.8	3.8	3.8	3.8	3.8	
零星材料费		%	1	1	1	1	1	
挖　掘　机	2m³	台时	0.58	0.58	0.58	0.58	0.58	
推　土　机	74kW	台时	0.29	0.29	0.29	0.29	0.29	
自 卸 汽 车	8t	台时	5.49	7.20	8.78	10.26	11.68	1.31
	10t	台时	5.01	6.46	7.79	9.04	10.24	1.10
	12t	台时	4.53	5.80	6.96	8.06	9.12	0.97
	15t	台时	3.75	4.76	5.70	6.56	7.41	0.77
	18t	台时	3.43	4.27	5.06	5.79	6.49	0.65
	20t	台时	3.17	3.94	4.67	5.34	5.99	0.58
编　　　　　号			60212	60213	60214	60215	60216	60217

（3） 运碎石原料

单位:100 m³ 成品堆方

项　　　　目		单位	运　　距　（km）					增运 1km
			1	2	3	4	5	
工　　　　长		工时						
高　级　工		工时						
中　级　工		工时						
初　级　工		工时	5.5	5.5	5.5	5.5	5.5	
合　　　计		工时	5.5	5.5	5.5	5.5	5.5	
零星材料费		%	2	2	2	2	2	
挖　掘　机	2m³	台时	0.81	0.81	0.81	0.81	0.81	
推　土　机	88kW	台时	0.41	0.41	0.41	0.41	0.41	
自 卸 汽 车	8t	台时	6.46	8.37	10.14	11.80	13.40	1.47
	10t	台时	5.81	7.34	8.76	10.09	11.36	1.17
	12t	台时	5.06	6.34	7.52	8.63	9.69	0.99
	15t	台时	4.22	5.25	6.19	7.08	7.93	0.78
编　　　　　号			60218	60219	60220	60221	60222	60223

六－23　3m³挖掘机装砂石料自卸汽车运输

工作内容:挖装、运输、卸除、空回。

(1)　运骨料

单位:100 m³成品堆方

项　　目	单位	运　　距　(km)					增运 1km
		1	2	3	4	5	
工　　长	工时						
高 级 工	工时						
中 级 工	工时						
初 级 工	工时	2.4	2.4	2.4	2.4	2.4	
合　　计	工时	2.4	2.4	2.4	2.4	2.4	
零星材料费	%	1	1	1	1	1	
挖 掘 机　3m³	台时	0.35	0.35	0.35	0.35	0.35	
推 土 机　88kW	台时	0.18	0.18	0.18	0.18	0.18	
自卸汽车　15t	台时	3.33	4.28	5.17	6.00	6.80	0.73
18t	台时	3.06	3.86	4.60	5.29	5.96	0.62
20t	台时	2.76	3.48	4.14	4.77	5.37	0.56
25t	台时	2.28	2.85	3.38	3.88	4.36	0.44
27t	台时	2.11	2.64	3.13	3.59	4.04	0.41
32t	台时	1.83	2.28	2.70	3.09	3.46	0.34
编　　　　号		60224	60225	60226	60227	60228	60229

（2） 运砂砾料

单位：100 m³ 成品堆方

项　　目	单位	运　　距（km）					增运 1km
		1	2	3	4	5	
工　　　长	工时						
高　级　工	工时						
中　级　工	工时						
初　级　工	工时	2.8	2.8	2.8	2.8	2.8	
合　　　计	工时	2.8	2.8	2.8	2.8	2.8	
零星材料费	%	1	1	1	1	1	
挖掘机　3m³	台时	0.41	0.41	0.41	0.41	0.41	
推土机　88kW	台时	0.21	0.21	0.21	0.21	0.21	
自卸汽车　12t	台时	4.42	5.69	6.85	7.95	9.00	0.97
15t	台时	3.54	4.55	5.48	6.36	7.20	0.77
18t	台时	3.27	4.11	4.88	5.62	6.32	0.65
20t	台时	3.02	3.79	4.51	5.18	5.83	0.58
25t	台时	2.53	3.16	3.75	4.30	4.82	0.46
27t	台时	2.38	2.99	3.53	4.04	4.53	0.42
32t	台时	2.06	2.53	2.99	3.40	3.80	0.36
编　　　　号		60230	60231	60232	60233	60234	60235

（3） 运碎石原料

单位：100 m³ 成品堆方

项　　目	单位	运　　距（km）					增运 1km
		1	2	3	4	5	
工　　　长	工时						
高　级　工	工时						
中　级　工	工时						
初　级　工	工时	3.9	3.9	3.9	3.9	3.9	
合　　　计	工时	3.9	3.9	3.9	3.9	3.9	
零星材料费	%	2	2	2	2	2	
挖掘机　3m³	台时	0.59	0.59	0.59	0.59	0.59	
推土机　103kW	台时	0.30	0.30	0.30	0.30	0.30	
自卸汽车　12t	台时	4.68	5.95	7.13	8.24	9.31	0.99
15t	台时	3.92	4.95	5.89	6.78	7.63	0.78
18t	台时	3.64	4.49	5.27	6.02	6.73	0.66
20t	台时	3.28	4.04	4.75	5.41	6.06	0.59
25t	台时	2.73	3.35	3.91	4.45	4.95	0.47
编　　　　号		60236	60237	60238	60239	60240	60241

六－24 4m³挖掘机装砂石料自卸汽车运输

工作内容:挖装、运输、卸除、空回。

(1) 运骨料

项　　目	单位	运　　距 (km)					增运 1km
		1	2	3	4	5	
工　　长	工时						
高　级　工	工时						
中　级　工	工时						
初　级　工	工时	1.8	1.8	1.8	1.8	1.8	
合　　计	工时	1.8	1.8	1.8	1.8	1.8	
零星材料费	%	1	1	1	1	1	
挖　掘　机　4m³	台时	0.27	0.27	0.27	0.27	0.27	
推　土　机　88kW	台时	0.14	0.14	0.14	0.14	0.14	
自卸汽车　18t	台时	2.98	3.78	4.52	5.21	5.88	0.62
20t	台时	2.69	3.41	4.07	4.70	5.29	0.56
25t	台时	2.21	2.79	3.33	3.82	4.31	0.44
27t	台时	2.05	2.59	3.08	3.54	3.99	0.41
32t	台时	1.79	2.24	2.66	3.05	3.42	0.34
45t	台时	1.43	1.75	2.05	2.33	2.59	0.25
编　　　　号		60242	60243	60244	60245	60246	60247

（2） 运砂砾料

| 项 目 | 单位 | 运 距 （km） | | | | | 增运 1km |
		1	2	3	4	5	
工 长	工时						
高 级 工	工时						
中 级 工	工时						
初 级 工	工时	2.2	2.2	2.2	2.2	2.2	
合 计	工时	2.2	2.2	2.2	2.2	2.2	
零星材料费	%	1	1	1	1	1	
挖 掘 机 4m³	台时	0.32	0.32	0.32	0.32	0.32	
推 土 机 88kW	台时	0.16	0.16	0.16	0.16	0.16	
自卸汽车 18t	台时	3.17	4.02	4.79	5.52	6.22	0.65
20t	台时	2.93	3.70	4.42	5.09	5.75	0.58
25t	台时	2.46	3.10	3.68	4.23	4.75	0.46
27t	台时	2.32	2.91	3.46	3.98	4.47	0.42
32t	台时	1.94	2.42	2.86	3.29	3.69	0.36
45t	台时	1.53	1.86	2.18	2.47	2.76	0.26
编 号		60248	60249	60250	60251	60252	60253

（3） 运碎石原料

项　　目	单位	运　　距　（km）					增运1km
		1	2	3	4	5	
工　　　长	工时						
高　级　工	工时						
中　级　工	工时						
初　级　工	工时	3.0	3.0	3.0	3.0	3.0	
合　　　计	工时	3.0	3.0	3.0	3.0	3.0	
零星材料费	%	2	2	2	2	2	
挖　掘　机　4m³	台时	0.45	0.45	0.45	0.45	0.45	
推　土　机　132kW	台时	0.23	0.23	0.23	0.23	0.23	
自　卸　汽　车　15t	台时	3.76	4.79	5.73	6.61	7.47	0.78
18t	台时	3.34	4.19	4.99	5.72	6.43	0.66
20t	台时	3.15	3.92	4.62	5.29	5.93	0.59
25t	台时	2.64	3.25	3.82	4.36	4.86	0.47
27t	台时	2.44	3.02	3.53	4.03	4.50	0.43
32t	台时	2.15	2.63	3.07	3.49	3.89	0.37
编　　　　　号		60254	60255	60256	60257	60258	60259

六－25 6m³挖掘机装砂石料自卸汽车运输

工作内容:挖装、运输、卸除、空回。

（1） 运骨料

单位:100 m³成品堆方

项 目		单位	运 距 （km）					增运 1km
			1	2	3	4	5	
工 长		工时						
高 级 工		工时						
中 级 工		工时						
初 级 工		工时	1.3	1.3	1.3	1.3	1.3	
合 计		工时	1.3	1.3	1.3	1.3	1.3	
零星材料费		%	1	1	1	1	1	
挖 掘 机	6m³	台时	0.21	0.21	0.21	0.21	0.21	
推 土 机	88kW	台时	0.11	0.11	0.11	0.11	0.11	
自 卸 汽 车	32t	台时	1.77	2.22	2.64	3.03	3.40	0.34
	45t	台时	1.38	1.71	2.00	2.28	2.54	0.25
	65t	台时	1.06	1.29	1.50	1.70	1.90	0.18
编 号			60260	60261	60262	60263	60264	60265

（2） 运砂砾料

单位:100 m³成品堆方

项 目		单位	运 距 （km）					增运 1km
			1	2	3	4	5	
工 长		工时						
高 级 工		工时						
中 级 工		工时						
初 级 工		工时	1.7	1.7	1.7	1.7	1.7	
合 计		工时	1.7	1.7	1.7	1.7	1.7	
零星材料费		%	1	1	1	1	1	
挖 掘 机	6m³	台时	0.25	0.25	0.25	0.25	0.25	
推 土 机	103kW	台时	0.13	0.13	0.13	0.13	0.13	
自 卸 汽 车	25t	台时	2.42	3.05	3.63	4.17	4.71	0.46
	27t	台时	2.28	2.87	3.42	3.93	4.43	0.42
	32t	台时	1.92	2.40	2.84	3.27	3.67	0.36
	45t	台时	1.47	1.81	2.13	2.42	2.70	0.26
	65t	台时	1.25	1.51	1.76	2.00	2.21	0.19
	77t	台时	1.09	1.31	1.51	1.72	1.91	0.16
编 号			60266	60267	60268	60269	60270	60271

(3) 运碎石原料

单位:100 m³成品堆方

项　　目		单位	运　　距　（km）					增运 1km
			1	2	3	4	5	
工　　　　长		工时						
高　级　工		工时						
中　级　工		工时						
初　级　工		工时	2.4	2.4	2.4	2.4	2.4	
合　　　　计		工时	2.4	2.4	2.4	2.4	2.4	
零星材料费		%	2	2	2	2	2	
挖　掘　机	6m³	台时	0.35	0.35	0.35	0.35	0.35	
推　土　机	132kW	台时	0.18	0.18	0.18	0.18	0.18	
自　卸　汽车	20t	台时	3.08	3.85	4.55	5.22	5.86	0.59
	25t	台时	2.60	3.21	3.78	4.32	4.82	0.47
	27t	台时	2.41	2.98	3.50	4.00	4.47	0.43
	32t	台时	2.13	2.62	3.06	3.47	3.87	0.37
	45t	台时	1.68	2.02	2.34	2.63	2.91	0.26
编　　　　　　号			60272	60273	60274	60275	60276	60277

六－26　1m³ 装载机装砂石料自卸汽车运输

工作内容:挖装、运输、卸除、空回。

(1) 运骨料

单位:100 m³成品堆方

项　　目		单位	运　　距　（km）					增运 1km
			1	2	3	4	5	
工　　　　长		工时						
高　级　工		工时						
中　级　工		工时						
初　级　工		工时	6.7	6.7	6.7	6.7	6.7	
合　　　　计		工时	6.7	6.7	6.7	6.7	6.7	
零星材料费		%	1	1	1	1	1	
装　载　机	1m³	台时	1.27	1.27	1.27	1.27	1.27	
推　土　机	74kW	台时	0.64	0.64	0.64	0.64	0.64	
自　卸　汽车	5t	台时	8.91	11.67	14.24	16.67	18.99	2.06
	8t	台时	5.99	7.80	9.42	10.94	12.36	1.24
	10t	台时	5.73	7.17	8.49	9.74	10.94	1.10
编　　　　　　号			60278	60279	60280	60281	60282	60283

(2) 运砂砾料

单位:100 m³ 成品堆方

| 项　　　　目 | 单位 | 运　　距　（km） | | | | | 增运 1km |
		1	2	3	4	5	
工　　　　长	工时						
高　级　工	工时						
中　级　工	工时						
初　级　工	工时	7.9	7.9	7.9	7.9	7.9	
合　　　计	工时	7.9	7.9	7.9	7.9	7.9	
零星材料费	%	1	1	1	1	1	
装　载　机　1m³	台时	1.49	1.49	1.49	1.49	1.49	
推　土　机　74kW	台时	0.75	0.75	0.75	0.75	0.75	
自卸汽车　5t	台时	9.51	12.25	14.76	17.13	19.41	2.09
8t	台时	6.48	8.18	9.75	11.24	12.66	1.31
10t	台时	6.07	7.51	8.84	10.09	11.30	1.10
编　　　　　号		60284	60285	60286	60287	60288	60289

(3) 运碎石原料

单位:100 m³ 成品堆方

| 项　　　　目 | 单位 | 运　　距　（km） | | | | | 增运 1km |
		1	2	3	4	5	
工　　　　长	工时						
高　级　工	工时						
中　级　工	工时						
初　级　工	工时	10.6	10.6	10.6	10.6	10.6	
合　　　计	工时	10.6	10.6	10.6	10.6	10 6	
零星材料费	%	2	2	2	2	2	
装　载　机　1m³	台时	2.00	2.00	2.00	2.00	2.00	
推　土　机　88kW	台时	1.00	1.00	1.00	1.00	1.00	
自卸汽车　5t	台时	11.34	14.42	17.26	19.93	22.48	2.36
8t	台时	7.85	9.77	11.55	13.20	14.80	1.47
编　　　　　号		60290	60291	60292	60293	60294	60295

六－27 1.5m³ 装载机装砂石料自卸汽车运输

工作内容:挖装、运输、卸除、空回。

(1) 运骨料

单位:100 m³成品堆方

项　　　目	单位	运　　距　（km）					增运1km
		1	2	3	4	5	
工　　　长	工时						
高　级　工	工时						
中　级　工	工时						
初　级　工	工时	4.8	4.8	4.8	4.8	4.8	
合　　　计	工时	4.8	4.8	4.8	4.8	4.8	
零星材料费	%	1	1	1	1	1	
装　载　机　1.5m³	台时	0.91	0.91	0.91	0.91	0.91	
推　土　机　74kW	台时	0.46	0.46	0.46	0.46	0.46	
自卸汽车　8t	台时	5.64	7.40	9.02	10.56	12.03	1.24
10t	台时	5.37	6.81	8.14	9.38	10.58	1.10
12t	台时	4.66	5.86	6.96	8.00	9.00	0.92
15t	台时	3.87	4.84	5.72	6.55	7.35	0.73
编　　　号		60296	60297	60298	60299	60300	60301

(2) 运砂砾料

单位:100 m³成品堆方

项　　　目	单位	运　　距　（km）					增运1km
		1	2	3	4	5	
工　　　长	工时						
高　级　工	工时						
中　级　工	工时						
初　级　工	工时	5.7	5.7	5.7	5.7	5.7	
合　　　计	工时	5.7	5.7	5.7	5.7	5.7	
零星材料费	%	1	1	1	1	1	
装　载　机　1.5m³	台时	1.06	1.06	1.06	1.06	1.06	
推　土　机　74kW	台时	0.53	0.53	0.53	0.53	0.53	
自卸汽车　8t	台时	6.00	7.73	9.30	10.77	12.20	1.31
10t	台时	5.45	6.90	8.23	9.49	10.69	1.10
12t	台时	4.97	6.24	7.41	8.51	9.56	0.97
15t	台时	4.15	5.16	6.09	6.97	7.82	0.77
编　　　号		60302	60303	60304	60305	60306	60307

(3) 运碎石原料

项 目	单位	运 距 （km）					增运 1km
		1	2	3	4	5	
工 长	工时						
高 级 工	工时						
中 级 工	工时						
初 级 工	工时	7.5	7.5	7.5	7.5	7.5	
合 计	工时	7.5	7.5	7.5	7.5	7.5	
零星材料费	%	2	2	2	2	2	
装 载 机 1.5m³	台时	1.41	1.41	1.41	1.41	1.41	
推 土 机 88kW	台时	0.71	0.71	0.71	0.71	0.71	
自 卸 汽 车 8t	台时	7.16	9.07	10.85	12.50	14.10	1.47
10t	台时	6.45	7.98	9.40	10.73	12.01	1.17
12t	台时	5.65	6.93	8.12	9.23	10.29	0.99
编 号		60308	60309	60310	60311	60312	60313

六－28 2m³ 装载机装砂石料自卸汽车运输

工作内容:挖装、运输、卸除、空回。

(1) 运骨料

项 目	单位	运 距 （km）					增运 1km
		1	2	3	4	5	
工 长	工时						
高 级 工	工时						
中 级 工	工时						
初 级 工	工时	3.8	3.8	3.8	3.8	3.8	
合 计	工时	3.8	3.8	3.8	3.8	3.8	
零星材料费	%	1	1	1	1	1	
装 载 机 2m³	台时	0.72	0.72	0.72	0.72	0.72	
推 土 机 74kW	台时	0.36	0.36	0.36	0.36	0.36	
自 卸 汽 车 10t	台时	5.19	6.63	7.95	9.21	10.40	1.10
12t	台时	4.52	5.73	6.83	7.87	8.87	0.92
15t	台时	3.78	4.74	5.62	6.46	7.25	0.73
18t	台时	3.48	4.27	5.02	5.71	6.38	0.62
20t	台时	3.13	3.85	4.51	5.14	5.74	0.56
编 号		60314	60315	60316	60317	60318	60319

（2）运砂砾料

项 目		单位	运 距 （km）					增运 1km
			1	2	3	4	5	
工 长		工时						
高 级 工		工时						
中 级 工		工时						
初 级 工		工时	4.5	4.5	4.5	4.5	4.5	
合 计		工时	4.5	4.5	4.5	4.5	4.5	
零星材料费		%	1	1	1	1	1	
装 载 机	2m³	台时	0.84	0.84	0.84	0.84	0.84	
推 土 机	74kW	台时	0.42	0.42	0.42	0.42	0.42	
自卸汽车	8t	台时	5.79	7.49	9.06	10.55	11.97	1.31
	10t	台时	5.25	6.71	8.03	9.29	10.49	1.10
	12t	台时	4.82	6.09	7.25	8.35	9.40	0.97
	15t	台时	4.04	5.05	5.98	6.85	7.69	0.77
	18t	台时	3.72	4.56	5.35	6.07	6.77	0.65
	20t	台时	3.43	4.21	4.93	5.60	6.25	0.58
编 号			60320	60321	60322	60323	60324	60325

（3）运碎石原料

项 目		单位	运 距 （km）					增运 1km
			1	2	3	4	5	
工 长		工时						
高 级 工		工时						
中 级 工		工时						
初 级 工		工时	6.0	6.0	6.0	6.0	6.0	
合 计		工时	6.0	6.0	6.0	6.0	6.0	
零星材料费		%	2	2	2	2	2	
装 载 机	2m³	台时	1.12	1.12	1.12	1.12	1.12	
推 土 机	88kW	台时	0.56	0.56	0.56	0.56	0.56	
自卸汽车	8t	台时	6.81	8.73	10.50	12.15	13.75	1.47
	10t	台时	6.19	7.73	9.14	10.48	11.75	1.17
	12t	台时	5.46	6.74	7.91	9.02	10.09	0.99
	15t	台时	4.60	5.63	6.57	7.47	8.31	0.78
编 号			60326	60327	60328	60329	60330	60331

六－29 3m³装载机装砂石料自卸汽车运输

工作内容:挖装、运输、卸除、空回。

(1) 运骨料

单位:100 m³成品堆方

项　　　目	单位	运　　距 (km)					增运 1km
		1	2	3	4	5	
工　　　长	工时						
高　级　工	工时						
中　级　工	工时						
初　级　工	工时	2.7	2.7	2.7	2.7	2.7	
合　　　计	工时	2.7	2.7	2.7	2.7	2.7	
零星材料费	%	1	1	1	1	1	
装　载　机　3m³	台时	0.50	0.50	0.50	0.50	0.50	
推　土　机　88kW	台时	0.25	0.25	0.25	0.25	0.25	
自卸汽车　15t	台时	3.47	4.44	5.31	6.15	6.95	0.73
18t	台时	3.23	4.03	4.77	5.46	6.13	0.62
20t	台时	2.90	3.63	4.30	4.91	5.51	0.56
25t	台时	2.42	3.00	3.53	4.03	4.51	0.44
27t	台时	2.34	2.87	3.36	3.82	4.26	0.41
32t	台时	2.05	2.50	2.91	3.31	3.68	0.34
编　　　　　号		60332	60333	60334	60335	60336	60337

（2）运砂砾料

项 目	单位	运 距 （km）					增运 1km
		1	2	3	4	5	
工 长	工时						
高 级 工	工时						
中 级 工	工时						
初 级 工	工时	3.1	3.1	3.1	3.1	3.1	
合 计	工时	3.1	3.1	3.1	3.1	3.1	
零星材料费	%	1	1	1	1	1	
装 载 机 3m³	台时	0.59	0.59	0.59	0.59	0.59	
推 土 机 88kW	台时	0.30	0.30	0.30	0.30	0.30	
自 卸 汽 车 12t	台时	4.61	5.88	7.06	8.15	9.20	0.97
15t	台时	3.69	4.71	5.64	6.52	7.35	0.77
18t	台时	3.44	4.28	5.07	5.79	6.49	0.65
20t	台时	3.18	3.96	4.67	5.35	5.99	0.58
25t	台时	2.70	3.34	3.90	4.46	4.99	0.46
27t	台时	2.53	3.13	3.69	4.19	4.70	0.42
32t	台时	2.22	2.71	3.15	3.57	3.97	0.36
编 号		60338	60339	60340	60341	60342	60343

（3） 运碎石原料

单位：100 m³成品堆方

项 目	单位	运 距 （km）					增运 1km
		1	2	3	4	5	
工 长	工时						
高 级 工	工时						
中 级 工	工时						
初 级 工	工时	4.0	4.0	4.0	4.0	4.0	
合 计	工时	4.0	4.0	4.0	4.0	4.0	
零星材料费	%	2	2	2	2	2	
装 载 机 3m³	台时	0.76	0.76	0.76	0.76	0.76	
推 土 机 103kW	台时	0.38	0.38	0.38	0.38	0.38	
自 卸 汽 车 12t	台时	4.89	6.17	7.34	8.46	9.52	0.99
15t	台时	4.16	5.18	6.13	7.01	7.87	0.78
18t	台时	3.87	4.73	5.51	6.25	6.96	0.66
20t	台时	3.49	4.25	4.96	5.63	6.26	0.59
25t	台时	2.94	3.55	4.12	4.66	5.16	0.47
编 号		60344	60345	60346	60347	60348	60349

六－30 5m³ 装载机装砂石料自卸汽车运输

工作内容：挖装、运输、卸除、空回。

（1） 运骨料

单位：100 m³成品堆方

项 目	单位	运 距 （km）					增运1km
		1	2	3	4	5	
工 长	工时						
高 级 工	工时						
中 级 工	工时						
初 级 工	工时	1.7	1.7	1.7	1.7	1.7	
合 计	工时	1.7	1.7	1.7	1.7	1.7	
零星材料费	%	1	1	1	1	1	
装 载 机 5m³	台时	0.32	0.32	0.32	0.32	0.32	
推 土 机 88kW	台时	0.16	0.16	0.16	0.16	0.16	
自 卸 汽 车 25t	台时	2.25	2.82	3.35	3.85	4.33	0.44
27t	台时	2.17	2.71	3.20	3.67	4.11	0.41
32t	台时	1.83	2.29	2.70	3.09	3.46	0.34
45t	台时	1.50	1.82	2.11	2.39	2.66	0.25
编 号		60350	60351	60352	60353	60354	60355

（2） 运砂砾料

单位:100 m³成品堆方

项　　　目	单位	运　　　距　（km）					增运1km
		1	2	3	4	5	
工　　　　长	工时						
高　级　工	工时						
中　级　工	工时						
初　级　工	工时	2.0	2.0	2.0	2.0	2.0	
合　　　计	工时	2.0	2.0	2.0	2.0	2.0	
零星材料费	%	1	1	1	1	1	
装　载　机　5m³	台时	0.37	0.37	0.37	0.37	0.37	
推　土　机　103kW	台时	0.19	0.19	0.19	0.19	0.19	
自卸汽车　25t	台时	2.49	3.12	3.70	4.24	4.78	0.46
27t	台时	2.35	2.94	3.48	4.00	4.50	0.42
32t	台时	1.99	2.47	2.91	3.34	3.73	0.36
45t	台时	1.60	1.94	2.26	2.54	2.82	0.26
编　　　　　　　号		60356	60357	60358	60359	60360	60361

（3） 运碎石原料

单位:100 m³成品堆方

项　　　目	单位	运　　　距　（km）					增运1km
		1	2	3	4	5	
工　　　　长	工时						
高　级　工	工时						
中　级　工	工时						
初　级　工	工时	2.7	2.7	2.7	2.7	2.7	
合　　　计	工时	2.7	2.7	2.7	2.7	2.7	
零星材料费	%	2	2	2	2	2	
装　载　机　5m³	台时	0.50	0.50	0.50	0.50	0.50	
推　土　机　132kW	台时	0.25	0.25	0.25	0.25	0.25	
自卸汽车　18t	台时	3.51	4.37	5.16	5.89	6.60	0.66
20t	台时	3.16	3.93	4.64	5.30	5.94	0.59
25t	台时	2.69	3.31	3.87	4.41	4.91	0.47
27t	台时	2.49	3.06	3.58	4.08	4.55	0.43
32t	台时	2.22	2.71	3.15	3.56	3.97	0.37
编　　　　　　　号		60362	60363	60364	60365	60366	60367

六－31 7m³装载机装砂石料自卸汽车运输

工作内容:挖装、运输、卸除、空回。

(1) 运骨料

项　　　目	单位	运　　距（km）					增运1km
		1	2	3	4	5	
工　　长	工时						
高　级　工	工时						
中　级　工	工时						
初　级　工	工时	1.3	1.3	1.3	1.3	1.3	
合　　计	工时	1.3	1.3	1.3	1.3	1.3	
零星材料费	%	1	1	1	1	1	
装　载　机　7m³	台时	0.24	0.24	0.24	0.24	0.24	
推　土　机　88kW	台时	0.12	0.12	0.12	0.12	0.12	
自卸汽车　32t	台时	1.77	2.21	2.64	3.03	3.40	0.34
45t	台时	1.40	1.72	2.01	2.29	2.55	0.25
65t	台时	1.09	1.32	1.53	1.73	1.93	0.18
77t	台时	0.96	1.15	1.33	1.50	1.66	0.14
编　　　　号		60368	60369	60370	60371	60372	60373

（2） 运砂砾料

项　　目		单位	运　　距（km）					增运1km
			1	2	3	4	5	
工　　长		工时						
高　级　工		工时						
中　级　工		工时						
初　级　工		工时	1.5	1.5	1.5	1.5	1.5	
合　　计		工时	1.5	1.5	1.5	1.5	1.5	
零星材料费		%	1	1	1	1	1	
装　载　机	7m³	台时	0.28	0.28	0.28	0.28	0.28	
推　土　机	103kW	台时	0.14	0.14	0.14	0.14	0.14	
自　卸　汽　车	32t	台时	1.92	2.39	2.84	3.25	3.66	0.36
	45t	台时	1.49	1.82	2.14	2.42	2.71	0.26
	65t	台时	1.23	1.49	1.74	1.98	2.19	0.19
	77t	台时	1.09	1.31	1.51	1.71	1.90	0.16
编　　　　号			60374	60375	60376	60377	60378	60379

（3） 运碎石原料

项　　目		单位	运　　距（km）					增运1km
			1	2	3	4	5	
工　　长		工时						
高　级　工		工时						
中　级　工		工时						
初　级　工		工时	2.0	2.0	2.0	2.0	2.0	
合　　计		工时	2.0	2.0	2.0	2.0	2.0	
零星材料费		%	2	2	2	2	2	
装　载　机	7m³	台时	0.36	0.36	0.36	0.36	0.36	
推　土　机	132kW	台时	0.18	0.18	0.18	0.18	0.18	
自　卸　汽　车	25t	台时	2.54	3.16	3.73	4.25	4.77	0.47
	27t	台时	2.36	2.93	3.45	3.94	4.42	0.43
	32t	台时	2.11	2.60	3.03	3.45	3.85	0.37
	45t	台时	1.68	2.02	2.34	2.63	2.91	0.26
编　　　　号			60380	60381	60382	60383	60384	60385

六－32 9.6m³装载机装砂石料自卸汽车运输

工作内容：挖装、运输、卸除、空回。

(1) 运砂砾料

单位：100 m³成品堆方

项 目	单位	运 距 (km)					增运 1km
		1	2	3	4	5	
工 长	工时						
高 级 工	工时						
中 级 工	工时						
初 级 工	工时	1.2	1.2	1.2	1.2	1.2	
合 计	工时	1.2	1.2	1.2	1.2	1.2	
零星材料费	%	1	1	1	1	1	
装 载 机 9.6m³	台时	0.22	0.22	0.22	0.22	0.22	
推 土 机 132kW	台时	0.11	0.11	0.11	0.11	0.11	
自 卸 汽 车 45t	台时	1.43	1.77	2.07	2.37	2.65	0.26
65t	台时	1.16	1.39	1.63	1.82	2.03	0.19
77t	台时	1.00	1.23	1.42	1.60	1.76	0.16
编 号		60386	60387	60388	60389	60390	60391

(2) 运碎石原料

单位：100 m³成品堆方

项 目	单位	运 距 (km)					增运 1km
		1	2	3	4	5	
工 长	工时						
高 级 工	工时						
中 级 工	工时						
初 级 工	工时	1.5	1.5	1.5	1.5	1.5	
合 计	工时	1.5	1.5	1.5	1.5	1.5	
零星材料费	%	2	2	2	2	2	
装 载 机 9.6m³	台时	0.28	0.28	0.28	0.28	0.28	
推 土 机 162kW	台时	0.14	0.14	0.14	0.14	0.14	
自 卸 汽 车 32t	台时	2.01	2.48	2.93	3.35	3.74	0.37
45t	台时	1.61	1.95	2.27	2.55	2.84	0.26
65t	台时	1.17	1.41	1.64	1.83	2.04	0.19
77t	台时	1.05	1.25	1.43	1.61	1.77	0.16
编 号		60392	60393	60394	60395	60396	60397

六－33 10.7m³装载机装砂石料自卸汽车运输

工作内容:挖装、运输、卸除、空回。

(1) 运砂砾料

单位:100 m³成品堆方

项　　目	单位	运　距（km）					增运 1km
		1	2	3	4	5	
工　　长	工时						
高　级　工	工时						
中　级　工	工时						
初　级　工	工时	1.0	1.0	1.0	1.0	1.0	
合　　计	工时	1.0	1.0	1.0	1.0	1.0	
零星材料费	%	1	1	1	1	1	
装　载　机　10.7m³	台时	0.20	0.20	0.20	0.20	0.20	
推　土　机　132kW	台时	0.10	0.10	0.10	0.10	0.10	
自　卸　汽　车　45t	台时	1.42	1.75	2.06	2.35	2.63	0.26
65t	台时	1.13	1.38	1.60	1.80	2.01	0.19
77t	台时	0.99	1.22	1.41	1.59	1.75	0.16
编　　　　号		60398	60399	60400	60401	60402	60403

(2) 运碎石原料

单位:100 m³成品堆方

项　　目	单位	运　距（km）					增运 1km
		1	2	3	4	5	
工　　长	工时						
高　级　工	工时						
中　级　工	工时						
初　级　工	工时	1.4	1.4	1.4	1.4	1.4	
合　　计	工时	1.4	1.4	1.4	1.4	1.4	
零星材料费	%	2	2	2	2	2	
装　载　机　10.7m³	台时	0.26	0.26	0.26	0.26	0.26	
推　土　机　162kW	台时	0.13	0.13	0.13	0.13	0.13	
自　卸　汽　车　45t	台时	1.52	1.86	2.17	2.47	2.75	0.26
65t	台时	1.16	1.40	1.62	1.82	2.03	0.19
77t	台时	1.04	1.24	1.42	1.60	1.76	0.16
108t	台时	0.85	1.00	1.13	1.26	1.38	0.11
编　　　　号		60404	60405	60406	60407	60408	60409

六－34 骨料二次筛分

项　　目	单位	车间规模(按进料计处理能力 t/h)				
		200	300	500	700	900
		混凝土系统生产能力(m³/h)				
		90	140	230	320	410
工　　长	工时					
高　级　工	工时					
中　级　工	工时	1.6	1.1	1.0	0.7	0.6
初　级　工	工时	1.6	1.1	1.0	0.7	0.6
合　　计	工时	3.2	2.2	2.0	1.4	1.2
水	m³	40	40	40	40	40
其他材料费	%	5	5	5	5	5
圆振动筛　1200×3600	台时	2.38				
圆振动筛　1500×4800	台时		1.59			
圆振动筛　1800×4800	台时			0.95		0.70
圆振动筛　2400×6000	台时				0.68	0.18
螺旋分级机　1000	台时	0.79	0.53			
螺旋分级机　1200	台时			0.32		
螺旋分级机　1500	台时				0.23	0.18
电磁振动给料机　GZ6S	台时	6.33	4.22	3.81	3.63	3.50
胶带输送机　B=500	米时	348	233	76		
胶带输送机　B=650	米时	167	111	82	91	62
胶带输送机　B=800	米时			47	23	27
胶带输送机　B=1000	米时				34	27
其他机械费	%	5	5	5	5	5
编　　　号		60410	60411	60412	60413	60414

六－35 块片石开采

工作内容:钻孔、爆破、撬移、解小、捡集、码方、清面。

(1) 机械开采、人工清渣

单位:100 m³成品码方

项　　目	单位	岩　石　级　别		
		Ⅷ～Ⅹ	Ⅺ～Ⅻ	ⅩⅢ～ⅩⅣ
工　　长	工时	9.0	9.6	10.4
高　级　工	工时			
中　级　工	工时	9.8	20.7	36.8
初　级　工	工时	430.7	448.4	470.7
合　　计	工时	449.5	478.7	517.9
合　金　钻　头	个	1.65	2.65	3.79
炸　　药	kg	34	42	49
雷　　管	个	29	36	42
导　线　火线	m	83	104	120
电线	m	152	190	220
其他材料费	%	15	15	15
风　钻　手持式	台时	7.44	13.57	22.94
其他机械费	%	10	10	10
编　　　　号		60415	60416	60417

（2） 机械开采、机械清渣

单位:100 m³成品码方

项 目		单位	岩 石 级 别		
			Ⅷ～Ⅹ	Ⅺ～Ⅻ	ⅩⅢ～ⅩⅣ
工 长		工时	6.0	6.6	7.3
高 级 工		工时			
中 级 工		工时	12.8	23.7	39.9
初 级 工		工时	280.8	298.4	320.8
合 计		工时	299.6	328.7	368.0
合 金 钻 头		个	1.65	2.65	3.79
炸 药		kg	34	42	49
雷 管		个	29	36	42
导 线	火线	m	83	104	120
	电线	m	152	190	220
其他材料费		%	15	15	15
风 钻	手持式	台时	7.44	13.57	22.94
推 土 机	88kW	台时	3.10	3.10	3.10
其他机械费		%	10	10	10
编 号			60418	60419	60420

六－36 人工开采条料石

工作内容:开采、清凿、堆存、清渣。

（1） 开采毛条石

单位:100 m³清料方

项 目	单位	岩 石 级 别		
		Ⅷ～Ⅹ	Ⅺ～Ⅻ	ⅩⅢ～ⅩⅣ
工 长	工时	39.0	48.7	60.9
高 级 工	工时			
中 级 工	工时	351.6	438.8	547.7
初 级 工	工时	1562.5	1950.2	2433.9
合 计	工时	1953.1	2437.7	3042.5
炸 药	kg	3.40	5.67	9.45
火 雷 管	个	17	28	47
导 火 线	m	22	36	60
其他材料费	%	25	25	25
编 号		60421	60422	60423

（2） 开采料石

单位:100 m³清料方

项　　目	单位	岩　石　级　别		
		Ⅷ～Ⅹ	Ⅺ～Ⅻ	ⅩⅢ～ⅩⅣ
工　　长	工时	79.5	99.2	128.1
高　级　工	工时			
中　级　工	工时	2332.4	2909.3	3672.3
初　级　工	工时	1562.5	1950.2	2604.3
合　　计	工时	3974.4	4958.7	6404.7
炸　　药	kg	3.40	5.67	9.45
火　雷　管	个	17	28	47
导　火　线	m	22	36	60
其他材料费	%	25	25	25
编　　　号		60424	60425	60426

六－37　人工捡集块片石

单位:100 m³成品码方

项　　目	单位	数　　量
工　　长	工时	
高　级　工	工时	
中　级　工	工时	
初　级　工	工时	315.7
合　　计	工时	315.7
零星材料费	%	1
编　　　号		60427

六－38 人工装石料胶轮车运输

工作内容:装料、运输、卸除、堆存、空回。

单位:100 m³成品码方

项 目	单位	装运卸 100m		增运 50m	
		块(片)石	条料石	块(片)石	条料石
工 长	工时				
高 级 工	工时				
中 级 工	工时				
初 级 工	工时	175.2	292.7	18.0	30.1
合 计	工时	175.2	292.7	18.0	30.1
零星材料费	%	2	2		
胶 轮 车	台时	69.53	115.88	11.59	19.35
编 号		60428	60429	60430	60431

六－39 人工装石料斗车运输

工作内容:装料、运输、卸除、堆存、空回。

单位:100 m³成品码方

项 目	单位	装运卸 100m		增运 50m	
		块(片)石	条料石	块(片)石	条料石
工 长	工时				
高 级 工	工时				
中 级 工	工时				
初 级 工	工时	144.2	199.0	7.7	12.2
合 计	工时	144.2	199.0	7.7	12.2
零星材料费	%	2	2		
V 型 斗 车 1m³	台时	46.35	63.96	2.49	3.94
编 号		60432	60433	60434	60435

六－40　人工装块石自卸汽车运输

工作内容:装料、运输、卸除、堆存、空回。

项　　　目	单位	运　　距　（km）					增运 1km
		1	2	3	4	5	
工　　　长	工时						
高　级　工	工时						
中　级　工	工时						
初　级　工	工时	151.4	151.4	151.4	151.4	151.4	
合　　　计	工时	151.4	151.4	151.4	151.4	151.4	
零星材料费	%	1	1	1	1	1	
自卸汽车　5t	台时	21.69	24.65	27.36	29.91	32.36	2.26
8t	台时	17.33	19.18	20.87	22.47	24.00	1.41
编　　　　　号		60436	60437	60438	60439	60440	60441

第七章

钻孔灌浆及锚固工程

说　　明

一、本章包括钻灌浆孔、帷幕灌浆、固结灌浆、回填灌浆、劈裂灌浆、高压喷射灌浆、接缝灌浆、防渗墙造孔及浇筑、振冲桩、冲击钻造灌注桩孔、灌注混凝土桩、减压井、锚杆支护、预应力锚索、喷混凝土、喷浆、挂钢筋网等共45节。

二、基础处理工程定额的地层划分

1.钻孔工程定额,按一般石方工程定额十六级分类法中Ⅴ～ⅩⅣ级拟定,大于ⅩⅣ级岩石,可参照有关资料拟定定额。

2.冲击钻钻孔定额,按地层特征划分为十一类。

3.钻混凝土工程除节内注明外,一般按粗骨料的岩石级别计算。

三、灌浆工程定额中的水泥用量系概算基本量。如有实际资料,可按实际消耗量调整。

四、钻机钻灌浆孔、坝基岩石帷幕灌浆等节定额

1.终孔孔径大于91mm或孔深超过70m时改用300型钻机。

2.在廊道或隧洞内施工时,人工、机械定额乘以表7－1所列系数。

表7－1

廊道或隧洞高度　（m）	0～2.0	2.0～3.5	3.5～5.0	5.0以上
系　　数	1.19	1.10	1.07	1.05

五、地质钻机钻灌不同角度的灌浆孔、观测孔、试验孔时,人工、机械、合金片、钻头和岩芯管定额乘以表7－2所列系数。

表7－2

钻孔与水平夹角	0～60°	60°～75°	75°～85°	85°～90°
系　　数	1.19	1.05	1.02	1.00

六、本章灌浆压力划分标准为:高压＞3MPa;中压1.5～3MPa;低压＜1.5MPa。

七、本章各节灌浆定额中水泥强度等级的选择应符合设计要求,设计未明确的,可按以下标准选择:回填灌浆 32.5;帷幕与固结灌浆32.5;接缝灌浆 42.5;劈裂灌浆 32.5;高喷灌浆 32.5。

八、锚筋桩可参照本章相应的锚杆定额。定额中的锚杆附件包括垫板、三角铁和螺帽等。

九、锚杆(索)定额中的锚杆(索)长度是指嵌入岩石的设计有效长度。按规定应留的外露部分及加工过程中的损耗,均已计入定额。

十、喷浆(混凝土)定额的计量,以喷后的设计有效面积(体积)计算,定额已包括了回弹及施工损耗量。

七－1 钻机钻岩石层帷幕灌浆孔

(1) 自下而上灌浆法

适用范围:露天作业。

工作内容:钻孔、清孔、检查孔钻孔、孔位转移。

项　　　目	单位	岩　石　级　别			
		Ⅴ～Ⅷ	Ⅸ～Ⅹ	Ⅺ～Ⅻ	ⅩⅢ～ⅩⅣ
工　　　长	工时	14	21	31	51
高　级　工	工时	30	43	63	103
中　级　工	工时	106	152	220	361
初　级　工	工时	152	217	315	517
合　　　计	工时	302	433	629	1032
合金钻头	个	6.5			
合　金　片	kg	0.5			
金刚石钻头	个		3.3	4.0	5.0
扩　孔　器	个		2.3	2.8	3.5
岩　芯　管	m	2.6	3.3	5.0	6.3
钻　　　杆	m	2.4	2.9	4.3	5.3
钻杆接头	个	2.5	3.2	4.8	6.1
水	m³	550	660	825	1100
其他材料费	%	16	15	13	11
地质钻机　150型	台时	87	124	180	298
其他机械费	%	5	5	5	5
编　　　号		70001	70002	70003	70004

注:1.本节各定额钻浆砌石,可按料石相同的岩石等级定额计算;

2.本节各定额钻混凝土,可按粗骨料相同的岩石等级计算;

3.本节各定额按平均孔深30～50m拟定。孔深小于30m或大于50m,人工和钻机定额乘下列系数:

孔　深　(m)	≤30	30～50	50～70	70～90	>90
系　　　数	0.94	1.00	1.07	1.17	1.31

4.终孔孔径大于91mm时,钻机改为300型。

(2) 自上而下灌浆法

适用范围:露天作业。

工作内容:钻孔、清孔、钻灌交替、扫孔、孔位转移、检查孔钻孔。

单位:100m

项　　　目	单位	岩　石　级　别			
		V～Ⅷ	Ⅸ～Ⅹ	Ⅺ～Ⅻ	ⅩⅢ～ⅩⅣ
工　　长	工时	24	30	40	60
高　级　工	工时	48	60	81	121
中　级　工	工时	167	213	281	422
初　级　工	工时	240	305	402	604
合　　计	工时	479	608	804	1207
合 金 钻 头	个	9.5			
合　金　片	kg	0.7			
金 刚 石 钻 头	个		4.3	4.9	6.0
扩　孔　器	个		3.0	3.5	4.2
岩　芯　管	m	3.8	4.5	6.2	7.5
钻　　杆	m	3.5	4.0	5.4	6.5
钻 杆 接 头	个	3.7	4.4	6.0	7.2
水	m³	750	860	1025	1300
其他材料费	%	16	15	13	11
地质钻机　150型	台时	137	174	230	345
其他机械费	%	5	5	5	5
编　　　号		70005	70006	70007	70008

七－2 钻岩石层固结灌浆孔

（1） 钻机钻孔——自下而上灌浆法

适用范围:露天作业。

工作内容:钻孔、清孔、检查孔钻孔。

项　　目	单位	岩　石　级　别			
		V～Ⅷ	Ⅸ～Ⅹ	ⅪⅠ～ⅫⅠ	ⅩⅢ～ⅩⅣ
工　　长	工时	14	20	29	48
高　级　工	工时	28	40	58	96
中　级　工	工时	97	140	205	339
初　级　工	工时	139	200	294	484
合　　计	工时	278	400	586	967
合 金 钻 头	个	6.2			
合　金　片	kg	0.4			
金 刚 石 钻 头	个		3.2	3.8	4.7
扩　孔　器	个		2.2	2.6	3.4
岩　芯　管	m	2.5	3.2	4.7	6.0
钻　杆	m	2.3	2.7	4.1	5.2
钻 杆 接 头	个	2.4	3.0	4.6	5.8
水	m³	525	630	788	1050
其 他 材 料 费	%	16	15	13	11
地 质 钻 机　150 型	台时	79	114	167	276
其 他 机 械 费	%	5	5	5	5
编　　　　号		70009	70010	70011	70012

注:1.钻浆砌石,可按料石相同的岩石等级定额计算;

2.钻混凝土,可按粗骨料相同的岩石等级计算。

（2） 钻机钻孔——自上而下灌浆法

适用范围：露天作业。

工作内容：钻孔、清孔、钻灌交替、扫孔、孔位转移、检查孔钻孔。

单位：100m

项　　　目	单位	岩　石　级　别			
		V～Ⅷ	Ⅸ～Ⅹ	Ⅺ～Ⅻ	ⅩⅢ～ⅩⅣ
工　　　长	工时	22	29	38	57
高　级　工	工时	46	57	76	114
中　级　工	工时	158	201	266	400
初　级　工	工时	227	288	381	571
合　　　计	工时	453	575	761	1142
合 金 钻 头	个	9.2			
合　金　片	kg	0.6			
金刚石钻头	个		4.2	4.8	5.8
扩　孔　器	个		2.9	3.3	4.1
岩　芯　管	m	3.7	4.4	6.0	7.2
钻　　　杆	m	3.4	3.8	5.2	6.2
钻 杆 接 头	个	3.6	4.2	5.8	7.0
水	m³	725	830	988	1250
其他材料费	%	16	15	13	11
地质钻机　150 型	台时	129	164	217	326
其他机械费	%	5	5	5	5
编　　　号		70013	70014	70015	70016

(3) 风钻钻灌浆孔

适用范围:露天作业、孔深小于8m。

工作内容:孔位转移、接拉风管、钻孔、检查孔钻孔。

单位:100m

项 目	单位	岩 石 级 别			
		V～Ⅷ	Ⅸ～Ⅹ	Ⅺ～Ⅻ	ⅩⅢ～ⅩⅣ
工　　长	工时	2	3	5	7
高 级 工	工时				
中 级 工	工时	29	38	55	84
初 级 工	工时	54	70	101	148
合　　计	工时	85	111	161	239
合 金 钻 头	个	2.30	2.72	3.38	4.31
空 心 钢	kg	1.13	1.46	2.11	3.50
水	m³	7	10	15	23
其他材料费	%	14	13	11	9
风　　钻	台时	20.0	25.8	37.2	55.8
其他机械费	%	15	14	12	10
编　　　号		70017	70018	70019	70020

注:1.钻垂直孔使用手持式风钻,钻水平孔、倒向孔使用气腿式风钻,台时费单价按工程量比例综合计算;

2.洞内作业,人工、机械乘1.15系数。

七-3 钻岩石层排水孔、观测孔

(1) 钻机钻孔

适用范围:露天作业。

工作内容:钻孔、清孔、孔位转移。

单位:100m

项 目	单位	岩 石 级 别			
		V~Ⅷ	Ⅸ~Ⅹ	Ⅺ~Ⅻ	ⅩⅢ~ⅩⅣ
工 长	工时	13	19	28	46
高 级 工	工时	26	38	56	93
中 级 工	工时	91	133	196	325
初 级 工	工时	130	190	280	466
合 计	工时	260	380	560	930
合 金 钻 头	个	5.9			
合 金 片	kg	0.4			
金 刚 石 钻 头	个		3.0	3.6	4.5
扩 孔 器	个		2.1	2.5	3.2
岩 芯 管	m	2.4	3.0	4.5	5.7
钻 杆	m	2.2	2.6	3.9	4.9
钻 杆 接 头	个	2.3	2.9	4.4	5.5
水	m³	500	600	750	1000
其 他 材 料 费	%	16	15	13	11
地 质 钻 机 150型	台时	74	108	160	266
其 他 机 械 费	%	5	5	5	5
编 号		70021	70022	70023	70024

注:1.钻浆砌石,可按料石相同的岩石等级定额计算;

2.钻混凝土,可按粗骨料相同的岩石等级计算;

3.本定额按平均孔深30~50m拟定。孔深小于30m或大于50m,人工和钻机定额乘下列系数:

孔 深 (m)	≤30	30~50	50~70	70~90	>90
系 数	0.94	1.00	1.07	1.17	1.31

4.终孔孔径大于91mm时,钻机改为300型。

（2） 风钻钻孔

适用范围:露天作业、孔深小于8m。

工作内容:孔位转移、接拉风管、钻孔、检查孔钻孔。

单位:100m

项　　　目	单位	岩　石　级　别			
		Ⅴ～Ⅷ	Ⅸ～Ⅹ	Ⅺ～Ⅻ	ⅩⅢ～ⅩⅣ
工　　　长	工时	2	3	5	7
高　级　工	工时				
中　级　工	工时	29	37	54	82
初　级　工	工时	53	69	99	145
合　　　计	工时	84	109	158	234
合金钻头	个	2.20	2.59	3.22	4.10
空　心　钢	kg	1.08	1.39	2.01	3.33
水	m³	7	9	14	22
其他材料费	%	14	13	11	9
风　　　钻	台时	19.6	25.3	36.5	54.7
其他机械费	%	15	14	12	10
编　　　号		70025	70026	70027	70028

注:1.钻垂直孔使用手持式风钻,钻水平孔、倒向孔使用气腿式风钻,台时费单价按工程量比例综合计算;

2.洞内作业,人工、机械乘1.15系数。

461

七-4 坝基岩石帷幕灌浆

（1） 自下而上灌浆法

适用范围：露天作业、一排帷幕、自下而上分段灌浆。

工作内容：洗孔、压水、制浆、灌浆、封孔、孔位转移，以及检查孔的压水试验、灌浆。

单位：100m

项　目	单位	透　水　率　（Lu）							
		2以下	2~4	4~6	6~8	8~10	10~20	20~50	50~100
工　　长	工时	45	45	46	56	67	78	90	105
高　级　工	工时	102	103	104	119	137	154	173	197
中　级　工	工时	275	279	286	343	408	472	545	634
初　级　工	工时	436	444	456	564	688	811	948	1117
合　　计	工时	858	871	892	1082	1300	1515	1756	2053
水　　泥	t	2.9	3.9	4.9	6.9	8.9	10.4	12.4	15.4
水	m³	619	639	659	679	699	789	1079	1559
其他材料费	%	15	15	14	14	13	13	12	12
灌浆泵　中压泥浆	台时	163.4	165.8	169.5	204.0	243.7	282.9	326.7	380.6
灰浆搅拌机	台时	139.3	141.7	145.4	179.9	209.6	258.8	302.6	356.5
地质钻机　150型	台时	22.8	22.8	22.8	22.8	22.8	22.8	22.8	22.8
胶　轮　车	台时	15.0	19.8	25.2	35.4	46.2	53.4	64.2	79.8
其他机械费	%	5	5	5	5	5	5	5	5
编　　号		70029	70030	70031	70032	70033	70034	70035	70036

注：1.地质钻机作上下灌浆塞用；

2.2排、3排(指排数,不是指排序数)帷幕乘以下调整系数：

排　　数	人工、灌浆机	水泥、胶轮车	水
2　　排	0.97	0.75	0.96
3　　排	0.94	0.53	0.92

3.重要挡水建筑物的帷幕灌浆,应增加灌浆自动记录仪,其台时数量与灌浆机台时数量之比例为单孔记录仪1:1,多路灌浆监测装置0.2:1；

4.设计要求采用磨细水泥灌浆的,水泥品种应采用干磨磨细水泥。

（2） 自上而下灌浆法

适用范围：露天作业、一排帷幕、自上而下分段灌浆。

工作内容：洗孔、压水、制浆、灌浆、封孔、孔位转移，以及检查孔的压水试验、灌浆。

单位：100m

项 目		单位	透 水 率 （Lu）							
			2以下	2～4	4～6	6～8	8～10	10～20	20～50	50～100
工 长		工时	45	45	46	56	67	78	90	105
高 级 工		工时	102	103	104	119	137	154	173	197
中 级 工		工时	407	411	418	475	540	604	677	766
初 级 工		工时	436	444	456	564	688	811	948	1117
合 计		工时	990	1003	1024	1214	1432	1647	1888	2185
水 泥		t	2.9	3.9	4.9	6.9	8.9	10.4	12.4	15.4
水		m³	619	639	659	679	699	789	1079	1559
其他材料费		%	15	15	14	14	13	13	12	12
灌 浆 泵	中压泥浆	台时	190.5	192.9	196.5	231.0	270.7	309.9	353.7	407.6
灰浆搅拌机		台时	166.4	168.8	172.4	206.9	246.6	285.8	329.6	383.5
地质钻机	150型	台时	26.8	26.8	26.8	26.8	26.8	26.8	26.8	26.8
胶 轮 车		台时	15.0	19.8	25.2	35.4	36.2	53.4	64.2	79.2
其他机械费		%	5	5	5	5	5	5	5	5
编 号			70037	70038	70039	70040	70041	70042	70043	70044

注：同上。

七－5 基础固结灌浆

工作内容:冲洗、制浆、灌浆、封孔、孔位转移,以及检查孔的压水试验、灌浆。

单位:100m

项　　目	单位	透　水　率　（Lu）						
		2以下	2~4	4~6	6~8	8~10	10~20	20~50
工　　　长	工时	23	23	24	25	26	28	29
高　级　工	工时	48	48	50	51	53	56	58
中　级　工	工时	139	141	145	151	159	169	175
初　级　工	工时	240	243	251	263	277	297	308
合　　　计	工时	450	455	470	490	515	550	570
水　　　泥	t	2.3	3.2	4.1	5.7	7.4	8.7	10.4
水	m³	481	528	565	610	663	715	1005
其他材料费	%	15	15	14	14	13	13	12
灌浆泵　中压泥浆	台时	92	93	96	100	105	112	116
灰浆搅拌机	台时	84	85	88	92	97	104	108
胶　轮　车	台时	13	17	22	31	42	47	58
其他机械费	%	5	5	5	5	5	5	5
编　　　号		70045	70046	70047	70048	70049	70050	70051

七－6 隧洞固结灌浆

工作内容:简易工作平台搭拆、洗孔、压水、制浆、灌浆、封孔、孔位转移, 以及检查孔的压水试验、灌浆。

单位:100m

项 目	单位	透 水 率 (Lu)						
		2以下	2~4	4~6	6~8	8~10	10~20	20~50
工 长	工时	19	20	21	22	23	24	25
高 级 工	工时	40	41	43	45	48	49	50
中 级 工	工时	114	118	121	130	140	147	151
初 级 工	工时	192	200	208	222	242	250	263
合 计	工时	365	379	393	419	453	470	489
水 泥	t	2.2	3.0	3.8	5.4	7.0	8.2	9.8
水	m³	391	427	457	496	538	581	813
其他材料费	%	15	15	14	14	13	13	12
灌浆泵 中压泥浆	台时	71	73	75	77	81	86	90
灰浆搅拌机	台时	63	65	67	69	73	78	82
胶 轮 车	台时	32	44	50	67	86	98	117
其他机械费	%	5	5	5	5	5	5	5
编 号		70052	70053	70054	70055	70056	70057	70058

注:1.隧洞超前灌浆,可采用本定额;

2.隧洞高度不同时,人工、机械定额乘以下列系数:

隧洞高度(m)	≤5	5~8	>8
系 数	1.00	1.04	1.10

3.调压井灌浆,人工、机械定额乘0.9系数。

七－7 回填灌浆

适用范围:高压管道回填灌浆适用于钢板与混凝土接触面回填灌浆。隧洞回填灌浆适用于混凝土与岩石接触面回填灌浆。

工作内容:隧洞回填灌浆:预埋灌浆管、简易平台搭拆、风钻通孔、制浆、灌浆、封孔、检查孔钻孔、压浆检查等。

高压管道回填灌浆:开孔、焊接灌浆管、制浆、灌浆、拆除灌浆管、质量检查等。

单位:100m²

项　　　　目		单位	隧洞	高压管道
工　　　长		工时	10	14
高　级　工		工时	12	20
中　级　工		工时	54	85
初　级　工		工时	104	165
合　　　计		工时	180	284
水　　　泥		t	2.2	1.1
水		m³	40	25
灌　浆　管		m	14	5
电　焊　条		kg		1.3
钢　　　板		kg		6
砂		m³	1.5	
其他材料费		%	15	15
灌　浆　泵	中压砂浆	台时	36.0	
	中压泥浆	台时		47
灰浆搅拌机		台时	36.0	47
电　焊　机	25kVA	台时		4
手　风　钻		台时	4.1	
胶　轮　车		台时	27	13
载重汽车	5t	台时	1	1
其他机械费		%	10	10
编　　　　号			70059	70060

注:1.隧洞回填灌浆,按顶拱120°拱背面积计算工程量;

2.高压管道回填灌浆按钢管外径面积计算工程量。

七-8 钻机钻土坝(堤)灌浆孔

适用范围:露天作业,垂直孔,孔深50m以内。

工作内容:泥浆固壁钻进:固定孔位,准备,泥浆制备、运送、固壁、钻孔、
记录、孔位转移。

套管固壁钻进:固定孔位,准备,钻孔、下套管、拔套管、记录、
孔位转移。

单位:100m

项 目	单位	泥浆固壁钻进	套管固壁钻进
工 长	工时	24	36
高 级 工	工时	24	36
中 级 工	工时	34	50
初 级 工	工时	401	601
合 计	工时	483	723
水	m³	800	
粘 土	t	17	
合 金 钻 头	个	1.5	2.5
合 金 片	kg	0.2	0.4
岩 芯 管	m	1.5	8.0
钻 杆	m	1.5	2.0
钻 杆 接 头	个	1.4	1.9
其他材料费	%	14	13
地质钻机 150型	台时	52	77
灌浆泵 中压泥浆	台时	52	
泥浆搅拌机	台时	12	
其他机械费	%	5	5
编 号		70061	70062

七-9 土坝(堤)劈裂灌浆

工作内容:检查钻孔、制浆、灌浆、劈裂观测、冒浆处理、记录、复灌、封孔、
孔位转移、质量检查。

（1） 灌粘土浆

单位:100m

项　　目	单位	单位孔深干料灌入量 （t/m）			
		0.5	1.0	1.5	2.0
工　　长	工时	44	57	81	114
高　级　工	工时	71	90	131	183
中　级　工	工时	269	338	489	688
初　级　工	工时	551	682	971	1348
合　　计	工时	935	1167	1672	2333
水	m³	138	171	239	306
粘　　土	t	50	91	148	206
水　玻　璃	kg	300	450	750	1050
其他材料费	%	13	11	9	8
灌浆泵　中压泥浆	台时	33	48	80	113
泥浆搅拌机	台时	32	58	95	132
胶　轮　车	台时	50	99	146	181
其他机械费	%	5	5	5	5
编　　号		70063	70064	70065	70066

（2） 灌水泥粘土浆

项　　　目	单位	单位孔深干料灌入量　（t/m）			
		0.5	1.0	1.5	2.0
工　　长	工时	44	57	81	114
高　级　工	工时	71	90	131	183
中　级　工	工时	269	338	489	688
初　级　工	工时	501	618	879	1217
合　　计	工时	885	1103	1580	2202
水	m³	138	171	239	306
粘　　土	t	38	68	111	155
水　　泥	t	14.2	27.4	40.7	53.9
其他材料费	%	11	9	7	6
灌浆泵 中压泥浆	台时	33	48	80	113
泥浆搅拌机	台时	32	58	95	132
胶　轮　车	台时	121	232	344	456
其他机械费	%	5	5	5	5
编　　　号		70067	70068	70069	70070

七－10　钻机钻(高压喷射)灌浆孔

适用范围:露天作业、垂直孔、孔深40m以内,孔径不小于130mm。

工作内容:固定孔位,准备、泥浆制备、运送、固壁、钻孔、记录、孔位转移。

单位:100m

项　　目	单位	地层类别		
		粘土、砂	砾　石	卵　石
工　　长	工时	26	29	37
高　级　工	工时	26	29	37
中　级　工	工时	36	41	52
初　级　工	工时	435	484	615
合　　计	工时	523	583	741
粘　　土	t	18	42	132
砂	m³			40
铁　　砂	kg			1080
铁砂钻头	个			13
合金钻头	个	2.0	4.0	
合　金　片	kg	0.5	2.0	
岩　芯　管	m	2.0	3.0	5.0
钻　　杆	m	2.5	3.0	6.0
钻杆接头	个	2.4	2.8	5.6
水	m³	800	1200	1400
其他材料费	%	13	11	10
地质钻机　150型	台时	62	93	232
灌浆泵　中压泥浆	台时	62	93	232
泥浆搅拌机	台时	25	31	43
其他机械费	%	5	5	5
编　　号		70071	70072	70073

七－11 高压摆喷灌浆

适用范围:无水头情况下,三管法施工。

工作内容:高喷台车就位,安装孔口,安管路,喷射灌浆,管路冲洗,台车移开,回灌,质量检查。

单位:100m

项　　　目	单位	地层类别			
		粘　土	砂	砾　石	卵　石
工　　　　长	工时	34	26	30	39
高　级　工	工时	55	41	48	61
中　级　工	工时	205	153	179	231
初　级　工	工时	441	344	392	489
合　　　计	工时	735	564	649	820
水　　　泥	t	30	35	40	50
粘　　　土	t				17
砂	m³				10
水	m³	600	700	750	950
水　玻　璃	t				1.25
锯　　　材	m³	0.15	0.15	0.15	0.15
喷　射　管	m	1.8	1.5	1.5	2.0
电　焊　条	kg	5	5	5	7.5
高压胶管	m	8	8	8	10
普通胶管	m	8	7	7	10
其他材料费	%	5	5	5	4
高压水泵　3XB型75kW	台时	41	31	36	52
空　压　机　YV6/8 37kW	台时	41	31	36	52
搅　灌　机　WJG－80	台时	41	31	36	52
卷　扬　机　5t	台时	41	31	36	52
泥　浆　泵　HB80/10型	台时	41	31	36	52
孔　口　装　置	台时	41	31	36	52
高　喷　台　车	台时	41	31	36	52
螺旋输送机　168×5	台时	41	31	36	52
电　焊　机　25kVA	台时	12	12	12	16
胶　轮　车	台时	346	404	433	519
其他机械费	%	3	3	3	2
编　　　号		70074	70075	70076	70077

注:1.有水头情况下喷灌,除按设计要求增加速凝剂外,人工及机械(不含电焊机)数量乘1.05系数;

　2.本定额按灌纯水泥浆(卵石及漂石地层浆液中加粘土、砂)制定,如设计采用其他浆液或掺加料(如粉煤灰),浆液材料应调整;

　3.高压定喷、旋喷定额,按高压摆喷定额分别乘0.75、1.25的系数;

　4.孔口装置即旋、定、摆、提升装置。

七-12 坝基砂砾石帷幕灌浆

适用范围:循环钻灌法。

工作内容:钻孔、灌浆、封孔、检查孔钻孔及灌浆、孔位转移。

单位:100m

项　　　目	单位	干料耗量 (t/m)					
		0.5	1.0	2.0	3.0	4.0	5.0
工　　　长	工时	161	182	195	277	323	366
高　级　工	工时	979	1103	1242	1672	1947	2207
中　级　工	工时	842	960	1065	1425	1654	1870
初　级　工	工时	1171	1338	1522	2096	2463	2809
合　　　计	工时	3153	3583	4024	5470	6387	7252
合　金　钻　头	个	23	23	23	23	23	23
铁　砂　钻　头	个	23	23	23	23	23	23
合　金　片	kg	0.63	0.63	0.63	0.63	0.63	0.63
铁　　　砂	t	0.73	0.73	0.73	0.73	0.73	0.73
水　　　泥	t	25.70	46.20	90.20	146.10	203.90	256.30
粘　　　土	t	27.2	48.8	95.2	154.3	215.3	270.6
水	m³	1132	1342	1657	1867	2287	2602
其他材料费	%	10	10	9	9	8	8
地质钻机　300型	台时	609	672	721	956	1082	1202
灌浆泵　中压泥浆	台时	447	489	521	677	762	842
泥浆搅拌机	台时	387	429	461	617	702	782
灰浆搅拌机	台时	387	429	461	617	702	782
胶　轮　车	台时	210	235	255	345	400	500
其他机械费	%	2	2	2	2	2	2
编　　　号		70078	70079	70080	70081	70082	70083

七－13 灌注孔口管

(1) 覆盖层

适用范围:砂砾石帷幕灌浆。

工作内容:制浆、下管、止浆环浇制、孔内注浆、待凝、打孔、记录等。

单位:孔

项 目	单位	孔口管长 (m)			
		5	10	20	40
工 长	工时	1	3	6	15
高 级 工	工时	3	6	11	30
中 级 工	工时	11	24	46	121
初 级 工	工时	13	27	53	135
合 计	工时	28	60	116	301
水 泥	t	0.08	0.10	0.15	0.20
水	m³	26	36	50	70
合 金 钻 头	个	0.36	0.72	1.44	2.88
合 金 片	kg	0.02	0.03	0.06	0.13
钢 管 Φ100	m	5.9	11.5	22.4	44.6
钻 杆	m	0.15	0.31	0.61	1.23
其他材料费	%	10	10	10	10
地质钻机 300型	台时	6.5	14.3	28.3	56.4
灌浆泵 中压泥浆	台时	1.0	1.5	1.9	3.3
灰浆搅拌机	台时	0.6	1.0	1.3	2.7
其他机械费	%	5	5	5	5
编 号		70084	70085	70086	70087

注:本节各定额均未包括孔口管段的钻孔及灌浆。

(2) 岩石基础

适用范围:岩石基础帷幕灌浆孔口封闭。

工作内容:配管、制浆、注浆、待凝、下孔口管、扫孔等。

单位:孔

项 目	单位	孔口管长 （m）			
		5	10	20	40
工 长	工时	1	1	2	4
高 级 工	工时	1	2	4	8
中 级 工	工时	5	9	16	31
初 级 工	工时	5	11	19	35
合 计	工时	12	23	41	78
钢 管 Φ75	m	5.4	10.8	21.6	43.2
合 金 钻 头	个	0.36	0.72	1.44	2.88
水 泥	t	0.2	0.2	0.3	0.3
水	m³	20	30	50	90
其他材料费	%	15	15	15	15
地质钻机 150型	台时	2.5	4.8	9.4	18.5
灌 浆 泵 高压泥浆	台时	1.2	1.9	2.4	3.5
灰浆搅拌机	台时	1.0	1.5	2.1	3.1
其他机械费	%	5	5	5	5
编 号		70088	70089	70090	70091

七－14 地下连续墙成槽——冲击钻机成槽法

适用范围:孔深40m以内,防渗墙、防冲墙、承重墙、支护墙等。

工作内容:制备泥浆、钻进、出渣、清孔换浆、记录、质量检查与验收。

(1) 墙厚0.6m

单位:100m² 阻水面积

项 目	单位	地 层				
		粘土	砂壤土	粉细砂	中粗砂	砾石
工 长	工时	88	82	158	142	134
高 级 工	工时	437	406	792	710	666
中 级 工	工时	612	568	1108	994	932
初 级 工	工时	612	568	1108	994	932
合 计	工时	1749	1624	3166	2840	2664
锯 材	m³	1.13	1.13	1.13	1.13	1.13
钢 材	kg	103	85	302	184	170
电 焊 条	kg	78	65	228	140	128
粘 土	t	101	106	215	182	167
碱 粉	kg	724	745	1496	1281	1174
水	m³	656	657	1319	1130	1035
其他材料费	%	1	1	1	1	1
冲击钻机 CZ－22	台时	197	176	357	283	259
泥浆搅拌机	台时	141	145	291	250	228
泥 浆 泵 3PN	台时	70	73	146	124	115
电 焊 机 25kVA	台时	99	83	264	179	164
空 压 机 6m³/min	台时	24.0	24.0	24.0	24.0	24.0
自卸汽车 5t	台时	8	8	18	16	15
载重汽车 5t	台时	22	19	63	38	35
汽车起重机 16t	台时	16.7	16.7	16.7	16.7	16.7
其他机械费	%	4	4	4	4	4
编 号		70092	70093	70094	70095	70096

注:1.本节各定额钻不同孔深时,人工、钢材、电焊条、冲击钻机、电焊机乘以下系数:

孔 深	≤40m	≤50m	≤60m	≤70m	≤80m
系 数	1.00	1.10	1.20	1.35	1.50

2.本节各定额钻粒径600~800mm的漂石时,除套用本节定额外,还需按七－19节定额增加钻爆处理费用。

项　　　目	单位	地　　层			
		卵石	漂石	岩　　石	
				<10MPa	10～30MPa
工　　　长	工时	153	176	160	328
高　级　工	工时	768	880	800	1642
中　级　工	工时	1076	1231	1120	2300
初　级　工	工时	1076	1231	1120	2300
合　　　计	工时	3073	3518	3200	6570
锯　　　材	m³	1.13	1.13	1.13	1.13
钢　　　材	kg	264	327	248	550
电　焊　条	kg	200	248	189	417
粘　　　土	t	215	260	230	230
碱　　　粉	kg	1495	1816	1602	1602
水	m³	1319	1602	1413	2359
其他材料费	%	1	1	1	1
冲击钻机　CZ-22	台时	343	396	381	844
泥浆搅拌机	台时	291	354	313	313
泥　浆　泵　3PN	台时	146	168	155	155
电　焊　机　25kVA	台时	230	286	239	532
空　压　机　6m³/min	台时	24.0	24.0	24.0	24.0
自卸汽车　5t	台时	18	22	16	35
载重汽车　5t	台时	54	69	52	115
汽车起重机　16t	台时	16.7	16.7	16.7	16.7
其他机械费	%	4	4	4	4
编　　　　　号		70097	70098	70099	70100

（2） 墙厚0.8m

项　　目	单位	地　　　　　层				
		粘土	砂壤土	粉细砂	中粗砂	砾石
工　　长	工时	94	87	170	153	143
高　级　工	工时	467	435	848	761	713
中　级　工	工时	654	609	1187	1065	999
初　级　工	工时	654	609	1187	1065	999
合　　计	工时	1869	1740	3392	3044	2854
锯　　材	m³	1.13	1.13	1.13	1.13	1.13
钢　　材	kg	110	91	323	197	182
电　焊　条	kg	83	69	244	150	137
粘　　土	t	108	114	230	196	179
碱　　粉	kg	773	796	1598	1369	1254
水	m³	701	702	1409	1207	1106
其他材料费	%	1	1	1	1	1
冲击钻机　CZ-22	台时	210	188	382	302	278
泥浆搅拌机	台时	151	155	311	267	244
泥　浆　泵　3PN	台时	75	78	156	133	123
电　焊　机　25kVA	台时	106	88	282	191	175
空　压　机　6m³/min	台时	24.5	24.5	24.5	24.5	24.5
自　卸　汽　车　5t	台时	9	9	19	17	16
载　重　汽　车　5t	台时	22	19	64	39	36
汽车起重机　16t	台时	16.7	16.7	16.7	16.7	16.7
其他机械费	%	4	4	4	4	4
编　　　　号		70101	70102	70103	70104	70105

项　　　目	单位	地　　　层			
		卵石	漂石	岩　石	
				＜10MPa	10～30MPa
工　　　长	工时	165	188	171	352
高　级　工	工时	823	943	858	1759
中　级　工	工时	1152	1319	1200	2464
初　级　工	工时	1152	1319	1200	2464
合　　　计	工时	3292	3769	3429	7039
锯　　　材	m³	1.13	1.13	1.13	1.13
钢　　　材	kg	282	349	265	588
电　焊　条	kg	214	265	202	445
粘　　　土	t	230	277	245	245
碱　　　粉	kg	1597	1940	1712	1712
水	m³	1409	1712	1510	2520
其他材料费	%	1	1	1	1
冲击钻机　CZ－22	台时	368	424	408	904
泥浆搅拌机	台时	311	378	334	334
泥　浆　泵　3PN	台时	156	180	166	166
电　焊　机　25kVA	台时	246	305	256	568
空　压　机　6m³/min	台时	24.5	24.5	24.5	24.5
自卸汽车　5t	台时	19	23	17	37
载重汽车　5t	台时	55	70	53	117
汽车起重机　16t	台时	16.7	16.7	16.7	16.7
其他机械费	%	4	4	4	4
编　　　号		70106	70107	70108	70109

(3) 墙厚1.0m

单位:100m² 阻水面积

项 目	单位	地 层				
		粘土	砂壤土	粉细砂	中粗砂	砾石
工 长	工时	86	81	156	140	132
高 级 工	工时	429	400	780	700	656
中 级 工	工时	602	560	1092	980	919
初 级 工	工时	602	560	1092	980	919
合 计	工时	1719	1601	3120	2800	2626
锯 材	m³	1.13	1.13	1.13	1.13	1.13
钢 材	kg	119	98	349	213	197
电 焊 条	kg	90	75	264	162	148
粘 土	t	118	124	249	211	194
碱 粉	kg	835	860	1726	1479	1354
水	m³	757	758	1522	1304	1194
其他材料费	%	1	1	1	1	1
冲 击 钻 机 CZ-30	台时	193	173	351	279	256
泥浆搅拌机	台时	163	167	336	288	264
泥 浆 泵 3PN	台时	81	84	168	144	133
电 焊 机 25kVA	台时	114	95	305	206	189
空 压 机 6m³/min	台时	25.0	25.0	25.0	25.0	25.0
自 卸 汽 车 5t	台时	10	10	21	18	17
载 重 汽 车 5t	台时	22	19	65	40	37
汽车起重机 16t	台时	16.7	16.7	16.7	16.7	16.7
其他机械费	%	4	4	4	4	4
编 号		70110	70111	70112	70113	70114

项　　目	单位	地　　层			
		卵石	漂石	岩　　石	
				<10MPa	10～30MPa
工　　长	工时	152	174	158	323
高　级　工	工时	757	867	789	1619
中　级　工	工时	1060	1213	1104	2267
初　级　工	工时	1060	1213	1104	2267
合　　计	工时	3029	3467	3155	6476
锯　　材	m^3	1.13	1.13	1.13	1.13
钢　　材	kg	305	377	286	635
电　焊　条	kg	231	286	218	481
粘　　土	t	249	300	264	264
碱　　粉	kg	1725	2095	1849	1849
水	m^3	1522	1849	1631	2722
其他材料费	%	1	1	1	1
冲击钻机　CZ-30	台时	339	390	375	832
泥浆搅拌机	台时	336	408	361	361
泥　浆　泵　3PN	台时	168	194	179	179
电　焊　机　25kVA	台时	266	330	276	614
空　压　机　6m³/min	台时	25.0	25.0	25.0	25.0
自　卸　汽　车　5t	台时	21	25	18	40
载　重　汽　车　5t	台时	56	71	54	119
汽车起重机　16t	台时	16.7	16.7	16.7	16.7
其他机械费	%	4	4	4	4
编　　　号		70115	70116	70117	70118

(4) 墙厚1.2m

项 目	单位	地 层				
		粘土	砂壤土	粉细砂	中粗砂	砾石
工 长	工时	94	87	170	153	143
高 级 工	工时	467	435	848	761	713
中 级 工	工时	654	609	1187	1065	999
初 级 工	工时	654	609	1187	1065	999
合 计	工时	1869	1740	3392	3044	2854
锯 材	m³	1.13	1.13	1.13	1.13	1.13
钢 材	kg	125	103	367	224	207
电 焊 条	kg	94	78	277	170	156
粘 土	t	124	129	260	222	203
碱 粉	kg	878	904	1815	1555	1425
水	m³	796	797	1601	1371	1256
其他材料费	%	1	1	1	1	1
冲 击 钻 机 CZ-30	台时	210	188	382	302	278
泥 浆 搅 拌 机	台时	172	176	353	303	277
泥 浆 泵 3PN	台时	85	89	177	151	140
电 焊 机 25kVA	台时	120	100	320	217	199
空 压 机 6m³/min	台时	25.5	25.5	25.5	25.5	25.5
自 卸 汽 车 5t	台时	10	10	22	19	18
载 重 汽 车 5t	台时	23	20	67	41	37
汽 车 起 重 机 16t	台时	16.7	16.7	16.7	16.7	16.7
其他机械费	%	4	4	4	4	4
编 号		70119	70120	70121	70122	70123

项 目	单位	地 层			
		卵石	漂石	岩 石	
				<10MPa	10～30MPa
工　　长	工时	165	188	171	352
高 级 工	工时	823	943	858	1759
中 级 工	工时	1152	1319	1200	2464
初 级 工	工时	1152	1319	1200	2464
合　　计	工时	3292	3769	3429	7039
锯　　材	m³	1.13	1.13	1.13	1.13
钢　　材	kg	320	396	301	668
电 焊 条	kg	243	301	229	506
粘　　土	t	260	315	279	279
碱　　粉	kg	1814	2204	1945	1945
水	m³	1601	1945	1715	2863
其他材料费	%	1	1	1	1
冲击钻机　CZ-30	台时	368	424	408	904
泥浆搅拌机	台时	353	429	379	379
泥浆泵　3PN	台时	177	204	189	189
电焊机　25kVA	台时	280	347	290	645
空压机　6m³/min	台时	25.5	25.5	25.5	25.5
自卸汽车　5t	台时	22	26	19	42
载重汽车　5t	台时	57	73	55	122
汽车起重机　16t	台时	16.7	16.7	16.7	16.7
其他机械费	%	4	4	4	4
编　　　　号		70124	70125	70126	70127

（5） 墙厚1.4m

项　　目	单位	地　层				
		粘土	砂壤土	粉细砂	中粗砂	砾石
工　　长	工时	106	100	194	174	162
高　级　工	工时	533	496	967	867	814
中　级　工	工时	746	694	1353	1214	1139
初　级　工	工时	746	694	1353	1214	1139
合　　计	工时	2131	1984	3867	3469	3254
锯　　材	m³	1.13	1.13	1.13	1.13	1.13
钢　　材	kg	138	114	406	247	229
电　焊　条	kg	104	87	306	188	172
粘　　土	t	137	143	289	245	224
碱　　粉	kg	971	1000	2007	1719	1575
水	m³	880	882	1770	1516	1389
其他材料费	%	1	1	1	1	1
冲击钻机　CZ－30	台时	239	214	435	344	317
泥浆搅拌机	台时	190	195	391	335	306
泥　浆　泵　3PN	台时	94	98	196	167	154
电　焊　机　25kVA	台时	133	110	354	239	220
空　压　机　6m³/min	台时	26.0	26.0	26.0	26.0	26.0
自卸汽车　5t	台时	11	11	24	21	20
载重汽车　5t	台时	23	20	68	41	38
汽车起重机　16t	台时	16.7	16.7	16.7	16.7	16.7
其他机械费	%	4	4	4	4	4
编　　　　号		70128	70129	70130	70131	70132

项　　　目	单位	地　　　　　层			
		卵石	漂石	岩　　石	
				＜10MPa	10～30MPa
工　　长	工时	187	215	196	402
高　级　工	工时	938	1074	977	2006
中　级　工	工时	1314	1504	1368	2808
初　级　工	工时	1314	1504	1368	2808
合　　　计	工时	3753	4297	3909	8024
锯　　材	m³	1.13	1.13	1.13	1.13
钢　　材	kg	354	438	333	739
电　焊　条	kg	269	333	254	559
粘　　土	t	289	348	308	308
碱　　粉	kg	2006	2437	2150	2150
水	m³	1770	2150	1897	3165
其他材料费	%	1	1	1	1
冲击钻机　CZ-30	台时	420	483	465	1031
泥浆搅拌机	台时	391	475	420	420
泥　浆　泵　3PN	台时	196	226	208	208
电　焊　机　25kVA	台时	309	383	321	713
空　压　机　6m³/min	台时	26.0	26.0	26.0	26.0
自　卸　汽　车　5t	台时	24	29	21	46
载　重　汽　车　5t	台时	58	74	56	124
汽车起重机　16t	台时	16.7	16.7	16.7	16.7
其他机械费	%	4	4	4	4
编　　　　号		70133	70134	70135	70136

七－15 地下连续墙成槽——冲击反循环钻机成槽法

适用范围:孔深40m以内,防渗墙、防冲墙、承重墙、支护墙等。

工作内容:制备泥浆、钻进、出渣、清孔换浆、记录、质量检查与验收。

(1) 墙厚0.6m

单位:100m² 阻水面积

项 目	单位	地 层			
		砂壤土	粉细砂	中粗砂	砾石
工 长	工时	64	116	81	102
高 级 工	工时	258	462	322	408
中 级 工	工时	279	501	349	442
初 级 工	工时	473	848	591	746
合 计	工时	1074	1927	1343	1698
锯 材	m³	0.99	0.99	0.99	0.99
钢 材	kg	80	188	122	154
电 焊 条	kg	58	140	91	107
合金耐磨块	kg	26	63	39	52
膨 润 土	t	21	26	22	23
碱 粉	kg	1025	1277	1116	1192
外 加 剂 CMC	kg	104	128	112	120
水	m³	599	929	740	835
其他材料费	%	1	1	1	1
冲击循环钻 CZF－1200	台时	139	249	182	211
泥浆净化机 JHB－200	台时	139	249	182	211
高速搅拌机 NJ－1500	台时	20	22	21	22
泥 浆 泵 3PN	台时	20	22	21	22
电 焊 机 25kVA	台时	70	219	143	131
自卸汽车 5t	台时	6	7	6	6
载重汽车 5t	台时	14	32	22	26
汽车起重机 16t	台时	19	19	19	19
其他机械费	%	4	4	4	4
编 号		70137	70138	70139	70140

注:本节各定额钻不同孔深时,人工、钢材、电焊条、冲击钻机、电焊机乘以下系数:

孔 深	≤40m	≤50m	≤60m	≤70m	≤80m
系 数	1.00	1.10	1.20	1.35	1.50

项　　目	单位	地　　层		
		卵石	岩　　石	
			<10MPa	10～30MPa
工　　长	工时	129	104	199
高　级　工	工时	515	415	797
中　级　工	工时	558	450	863
初　级　工	工时	945	762	1460
合　　计	工时	2147	1731	3319
锯　　材	m³	0.99	0.99	0.99
钢　　材	kg	211	154	297
电　焊　条	kg	158	116	302
合金耐磨块	kg	71	52	99
膨　润　土	t	26	19	22
碱　　粉	kg	1313	949	1014
外　加　剂　CMC	kg	132	95	110
水	m³	929	740	1072
其他材料费	%	1	1	1
冲击循环钻　CZF－1200	台时	278	235	452
泥浆净化机　JHB－200	台时	278	235	452
高速搅拌机　NJ－1500	台时	24	18	21
泥　浆　泵　3PN	台时	24	18	21
电　焊　机　25kVA	台时	184	182	344
自　卸汽车　5t	台时	7	5	6
载　重汽车　5t	台时	36	26	52
汽车起重机　16t	台时	19	19	19
其他机械费	%	4	4	4
编　　　　号		70141	70142	70143

(2) 墙厚0.8m

项 目	单位	地 层			
		砂壤土	粉细砂	中粗砂	砾石
工　　长	工时	69	124	86	109
高　级　工	工时	276	496	345	437
中　级　工	工时	299	537	374	473
初　级　工	工时	507	908	634	800
合　　计	工时	1151	2065	1439	1819
锯　　材	m³	0.99	0.99	0.99	0.99
钢　　材	kg	85	201	130	165
电　焊　条	kg	62	150	97	114
合金耐磨块	kg	28	67	42	56
膨　润　土	t	22	28	24	25
碱　　粉	kg	1095	1364	1192	1273
外 加 剂　CMC	kg	111	137	120	128
水	m³	640	993	791	892
其他材料费	%	1	1	1	1
冲击循环钻　CZF-1200	台时	149	267	195	226
泥浆净化机　JHB-200	台时	149	267	195	226
高速搅拌机　NJ-1500	台时	21	24	22	23
泥　浆　泵　3PN	台时	21	24	22	23
电　焊　机　25kVA	台时	75	234	153	139
自 卸 汽 车　5t	台时	6	7	6	6
载 重 汽 车　5t	台时	14	33	22	27
汽车起重机　16t	台时	19	19	19	19
其他机械费	%	4	4	4	4
编　　号		70144	70145	70146	70147

项　　　目	单位	地　　　层		
		卵石	岩　　石	
			＜10MPa	10～30MPa
工　　　长	工时	138	111	213
高　级　工	工时	552	445	853
中　级　工	工时	598	482	925
初　级　工	工时	1012	816	1565
合　　　计	工时	2300	1854	3556
锯　　　材	m³	0.99	0.99	0.99
钢　　　材	kg	225	165	317
电　焊　条	kg	169	124	323
合金耐磨块	kg	76	56	106
膨　润　土	t	28	20	24
碱　　　粉	kg	1403	1014	1179
外　加　剂　CMC	kg	141	102	118
水	m³	993	791	1145
其他材料费	%	1	1	1
冲击循环钻　CZF－1200	台时	298	252	484
泥浆净化机　JHB－200	台时	298	252	484
高速搅拌机　NJ－1500	台时	26	19	22
泥　浆　泵　3PN	台时	26	19	22
电　焊　机　25kVA	台时	197	194	367
自卸汽车　5t	台时	7	5	6
载重汽车　5t	台时	37	27	53
汽车起重机　16t	台时	19	19	19
其他机械费	%	4	4	4
编　　　号		70148	70149	70150

（3） 墙厚 1.0m

项　　　目	单位	地　　　层			
		砂壤土	粉细砂	中粗砂	砾石
工　　　长	工时	75	134	93	118
高　级　工	工时	298	535	373	472
中　级　工	工时	323	580	404	511
初　级　工	工时	547	981	684	864
合　　　计	工时	1243	2230	1554	1965
锯　　　材	m³	0.99	0.99	0.99	0.99
钢　　　材	kg	92	217	140	178
电　焊　条	kg	67	162	105	123
合金耐磨块	kg	30	72	45	60
膨　润　土	t	24	30	26	27
碱　　　粉	kg	1183	1473	1287	1375
外　加　剂　CMC	kg	120	148	130	138
水	m³	691	1072	854	963
其他材料费	%	1	1	1	1
冲击循环钻　CZF-1200	台时	161	288	211	244
泥浆净化机　JHB-200	台时	161	288	211	244
高速搅拌机　NJ-1500	台时	23	26	24	25
泥　浆　泵　3PN	台时	23	26	24	25
电　焊　机　25kVA	台时	81	253	165	151
自　卸　汽　车　5t	台时	6	8	6	6
载　重　汽　车　5t	台时	14	34	22	28
汽车起重机　16t	台时	19	19	19	19
其他机械费	%	4	4	4	4
编　　　号		70151	70152	70153	70154

项　　　目	单位	地　　　层		
		卵石	岩　　石	
			＜10MPa	10～30MPa
工　　　长	工时	149	120	230
高　级　工	工时	596	481	922
中　级　工	工时	646	521	998
初　级　工	工时	1093	881	1690
合　　　计	工时	2484	2003	3840
锯　　　材	m³	0.99	0.99	0.99
钢　　　材	kg	243	178	342
电　焊　条	kg	183	134	349
合金耐磨块	kg	82	60	114
膨　润　土	t	30	22	26
碱　　　粉	kg	1515	1095	1273
外　加　剂　CMC	kg	152	110	127
水	m³	1072	854	1237
其他材料费	%	1	1	1
冲击循环钻　CZF - 1200	台时	322	272	523
泥浆净化机　JHB - 200	台时	322	272	523
高速搅拌机　NJ - 1500	台时	28	21	24
泥　浆　泵　3PN	台时	28	21	24
电　焊　机　25kVA	台时	212	210	396
自　卸　汽　车　5t	台时	8	5	6
载　重　汽　车　5t	台时	38	28	54
汽车起重机　16t	台时	19	19	19
其他机械费	%	4	4	4
编　　　　　号		70155	70156	70157

（4） 墙厚1.2m

项　　目	单位	地　　　层			
		砂壤土	粉细砂	中粗砂	砾石
工　　长	工时	69	124	86	109
高　级　工	工时	276	496	345	437
中　级　工	工时	299	537	374	473
初　级　工	工时	507	908	634	800
合　　计	工时	1151	2065	1439	1819
锯　　材	m³	0.99	0.99	0.99	0.99
钢　　材	kg	97	228	148	187
电　焊　条	kg	70	170	110	130
合金耐磨块	kg	32	76	48	64
膨　润　土	t	25	32	27	28
碱　　粉	kg	1244	1550	1354	1446
外　加　剂　CMC	kg	126	156	136	145
水	m³	727	1128	899	1013
其他材料费	%	1	1	1	1
冲击循环钻　CZF－1500	台时	149	267	195	226
泥浆净化机　JHB－200	台时	149	267	195	226
高速搅拌机　NJ－1500	台时	24	27	25	26
泥　浆　泵　3PN	台时	24	27	25	26
电　焊　机　25kVA	台时	86	266	174	158
自　卸　汽　车　5t	台时	7	8	7	7
载　重　汽　车　5t	台时	15	34	23	28
汽车起重机　16t	台时	19	19	19	19
其他机械费	%	4	4	4	4
编　　　　号		70158	70159	70160	70161

项 目	单位	地 层		
		卵石	岩 石	
			<10MPa	10～30MPa
工 长	工时	138	111	213
高 级 工	工时	552	445	853
中 级 工	工时	598	482	925
初 级 工	工时	1012	816	1565
合 计	工时	2300	1854	3556
锯 材	m³	0.99	0.99	0.99
钢 材	kg	256	187	360
电 焊 条	kg	192	141	367
合金耐磨块	kg	86	64	120
膨 润 土	t	32	23	27
碱 粉	kg	1594	1152	1339
外 加 剂 CMC	kg	160	116	134
水	m³	1128	899	1301
其他材料费	%	1	1	1
冲击循环钻 CZF-1500	台时	298	252	484
泥浆净化机 JHB-200	台时	298	252	484
高速搅拌机 NJ-1500	台时	30	22	25
泥 浆 泵 3PN	台时	30	22	25
电 焊 机 25kVA	台时	223	220	417
自 卸 汽 车 5t	台时	8	6	7
载 重 汽 车 5t	台时	38	28	55
汽车起重机 16t	台时	19	19	19
其他机械费	%	4	4	4
编 号		70162	70163	70164

（5） 墙厚1.4m

项　　　目	单位	地　　　层			
		砂壤土	粉细砂	中粗砂	砾石
工　　长	工时	79	141	98	124
高　级　工	工时	315	565	394	498
中　级　工	工时	341	612	426	539
初　级　工	工时	577	1036	722	913
合　　计	工时	1312	2354	1640	2074
锯　　材	m³	0.99	0.99	0.99	0.99
钢　　材	kg	107	252	163	207
电　焊　条	kg	78	188	122	143
合金耐磨块	kg	35	84	53	70
膨　润　土	t	28	35	30	31
碱　　粉	kg	1375	1713	1497	1599
外　加　剂　CMC	kg	139	172	151	161
水	m³	804	1247	993	1120
其他材料费	%	1	1	1	1
冲击循环钻　CZF-1500	台时	170	304	222	258
泥浆净化机　JHB-200	台时	170	304	222	258
高速搅拌机　NJ-1500	台时	26	30	28	29
泥　浆　泵　3PN	台时	26	30	28	29
电　焊　机　25kVA	台时	94	294	192	175
自卸汽车　5t	台时	8	9	8	8
载重汽车　5t	台时	15	35	23	29
汽车起重机　16t	台时	19	19	19	19
其他机械费	%	4	4	4	4
编　　　号		70165	70166	70167	70168

项　　目	单位	地　　层		
		卵石	岩　石	
			＜10MPa	10～30MPa
工　　长	工时	157	127	243
高 级 工	工时	629	508	973
中 级 工	工时	682	550	1054
初 级 工	工时	1154	930	1784
合　　计	工时	2622	2115	4054
锯　　材	m³	0.99	0.99	0.99
钢　　材	kg	283	207	398
电 焊 条	kg	212	156	406
合金耐磨块	kg	95	70	133
膨 润 土	t	35	25	30
碱　　粉	kg	1762	1274	1481
外 加 剂　CMC	kg	177	128	148
水	m³	1247	993	1438
其他材料费	%	1	1	1
冲击循环钻　CZF－1500	台时	340	287	552
泥浆净化机　JHB－200	台时	340	287	552
高速搅拌机　NJ－1500	台时	33	24	28
泥 浆 泵　3PN	台时	33	24	28
电 焊 机　25kVA	台时	247	244	461
自 卸 汽 车　5t	台时	9	6	8
载 重 汽 车　5t	台时	39	29	56
汽车起重机　16t	台时	19	19	19
其他机械费	%	4	4	4
编　　　号		70169	70170	70171

七－16　地下连续墙成槽——液压开槽机开槽法

适用范围:土质地基。

工作内容:导轨铺拆、导向槽安拆、开槽、清孔、制浆、换浆、出渣等。

（1）　孔深≤10m

单位:100m²

项　　目	单位	墙　厚							
		22cm				30cm			
		土　质　级　别							
		Ⅰ	Ⅱ	Ⅲ	Ⅳ	Ⅰ	Ⅱ	Ⅲ	Ⅳ
工　　　　长	工时	18	19	20	22	19	19	21	23
高　级　工	工时	53	54	59	66	55	56	62	68
中　级　工	工时	98	108	118	133	99	112	123	136
初　级　工	工时	168	180	198	220	171	186	204	227
合　　　计	工时	337	361	395	441	344	373	410	454
枕　　木	m³	0.17	0.17	0.17	0.17	0.17	0.17	0.17	0.17
钢　　材	kg	60.1	60.1	51.0	51.0	60.1	60.1	51.0	51.0
碱　　粉	kg	38	38	38	38	52	52	52	52
粘　　土	t	7.6	7.6	7.6	7.6	10.6	10.6	10.6	10.6
胶　　管	m	2	2	2	2	3	3	3	3
水	m³	81	81	81	81	113	113	113	113
其他材料费	%	5	5	5	5	5	5	5	5
液压开槽机	台时	10.1	13.6	17.3	22.2	11.0	14.1	17.9	24.1
泥浆泵 3PN	台时	12.4	15.5	18.5	24.1	13.0	16.1	19.8	26.6
泥浆搅拌机	台时	12.4	15.5	18.5	24.1	13.0	16.1	19.8	26.6
其他机械费	%	5	5	5	5	5	5	5	5
编　　　号		70172	70173	70174	70175	70176	70177	70178	70179

(2) 孔深≤15m

项　　目	单位	墙　　厚							
		22cm				30cm			
		土　质　级　别							
		I	II	III	IV	I	II	III	IV
工　　长	工时	14	15	16	19	15	15	18	20
高　级　工	工时	43	46	50	57	45	48	53	59
中　级　工	工时	87	92	101	113	82	96	104	117
初　级　工	工时	145	153	168	190	143	160	175	196
合　　计	工时	289	306	335	379	285	319	350	392
枕　　木	m³	0.14	0.14	0.14	0.14	0.14	0.14	0.14	0.14
钢　　材	kg	45.9	45.9	39.8	39.8	45.9	45.9	39.8	39.8
碱　　粉	kg	38	38	38	38	52	52	52	52
粘　　土	t	7.6	7.6	7.6	7.6	10.6	10.6	10.6	10.6
胶　　管	m	2	2	2	2	3	3	3	3
水	m³	81	81	81	81	113	113	113	113
其他材料费	%	5	5	5	5	5	5	5	5
液压开槽机	台时	9.8	13.0	16.7	21.6	11.1	14.2	17.9	23.5
泥　浆　泵　3PN	台时	11.1	14.8	18.5	24.1	11.7	16.1	19.8	25.3
泥浆搅拌机	台时	11.1	14.8	18.5	24.1	11.7	16.1	19.8	25.3
其他机械费	%	5	5	5	5	5	5	5	5
编　　号		70180	70181	70182	70183	70184	70185	70186	70187

(3) 孔深≤20m

单位:100m²

项　　　　目	单位	墙　　　厚							
		22cm				30cm			
		土　质　级　别							
		I	II	III	IV	I	II	III	IV
工　　　长	工时	11	12	13	15	11	13	14	16
高　级　工	工时	33	37	40	46	35	39	44	49
中　级　工	工时	66	73	81	93	63	70	78	93
初　级　工	工时	109	123	135	153	109	123	137	160
合　　　计	工时	219	245	269	307	218	245	273	318
枕　　　木	m³	0.10	0.10	0.10	0.10	0.10	0.10	0.10	0.10
钢　　　材	kg	31.2	31.2	27.2	27.2	31.2	31.2	27.2	27.2
碱　　　粉	kg	38	38	38	38	52	52	52	52
粘　　　土	t	7.6	7.6	7.6	7.6	10.6	10.6	10.6	10.6
胶　　　管	m	2	2	2	2	3	3	3	3
水	m³	81	81	81	81	113	113	113	113
其他材料费	%	5	5	5	5	5	5	5	5
液压开槽机	台时	9.3	13.0	16.1	22.2	9.9	14.2	17.9	22.9
泥　浆　泵　3PN	台时	10.5	14.2	17.9	24.1	11.1	15.5	19.8	24.7
泥浆搅拌机	台时	10.5	14.2	17.9	24.1	11.1	15.5	19.8	24.7
其他机械费	%	5	5	5	5	5	5	5	5
编　　　号		70188	70189	70190	70191	70192	70193	70194	70195

（4） 孔深≤30m

项　　　目	单位	墙　　　厚							
		22cm				30cm			
		土　质　级　别							
		I	II	III	IV	I	II	III	IV
工　　　长	工时	9	10	11	13	10	11	13	15
高　级　工	工时	27	31	34	40	31	34	39	45
中　级　工	工时	54	62	73	80	54	63	69	81
初　级　工	工时	90	102	119	134	95	109	122	142
合　　　计	工时	180	205	237	267	190	217	243	283
枕　　　木	m³	0.07	0.07	0.07	0.07	0.07	0.07	0.07	0.07
钢　　　材	kg	24.4	24.4	20.4	20.4	24.4	24.4	20.4	20.4
碱　　　粉	kg	38	38	38	38	52	52	52	52
粘　　　土	t	7.6	7.6	7.6	7.6	10.6	10.6	10.6	10.6
胶　　　管	m	2	2	2	2	3	3	3	3
水	m³	81	81	81	81	113	113	113	113
其他材料费	%	5	5	5	5	5	5	5	5
液压开槽机	台时	11.8	15.9	19.9	25.0	12.9	17.0	20.6	26.4
泥浆泵 3PN	台时	13.1	17.4	21.8	27.6	14.1	18.7	22.7	29.0
泥浆搅拌机	台时	13.1	17.4	21.8	27.6	14.1	18.7	22.7	29.0
其他机械费	%	8	8	8	8	8	8	8	8
编　　　号		70196	70197	70198	70199	70200	70201	70202	70203

(5) 孔深≤40m

项 目	单位	墙 厚							
		22cm				30cm			
		土 质 级 别							
		Ⅰ	Ⅱ	Ⅲ	Ⅳ	Ⅰ	Ⅱ	Ⅲ	Ⅳ
工 长	工时	8	8	10	12	9	10	12	14
高 级 工	工时	24	26	32	35	28	30	38	41
中 级 工	工时	47	61	63	78	45	60	63	76
初 级 工	工时	79	97	106	126	82	99	113	131
合 计	工时	158	192	211	251	164	199	226	262
枕 木	m³	0.05	0.05	0.05	0.05	0.05	0.05	0.05	0.05
钢 材	kg	17.6	17.6	14.5	14.5	17.6	17.6	14.5	14.5
碱 粉	kg	38	38	38	38	52	52	52	52
粘 土	t	7.6	7.6	7.6	7.6	10.6	10.6	10.6	10.6
胶 管	m	2	2	2	2	3	3	3	3
水	m³	81	81	81	81	113	113	113	113
其他材料费	%	5	5	5	5	5	5	5	5
液压开槽机	台时	13.4	18.2	22.4	26.8	14.3	19.1	23.6	28.6
泥 浆 泵 3PN	台时	14.7	20.1	24.5	29.5	15.8	21.0	26.0	31.5
泥浆搅拌机	台时	14.7	20.1	24.5	29.5	15.8	21.0	26.0	31.5
其他机械费	%	10	10	10	10	10	10	10	10
编 号		70204	70205	70206	70207	70208	70209	70210	70211

七-17 地下连续墙成槽——射水成槽机成槽法

适用范围：土质地基。

工作内容：导轨铺拆、护筒埋设、制浆、射水成槽、导向管安拆、孔位转移、清渣等。

(1) 孔深≤10m

单位：100m²

项　　目	单位	墙　厚							
		22cm				35cm			
		土　质　级　别							
		Ⅰ	Ⅱ	Ⅲ	Ⅳ	Ⅰ	Ⅱ	Ⅲ	Ⅳ
工　　长	工时	20	22	24	28	21	23	25	30
高　级　工	工时	60	65	73	83	62	68	76	90
中　级　工	工时	121	131	145	167	125	136	152	180
初　级　工	工时	201	218	243	278	208	227	254	300
合　　计	工时	402	436	485	556	416	454	507	600
钢　　材	kg	15.7	15.7	15.7	15.7	15.7	15.7	15.7	15.7
枕　　木	m³	0.20	0.20	0.20	0.20	0.20	0.20	0.20	0.20
钢　护　筒	kg	39	39	39	39	41	41	41	41
粘　　土	t	7.5	7.5	7.5	7.5	11.9	11.9	11.9	11.9
碱　　粉	kg	37	37	37	37	60	60	60	60
水	m³	81	81	81	81	129	129	129	129
其他材料费	%	5	5	5	5	5	5	5	5
射水成槽机	台时	6.8	10.6	15.9	23.8	8.0	12.4	17.9	28.2
泥浆搅拌机	台时	8.0	12.4	18.5	27.8	8.7	13.6	19.8	30.9
泥浆泵　3PN	台时	8.0	12.4	18.5	27.8	8.7	13.6	19.8	30.9
其他机械费	%	5	5	5	5	5	5	5	5
编　　号		70212	70213	70214	70215	70216	70217	70218	70219

项　　目	单位	墙　　厚			
		42cm			
		土　质　级　别			
		Ⅰ	Ⅱ	Ⅲ	Ⅳ
工　　长	工时	21	23	27	33
高　级　工	工时	65	71	81	102
中　级　工	工时	129	141	164	203
初　级　工	工时	214	235	272	339
合　　计	工时	429	470	544	677
钢　　材	kg	15.7	15.7	15.7	15.7
枕　　木	m³	0.20	0.20	0.20	0.20
钢　护　筒	kg	42	42	42	42
粘　　土	t	14.3	14.3	14.3	14.3
碱　　粉	kg	72	72	72	72
水	m³	156	156	156	156
其他材料费	%	5	5	5	5
射水成槽机	台时	9.1	13.6	21.7	36.3
泥浆搅拌机	台时	9.3	14.2	23.9	40.0
泥浆泵 3PN	台时	9.3	14.2	23.9	40.0
其他机械费	%	5	5	5	5
编　　号		70220	70221	70222	70223

(2) 孔深≤15m

单位:100m²

项　目	单位	墙　厚							
		22cm				35cm			
		土　质　级　别							
		Ⅰ	Ⅱ	Ⅲ	Ⅳ	Ⅰ	Ⅱ	Ⅲ	Ⅳ
工　　　长	工时	16	19	22	26	18	20	23	28
高　级　工	工时	52	58	65	78	54	60	69	85
中　级　工	工时	103	114	131	156	107	121	139	170
初　级　工	工时	171	191	218	260	178	200	231	283
合　　　计	工时	342	382	436	520	357	401	462	566
钢　　　材	kg	12.5	12.5	12.5	12.5	12.5	12.5	12.5	12.5
枕　　　木	m³	0.16	0.16	0.16	0.16	0.16	0.16	0.16	0.16
钢　护　筒	kg	31	31	31	31	33	33	33	33
粘　　　土	t	7.5	7.5	7.5	7.5	11.9	11.9	11.9	11.9
碱　　　粉	kg	37	37	37	37	60	60	60	60
水	m³	81	81	81	81	129	129	129	129
其他材料费	%	5	5	5	5	5	5	5	5
射水成槽机	台时	7.8	12.1	18.1	27.2	8.9	13.7	20.6	32.0
泥浆搅拌机	台时	8.5	13.3	19.9	29.9	9.8	15.0	22.7	35.2
泥　浆　泵　3PN	台时	8.5	13.3	19.9	29.9	9.8	15.0	22.7	35.2
其他机械费	%	5	5	5	5	5	5	5	5
编　　　号		70224	70225	70226	70227	70228	70229	70230	70231

项　　　目	单位	墙　　厚			
		42cm			
		土　质　级　别			
		Ⅰ	Ⅱ	Ⅲ	Ⅳ
工　　　长	工时	18	21	25	32
高　级　工	工时	56	62	74	97
中　级　工	工时	111	125	149	193
初　级　工	工时	184	208	248	321
合　　　计	工时	369	416	496	643
钢　　　材	kg	12.5	12.5	12.5	12.5
枕　　　木	m³	0.16	0.16	0.16	0.16
钢　护　筒	kg	34	34	34	34
粘　　　土	t	14.3	14.3	14.3	14.3
碱　　　粉	kg	72	72	72	72
水	m³	156	156	156	156
其他材料费	%	5	5	5	5
射水成槽机	台时	10.1	15.0	24.2	40.3
泥浆搅拌机	台时	11.0	16.6	26.6	44.3
泥　浆　泵　3PN	台时	11.0	16.6	26.6	44.3
其他机械费	%	5	5	5	5
编　　　号		70232	70233	70234	70235

(3) 孔深≤20m

单位：100m²

项　　　目	单位	墙　　厚							
		22cm				35cm			
		土　质　级　别							
		Ⅰ	Ⅱ	Ⅲ	Ⅳ	Ⅰ	Ⅱ	Ⅲ	Ⅳ
工　　　长	工时	13	15	19	24	13	16	20	26
高　级　工	工时	41	47	57	70	43	50	62	79
中　级　工	工时	81	95	113	141	87	102	123	159
初　级　工	工时	136	159	188	235	144	169	204	264
合　　　计	工时	271	316	377	470	287	337	409	528
钢　　　材	kg	9.0	9.0	9.0	9.0	9.0	9.0	9.0	9.0
枕　　　木	m³	0.12	0.12	0.12	0.12	0.12	0.12	0.12	0.12
钢　护　筒	kg	22	22	22	22	23	23	23	23
粘　　　土	t	7.5	7.5	7.5	7.5	11.9	11.9	11.9	11.9
碱　　　粉	kg	37	37	37	37	60	60	60	60
水	m³	81	81	81	81	129	129	129	129
其他材料费	%	5	5	5	5	5	5	5	5
射水成槽机	台时	8.7	13.4	20.2	30.2	10.1	15.7	23.4	36.5
泥浆搅拌机	台时	9.5	14.7	22.1	33.3	11.0	17.2	25.8	40.1
泥 浆 泵 3PN	台时	9.5	14.7	22.1	33.3	11.0	17.2	25.8	40.1
其他机械费	%	5	5	5	5	5	5	5	5
编　　　号		70236	70237	70238	70239	70240	70241	70242	70243

项　　目	单位	墙　　厚			
		42cm			
		土　质　级　别			
		Ⅰ	Ⅱ	Ⅲ	Ⅳ
工　　长	工时	14	18	22	30
高　级　工	工时	45	53	67	92
中　级　工	工时	90	106	134	182
初　级　工	工时	150	176	222	305
合　　计	工时	299	353	445	609
钢　　材	kg	9.0	9.0	9.0	9.0
枕　　木	m³	0.12	0.12	0.12	0.12
钢　护　筒	kg	24	24	24	24
粘　　土	t	14.3	14.3	14.3	14.3
碱　　粉	kg	72	72	72	72
水	m³	156	156	156	156
其他材料费	%	5	5	5	5
射水成槽机	台时	11.3	17.0	27.2	45.3
泥浆搅拌机	台时	12.5	18.7	29.9	49.9
泥　浆　泵　3PN	台时	12.5	18.7	29.9	49.9
其他机械费	%	5	5	5	5
编　　　号		70244	70245	70246	70247

七－18 混凝土防渗墙浇筑

适用范围:混凝土防渗墙槽孔混凝土浇筑。

工作内容:搭拆浇筑平台、装拆导管、浇筑及质量检查、墙顶混凝土凿除等。

(1) 墙厚 0.22~0.42 m

单位:100m² 阻水面积

项 目	单位	墙 厚 (m)			
		0.22	0.30	0.35	0.42
工 长	工时	4	5	6	7
高 级 工	工时	14	19	22	26
中 级 工	工时	52	70	81	95
初 级 工	工时	72	97	112	132
合 计	工时	142	191	221	260
水 下 混 凝 土	m³	25	33	38	45
钢 导 管	kg	2	3	4	4
橡 皮 板	kg	5	6	7	9
锯 材	m³	0.15	0.20	0.23	0.27
其他材料费	%	3	3	3	3
搅 拌 机 0.4m³	台时	4.5	6.1	7.0	8.3
胶 轮 车	台时	21.0	28.1	32.5	38.3
汽车起重机 8t	台时	3.7	4.9	5.7	6.7
载 重 汽 车 5t	台时	0.1	0.2	0.2	0.2
其他机械费	%	2	2	2	2
混 凝 土 运 输	m³	25	33	38	45
编 号		70248	70249	70250	70251

注:本分节适用于土质地层。

(2) 墙厚0.60 m

项 目	单位	地 层		
		漂石、卵石	细砂、砾石	其他
工 长	工时	13	12	12
高 级 工	工时	50	48	46
中 级 工	工时	181	173	166
初 级 工	工时	252	242	231
合 计	工时	496	475	455
水下混凝土	m³	85	81	78
钢 导 管	kg	8	8	8
橡 皮 板	kg	17	16	15
锯 材	m³	0.52	0.49	0.47
其他材料费	%	3	3	3
搅 拌 机 0.4m³	台时	15.8	15.1	14.5
胶 轮 车	台时	72.9	69.9	66.8
汽车起重机 8t	台时	13	12	12
载 重 汽 车 5t	台时	0.4	0.4	0.4
其他机械费	%	2	2	2
混凝土运输	m³	85	81	78
编 号		70252	70253	70254

(3) 墙厚 0.80 m

项　　　目	单位	地　　　层		
		漂石、卵石	细砂、砾石	其他
工　　　长	工时	17	16	16
高　级　工	工时	67	63	62
中　级　工	工时	241	230	221
初　级　工	工时	336	324	308
合　　　计	工时	661	633	607
水下混凝土	m³	114	109	104
钢　导　管	kg	11	11	10
橡　皮　板	kg	22	21	20
锯　　　材	m³	0.68	0.65	0.63
其他材料费	%	3	3	3
搅拌机 0.4m³	台时	21.0	20.1	19.3
胶　轮　车	台时	97.2	93.2	89.1
汽车起重机 8t	台时	17	16	16
载重汽车 5t	台时	0.6	0.6	0.5
其他机械费	%	2	2	2
混凝土运输	m³	114	109	104
编　　　号		70255	70256	70257

（4） 墙厚1.0 m

项　　　目	单位	地　　　层		
		漂石、卵石	细砂、砾石	其他
工　　长	工时	21	21	20
高　级　工	工时	84	79	77
中　级　工	工时	301	288	276
初　级　工	工时	419	403	384
合　　计	工时	825	791	757
水下混凝土	m³	142	136	130
钢　导　管	kg	14	13	13
橡　皮　板	kg	28	27	25
锯　　材	m³	0.86	0.84	0.78
其他材料费	%	3	3	3
搅　拌　机　0.4m³	台时	26.3	25.2	24.1
胶　轮　车	台时	121.6	116.5	111.4
汽车起重机　8t	台时	21	20	20
载重汽车　5t	台时	0.7	0.7	0.7
其他机械费	%	2	2	2
混凝土运输	m³	142	136	130
编　　　号		70258	70259	70260

（5） 墙厚 1.2 m

项　　目	单位	地　　层		
		漂石、卵石	细砂、砾石	其他
工　　长	工时	26	25	23
高　级　工	工时	101	95	92
中　级　工	工时	362	346	332
初　级　工	工时	503	485	461
合　　计	工时	992	951	908
水下混凝土	m³	171	164	156
钢　导　管	kg	17	16	15
橡　皮　板	kg	33	32	30
锯　　材	m³	1.03	0.99	0.94
其他材料费	%	3	3	3
搅拌机 0.4m³	台时	31.6	30.3	28.9
胶　轮　车	台时	145.9	139.8	133.7
汽车起重机 8t	台时	26	25	23
载重汽车 5t	台时	0.9	0.9	0.8
其他机械费	%	2	2	2
混凝土运输	m³	171	164	156
编　　　　号		70261	70262	70263

(6) 墙厚 1.40 m

项　　　目	单位	地　　层		
		漂石、卵石	细砂、砾石	其他
工　　　长	工时	30	29	27
高　级　工	工时	117	111	108
中　级　工	工时	422	403	387
初　级　工	工时	587	565	538
合　　　计	工时	1156	1108	1060
水下混凝土	m³	199	191	182
钢　导　管	kg	19	18	18
橡　皮　板	kg	39	37	35
锯　　　材	m³	1.20	1.15	1.10
其他材料费	%	3	3	3
搅　拌　机　0.4m³	台时	36.8	35.3	33.8
胶　轮　车	台时	170.2	163.1	156.0
汽车起重机　8t	台时	30	29	27
载重汽车　5t	台时	1.0	1.0	0.9
其他机械费	%	2	2	2
混凝土运输	m³	199	191	182
编　　　号		70264	70265	70266

七-19 预裂爆破

适用范围:地下连续墙漂石、孤石及坚硬岩石地层。

工作内容:爆破筒(或聚能药包)制作、安放、爆破。

单位:100m²

项　　目	单位	爆 破 方 法	
		钻孔孔内爆破	聚能爆破
工　　长	工时	97	220
高 级 工	工时	165	824
中 级 工	工时	165	824
初 级 工	工时	97	220
合　　计	工时	524	2088
毫秒雷管	个	160	352
乳 化 炸 药	kg	240	880
无 缝 钢 管	kg	45	
钢　　板	kg	24	
铁　　皮	kg		678
电 焊 条	kg	24	96
其他材料费	%	8	3
电 焊 机　25kVA	台时	41	165
钢筋切断机　10kW	台时	8	
其他机械费	%	2	2
编　　　　号		70267	70268

注:钻孔内爆破定额子目未包括钻孔;

钻孔工程量(m)=预裂面积(m²)÷孔距,孔距可采用1.2m。

七－20 振冲碎石桩

适用范围:软基处理。

工作内容:准备、造孔、填料、冲孔。

(1) 孔深≤8m

单位:100m

项 目		单位	地 层				
			粉细砂	中粗砂	砂壤土	淤泥	粘土
工 长		工时	5	6	7	8	11
高 级 工		工时	8	8	10	13	15
中 级 工		工时	44	48	56	69	89
初 级 工		工时	47	52	60	73	107
合 计		工时	104	114	133	163	222
卵(碎)石		m³	96	94	92	96	90
其他材料费		%	5	5	5	5	5
汽车起重机	16t	台时	13.2	14.3	16.5	20.1	26.2
振 冲 器	ZCQ-30	台时	10.3	11.4	13.6	17.2	27.6
离 心 水 泵	14kW	台时	10.3	11.4	13.6	17.2	27.6
污 水 泵	4kW	台时	10.3	11.4	13.6	17.2	27.6
装 载 机	1m³	台时	10.3	11.4	13.6	17.2	27.6
其他机械费		%	5	5	5	5	5
编 号			70269	70270	70271	70272	70273

(2) 孔深≤20m

单位:100m

项 目		单位	地 层				
			粉细砂	中粗砂	砂壤土	淤泥	粘土
工 长		工时	6	6	7	9	12
高 级 工		工时	9	10	11	14	20
中 级 工		工时	48	53	62	75	103
初 级 工		工时	52	57	66	81	110
合 计		工时	115	126	146	179	245
卵(碎)石		m³	126	123	120	126	114
其他材料费		%	5	5	5	5	5
汽车起重机	25t	台时	13.2	14.3	16.5	20.1	26.2
振 冲 器	ZCQ-75	台时	10.3	11.4	13.6	17.2	27.6
离 心 水 泵	22kW	台时	10.3	11.4	13.6	17.2	27.6
污 水 泵	4kW	台时	10.3	11.4	13.6	17.2	27.6
装 载 机	1m³	台时	10.3	11.4	13.6	17.2	27.6
其他机械费		%	5	5	5	5	5
编 号			70274	70275	70276	70277	70278

七－21　振冲水泥碎石桩

适用范围:砂砾石层。

工作内容:吊车移动、就位、桩孔定位、现场清理、安装振冲器、接换振冲头、造孔、搅料、填料、填写记录。

（1）　孔深≤8m

单位:100m

项　　　　目	单位	数　　　　　　　量
工　　　　长	工时	18
高　级　工	工时	24
中　级　工	工时	28
初　级　工	工时	278
合　　　　计	工时	348
碎　　石　　5～50mm	m³	110
水　　　　泥	t	21
其他材料费	%	4
汽车起重机　16t	台时	16
振　冲　器　ZCQ－75	台时	15
离心水泵　14kW	台时	15
污　水　泵　4kW	台时	15
装　载　机　1m³	台时	15
灌　浆　泵　低压泥浆	台时	15
搅　拌　机　0.4m³	台时	15
潜　水　泵　2.2kW	台时	15
其他机械费	%	5
编　　　　　号		70279

（2） 孔深≤20m

项 目	单位	数 量
工 长	工时	21
高 级 工	工时	28
中 级 工	工时	32
初 级 工	工时	319
合 计	工时	400
碎 石 5～50mm	m³	110
水 泥	t	21
其他材料费	%	4
汽车起重机 16t	台时	19
振 冲 器 ZCQ-75	台时	18
离 心 水 泵 14kW	台时	18
污 水 泵 4kW	台时	18
装 载 机 1m³	台时	18
灌 浆 泵 低压泥浆	台时	18
搅 拌 机 0.4m³	台时	18
潜 水 泵 2.2kW	台时	18
其他机械费	%	5
编 号		70280

七－22　冲击钻造灌注桩孔

适用范围:冲击钻机造孔、桩深60m以内、桩径0.8m。

工作内容:井口护筒埋设、钻机安装、转移孔位、造孔、出渣、制作固壁泥
　　　　　浆、清孔。

单位:100m

项　　目		单位	地　　　层						
			粘土	砂壤土	粉细砂	砾石	卵石	漂石	岩石
工　　　长		工时	70	67	150	109	153	167	199
高　级　工		工时	278	268	602	438	615	670	794
中　级　工		工时	766	734	1654	1204	1693	1840	2183
初　级　工		工时	278	268	602	438	615	670	793
合　　　计		工时	1392	1337	3008	2189	3076	3347	3969
锯　　　材		m³	0.2	0.2	0.2	0.2	0.2	0.2	0.2
钢　　　材		kg	84	70	270	160	265	437	308
钢　　板	4mm	m²	1.3	1.3	1.3	1.3	1.3	1.3	1.3
铁　　　丝		kg	5.5	5.5	5.5	5.5	5.5	5.5	5.5
粘　　　土		t	80	108	108	108	108	108	108
碱　　　粉		kg	334	450	450	450	450	450	450
电　焊　条		kg	63	53	204	120	201	332	234
水		m³	1050	1050	1050	1050	1050	1050	1050
其他材料费		%	3	3	2	2	2	2	2
冲击钻机	CZ－22型	台时	172	158	376	264	371	418	511
电　焊　机	25kVA	台时	86	79	251	165	245	300	319
泥　浆　泵	3PN	台时	54	72	72	72	72	72	72
泥浆搅拌机		台时	108	144	144	144	144	144	144
汽车起重机	25t	台时	8.2	8.2	8.2	8.2	8.2	8.2	8.2
自卸汽车	5t	台时	26.8	26.8	26.8	26.8	26.8	26.8	26.8
载重汽车	5t	台时	17.5	15.5	54.6	31.9	52.5	88.6	61.8
其他机械费		%	3	3	3	2	2	2	2
编　　　号			70281	70282	70283	70284	70285	70286	70287

注:1.不同桩径,人工、电焊条、钢材、钢板、冲击钻机、电焊机、自卸汽车乘以下系数:

桩径(m)	0.6	0.6~0.7	0.7~0.8	0.8~0.9	0.9~1.0	1.0~1.1	1.1~1.2	1.2~1.3
系　数	0.80	0.90		1.00	1.27	1.43	1.59	1.76	1.93

2.孔深小于40m时,人工、机械乘0.9系数;

3.本节岩石系指抗压强度<30MPa的岩石。

七－23 灌注混凝土桩

适用范围:泥浆固壁、机械造孔的灌注桩。

工作内容:钢筋制作、焊接绑扎、吊装入孔,安拆导管及漏斗,混凝土配料、拌和、运输、灌注、凿除混凝土桩头。

项　目	单位	混凝土(100m桩长)		
		桩径(m)		
		0.6	0.8	1.0
工　　长	工时	14	24	38
高　级　工	工时	42	74	116
中　级　工	工时	47	84	132
初　级　工	工时	175	311	486
合　　计	工时	278	493	772
水下混凝土	m³	37	66	104
其他材料费	%	2	2	2
搅　拌　机　0.4m³	台时	6.9	12.3	19.2
卷　扬　机　5t	台时	11	20	31.2
载　重　汽　车　5t	台时	0.9	1.6	2.5
胶　轮　车	台时	31.9	56.7	88.6
其他机械费	%	3	3	3
混凝土运输	m³	37	66	104
编　　号		70288	70289	70290

项　目	单位	混凝土(100m桩长)		钢筋(t)
		桩径(m)		
		1.2	1.4	
工　　长	工时	55	75	8
高 级 工	工时	167	227	24
中 级 工	工时	190	258	27
初 级 工	工时	700	952	101
合　　计	工时	1112	1512	160
水下混凝土	m³	149	203	
圆 钢 筋	t			1.03
电 焊 条	kg			8.0
其他材料费	%	2	2	1
搅 拌 机　0.4m³	台时	27.7	37.7	
卷 扬 机　5t	台时	44.9	61.1	
电 焊 机　25kVA	台时			9.3
钢筋调直机　14kW	台时			0.7
钢筋弯曲机　Φ40mm	台时			1.2
钢筋切断机　20kW	台时			0.5
汽车起重机　20t	台时			2.5
载 重 汽 车　5t	台时	3.6	4.9	0.2
胶 轮 车	台时	127.6	173.7	
其他机械费	%	3	3	8
混凝土运输	m³	149	203	
编　　　号		70291	70292	70293

七－24 坝体接缝灌浆

适用范围:混凝土坝体。

工作内容:管道安装、开灌浆孔、装灌浆盆、通水检查、冲洗、压水试验、制浆、灌浆、平衡通水及防堵通水。

单位:100m²

项 目	单位	预埋铁管法	塑料拔管法
工 长	工时	6	5
高 级 工	工时	31	24
中 级 工	工时	52	43
初 级 工	工时	27	23
合 计	工时	116	95
黑 铁 管 Φ25mm	m	147	10
灌 浆 盒	个	21	
塑 料 管 Φ23mm	m		7
管 件	个	58	6
水 泥	t	1	1
水	m³	200	200
其他材料费	%	15	20
灌 浆 泵 中压泥浆	台时	1.5	1.5
灰浆搅拌机	台时	1.5	1.5
离 心 水 泵 30kW	台时	10.1	10.1
胶 轮 车	台时	21.0	18.0
载 重 汽 车 5t	台时	0.62	0.62
其他机械费	%	5	5
编 号		70294	70295

七－25 预埋骨料灌浆

适用范围:混凝土衬砌。

工作内容:预埋骨料及灌浆管、风钻钻孔、制浆、灌浆、封孔。

单位:100m³

项　　目	单位	数　　量
工　　长	工时	43
高　级　工	工时	95
中　级　工	工时	71
初　级　工	工时	1233
合　　计	工时	1442
水　　泥	t	40.8
河　　砂	m³	12.6
水	m³	20
灌　浆　管	m	34
卵（碎）石	m³	110
其他材料费	%	2
灌　浆　泵　中压泥浆	台时	52
灰浆搅拌机	台时	52
载重汽车　5t	台时	21
其他机械费	%	10
编　　号		70296

七－26 垂线孔钻孔及工作管制作安装

适用范围:露天作业,孔深40m以内。

工作内容:机台搭拆、钻孔、工作管加工与安装、孔位转移等。

单位:100m

项　目		单位	岩　石　级　别		
			Ⅶ～Ⅷ	Ⅸ～Ⅹ	Ⅺ～Ⅻ
工　　　长		工时	494	547	604
高　级　工		工时	2847	3144	3473
中　级　工		工时	1498	1655	1828
初　级　工		工时	1539	1701	1879
合　　　计		工时	6378	7047	7784
铁砂钻头	Φ275	个		2.88	3.29
金钢石钻头	Φ219	个		8.98	11.09
金钢石钻头	Φ168	个		0.83	1.03
扩　孔　器	Φ219	个		4.0	5.0
扩　孔　器	Φ168	个		0.37	0.46
合金钻头	Φ275	个	6.16		
合金钻头	Φ219	个	26.00		
合金钻头	Φ168	个	11.44		
合金钻头	复式Φ168	个	4.32		
合金钻头	复式Φ219	个	2.88		
合　金　片		kg	5.16		
铁　　　砂		t		0.41	0.47
岩　芯　管	Φ273	m	1.12	1.04	1.17
岩　芯　管	Φ219	m	7.60	4.64	5.24
岩　芯　管	Φ168	m	2.24	6.72	7.59
工　作　管	Φ130～168	m	110	110	110
导　向　管	Φ273	m	16	16	16
锯　　　材		m³	2.12	2.12	2.12
水		m³	3600	3800	4050
其他材料费		%	5	5	5
地质钻机	500型	台时	1124	1284	1468
灌　浆　泵	中压泥浆	台时	11	12	14
灰浆搅拌机		台时	11	12	14
其他机械费		%	3	3	3
编　　　号			70297	70298	70299

注:1.孔深超过40m,人工、机械乘下表调整系数:

孔深(m)	40m以内	60m以内	80m以内
调整系数	1.00	1.20	1.40

2.洞内作业,人工、机械乘1.2系数。

七-27 减压井

适用范围:土、砂砾石层。

工作内容:井口护筒埋设、制浆、钻孔、清渣、下管、填料、冲洗、分段洗井、水位观测、一个点的抽水鉴定、孔位转移等。

单位:100m

项 目	单位	地 层					
		粘土	砂壤土	粉细砂	中粗砂	砾石	卵石
工 长	工时	151	134	182	176	176	224
高 级 工	工时	512	459	618	600	601	761
中 级 工	工时	1689	1510	2039	1974	1977	2507
初 级 工	工时	664	593	801	775	777	985
合 计	工时	3016	2696	3640	3525	3531	4477
锯 材	m³	2.20	2.20	2.20	2.20	2.20	2.20
反 滤 料	m³	40.40	40.40	40.40	40.40	40.40	40.40
水	m³	1019	1019	1019	1019	1019	1019
钢 材	kg	69	56	124	118	146	146
碱 粉	kg	300	300	300	300	300	300
钢 管	m	105	105	105	105	105	105
粘 土	t	70	70	70	70	70	70
其他材料费	%	10	10	10	10	10	10
冲击钻机 CZ-22型	台时	158	121	246	229	233	342
灌浆泵 中压泥浆	台时	48	48	48	48	48	48
泥浆搅拌机	台时	96	96	96	96	96	96
空 压 机 6m³/min	台时	371	371	371	371	371	371
离心水泵 22kW	台时	371	371	371	371	371	371
卷 扬 机 3t	台时	371	371	371	371	371	371
其他机械费	%	5	5	5	5	5	5
编 号		70300	70301	70302	70303	70304	70305

七－28 水位观测孔工程

适用范围：岩石基础、二根测管、三个观测段。

工作内容：配管、下管、加反滤料、洗孔、分段及管口封塞等。

单位：100m

项　　　目	单位	孔　深　（m）			
		50	75	100	150
工　　长	工时	8	11	14	21
高　级　工	工时	23	33	42	63
中　级　工	工时	47	66	84	127
初　级　工	工时	78	109	141	211
合　　计	工时	156	219	281	422
镀锌钢管　Φ70	m	87	130	173	260
砾　　石	m³	1.18	1.76	2.35	3.53
水泥砂浆　M7.5	m³	0.44	0.65	0.96	1.31
土　工　布	m²	4.5	6.8	9.0	13.5
沥　　青	kg	50	50	50	50
水	m³	652	687	728	794
其他材料费	%	5	5	5	5
地质钻机　150型	台时	15	22	28	42
空　压　机　6m³/min	台时	11.3	15.1	19.0	24.6
离心水泵	台时	11.3	15.1	19.0	24.6
其他机械费	%	5	5	5	5
编　　　　号		70306	70307	70308	70309

注：本节未包括钻孔（孔径 Φ219m），钻孔请选用七－3节定额，钻机用于下管。

七－29　地面砂浆锚杆——风钻钻孔

适用范围:露天作业。

工作内容:钻孔、锚杆制作、安装、制浆、注浆、锚定等。

(1)　锚杆长度 2m

单位:100 根

项　　目		单位	岩　石　级　别			
			V～Ⅷ	Ⅸ～Ⅹ	Ⅺ～Ⅻ	ⅩⅢ～ⅩⅣ
工　　长		工时	6	7	8	11
高　级　工		工时				
中　级　工		工时	43	50	60	76
初　级　工		工时	75	85	102	128
合　　计		工时	124	142	170	215
合金钻头		个	4.2	5.5	6.7	8.4
钢　筋	Φ18	kg	441	441	441	441
	Φ20	kg	544	544	544	544
	Φ22	kg	658	658	658	658
锚杆附件		kg	144	144	144	144
水泥砂浆		m³	0.23	0.23	0.23	0.23
其他材料费		%	3	3	3	3
风　　钻		台时	16.5	22.7	31.3	45.4
其他机械费		%	8	7	6	5
编　　　　号			70310	70311	70312	70313

(2)　锚杆长度 3m

单位:100 根

项　　目		单位	岩　石　级　别			
			V～Ⅷ	Ⅸ～Ⅹ	Ⅺ～Ⅻ	ⅩⅢ～ⅩⅣ
工　　长		工时	9	11	13	17
高　级　工		工时				
中　级　工		工时	62	74	89	116
初　级　工		工时	107	127	154	198
合　　计		工时	178	212	256	331
合金钻头		个	6.3	8.2	10.2	12.5
钢　筋	Φ18	kg	650	650	650	650
	Φ20	kg	803	803	803	803
	Φ22	kg	971	971	971	971
	Φ25	kg	1254	1254	1254	1254
锚杆附件		kg	144	144	144	144
水泥砂浆		m³	0.34	0.34	0.34	0.34
其他材料费		%	3	3	3	3
风　　钻		台时	27.1	37.5	51.9	75.7
其他机械费		%	8	7	6	5
编　　　　号			70314	70315	70316	70317

（3） 锚杆长度 4m

单位:100 根

项 目	单位	岩 石 级 别			
		V ～ Ⅷ	Ⅸ ～ Ⅹ	Ⅺ ～ Ⅻ	ⅩⅢ ～ ⅩⅣ
工 长	工时	13	16	19	24
高 级 工	工时				
中 级 工	工时	90	108	132	173
初 级 工	工时	155	185	228	297
合 计	工时	258	309	379	494
合 金 钻 头	个	8.5	10.9	13.5	16.7
钢 筋 Φ20	kg	1062	1062	1062	1062
Φ22	kg	1285	1285	1285	1285
Φ25	kg	1659	1659	1659	1659
Φ28	kg	2081	2081	2081	2081
Φ30	kg	2389	2389	2389	2389
锚杆附件	kg	144	144	144	144
水泥砂浆	m³	0.45	0.45	0.45	0.45
其他材料费	%	3	3	3	3
风 钻	台时	40.7	56.9	79.4	116.4
其他机械费	%	8	7	6	5
编 号		70318	70319	70320	70321

（4） 锚杆长度 5m

单位:100 根

项 目	单位	岩 石 级 别			
		V ～ Ⅷ	Ⅸ ～ Ⅹ	Ⅺ ～ Ⅻ	ⅩⅢ ～ ⅩⅣ
工 长	工时	17	21	26	35
高 级 工	工时				
中 级 工	工时	119	145	183	245
初 级 工	工时	203	249	313	418
合 计	工时	339	415	522	698
合 金 钻 头	个	10.6	13.8	16.9	20.9
钢 筋 Φ20	kg	1321	1321	1321	1321
Φ22	kg	1598	1598	1598	1598
Φ25	kg	2063	2063	2063	2063
Φ28	kg	2589	2589	2589	2589
Φ30	kg	2972	2972	2972	2972
锚杆附件	kg	144	144	144	144
水泥砂浆	m³	0.57	0.57	0.57	0.57
其他材料费	%	3	3	3	3
风 钻	台时	59.6	84.2	118.3	174.5
其他机械费	%	8	7	6	5
编 号		70322	70323	70324	70325

七－30 地面药卷锚杆——风钻钻孔

适用范围:露天作业。

工作内容:钻孔、锚杆制作、安装、锚定等。

(1) 锚杆长度2m

单位:100 根

项　　　目		单位	岩　石　级　别			
			V～Ⅷ	Ⅸ～Ⅹ	Ⅺ～Ⅻ	ⅩⅢ～ⅩⅣ
工　　　长		工时	5	6	8	11
高　级　工		工时				
中　级　工		工时	40	46	56	71
初　级　工		工时	68	80	96	122
合　　　计		工时	113	132	160	204
合　金　钻　头		个	4.2	5.5	6.7	8.4
钢　　筋	Φ18	kg	431	431	431	431
	Φ20	kg	532	532	532	532
	Φ22	kg	643	643	643	643
药　　　卷		m	190	190	190	190
其他材料费		%	3	3	3	3
风　　　钻		台时	16.5	22.7	31.3	45.4
其他机械费		%	8	7	6	5
编　　　　　号			70326	70327	70328	70329

(2) 锚杆长度3m

单位:100 根

项　　　目		单位	岩　石　级　别			
			V～Ⅷ	Ⅸ～Ⅹ	Ⅺ～Ⅻ	ⅩⅢ～ⅩⅣ
工　　　长		工时	8	11	13	16
高　级　工		工时				
中　级　工		工时	59	69	85	112
初　级　工		工时	100	120	147	191
合　　　计		工时	167	200	245	319
合　金　钻　头		个	6.3	8.2	10.2	12.5
钢　　筋	Φ18	kg	640	640	640	640
	Φ20	kg	791	791	791	791
	Φ22	kg	956	956	956	956
	Φ25	kg	1235	1235	1235	1235
药　　　卷		m	285	285	285	285
其他材料费		%	3	3	3	3
风　　　钻		台时	27.1	37.5	51.9	75.7
其他机械费		%	8	7	6	5
编　　　　　号			70330	70331	70332	70333

（3） 锚杆长度4m

单位：100根

项　　目		单位	岩　石　级　别			
			V～Ⅷ	Ⅸ～Ⅹ	Ⅺ～Ⅻ	ⅩⅢ～ⅩⅣ
工　　　　长		工时	13	15	19	24
高　级　工		工时				
中　级　工		工时	86	104	128	169
初　级　工		工时	147	177	219	289
合　　　计		工时	246	296	366	482
合金钻头		个	8.5	10.9	13.5	16.7
钢　筋	Φ20	kg	1050	1050	1050	1050
	Φ22	kg	1270	1270	1270	1270
	Φ25	kg	1640	1640	1640	1640
	Φ28	kg	2057	2057	2057	2057
	Φ30	kg	2361	2361	2361	2361
药　卷		m	380	380	380	380
其他材料费		%	3	3	3	3
风　钻		台时	40.7	56.9	79.4	116.4
其他机械费		%	8	7	6	5
编　　　号			70334	70335	70336	70337

（4） 锚杆长度5m

单位：100根

项　　目		单位	岩　石　级　别			
			V～Ⅷ	Ⅸ～Ⅹ	Ⅺ～Ⅻ	ⅩⅢ～ⅩⅣ
工　　　　长		工时	17	20	25	34
高　级　工		工时				
中　级　工		工时	113	141	179	240
初　级　工		工时	194	240	305	411
合　　　计		工时	324	401	509	685
合金钻头		个	10.6	13.8	16.9	20.9
钢　筋	Φ20	kg	1309	1309	1309	1309
	Φ22	kg	1583	1583	1583	1583
	Φ25	kg	2044	2044	2044	2044
	Φ28	kg	2566	2566	2566	2566
	Φ30	kg	2944	2944	2944	2944
药　卷		m	475	475	475	475
其他材料费		%	3	3	3	3
风　钻		台时	59.6	84.2	118.3	174.5
其他机械费		%	8	7	6	5
编　　　号			70338	70339	70340	70341

七－31 地面砂浆锚杆——履带钻钻孔

适用范围:露天作业。

工作内容:钻孔、锚杆制作、安装、制浆、注浆、锚定等。

(1) 锚杆长度 6m

单位:100 根

项 目		单位	岩 石 级 别			
			V～Ⅷ	Ⅸ～Ⅹ	Ⅺ～Ⅻ	ⅩⅢ～ⅩⅣ
工 长		工时	9	9	9	9
高 级 工		工时				
中 级 工		工时	64	65	65	65
初 级 工		工时	110	110	111	112
合 计		工时	183	184	185	186
钻 头		个	1.16	1.22	1.27	1.32
钻 杆		m	3.47	3.68	3.89	3.99
钢 筋	Φ20	kg	1579	1579	1579	1579
	Φ22	kg	1911	1911	1911	1911
	Φ25	kg	2468	2468	2468	2468
	Φ28	kg	3096	3096	3096	3096
	Φ30	kg	3554	3554	3554	3554
锚 杆 附 件		kg	144	144	144	144
水 泥 砂 浆		m³	0.95	0.95	0.95	0.95
其他材料费		%	3	3	3	3
液压履带钻		台时	10.51	11.67	12.74	14.01
其他机械费		%	20	20	20	20
编 号			70342	70343	70344	70345

注:地下砂浆锚杆,人工及液压履带钻定额数量乘1.15的系数。

（2） 锚杆长度 7m

项　　　目		单位	岩　石　级　别			
			V～Ⅷ	Ⅸ～Ⅹ	Ⅺ～Ⅻ	ⅩⅢ～ⅩⅣ
工　　　长		工时	11	11	11	11
高　级　工		工时				
中　级　工		工时	72	72	74	74
初　级　工		工时	124	125	125	126
合　　　计		工时	207	208	210	211
钻　　　头		个	1.35	1.42	1.48	1.54
钻　　　杆		m	4.10	4.31	4.52	4.62
钢　　　筋	Φ22	kg	2225	2225	2225	2225
	Φ25	kg	2872	2872	2872	2872
	Φ28	kg	3604	3604	3604	3604
	Φ30	kg	4137	4137	4137	4137
锚杆附件		kg	144	144	144	144
水泥砂浆		m³	1.11	1.11	1.11	1.11
其他材料费		%	3	3	3	3
液压履带钻		台时	12.26	13.62	14.86	16.34
其他机械费		%	20	20	20	20
编　　　号			70346	70347	70348	70349

（3） 锚杆长度 8m

项　　　目		单位	岩　石　级　别			
			V～Ⅷ	Ⅸ～Ⅹ	Ⅺ～Ⅻ	ⅩⅢ～ⅩⅣ
工　　　长		工时	12	12	12	12
高　级　工		工时				
中　级　工		工时	81	81	81	82
初　级　工		工时	138	139	140	141
合　　　计		工时	231	232	233	235
钻　　　头		个	1.54	1.63	1.69	1.76
钻　　　杆		m	4.62	4.83	5.04	5.25
钢　　　筋	Φ25	kg	3277	3277	3277	3277
	Φ28	kg	4111	4111	4111	4111
	Φ30	kg	4719	4719	4719	4719
锚杆附件		kg	144	144	144	144
水泥砂浆		m³	1.27	1.27	1.27	1.27
其他材料费		%	3	3	3	3
液压履带钻		台时	14.02	15.56	16.99	18.68
其他机械费		%	20	20	20	20
编　　　号			70350	70351	70352	70353

（4） 锚杆长度9m

单位:100根

项 目		单位	岩 石 级 别			
			V～Ⅷ	Ⅸ～Ⅹ	Ⅺ～Ⅻ	ⅩⅢ～ⅩⅣ
工 长		工时	13	13	13	13
高 级 工		工时				
中 级 工		工时	88	89	89	90
初 级 工		工时	152	153	154	154
合 计		工时	253	255	256	257
钻 头		个	1.74	1.83	1.90	1.98
钻 杆		m	5.25	5.46	5.67	5.99
钢 筋	Φ25	kg	3682	3682	3682	3682
	Φ28	kg	4619	4619	4619	4619
	Φ30	kg	5302	5302	5302	5302
锚杆附件		kg	144	144	144	144
水泥砂浆		m³	1.43	1.43	1.43	1.43
其他材料费		%	3	3	3	3
液压履带钻		台时	15.77	17.50	19.11	21.01
其他机械费		%	20	20	20	20
编 号			70354	70355	70356	70357

（5） 锚杆长度10m

单位:100根

项 目		单位	岩 石 级 别			
			V～Ⅷ	Ⅸ～Ⅹ	Ⅺ～Ⅻ	ⅩⅢ～ⅩⅣ
工 长		工时	14	14	14	14
高 级 工		工时				
中 级 工		工时	97	98	98	99
初 级 工		工时	166	167	168	169
合 计		工时	277	279	280	282
钻 头		个	1.93	2.03	2.11	2.21
钻 杆		m	5.78	6.09	6.30	6.62
钢 筋	Φ25	kg	4086	4086	4086	4086
	Φ28	kg	5126	5126	5126	5126
	Φ30	kg	5885	5885	5885	5885
锚杆附件		kg	144	144	144	144
水泥砂浆		m³	1.59	1.59	1.59	1.59
其他材料费		%	3	3	3	3
液压履带钻		台时	17.52	19.45	21.23	23.34
其他机械费		%	20	20	20	20
编 号			70358	70359	70360	70361

注:孔深大于10米时,按此定额平均每米的人、材、机数量乘米数计算。

七－32 地面长砂浆锚杆——锚杆钻机钻孔

适用范围:露天作业。

工作内容:钻孔、锚杆制作、安装、制浆、灌浆、封孔等。

(1) 锚杆长度10m

单位:100 根

项　　　　目	单位	岩 石 级 别			
		V～Ⅷ	Ⅸ～Ⅹ	Ⅺ～Ⅻ	ⅩⅢ～ⅩⅣ
工　　　长	工时	26	33	43	58
高　级　工	工时	79	99	130	175
中　级　工	工时	184	231	304	410
初　级　工	工时	236	298	390	527
合　　　计	工时	525	661	867	1170
钻　　　头	个	11	16	22	32
冲　击　器	个	1.1	1.6	2.2	3.2
钻　　　杆	kg	25	37	54	79
钢　筋　Φ25	kg	3927	3927	3927	3927
Φ28	kg	4927	4927	4927	4927
Φ30	kg	5661	5661	5661	5661
水　泥　砂　浆	m³	3.8	3.8	3.8	3.8
其他材料费	%	5	5	5	5
锚　杆　钻　机　MZ型	台时	61	88	129	190
灌　浆　泵　中压泥浆	台时	21	21	21	21
灰浆搅拌机	台时	21	21	21	21
风　砂　枪	台时	12	12	12	12
其他机械费	%	5	5	4	3
编　　　号		70362	70363	70364	70365

(2) 锚杆长度 15m

项 目	单位	岩 石 级 别			
		V～Ⅷ	Ⅸ～Ⅹ	Ⅺ～Ⅻ	ⅩⅢ～ⅩⅣ
工 长	工时	38	48	63	85
高 级 工	工时	115	145	190	257
中 级 工	工时	267	337	443	599
初 级 工	工时	344	434	570	770
合 计	工时	764	964	1266	1711
钻 头	个	16	23	34	49
冲 击 器	个	1.6	2.3	3.4	4.9
钻 杆	kg	38	55	81	119
钢 筋 Φ25	kg	5891	5891	5891	5891
Φ30	kg	8492	8492	8492	8492
Φ36	kg	12225	12225	12225	12225
水 泥 砂 浆	m³	5.8	5.8	5.8	5.8
其他材料费	%	5	5	5	5
锚杆钻机 MZ型	台时	89	129	190	278
灌 浆 泵 中压泥浆	台时	26	26	26	26
灰浆搅拌机	台时	26	26	26	26
风 砂 枪	台时	22	22	22	22
电 焊 机 25kVA	台时	14	14	14	14
其他机械费	%	5	5	4	3
编 号		70366	70367	70368	70369

（3） 锚杆长度20m

项　　　目	单位	岩　石　级　别			
		V～Ⅷ	Ⅸ～Ⅹ	Ⅺ～Ⅻ	ⅩⅢ～ⅩⅣ
工　　长	工时	50	63	83	112
高　级　工	工时	149	189	248	335
中　级　工	工时	349	440	578	781
初　级　工	工时	448	566	743	1005
合　　计	工时	996	1258	1652	2233
钻　　头	个	21	30	45	66
冲　击　器	个	2.1	3.0	4.5	6.6
钻　　杆	kg	50	74	107	158
钢　筋　Φ25	kg	7854	7854	7854	7854
Φ30	kg	11322	11322	11322	11322
Φ36	kg	16300	16300	16300	16300
水　泥　砂　浆	m³	7.7	7.7	7.7	7.7
其他材料费	%	5	5	5	5
锚杆钻机　MZ型	台时	116	168	247	364
灌　浆　泵　中压泥浆	台时	31	31	31	31
灰浆搅拌机	台时	31	31	31	31
风　砂　枪	台时	29	29	29	29
电　焊　机　25kVA	台时	14	14	14	14
其他机械费	%	5	5	4	3
编　　　　号		70370	70371	70372	70373

（4）锚杆长度25m

项 目	单位	岩 石 级 别			
		V～Ⅷ	Ⅸ～Ⅹ	Ⅺ～Ⅻ	ⅩⅢ～ⅩⅣ
工 长	工时	61	76	101	136
高 级 工	工时	182	230	302	407
中 级 工	工时	425	536	703	949
初 级 工	工时	547	689	904	1221
合 计	工时	1215	1531	2010	2713
钻 头	个	26	38	56	82
冲 击 器	个	2.6	3.8	5.6	8.2
钻 杆	kg	64	92	136	197
钢 筋 Φ25	kg	9818	9818	9818	9818
Φ30	kg	14153	14153	14153	14153
Φ36	kg	20375	20375	20375	20375
水 泥 砂 浆	m³	9.6	9.6	9.6	9.6
其他材料费	%	5	5	5	5
锚杆钻机 MZ型	台时	140	204	300	440
灌浆泵 中压泥浆	台时	36	36	36	36
灰浆搅拌机	台时	36	36	36	36
风 砂 枪	台时	36	36	36	36
电 焊 机 25kVA	台时	29	29	29	29
其他机械费	%	5	5	4	3
编 号		70374	70375	70376	70377

（5） 锚杆长度 30m

项 目		单位	岩 石 级 别			
			V～Ⅷ	Ⅸ～Ⅹ	Ⅺ～Ⅻ	ⅩⅢ～ⅩⅣ
工 长		工时	71	89	117	158
高 级 工		工时	214	269	352	475
中 级 工		工时	498	627	822	1107
初 级 工		工时	641	806	1056	1424
合 计		工时	1424	1791	2347	3164
钻 头		个	32	46	67	99
冲 击 器		个	3.2	4.6	6.7	9.9
钻 杆		kg	76	109	161	237
钢 筋	Φ25	kg	11781	11781	11781	11781
	Φ30	kg	16983	16983	16983	16983
	Φ36	kg	24449	24449	24449	24449
水 泥 砂 浆		m³	11.5	11.5	11.5	11.5
其他材料费		%	5	5	5	5
锚杆钻机	MZ 型	台时	163	237	348	511
灌 浆 泵	中压泥浆	台时	41	41	41	41
灰浆搅拌机		台时	41	41	41	41
风 砂 枪		台时	43	43	43	43
电 焊 机	25kVA	台时	29	29	29	29
其他机械费		%	5	5	4	3
编 号			70378	70379	70380	70381

七-33 地面砂浆锚杆(利用灌浆孔)

适用范围:露天作业、利用固结灌浆孔。

工作内容:扫孔、锚杆制作、安装、制浆、灌浆、封孔等。

单位:100 根

项 目		单位	锚 杆 长 度 (m)				
			10	15	20	25	30
工 长		工时	19	27	35	43	51
高 级 工		工时	56	81	106	130	152
中 级 工		工时	131	190	247	302	356
初 级 工		工时	169	244	318	389	458
合 计		工时	375	542	706	864	1017
钻 头		个	5	8	10	13	15
冲 击 器		个	0.5	0.8	1.0	1.3	1.5
钻 杆		kg	12	18	24	30	36
钢 筋	Φ25	kg	3927	5891	7854	9818	11781
	Φ30	kg	5661	8492	11322	14153	16983
	Φ36	kg	8150	12225	16300	20375	24449
水 泥 砂 浆		m³	3.8	5.8	7.7	9.6	11.5
其他材料费		%	5	5	5	5	5
锚杆钻机 MZ型		台时	30	44	58	70	82
灌浆泵 中压泥浆		台时	21	26	31	36	41
灰浆搅拌机		台时	21	26	31	36	41
风 砂 枪		台时	12	22	29	36	43
电焊机 25kVA		台时		14	14	29	29
其他机械费		%	5	5	5	5	5
编 号			70382	70383	70384	70385	70386

七-34 加强长砂浆锚杆束——地质钻机钻孔

适用范围:露天作业。

工作内容:钻孔、锚杆束制作、安装、制浆、灌浆等。

（1）锚杆长度10m

单位:100 根

项 目		单位	岩 石 级 别			
			V～Ⅷ	Ⅸ～Ⅹ	Ⅺ～Ⅻ	ⅩⅢ～ⅩⅣ
工 长		工时	190	261	369	592
高 级 工		工时	379	523	739	1184
中 级 工		工时	1327	1829	2586	4144
初 级 工		工时	1896	2613	3695	5919
合 计		工时	3792	5226	7389	11839
合 金 钻 头	Φ150	个	62			
合 金 片		kg	4.2			
金钢石钻头	Φ150	个		32	38	47
扩 孔 器		个		22	26	34
岩 芯 管		m	25	32	47	60
钻 杆		m	23	27	41	51
钻 杆 接 头		个	24	30	46	58
钢 筋	Φ28	kg	19362	19362	19362	19362
钢 管	Φ25	m	918	918	918	918
水 泥 砂 浆		m³	14.7	14.7	14.7	14.7
水		m³	5250	6300	7875	10500
电 焊 条		kg	88.5	88.5	88.5	88.5
其他材料费		%	15	14	13	11
地 质 钻 机	300 型	台时	890	1298	1916	3189
灌 浆 泵	中压砂浆	台时	72	72	72	72
灰 浆 搅 拌 机		台时	72	72	72	72
风 砂 枪		台时	49	49	49	49
电 焊 机	25kVA	台时	61	61	61	61
其他机械费		%	5	5	5	5
编 号			70387	70388	70389	70390

注:本节各定额均按 4×Φ28 锚筋拟定,如设计采用锚筋根数、直径不同,应按设计调整
　　锚筋用量。

(2) 锚杆长度 15m

项 目	单位	岩 石 级 别			
		V～Ⅷ	Ⅸ～Ⅹ	Ⅺ～Ⅻ	ⅩⅢ～ⅩⅣ
工 长	工时	283	391	553	886
高 级 工	工时	566	781	1105	1773
中 级 工	工时	1981	2734	3869	6206
初 级 工	工时	2830	3905	5528	8865
合 计	工时	5660	7811	11055	17730
合金钻头 Φ150	个	93			
合 金 片	kg	6.3			
金钢石钻头 Φ150	个		47	57	71
扩 孔 器	个		34	40	50
岩 芯 管	m	38	47	71	90
钻 杆	m	35	41	62	78
钻杆接头	个	37	43	69	87
钢 筋 Φ28	kg	29215	29215	29215	29215
钢 管 Φ25	m	1428	1428	1428	1428
水 泥 砂 浆	m³	22.1	22.1	22.1	22.1
水	m³	7875	9450	11808	15750
电 焊 条	kg	217.5	217.5	217.5	217.5
其他材料费	%	15	14	13	11
地质钻机 300型	台时	1335	1947	2874	4783
灌浆泵 中压砂浆	台时	108	108	108	108
灰浆搅拌机	台时	108	108	108	108
风 砂 枪	台时	75	75	75	75
电 焊 机 25kVA	台时	149	149	149	149
其他机械费	%	5	5	5	5
编 号		70391	70392	70393	70394

(3) 锚杆长度20m

项　　　目	单位	岩　石　级　别			
		V～Ⅷ	Ⅸ～Ⅹ	Ⅺ～Ⅻ	ⅩⅢ～ⅩⅣ
工　　　长	工时	376	520	736	1181
高　级　工	工时	753	1040	1472	2362
中　级　工	工时	2635	3638	5153	8267
初　级　工	工时	3764	5198	7361	11811
合　　　计	工时	7528	10396	14722	23621
合金钻头　Φ150	个	124			
合　金　片	kg	8.4			
金钢石钻头　Φ150	个		63	76	94
扩　孔　器	个		44	52	67
岩　芯　管	m	50	63	94	120
钻　　　杆	m	46	55	82	103
钻　杆　接　头	个	48	57	92	115
钢　　　筋　Φ28	kg	39068	39068	39068	39068
钢　　　管　Φ25	m	1938	1938	1938	1938
水　泥　砂　浆	m³	29.4	29.4	29.4	29.4
水	m³	10500	12600	15750	21000
电　焊　条	kg	261.0	261.0	261.0	261.0
其他材料费	%	15	14	13	11
地质钻机　300 型	台时	1780	2596	3832	6378
灌浆泵　中压砂浆	台时	108	108	108	108
灰浆搅拌机	台时	108	108	108	108
风　砂　枪	台时	101	101	101	101
电　焊　机　25kVA	台时	179	179	179	179
其他机械费	%	5	5	5	5
编　　　号		70395	70396	70397	70398

（4）　锚杆长度 25m

项　　目	单位	岩　石　级　别			
		V～Ⅷ	Ⅸ～Ⅹ	Ⅺ～Ⅻ	ⅩⅢ～ⅩⅣ
工　　长	工时	470	649	919	1476
高　级　工	工时	940	1299	1839	2952
中　级　工	工时	3290	4544	6437	10330
初　级　工	工时	4699	6492	9196	14757
合　　计	工时	9399	12984	18391	29515
合 金 钻 头　Φ150	个	155			
合　金　片	kg	10.5			
金钢石钻头　Φ150	个		79	94	119
扩　孔　器	个		56	66	84
岩　芯　管	m	63	79	119	150
钻　　杆	m	58	68	103	129
钻 杆 接 头	个	61	71	115	145
钢　筋　Φ28	kg	48921	48921	48921	48921
钢　管　Φ25	m	2448	2448	2448	2448
水 泥 砂 浆	m³	36.8	36.8	36.8	36.8
水	m³	13125	15750	19688	26250
电　焊　条	kg	390.0	390.0	390.0	390.0
其他材料费	%	15	14	13	11
地 质 钻 机　300 型	台时	2225	3245	4790	7972
灌 浆 泵　中压砂浆	台时	144	144	144	144
灰浆搅拌机	台时	144	144	144	144
风 砂 枪	台时	126	126	126	126
电 焊 机　25kVA	台时	268	268	268	268
其他机械费	%	5	5	5	5
编　　　号		70399	70400	70401	70402

· 540 ·

（5） 锚杆长度 30m

项　　　目	单位	岩　石　级　别			
		V～Ⅷ	Ⅸ～Ⅹ	Ⅺ～Ⅻ	ⅩⅢ～ⅩⅣ
工　　　长	工时	563	778	1103	1770
高　级　工	工时	1127	1557	2206	3541
中　级　工	工时	3945	5450	7721	12393
初　级　工	工时	5635	7786	11030	17705
合　　　计	工时	11270	15571	22060	35409
合金钻头　Φ150	个	186			
合　金　片	kg	12.6			
金钢石钻头　Φ150	个		95	113	142
扩　孔　器	个		66	79	101
岩　芯　管	m	76	95	142	180
钻　　　杆	m	69	82	123	154
钻　杆　接头	个	72	91	139	173
钢　　筋　Φ28	kg	58774	58774	58774	58774
钢　　管　Φ25	m	2958	2958	2958	2958
水　泥　砂浆	m³	44.1	44.1	44.1	44.1
水	m³	15750	18900	23625	31500
电　焊　条	kg	433.5	433.5	433.5	433.5
其他材料费	%	15	14	13	11
地质钻机　300型	台时	2670	3893	5747	9567
灌浆泵　中压砂浆	台时	144	144	144	144
灰浆搅拌机	台时	144	144	144	144
风　砂　枪	台时	151	151	151	151
电　焊　机　25kVA	台时	298	298	298	298
其他机械费	%	5	5	5	5
编　　　　号		70403	70404	70405	70406

七-35 地下砂浆锚杆——风钻钻孔

适用范围:露天作业。

工作内容:钻孔、锚杆制作、安装、制浆、注浆、灌浆等。

(1) 锚杆长度 2m

单位:100 根

项 目		单位	岩 石 级 别			
			V～VIII	IX～X	XI～XII	XIII～XIV
工 长		工时	8	9	12	15
高 级 工		工时				
中 级 工		工时	61	69	81	101
初 级 工		工时	104	119	140	172
合 计		工时	173	197	233	288
合 金 钻 头		个	4.2	5.5	6.7	8.4
钢 筋	Φ18	kg	441	441	441	441
	Φ20	kg	544	544	544	544
	Φ22	kg	658	658	658	658
锚 杆 附 件		kg	144	144	144	144
水 泥 砂 浆		m³	0.26	0.26	0.26	0.26
其他材料费		%	3	3	3	3
风 钻	气腿式	台时	22.6	29.7	39.5	55.8
其他机械费		%	7	6	5	4
编 号			70407	70408	70409	70410

(2) 锚杆长度 3m

单位:100 根

项 目		单位	岩 石 级 别			
			V～VIII	IX～X	XI～XII	XIII～XIV
工 长		工时	13	15	17	22
高 级 工		工时				
中 级 工		工时	86	100	121	153
初 级 工		工时	147	172	206	263
合 计		工时	246	287	344	438
合 金 钻 头		个	6.3	8.2	10.2	12.5
钢 筋	Φ18	kg	650	650	650	650
	Φ20	kg	803	803	803	803
	Φ22	kg	971	971	971	971
	Φ25	kg	1254	1254	1254	1254
锚 杆 附 件		kg	144	144	144	144
水 泥 砂 浆		m³	0.39	0.39	0.39	0.39
其他材料费		%	3	3	3	3
风 钻	气腿式	台时	36.4	48.4	65.0	92.4
其他机械费		%	7	6	5	4
编 号			70411	70412	70413	70414

(3) 锚杆长度 4m

项 目		单位	岩 石 级 别			
			V～Ⅷ	Ⅸ～Ⅹ	Ⅺ～Ⅻ	ⅩⅢ～ⅩⅣ
工 长		工时	17	21	25	33
高 级 工		工时				
中 级 工		工时	121	143	174	225
初 级 工		工时	207	245	298	386
合 计		工时	345	409	497	644
合 金 钻 头		个	8.5	10.9	13.5	16.7
钢 筋	Φ20	kg	1062	1062	1062	1062
	Φ22	kg	1285	1285	1285	1285
	Φ25	kg	1659	1659	1659	1659
	Φ28	kg	2081	2081	2081	2081
	Φ30	kg	2389	2389	2389	2389
锚 杆 附 件		kg	144	144	144	144
水 泥 砂 浆		m³	0.52	0.52	0.52	0.52
其他材料费		%	3	3	3	3
风 钻	气腿式	台时	54.0	72.7	98.4	141.0
其他机械费		%	7	6	5	4
编 号			70415	70416	70417	70418

(4) 锚杆长度 5m

单位:100 根

项 目		单位	岩 石 级 别			
			V～Ⅷ	Ⅸ～Ⅹ	Ⅺ～Ⅻ	ⅩⅢ～ⅩⅣ
工 长		工时	22	27	34	45
高 级 工		工时				
中 级 工		工时	158	191	238	316
初 级 工		工时	270	328	408	542
合 计		工时	450	546	680	903
合 金 钻 头		个	10.6	13.8	16.9	20.9
钢 筋	Φ20	kg	1321	1321	1321	1321
	Φ22	kg	1598	1598	1598	1598
	Φ25	kg	2063	2063	2063	2063
	Φ28	kg	2589	2589	2589	2589
	Φ30	kg	2972	2972	2972	2972
锚 杆 附 件		kg	144	144	144	144
水 泥 砂 浆		m³	0.66	0.66	0.66	0.66
其他材料费		%	3	3	3	3
风 钻	气腿式	台时	77.5	105.7	145.0	210.0
其他机械费		%	7	6	5	4
编 号			70419	70420	70421	70422

七－36　地下药卷锚杆——风钻钻孔

适用范围:露天作业。

工作内容:钻孔、锚杆制作、装锚杆及药卷等。

(1)　锚杆长度2m

单位:100根

项　　目		单位	岩　石　级　别			
			Ⅴ～Ⅷ	Ⅸ～Ⅹ	Ⅺ～Ⅻ	ⅩⅢ～ⅩⅣ
工　　　长		工时	8	9	11	14
高　级　工		工时				
中　级　工		工时	57	65	78	98
初　级　工		工时	98	112	133	166
合　　　计		工时	163	186	222	278
合金钻头		个	4.2	5.5	6.7	8.4
钢　筋	Φ18	kg	431	431	431	431
	Φ20	kg	532	532	532	532
	Φ22	kg	643	643	643	643
药　　　卷		m	190	190	190	190
其他材料费		%	3	3	3	3
风　钻　气腿式		台时	22.6	29.7	39.5	55.8
其他机械费		%	7	6	5	4
编　　　号			70423	70424	70425	70426

（2） 锚杆长度 3m

项　　　目	单位	岩　石　级　别			
		V～Ⅷ	Ⅸ～Ⅹ	Ⅺ～Ⅻ	ⅩⅢ～ⅩⅣ
工　　　长	工时	12	14	17	21
高　级　工	工时				
中　级　工	工时	82	96	116	149
初　级　工	工时	141	164	200	256
合　　　计	工时	235	274	333	426
合金钻头	个	6.3	8.2	10.2	12.5
钢　筋　Φ18	kg	640	640	640	640
Φ20	kg	791	791	791	791
Φ22	kg	956	956	956	956
Φ25	kg	1235	1235	1235	1235
药　　　卷	m	285	285	285	285
其他材料费	%	3	3	3	3
风　钻　气腿式	台时	36.4	48.4	65.0	92.4
其他机械费	%	7	6	5	4
编　　　号		70427	70428	70429	70430

(3) 锚杆长度 4m

项　　目	单位	岩　石　级　别			
		V～Ⅷ	Ⅸ～Ⅹ	Ⅺ～Ⅻ	ⅩⅢ～ⅩⅣ
工　　长	工时	17	20	24	32
高　级　工	工时				
中　级　工	工时	116	139	170	221
初　级　工	工时	200	237	291	379
合　　计	工时	333	396	485	632
合 金 钻 头	个	8.5	10.9	13.5	16.7
钢　筋　Φ20	kg	1050	1050	1050	1050
Φ22	kg	1270	1270	1270	1270
Φ25	kg	1640	1640	1640	1640
Φ28	kg	2057	2057	2057	2057
Φ30	kg	2361	2361	2361	2361
药　　卷	m	380	380	380	380
其他材料费	%	3	3	3	3
风 钻 气腿式	台时	54.0	72.7	98.4	141.0
其他机械费	%	7	6	5	4
编　　号		70431	70432	70433	70434

（4） 锚杆长度 5m

项　　目	单位	岩　石　级　别			
		Ⅴ～Ⅷ	Ⅸ～Ⅹ	Ⅺ～Ⅻ	ⅩⅢ～ⅩⅣ
工　　　长	工时	22	26	34	44
高　级　工	工时				
中　级　工	工时	152	187	233	312
初　级　工	工时	259	319	400	533
合　　　计	工时	433	532	667	889
合 金 钻 头	个	10.6	13.8	16.9	20.9
钢　筋　Φ20	kg	1309	1309	1309	1309
Φ22	kg	1583	1583	1583	1583
Φ25	kg	2044	2044	2044	2044
Φ28	kg	2566	2566	2566	2566
Φ30	kg	2944	2944	2944	2944
药　　　卷	m	475	475	475	475
其他材料费	%	3	3	3	3
风　钻　气腿式	台时	77.5	105.7	145.0	210.0
其他机械费	%	7	6	5	4
编　　　号		70435	70436	70437	70438

七－37 地下砂浆锚杆——锚杆台车钻孔

适用范围:地下作业。

工作内容:钻孔、锚杆制作安装、砂浆拌制、封孔、锚定等。

(1) 锚杆长度3m

单位:100根

项 目	单位	岩 石 级 别			
		V～Ⅷ	Ⅸ～Ⅹ	Ⅺ～Ⅻ	ⅩⅢ～ⅩⅣ
工 长	工时	5	5	5	5
高 级 工	工时				
中 级 工	工时	38	38	39	39
初 级 工	工时	51	53	53	54
合 计	工时	94	96	97	98
钻 头	个	0.58	0.61	0.63	0.66
钻 杆	kg	0.69	0.74	0.76	0.80
钢 筋 Φ18	kg	650	650	650	650
Φ20	kg	803	803	803	803
Φ22	kg	971	971	971	971
Φ25	kg	1254	1254	1254	1254
锚 杆 附 件	kg	144	144	144	144
水 泥 砂 浆	m³	0.39	0.39	0.39	0.39
其他材料费	%	5	5	5	5
锚 杆 台 车 435H	台时	9.7	10.6	11.7	12.8
其他机械费	%	5	5	5	5
编 号		70439	70440	70441	70442

（2）锚杆长度 4m

单位：100 根

项 目	单位	岩 石 级 别			
		V～Ⅷ	Ⅸ～Ⅹ	Ⅺ～ⅩⅡ	ⅩⅢ～ⅩⅣ
工　　　长	工时	6	6	6	7
高　级　工	工时				
中　级　工	工时	54	54	55	55
初　级　工	工时	74	75	75	75
合　　　计	工时	134	135	136	137
钻　　　头	个	0.78	0.81	0.85	0.90
钻　　　杆	kg	0.93	0.97	1.02	1.08
钢　筋　Φ20	kg	1062	1062	1062	1062
Φ22	kg	1285	1285	1285	1285
Φ25	kg	1659	1659	1659	1659
Φ28	kg	2081	2081	2081	2081
Φ30	kg	2389	2389	2389	2389
锚　杆　附　件	kg	144	144	144	144
水　泥　砂　浆	m³	0.52	0.52	0.52	0.52
其他材料费	%	5	5	5	5
锚杆台车　435H	台时	11.1	12.4	13.7	15.0
其他机械费	%	5	5	5	5
编　　　号		70443	70444	70445	70446

(3) 锚杆长度 5m

项 目		单位	岩 石 级 别			
			V～Ⅷ	Ⅸ～Ⅹ	Ⅺ～ⅩⅡ	ⅩⅢ～ⅩⅣ
工 长		工时	7	7	7	8
高 级 工		工时				
中 级 工		工时	63	63	64	65
初 级 工		工时	86	87	88	88
合 计		工时	156	157	159	161
钻 头		个	0.97	1.02	1.06	1.10
钻 杆		kg	1.16	1.22	1.27	1.32
钢 筋	Φ20	kg	1321	1321	1321	1321
	Φ22	kg	1598	1598	1598	1598
	Φ25	kg	2063	2063	2063	2063
	Φ28	kg	2589	2589	2589	2589
	Φ30	kg	2972	2972	2972	2972
锚杆附件		kg	144	144	144	144
水 泥 砂 浆		m³	0.66	0.66	0.66	0.66
其他材料费		%	5	5	5	5
锚杆台车 435H		台时	12.9	14.3	15.8	17.3
其他机械费		%	5	5	5	5
编 号			70447	70448	70449	70450

七－38 地下砂浆锚杆——凿岩台车钻孔

适用范围:地下作业。

工作内容:钻孔、锚杆制作安装、砂浆拌制、封孔、锚定等。

(1) 锚杆长度2m

项　　目	单位	岩 石 级 别			
		Ⅴ～Ⅷ	Ⅸ～Ⅹ	Ⅺ～Ⅻ	ⅩⅢ～ⅩⅣ
工　　　长	工时	5	5	5	5
高　级　工	工时				
中　级　工	工时	39	39	39	39
初　级　工	工时	54	54	54	55
合　　　计	工时	98	98	98	99
液压钻钻头	个	0.39	0.41	0.42	0.44
钢　筋　Φ18	kg	441	441	441	441
Φ20	kg	544	544	544	544
Φ22	kg	658	658	658	658
锚杆附件	kg	144	144	144	144
水泥砂浆	m³	0.26	0.26	0.26	0.26
其他材料费	%	5	5	5	5
凿岩台车　液压三臂	台时	1.51	1.64	1.76	1.90
其他机械费	%	20	20	20	20
编　　　　号		70451	70452	70453	70454

（2） 锚杆长度 3m

项　目	单位	岩　石　级　别			
		V～Ⅷ	Ⅸ～Ⅹ	Ⅺ～Ⅻ	ⅩⅢ～ⅩⅣ
工　　长	工时	6	6	6	6
高　级　工	工时				
中　级　工	工时	49	49	49	49
初　级　工	工时	67	67	68	68
合　　计	工时	122	122	123	123
液压钻钻头	个	0.58	0.61	0.63	0.66
钢　筋　Φ18	kg	650	650	650	650
Φ20	kg	803	803	803	803
Φ22	kg	971	971	971	971
Φ25	kg	1254	1254	1254	1254
锚杆附件	kg	144	144	144	144
水泥砂浆	m³	0.39	0.39	0.39	0.39
其他材料费	%	5	5	5	5
凿岩台车　液压三臂	台时	2.26	2.46	2.65	2.86
其他机械费	%	20	20	20	20
编　　号		70455	70456	70457	70458

(3) 锚杆长度 4m

项　　　目	单位	岩　石　级　别			
		V～Ⅷ	Ⅸ～Ⅹ	Ⅺ～Ⅻ	ⅩⅢ～ⅩⅣ
工　　　长	工时	8	8	8	8
高　级　工	工时				
中　级　工	工时	65	65	65	65
初　级　工	工时	89	89	90	90
合　　　计	工时	162	162	163	163
液压钻钻头	个	0.78	0.81	0.85	0.90
钢　筋　Φ18	kg	860	860	860	860
Φ20	kg	1062	1062	1062	1062
Φ22	kg	1285	1285	1285	1285
Φ25	kg	1659	1659	1659	1659
Φ28	kg	2081	2081	2081	2081
Φ30	kg	2389	2389	2389	2389
锚 杆 附 件	kg	144	144	144	144
水 泥 砂 浆	m³	0.52	0.52	0.52	0.52
其他材料费	%	5	5	5	5
凿岩台车　液压三臂	台时	3.01	3.28	3.53	3.81
其他机械费	%	20	20	20	20
编　　　号		70459	70460	70461	70462

（4）锚杆长度5m

项　　　目	单位	岩　石　级　别			
		V～Ⅷ	Ⅸ～Ⅹ	Ⅺ～Ⅻ	ⅩⅢ～ⅩⅣ
工　　　长	工时	9	9	9	9
高　级　工	工时				
中　级　工	工时	75	76	76	76
初　级　工	工时	103	103	103	104
合　　　计	工时	187	188	188	189
液压钻钻头	个	0.97	1.02	1.06	1.10
钢　筋　Φ18	kg	1070	1070	1070	1070
Φ20	kg	1321	1321	1321	1321
Φ22	kg	1598	1598	1598	1598
Φ25	kg	2063	2063	2063	2063
Φ28	kg	2589	2589	2589	2589
Φ30	kg	2972	2972	2972	2972
锚杆附件	kg	144	144	144	144
水　泥　砂　浆	m³	0.66	0.66	0.66	0.66
其他材料费	%	5	5	5	5
凿岩台车　液压三臂	台时	3.77	4.10	4.40	4.77
其他机械费	%	20	20	20	20
编　　　　　号		70463	70464	70465	70466

注:孔深大于5m时,人工、材料定额量,按平均每米数量乘米数计算;凿岩台车台时数
量,按平均每米数量乘1.20系数再乘米数计算。

七－39 岩体预应力锚索——无粘结型

适用范围:岩石边坡(墙)预应力锚索。

工作内容:选孔位,清孔面,钻孔,固壁灌浆,扫孔,编索,运索,装索,孔口安装,浇筑混凝土垫墩,注浆,安装工作锚及限位板,张拉,外锚头保护,孔位转移等。

(1) 预应力1000kN级

单位:束

项 目		单位	锚 索 长 度 (m)					
			15	20	30	40	50	60
工 长		工时	10	12	18	22	26	31
高 级 工		工时	62	75	102	130	157	183
中 级 工		工时	72	88	119	149	182	214
初 级 工		工时	62	75	102	130	157	183
合 计		工时	206	250	341	431	522	611
钢 绞 线	带PE套管	kg	147	190	280	371	461	551
锚 具	OVM15-7	套	1.05	1.05	1.05	1.05	1.05	1.05
水 泥		t	0.33	0.44	0.66	0.88	1.10	1.32
混 凝 土		m³	1.20	1.20	1.20	1.20	1.20	1.20
钢 筋		kg	30	30	30	30	30	30
金钢石钻头		个	0.72	0.96	1.44	1.92	2.40	2.88
扩 孔 器		个	0.50	0.66	0.99	1.32	1.65	1.98
岩 芯 管		m	0.71	0.94	1.41	1.88	2.35	2.82
钻 杆		m	0.62	0.82	1.23	1.64	2.05	2.46
钻杆接头		个	0.68	0.90	1.35	1.80	2.25	2.70
水		m³	72	96	144	192	240	288
波 纹 管	Φ70	m	15	21	31	42	52	63
灌 浆 管	Φ25	m	31	41	62	82	103	124
其他材料费		%	15	15	15	15	15	15
地质钻机	300型	台时	25	32	48	65	81	97
灌 浆 机	中压砂浆	台时	6	7	9	11	13	15
灰浆搅拌机		台时	6	7	9	11	13	15
张拉千斤顶	YCW-150	台时	2	2	2	2	2	2
电动油泵	ZB4-500	台时	2	2	2	2	2	2
汽车起重机	8t	台时	1	1	2	3	3	3
风 镐		台时	1	1	1	2	1	1
电 焊 机	25kVA	台时	2	2	2	2	2	2
载 重 汽 车	5t	台时	1	1	2	2	2	2
其他机械费		%	18	18	18	18	18	18
编 号			70467	70468	70469	70470	70471	70472

注:1.本节定额均按Ⅺ～Ⅻ级岩体拟定,不同级别岩石定额乘以下调整系数,人工按地质钻机增(减)数的3.5倍调整;

岩 石 级 别	Ⅴ～Ⅷ	Ⅸ～Ⅹ	ⅩⅢ～ⅩⅣ
金钢石钻头、扩孔器、岩芯管、钻杆	0.5	0.8	1.2
地质钻机	0.5	0.7	1.7

2.本节定额均按一般固壁灌浆拟定,如设计要求结合固结灌浆,应增加人工、水泥、灌浆机、灰浆搅拌机的数量(可按七-5节基础固结灌浆定额量的70%计);

3.本节定额均按全孔设波纹管拟定,如设计不设(或局部设)波纹管,则应取消(或减少)波纹管数量。

(2) 预应力 2000kN 级

单位:束

项　　目		单位	锚索长度 (m)					
			15	20	30	40	50	60
工　　长		工时	12	14	21	25	30	35
高　级　工		工时	73	89	125	149	179	210
中　级　工		工时	84	102	145	173	209	244
初　级　工		工时	73	89	125	149	179	210
合　　计		工时	242	294	416	496	597	699
钢绞线	带PE套管	kg	248	326	481	636	791	946
锚　具	OVM15-12	套	1.05	1.05	1.05	1.05	1.05	1.05
水　泥		t	0.36	0.48	0.72	0.96	1.20	1.44
混　凝　土		m³	1.40	1.40	1.40	1.40	1.40	1.40
钢　筋		kg	35	35	35	35	35	35
金钢石钻头		个	0.72	0.96	1.44	1.92	2.40	2.88
扩　孔　器		个	0.50	0.66	0.99	1.32	1.65	1.98
岩　芯　管		m	0.71	0.94	1.41	1.88	2.35	2.82
钻　　杆		m	0.62	0.82	1.23	1.64	2.05	2.46
钻杆接头		个	0.68	0.90	1.35	1.80	2.25	2.70
水		m³	72	96	144	192	240	288.
波纹管	Φ90	m	15	21	31	42	52	63
灌浆管	Φ25	m	31	41	62	82	103	124
其他材料费		%	15	15	15	15	15	15
地质钻机	300型	台时	29	38	58	76	96	114
灌浆机	中压砂浆	台时	6	6	7	8	9	10
灰浆搅拌机		台时	6	6	7	8	9	10
张拉千斤顶	YCW-250	台时	3	3	3	3	3	3
电动油泵	ZB4-500	台时	3	3	3	3	3	3
汽车起重机	8t	台时	1	1	2	3	3	3
风　镐		台时	1	1	1	1	1	1
电焊机	25kVA	台时	2	2	2	2	2	2
载重汽车	5t	台时	2	2	3	3	3	3
其他机械费		%	18	18	18	18	18	18
编　　号			70473	70474	70475	70476	70477	70478

（3） 预应力 3000kN 级

单位:束

项 目		单位	锚 索 长 度 （m）					
			15	20	30	40	50	60
工 长		工时	14	18	24	30	35	41
高 级 工		工时	91	108	143	178	214	249
中 级 工		工时	105	126	167	209	249	290
初 级 工		工时	91	108	143	178	214	249
合 计		工时	301	360	477	595	712	829
钢绞线	带PE套管	kg	393	515	761	1006	1252	1497
锚 具	OVM15-19	套	1.05	1.05	1.05	1.05	1.05	1.05
水 泥		t	0.40	0.53	0.79	1.05	1.31	1.57
混 凝 土		m³	1.70	1.70	1.70	1.70	1.70	1.70
钢 筋		kg	43	43	43	43	43	43
金钢石钻头		个	0.72	0.96	1.44	1.92	2.40	2.88
扩 孔 器		个	0.50	0.66	0.99	1.32	1.65	1.98
岩 芯 管		m	0.71	0.94	1.41	1.88	2.35	2.82
钻 杆		m	0.62	0.82	1.23	1.64	2.05	2.46
钻 杆 接 头		个	0.68	0.90	1.35	1.80	2.25	2.70
水		m³	72	96	144	192	240	288
波 纹 管	Φ100	m	15	21	31	42	52	63
灌 浆 管	Φ25	m	31	41	62	82	103	124
其他材料费		%	15	15	15	15	15	15
地质钻机	300型	台时	35	46	72	96	119	142
灌 浆 机	中压砂浆	台时	7	8	10	12	14	16
灰浆搅拌机		台时	7	8	10	12	14	16
张拉千斤顶	YCW-350	台时	4	4	4	4	4	4
电动油泵	ZB4-500	台时	4	4	4	4	4	4
汽车起重机	8t	台时	1	1	2	3	3	3
风 镐		台时	1	1	1	1	1	1
电 焊 机	25kVA	台时	2	2	2	2	2	2
载 重 汽 车	5t	台时	3	3	4	4	4	4
其他机械费		%	18	18	18	18	18	18
编 号			70479	70480	70481	70482	70483	70484

七－40　岩体预应力锚索——粘结型

适用范围:岩石边坡(墙)预应力锚索。

工作内容:选孔位,清孔面,钻孔,固壁灌浆,扫孔,编索、运索、装索,孔口安装,浇筑混凝土垫墩,内锚段注浆,安装工作锚及限位板,张拉,自由段注浆,外锚头保护,孔位转移等。

(1)　预应力1000kN级

单位:束

项　　目		单位	锚 索 长 度 (m)					
			15	20	30	40	50	60
工　　　　长		工时	9	12	16	21	26	30
高 级 工		工时	58	70	98	125	151	179
中 级 工		工时	66	82	113	145	177	208
初 级 工		工时	58	70	98	125	151	179
合　　　计		工时	191	234	325	416	505	596
钢 绞 线		kg	128	168	248	328	409	489
锚 具	OVM15-7	套	1.05	1.05	1.05	1.05	1.05	1.05
水　　泥		t	0.33	0.44	0.66	0.88	1.10	1.32
混 凝 土		m³	1.20	1.20	1.20	1.20	1.20	1.20
钢　　筋		kg	30	30	30	30	30	30
金刚石钻头		个	0.72	0.96	1.44	1.92	2.40	2.88
扩 孔 器		个	0.50	0.66	0.99	1.32	1.65	1.98
岩 芯 管		m	0.71	0.94	1.41	1.88	2.35	2.82
钻 杆		m	0.62	0.82	1.23	1.64	2.05	2.46
钻 杆 接 头		个	0.68	0.90	1.35	1.80	2.25	2.70
水		m³	72	96	144	192	240	288
波 纹 管	Φ70	m	15	21	31	42	52	63
灌 浆 管	Φ25	m	31	41	62	82	103	124
其他材料费		%	15	15	15	15	15	15
地 质 钻 机	300型	台时	25	32	48	65	81	97
灌 浆 机	中压砂浆	台时	4	5	7	9	11	13
灰浆搅拌机		台时	4	5	7	9	11	13
张拉千斤顶	YCW-150	台时	2	2	2	2	2	2
电 动 油 泵	ZB4-500	台时	2	2	2	2	2	2
汽车起重机	8t	台时	1	1	2	3	3	3
风　　镐		台时	1	1	1	1	1	1
电 焊 机	25kVA	台时	2	2	2	2	2	2
载 重 汽 车	5t	台时	1	1	2	2	2	2
其他机械费		%	18	18	18	18	18	18
编　　　号			70485	70486	70487	70488	70489	70490

注:1.本节定额均按ⅩⅠ～ⅩⅡ级岩石拟定,不同级别岩石定额乘以下调整系数,人工按地质钻机增(减)数的3.5倍调整;

岩 石 级 别	Ⅴ～Ⅷ	Ⅸ～Ⅹ	ⅩⅢ～ⅩⅣ
金刚石钻头、扩孔器、岩芯管、钻杆	0.5	0.8	1.2
地 质 钻 机	0.5	0.7	1.7

2.本节定额均按一般固壁灌浆拟定,如设计要求结合固结灌浆,应增加人工、水泥、灌浆机、灰浆搅拌机的数量(可按七－5节基础固结灌浆定额量的70％计);

3.本节定额均按全孔设波纹管拟定,如设计不设(或局部设)波纹管,则应取消(或减少)波纹管数量。

（2） 预应力 2000kN 级

单位:束

项 目	单 位	锚 索 长 度 （m）					
		15	20	30	40	50	60
工 长	工时	11	13	20	24	29	34
高 级 工	工时	67	82	119	143	174	206
中 级 工	工时	79	97	138	168	202	241
初 级 工	工时	67	82	119	143	174	206
合 计	工时	224	274	396	478	579	687
钢绞线	kg	222	292	430	569	708	847
锚 具 OVM15-12	套	1.05	1.05	1.05	1.05	1.05	1.05
水 泥	t	0.36	0.48	0.72	0.96	1.20	1.44
混 凝 土	m³	1.40	1.40	1.40	1.40	1.40	1.40
钢 筋	kg	35	35	35	35	35	35
金钢石钻头	个	0.72	0.96	1.44	1.92	2.40	2.88
扩 孔 器	个	0.50	0.66	0.99	1.32	1.65	1.98
岩 芯 管	m	0.71	0.94	1.41	1.88	2.35	2.82
钻 杆	m	0.62	0.82	1.23	1.64	2.05	2.46
钻杆接头	个	0.68	0.90	1.35	1.80	2.25	2.70
水	m³	72	96	144	192	240	288
波 纹 管 Φ90	m	15	21	31	42	52	63
灌 浆 管 Φ25	m	31	41	62	82	103	124
其他材料费	%	15	15	15	15	15	15
地质钻机 300型	台时	29	38	58	76	96	114
灌浆机 中压砂浆	台时	4	5	7	9	11	13
灰浆搅拌机	台时	4	5	7	9	11	13
张拉千斤顶 YCW-250	台时	3	3	3	3	3	3
电动油泵 ZB4-500	台时	3	3	3	3	3	3
汽车起重机 8t	台时	1	1	2	3	3	3
风 镐	台时	1	1	1	1	1	1
电 焊 机 25kVA	台时	2	2	2	2	2	2
载重汽车 5t	台时	2	2	2	3	3	3
其他机械费	%	18	18	18	18	18	18
编 号		70491	70492	70493	70494	70495	70496

(3) 预应力 3000kN 级

项　　目	单位	锚　索　长　度　(m)					
		15	20	30	40	50	60
工　　长	工时	14	18	22	29	35	41
高　级　工	工时	83	101	137	172	207	242
中　级　工	工时	98	118	160	201	242	283
初　级　工	工时	83	101	137	172	207	242
合　　计	工时	278	338	456	574	691	808
钢　绞　线	kg	352	462	681	901	1121	1341
锚　具　OVM15－19	套	1.05	1.05	1.05	1.05	1.05	1.05
水　　泥	t	0.40	0.53	0.79	1.05	1.31	1.57
混　凝　土	m³	1.70	1.70	1.70	1.70	1.70	1.70
钢　　筋	kg	43	43	43	43	43	43
金钢石钻头	个	0.72	0.96	1.44	1.92	2.40	2.88
扩　孔　器	个	0.50	0.66	0.99	1.32	1.65	1.98
岩　芯　管	m	0.71	0.94	1.41	1.88	2.35	2.82
钻　　杆	m	0.62	0.82	1.23	1.64	2.05	2.46
钻杆接头	个	0.68	0.90	1.35	1.80	2.25	2.70
水	m³	72	96	144	192	240	288
波　纹　管　Φ100	m	15	21	31	42	52	63
灌　浆　管　Φ25	m	31	41	62	82	103	124
其他材料费	%	15	15	15	15	15	15
地质钻机　300型	台时	35	46	72	96	119	142
灌　浆　机　中压砂浆	台时	4	5	7	9	11	13
灰浆搅拌机	台时	4	5	7	9	11	13
张拉千斤顶　YCW－350	台时	4	4	4	4	4	4
电动油泵　ZB4－500	台时	4	4	4	4	4	4
汽车起重机　8t	台时	1	1	2	3	3	3
风　　镐	台时	1	1	1	1	1	1
电　焊　机　25kVA	台时	2	2	2	2	2	2
载　重　汽　车　5t	台时	3	3	4	4	4	4
其他机械费	%	18	18	18	18	18	18
编　　　号		70497	70498	70499	70500	70501	70502

七−41 混凝土预应力锚索

适用范围:混凝土结构双外锚头预应力锚索。

工作内容:钢管埋设,编索、运索、装索,安装工作锚具、钢垫板,注浆,张拉,外锚头保护等。

(1) 预应力1000kN级

单位:束

项 目	单 位	锚 索 长 度 (m)					
		15	20	30	40	50	60
工 长	工时	4	5	6	8	10	11
高 级 工	工时	26	30	39	48	58	68
中 级 工	工时	29	35	46	58	68	78
初 级 工	工时	26	30	39	48	58	68
合 计	工时	85	100	130	162	194	225
钢 绞 线 带PE套管	kg	149	194	285	375	466	556
锚 具 OVM15−7	套	2.10	2.10	2.10	2.10	2.10	2.10
钢 管 Φ90	m	16	21	32	42	53	63
水 泥	t	0.03	0.04	0.05	0.07	0.09	0.11
灌 浆 管 Φ25	m	31	41	62	82	103	124
其他材料费	%	12	12	12	12	12	12
灌 浆 机 中压砂浆	台时	2	2	3	4	5	6
灰浆搅拌机	台时	2	2	3	4	5	6
张拉千斤顶 YCW−150	台时	2	2	2	2	2	2
电动油泵 ZB4−500	台时	2	2	2	2	2	2
电 焊 机 25kVA	台时	4	4	5	6	7	8
汽车起重机 8t	台时	1	1	2	2	3	3
载重汽车 5t	台时	1	1	2	2	2	2
其他机械费	%	18	18	18	18	18	18
编 号		70503	70504	70505	70506	70507	70508

注:1.本节定额均按双外锚头锚索(对头锚)拟定,对于一端埋入基岩的单外锚头混凝土预应力锚索,可根据基岩段及混凝土段的锚索长度,参照七−39节及本节定额组合使用;

2.本节定额均按无粘接型防护拟定,如为粘接型防护,带PE套管钢绞线改为一般钢绞线,数量乘0.89系数。

（2） 预应力 2000kN 级

项　　　目	单位	锚　索　长　度　(m)					
		15	20	30	40	50	60
工　　　长	工时	5	6	7	9	10	12
高　级　工	工时	31	35	45	56	66	76
中　级　工	工时	35	41	54	65	76	88
初　级　工	工时	31	35	45	56	66	76
合　　　计	工时	102	117	151	186	218	252
钢绞线　带 PE 套管	kg	256	333	488	643	798	953
锚　具　OVM15-12	套	2.10	2.10	2.10	2.10	2.10	2.10
钢　管　Φ110	m	16	21	32	42	53	63
水　　　泥	t	0.04	0.06	0.08	0.11	0.14	0.17
灌　浆　管　Φ25	m	31	41	62	82	103	124
其他材料费	%	12	12	12	12	12	12
灌　浆　机　中压砂浆	台时	2	2	3	4	5	6
灰浆搅拌机	台时	2	2	3	4	5	6
张拉千斤顶　YCW-250	台时	3	3	3	3	3	3
电动油泵　ZB4-500	台时	3	3	3	3	3	3
电　焊　机　25kVA	台时	4	4	5	6	7	8
汽车起重机　8t	台时	1	1	2	2	3	3
载　重　汽　车　5t	台时	1	2	2	3	3	3
其他机械费	%	18	18	18	18	18	18
编　　　号		70509	70510	70511	70512	70513	70514

(3) 预应力 3000kN 级

项　　　目	单位	锚　索　长　度　（m）					
		15	20	30	40	50	60
工　　　长	工时	6	7	9	10	12	14
高　级　工	工时	36	41	53	64	75	87
中　级　工	工时	43	49	62	75	88	100
初　级　工	工时	36	41	53	64	75	87
合　　　计	工时	121	138	177	213	250	288
钢绞线　带PE套管	kg	405	528	773	1018	1264	1509
锚　具　OVM15-19	套	2.10	2.10	2.10	2.10	2.10	2.10
钢　　管　Φ125	m	16	21	32	42	53	63
水　　　泥	t	0.05	0.07	0.11	0.14	0.18	0.22
灌　浆　管　Φ25	m	31	41	62	82	103	124
其他材料费	%	12	12	12	12	12	12
灌浆机　中压砂浆	台时	2	2	3	4	5	6
灰浆搅拌机	台时	2	2	3	4	5	6
张拉千斤顶　YCW-350	台时	4	4	4	4	4	4
电动油泵　ZB4-500	台时	4	4	4	4	4	4
电焊机　25kVA	台时	4	4	5	6	7	8
汽车起重机　8t	台时	1	1	2	2	3	3
载重汽车　5t	台时	2	2	3	3	3	3
其他机械费	%	18	18	18	18	18	18
编　　　号		70515	70516	70517	70518	70519	70520

七－42 岩石面喷浆

工作内容:凿毛、冲洗、配料、喷浆、修饰、养护。

(1) 地面喷浆

单位:100m²

项　　目	单位	有 钢 筋 厚　　　度 (cm)				
		1	2	3	4	5
工　　　　长	工时	5	5	6	6	7
高　级　工	工时	7	8	9	10	10
中　级　工	工时	37	41	44	47	50
初　级　工	工时	74	81	87	95	101
合　　　计	工时	123	135	146	158	168
水　　　泥	t	0.82	1.63	2.45	3.27	4.09
砂　　　子	m³	1.22	2.45	3.67	4.89	6.12
水	m³	3	3	4	4	5
防　水　粉	kg	41	82	123	164	205
其他材料费	%	9	5	3	2	2
喷　浆　机　75L	台时	7.8	9.6	11.2	13.1	14.7
风　水　枪	台时	7.3	7.3	7.3	7.3	7.3
风　　　镐	台时	20.6	20.6	20.6	20.6	20.6
其他机械费	%	1	1	1	1	1
编　　　　号		70521	70522	70523	70524	70525

注:不用防水粉的不计。

续表

项　　目	单位	无 钢 筋 厚　　　度 (cm)				
		1	2	3	4	5
工　　　　长	工时	4	5	6	6	6
高　级　工	工时	7	8	8	9	10
中　级　工	工时	35	37	41	44	47
初　级　工	工时	69	74	82	87	94
合　　　计	工时	115	124	137	146	157
水　　　泥	t	0.82	1.63	2.45	3.27	4.09
砂　　　子	m³	1.22	2.45	3.67	4.89	6.12
水	m³	3	3	4	4	5
防　水　粉	kg	41	82	123	164	205
其他材料费	%	9	5	3	2	2
喷　浆　机　75L	台时	7.1	8.4	10.4	11.8	13.5
风　水　枪	台时	6.0	6.0	6.0	6.0	6.0
风　　　镐	台时	20.6	20.6	20.6	20.6	20.6
其他机械费	%	1	1	1	1	1
编　　　　号		70526	70527	70528	70529	70530

（2） 地下喷浆

项　　目	单位	有　钢　筋　厚　度　（cm）				
		1	2	3	4	5
工　　长	工时	6	6	7	7	8
高　级　工	工时	9	10	10	11	12
中　级　工	工时	43	47	51	55	59
初　级　工	工时	87	95	102	111	117
合　　计	工时	145	158	170	184	196
水　　泥	t	0.82	1.63	2.45	3.27	4.09
砂　　子	m³	1.22	2.45	3.67	4.89	6.12
水	m³	3	3	4	4	5
防　水　粉	kg	41	82	123	164	205
其他材料费	%	9	5	3	2	2
喷　浆　机　75L	台时	9.0	11.0	12.9	15.0	16.9
风　水　枪	台时	8.4	8.4	8.4	8.4	8.4
风　　镐	台时	24.7	24.7	24.7	24.7	24.7
其他机械费	%	1	1	1	1	1
编　　号		70531	70532	70533	70534	70535

注:不用防水粉的不计。

项　　目	单位	无　钢　筋　厚　度　（cm）				
		1	2	3	4	5
工　　长	工时	5	6	6	7	7
高　级　工	工时	8	9	10	10	11
中　级　工	工时	41	43	48	51	55
初　级　工	工时	81	87	96	103	110
合　　计	工时	135	145	160	171	183
水　　泥	t	0.82	1.63	2.45	3.27	4.09
砂　　子	m³	1.22	2.45	3.67	4.89	6.12
水	m³	3	3	4	4	5
防　水　粉	kg	41	82	123	164	205
其他材料费	%	9	5	3	2	2
喷　浆　机　75L	台时	8.2	9.7	12.0	13.6	15.5
风　水　枪	台时	6.9	6.9	6.9	6.9	6.9
风　　镐	台时	24.7	24.7	24.7	24.7	24.7
其他机械费	%	1	1	1	1	1
编　　号		70536	70537	70538	70539	70540

七-43 混凝土面喷浆

工作内容:凿毛、冲洗、配料、喷浆、修饰、养护。

(1) 地面喷浆

单位:100m²

项　目	单位	有　钢　筋 厚　度　(cm)				
		1	2	3	4	5
工　　　长	工时	5	5	6	6	7
高　级　工	工时	7	8	9	9	10
中　级　工	工时	38	41	43	46	49
初　级　工	工时	76	82	86	93	97
合　　　计	工时	126	136	144	154	163
水　　　泥	t	0.73	1.45	2.18	2.91	3.64
砂　　　子	m³	1.09	2.18	3.27	4.36	5.45
水	m³	3	3	4	4	5
防　水　粉	kg	37	73	109	146	182
其他材料费	%	10	5	4	3	2
喷浆机　75L	台时	6.7	8.1	9.5	10.9	12.4
风　水　枪	台时	6.1	6.1	6.1	6.1	6.1
风　　　镐	台时	25.8	25.8	25.8	25.8	25.8
其他机械费	%	1	1	1	1	1
编　　　号		70541	70542	70543	70544	70545

注:不用防水粉的不计。

续表

项　目	单位	无　钢　筋 厚　度　(cm)				
		1	2	3	4	5
工　　　长	工时	5	5	5	6	6
高　级　工	工时	7	7	8	8	9
中　级　工	工时	35	38	40	43	45
初　级　工	工时	70	75	81	86	91
合　　　计	工时	117	125	134	143	151
水　　　泥	t	0.73	1.45	2.18	2.91	3.64
砂　　　子	m³	1.09	2.18	3.27	4.36	5.45
水	m³	3	3	4	4	5
防　水　粉	kg	37	73	109	146	182
其他材料费	%	10	5	4	3	2
喷浆机　75L	台时	6.0	7.3	8.7	10.0	11.2
风　水　枪	台时	4.2	4.2	4.2	4.2	4.2
风　　　镐	台时	25.8	25.8	25.8	25.8	25.8
其他机械费	%	1	1	1	1	1
编　　　号		70546	70547	70548	70549	70550

（2） 地下喷浆

单位:100m²

项　　　　目	单位	有钢筋 厚　　度　（cm）				
		1	2	3	4	5
工　　　　长	工时	6	6	7	7	8
高　级　工	工时	9	9	10	11	11
中　级　工	工时	45	48	51	54	57
初　级　工	工时	89	96	101	108	115
合　　　计	工时	149	159	169	180	191
水　　　泥	t	0.73	1.45	2.18	2.91	3.64
砂　　　子	m³	1.09	2.18	3.27	4.36	5.45
水	m³	3	3	4	4	5
防　水　粉	kg	37	73	109	146	182
其他材料费	%	10	5	4	3	2
喷　浆　机　75L	台时	7.7	9.4	10.9	12.6	14.2
风　水　枪	台时	7.0	7.0	7.0	7.0	7.0
风　　　镐	台时	30.9	30.9	30.9	30.9	30.9
其他机械费	%	1	1	1	1	1
编　　　　号		70551	70552	70553	70554	70555

注:不用防水粉的不计。

续表

项　　　　目	单位	无　钢　筋 厚　　度　（cm）				
		1	2	3	4	5
工　　　　长	工时	6	6	6	7	7
高　级　工	工时	8	9	10	10	11
中　级　工	工时	41	44	47	50	53
初　级　工	工时	83	89	95	101	106
合　　　计	工时	138	148	158	168	177
水　　　泥	t	0.73	1.45	2.18	2.91	3.64
砂　　　子	m³	1.09	2.18	3.27	4.36	5.45
水	m³	3	3	4	4	5
防　水　粉	kg	37	73	109	146	182
其他材料费	%	10	5	4	3	2
喷　浆　机　75L	台时	6.9	8.4	9.9	11.5	12.9
风　水　枪	台时	4.9	4.9	4.9	4.9	4.9
风　　　镐	台时	30.9	30.9	30.9	30.9	30.9
其他机械费	%	1	1	1	1	1
编　　　　号		70556	70557	70558	70559	70560

七－44 喷混凝土

工作内容:凿毛、配料、上料、拌和、喷射、处理回弹料、养护。

(1) 地面护坡

单位:100m³

项　　目	单位	有　钢　筋			无　钢　筋		
		喷　射　厚　度　(cm)					
		5～10	10～15	15～20	5～10	10～15	15～20
工　　　长	工时	41	32	27	41	32	27
高　级　工	工时	62	48	41	61	48	40
中　级　工	工时	310	243	204	307	240	201
初　级　工	工时	620	486	407	614	480	403
合　　　计	工时	1033	809	679	1023	800	671
水　　　泥	t	55.62	55.62	55.62	54.69	54.69	54.69
砂　　　子	m³	77.50	77.50	77.50	75.60	75.60	75.60
小　　　石	m³	72.60	72.60	72.60	70.90	70.90	70.90
速　凝　剂	t	1.87	1.87	1.87	1.83	1.83	1.83
水	m³	45	45	45	45	45	45
其他材料费	%	3	3	3	3	3	3
喷射机　4～5m³/h	台时	54.64	49.67	45.15	53.57	48.70	44.27
搅拌机　强制式0.25m³	台时	54.64	49.67	45.15	53.57	48.70	44.27
胶带输送机　800×30	台时	54.64	49.67	45.15	53.57	48.70	44.27
风　　　镐	台时	206.00	137.40	103.00	206.00	137.40	103.00
其他机械费	%	5	5	5	5	5	5
编　　　号		70561	70562	70563	70564	70565	70566

（2） 平洞支护

单位:100m³

项　　目	单位	有　钢　筋			无　钢　筋		
		喷　射　厚　度　（cm）					
		5～10	10～15	15～20	5～10	10～15	15～20
工　　　长	工时	48	38	32	48	38	31
高　级　工	工时	73	57	48	72	56	47
中　级　工	工时	364	284	238	361	281	236
初　级　工	工时	729	569	476	722	563	471
合　　　计	工时	1214	948	794	1203	938	785
水　　　泥	t	57.94	57.94	57.94	55.62	55.62	55.62
砂　　　子	m³	79.80	79.80	79.80	77.70	77.70	77.70
小　　　石	m³	74.77	74.77	74.77	72.87	72.87	72.87
速　凝　剂	t	1.92	1.92	1.92	1.88	1.88	1.88
水	m³	47	47	47	47	47	47
其他材料费	%	3	3	3	3	3	3
喷　射　机　4～5m³/h	台时	62.83	57.12	51.93	61.60	56.00	50.91
搅　拌　机　强制式0.25m³	台时	62.83	57.12	51.93	61.60	56.00	50.91
胶带输送机　800×30	台时	62.83	57.12	51.93	61.60	56.00	50.91
风　　　镐	台时	247.20	164.88	123.60	247.20	164.88	123.60
其他机械费	%	5	5	5	5	5	5
编　　　号		70567	70568	70569	70570	70571	70572

（3） 6°～30°斜井支护

单位:100m³

项　　目	单位	有　钢　筋			无　钢　筋		
		喷　射　厚　度　（cm）					
		5～10	10～15	15～20	5～10	10～15	15～20
工　　长	工时	51	40	34	50	39	33
高　级　工	工时	76	60	50	76	59	50
中　级　工	工时	383	299	250	379	296	247
初　级　工	工时	765	597	500	758	591	494
合　　计	工时	1275	996	834	1263	985	824
水　　泥	t	57.94	57.94	57.94	55.62	55.62	55.62
砂　　子	m³	79.80	79.80	79.80	77.70	77.70	77.70
小　　石	m³	74.77	74.77	74.77	72.87	72.87	72.87
速　凝　剂	t	1.92	1.92	1.92	1.88	1.88	1.88
水	m³	47	47	47	47	47	47
其他材料费	%	3	3	3	3	3	3
喷　射　机　4~5m³/h	台时	62.83	57.12	51.93	61.60	56.00	50.91
搅　拌　机　强制式0.25m³	台时	62.83	57.12	51.93	61.60	56.00	50.91
胶带输送机　800×30	台时	62.83	57.12	51.93	61.60	56.00	50.91
风　　镐	台时	247.20	164.88	123.60	247.20	164.88	123.60
其他机械费	%	5	5	5	5	5	5
编　　　　号		70573	70574	70575	70576	70577	70578

（4） 30°～75°斜井支护

单位：100m³

项　　　目	单位	有　钢　筋			无　钢　筋		
		喷　射　厚　度　（cm）					
		5～10	10～15	15～20	5～10	10～15	15～20
工　　　长	工时	56	44	36	55	43	36
高　级　工	工时	84	66	55	83	65	54
中　级　工	工时	419	327	274	415	324	271
初　级　工	工时	838	654	548	831	647	541
合　　　计	工时	1397	1091	913	1384	1079	902
水　　　泥	t	57.94	57.94	57.94	55.62	55.62	55.62
砂　　　子	m³	79.80	79.80	79.80	77.70	77.70	77.70
小　　　石	m³	74.77	74.77	74.77	72.87	72.87	72.87
速　凝　剂	t	1.92	1.92	1.92	1.88	1.88	1.88
水	m³	47	47	47	47	47	47
其他材料费	%	3	3	3	3	3	3
喷　射　机　4～5m³/h	台时	62.83	57.12	51.93	61.60	56.00	50.91
搅　拌　机　强制式0.25m³	台时	62.83	57.12	51.93	61.60	56.00	50.91
胶带输送机　800×30	台时	62.83	57.12	51.93	61.60	56.00	50.91
风　　　镐	台时	247.20	164.88	123.60	247.20	164.88	123.60
其他机械费	%	5	5	5	5	5	5
编　　　号		70579	70580	70581	70582	70583	70584

七 - 45 钢筋网制作及安装

适用范围:洞内拱顶支护。

工作内容:回直、除锈、切筋、加工场至工地运输、焊接。

单位:1t

项 目	单位	数 量
工 长	工时	4
高 级 工	工时	
中 级 工	工时	43
初 级 工	工时	48
合 计	工时	95
钢 筋	t	1.03
电 焊 条	kg	7.98
其他材料费	%	1
钢筋调直机 14kW	台时	0.69
风 砂 枪	台时	1.85
钢筋切断机 20kW	台时	0.46
电 焊 机 25kVA	台时	9.79
载 重 汽 车 5t	台时	0.19
其他机械费	%	2
编 号		70585

第八章

疏浚工程

说　　明

一、本章定额包括绞吸、链斗、抓斗及铲斗式挖泥船,吹泥船,水力冲挖机组及其他共六节。适用于对河、湖、渠、沿海机械疏浚及吹填工程。

二、土、砂分类

1.绞吸、链斗、抓斗、铲斗式挖泥船、吹泥船开挖水下方的泥土及粉细砂分为Ⅰ～Ⅶ类,中、粗砂各分为松散、中密、紧密三类。详见附录4土、砂分级表。

2.水力冲挖机组的土类划分为Ⅰ～Ⅳ类,详见附录4水力冲挖机组土类划分表。

三、本章定额的计量单位,除注明者外,均按水下自然方计算。疏浚或吹填工程量应按设计要求计算,吹填工程陆上方应折算为水下自然方。在开挖过程中的超挖、回淤等因素,均包括在定额内。

四、工况级别的确定:挖泥船、吹泥船定额均按一级工况制定。当在开挖区、排(运、卸)泥(砂)区整个作业范围内,受有超限风浪、雨雾、潮汐、水位、流速及行船避让、木排流放、冰凌以及水下芦苇、树根、障碍物等自然条件和客观原因,而直接影响正常施工生产和增加施工难度的时间,应根据当地水文、气象、工程地质资料,通航河道的通航要求,所选船舶的适应能力等,进行统计分析,以确定该影响及增加施工难度的时间,按其占总工期历时的比例,确定工况级别,并按表8-1所列系数调整相应定额。

五、链斗、抓斗、铲斗式挖泥船,其拖轮、泥驳运卸泥(砂)的运距,指自开挖区中心至卸泥(砂)区中心的航程,其中心均按泥(砂)方量的分布状况计算确定。

六、绞吸式挖泥船、链斗式挖泥船及吹泥船均按名义生产率划分船型;抓斗、铲斗式挖泥船按斗容划分船型。

工况级别	绞吸式挖泥船		链斗、抓斗、铲斗式挖泥船,吹泥船	
	平均每班客观影响时间(h)	工况系数	平均每班客观影响时间(h)	工况系数
一	≤1.0	1.00	≤1.3	1.00
二	≤1.5	1.10	≤1.8	1.12
三	≤2.1	1.21	≤2.4	1.27
四	≤2.6	1.34	≤2.9	1.44
五	≤3.0	1.50	≤3.4	1.64

七、人工指从事辅助工作的用工,如对排泥管线的巡视、检修、维护等。不包括绞吸式挖泥船及吹泥船岸管的安装、拆移(除)及各排泥场(区)的围堰填筑和维护用工。

当各式挖泥船、吹泥船及其系列的配套船舶定额调整时,人工定额亦作相应调整。

八、各类型挖泥船(或吹泥船)定额使用中,如大于(或小于)基本排高和超过基本挖深时,人工及机械(含排泥管)定额调整按下式计算:

大于基本排高,调整后的定额值 $A = $ 基本定额 $\times (k_1)^n$

小于基本排高,调整后的定额值 $B = $ 基本定额 $\div (k_1)^n$

超过基本挖深,调整后的定额增加值 $C = $ 基本定额 $\times (n \times k_2)$

调整后定额综合值 $D = A + C$ 或 $D = B + C$

式中　k_1——各定额表注中,每增(减)1m 的超排高系数;

　　　k_2——各定额表注中,每超过基本挖深 1m 的定额增加系数;

n ——大于(或小于)定额基本排高或超过定额基本挖深的数值(m)。

在计算超排高和超挖深时,定额表中的"其他机械费"费率不变。

九、绞吸式挖泥船

1.排泥管:包括水上浮筒管(含浮筒一组、钢管及胶套管各一根,简称浮筒管)及陆上排泥管(简称岸管),分别按管径、组长或根长划分,详见各定额表。

2.排泥管线长度:是指自挖泥(砂)区中心至排泥(砂)区中心,浮筒管、潜管、岸管各管线长度之和。其中浮筒管已考虑受水流影响,与挖泥船、岸管连接的弯曲长度。排泥管线长度中的浮筒管组时、岸管根时的数量,已计入分项定额内。如所需排泥管线长度介于两定额子目之间时,按"插入法"计算。

3.本定额均按非潜管制定,如使用潜管时,按该定额子目的人工、挖泥船及配套船舶定额乘以1.04的系数。所用潜管及其潜、浮所需动力装置和充水、充气、控制设备等,应根据管径、长度另行计列。

十、链斗式挖泥船

1.本定额的泥驳均为开底泥驳,若为吹填工程或陆上排卸时,则改为满底泥驳。

2.若开挖泥(砂)层厚度(包括计算超深值)小于斗高、而大于或等于斗高1/2时,按开挖定额中人工工时及船舶艘时定额乘以1.25系数计算。

若开挖层厚度小于斗高的1/2时,不执行本定额。

3.各型链斗式挖泥船的斗高,参考表8-2所列:

表8-2

船型(m³/h)	40	60	100	120	150	180	350	500
斗高 (m)	0.45	0.45	0.80	0.70	0.67	0.69	1.23	1.40

十一、抓斗式、铲斗式挖泥船

1.本定额的泥驳均为开底泥驳,若为吹填工程或陆上排卸时,应改为满底泥驳。

2.抓斗式、铲斗式挖泥船疏浚,不宜开挖流动淤泥。

十二、吹泥船

1.本定额适用于配合链斗、抓斗、铲斗式挖泥船相应能力的陆上吹填工程。

2.排泥管线长度中的浮筒管组时、岸管根时数量,已计入分项定额内。

十三、水力冲挖机组

1.本定额适用于基本排高 5m,每增(减)1m,排泥管线长度相应增(减)25m。

2.排泥管线长度:指计算铺设长度,如计算排泥管线长度介于定额两子目之间时,以"插入法"计算。

3.施工水源与作业面的距离为 50～100m。

4.冲挖盐碱土方,如盐碱程度较重时,泥浆泵及排泥管台(米)时费用定额中的第一类费用可增加 20%。

十四、链斗、抓斗、铲斗式挖泥船,运距超过 10km 时,超过部分按增运 1km 的拖轮、泥驳台时定额乘 0.90 系数。

八—1 绞吸式挖泥船

工作内容：固定船位，挖、排泥（砂），移浮筒管，拖工区内作业面移位，配套船舶定位、行驶等及其他辅助工作。

(1) 60 m³/h 绞吸式挖泥船

单位：10000m³

项 目	单位	I 类 土 排泥管线长度 (km)				II 类 土 排泥管线长度 (km)			
		≤0.2	0.3	0.4	0.5	≤0.2	0.3	0.4	0.5
工 长	工时								
高级工	工时								
中级工	工时	58.1	61.0	64.1	67.1	63.7	67.0	70.2	73.6
初级工	工时	87.2	91.5	96.1	100.7	95.5	100.3	105.4	110.4
合 计	工时	145.3	152.5	160.2	167.8	159.2	167.3	175.6	184.0
挖泥船 60m³/h	艘时	116.23	122.04	128.14	134.24	127.43	133.80	140.50	147.18
浮筒管 Φ250×5000mm	组时	2324	3661	3844	4027	2548	4014	4215	4415
岸管 Φ250×4000mm	根时	2905	4577	8009	11746	3185	5018	8781	12878
锚艇 88kW	艘时	23.24	24.41	25.63	26.84	25.48	26.76	28.10	29.44
机艇 88kW	艘时	38.35	40.27	42.28	44.30	42.05	44.16	46.36	48.57
其他机械费	%	7	7	7	7	7	7	7	7
编 号		80001	80002	80003	80004	80005	80006	80007	80008

注：1. 基本排高 5m，每增（减）1m，定额乘（除）以 1.02；

2. 最大挖深 4.5m；基本挖深 3m，每增 1m，定额增加系数 0.04。

续表

项目	单位	III类土 排泥管线长度 (km)				IV类土 排泥管线长度 (km)			
		≤0.2	0.3	0.4	0.5	≤0.2	0.3	0.4	0.5
工 长	工时								
高级工	工时								
中级工	工时	70.0	73.6	77.3	80.9	77.0	80.9	84.9	88.9
初级工	工时	105.1	110.3	115.8	121.3	115.6	121.3	127.4	133.4
合 计	工时	175.1	183.9	193.1	202.2	192.6	202.2	212.3	222.3
挖泥船 60m³/h	艘时	140.03	147.03	154.39	161.74	154.03	161.74	169.83	177.91
浮 管 Φ250×5000mm	组时	2800	4411	4632	4852	3080	4852	5095	5337
岸 管 Φ250×4000mm	根时	3500	5514	9649	14152	3850	6065	10614	15567
锚 艇 88kW	艘时	28.00	29.41	30.88	32.35	30.80	32.35	33.96	35.59
机 艇 88kW	艘时	46.21	48.52	50.95	53.38	50.83	53.36	56.05	58.71
其他机械费	%	7	7	7	7	7	7	7	7
编 号		80009	80010	80011	80012	80013	80014	80015	80016

注：1. 基本排高5m，每增（减）1m，定额乘（除）以1.02；

2. 最大挖深4.5m；基本挖深3m，每增挖深3m，每增1m，定额增加系数0.04。

项 目	单位	V 类 土 排 泥 管 线				VI 类 土 长 度 (km)			
		≤0.2	0.3	0.4	0.5	≤0.2	0.3	0.4	0.5
工长	工时								
高级工	工时								
中级工	工时	92.4	97.1	101.8	106.7	120.4	126.5	132.8	139.1
初级工	工时	138.6	145.5	153.1	160.1	180.7	189.7	199.2	208.6
合计	工时	231.0	242.6	254.9	266.8	301.1	316.2	332.0	347.7
挖泥船 60m³/h	艘时	184.84	194.08	203.79	213.49	240.85	252.90	265.56	278.19
浮筒管 Φ250×5000mm	组时	3696	5822	6114	6405	4817	7587	7967	8346
岸管 Φ250×4000mm	根时	4621	7278	12737	18680	6021	9484	16598	24342
锚艇 88kW	艘时	36.97	38.81	40.76	42.70	48.17	50.58	53.12	55.64
机艇 88kW	艘时	60.99	64.04	67.26	70.45	79.48	83.45	87.63	91.81
其他机械费	%	7	7	7	7	7	7	7	7
编 号		80017	80018	80019	80020	80021	80022	80023	80024

注:1. 基本排高 5m,每增(减)1m,定额乘(除)以 1.02;

2. 最大挖深 4.5m;基本挖深 3m,每增 1m,定额增加系数 0.04。

项 目	单位	松散中砂 排泥管线长度 (km)				松散粗砂 排泥管线长度 (km)		
		≤0.2	0.3	0.4	0.5	≤0.2	0.3	0.4
工 长	工时							
高级工	工时							
中级工	工时	99.9	107.9	118.8	122.8	116.9	138.0	171.8
初级工	工时	149.7	161.8	178.3	184.3	175.3	206.8	257.6
合 计	工时	249.6	269.7	297.1	307.1	292.2	344.8	429.4
挖泥船 60m³/h	艘时	199.73	215.72	237.68	245.67	233.69	275.75	343.52
浮筒管 Φ250×5000mm	组时	3994	6472	7130	7370	4673	8273	10306
岸管 Φ250×4000mm	根时	4993	8090	14855	21496	5842	10341	21470
锚艇 88kW	艘时	39.95	43.14	47.53	49.13	46.74	55.15	68.71
机艇 88kW	艘时	65.90	71.18	78.43	81.07	77.11	91.00	113.36
其他机械费	%	6	6	6	6	6	6	6
编 号		80025	80026	80027	80028	80029	80030	80031

注：1. 基本排高 3m，每增高 3m，挖中砂定额乘（减）以 1.048，挖粗砂定额乘（除）以 1.25；挖粗砂定额最大排高为 5m；

2. 最大挖深 4.5m；基本挖深 3m，每增 1m，定额增加系数 0.04。

项　目	单位	中密中砂排泥管线长度(km)				中密粗砂排泥管线长度(km)		
		≤0.2	0.3	0.4	0.5	≤0.2	0.3	0.4
工　长	工时							
高级工	工时							
中级工	工时	111.0	119.9	132.0	136.5	129.8	153.2	190.9
初级工	工时	166.4	179.7	198.1	204.7	194.8	229.8	286.3
合　计	工时	277.4	299.6	330.1	341.2	324.6	383.0	477.2
挖泥船　60m³/h	艘时	221.93	239.68	264.09	272.97	256.66	306.39	381.70
浮筒　Φ250×5000mm	组时	4438	7190	7923	8189	5193	9192	11451
岸管　Φ250×4000mm	根时	5548	8988	16506	23885	6491	11490	23856
锚艇　88kW	艘时	44.38	47.93	52.82	54.60	51.94	61.27	76.34
机艇　88kW	艘时	73.24	79.09	87.16	90.08	85.68	101.11	125.96
其他机械费	%	6	6	6	6	6	6	6
编　号		80032	80033	80034	80035	80036	80037	80038

注：1. 基本排高3m，每增（减）1m，挖中砂定额乘（除）以1.048，挖粗砂定额乘（除）以1.25；挖粗砂定额最大排高为5m；

2. 最大挖深4.5m；基本挖深3m，每增3m，定额增加系数0.04。

(2) 80m³/h 绞吸式挖泥船

单位：10000m³

项目	单位	I 类 土 排 泥 管 线					II 类 土 排 泥 管 线 长 度（km）				
		≤0.3	0.4	0.5	0.6	0.7	≤0.3	0.4	0.5	0.6	0.7
工 长 工	工时										
高 级 工	工时										
中 级 工	工时	51.9	54.5	57.1	60.4	63.4	57.0	59.8	62.8	66.1	69.6
初 级 工	工时	78.0	81.9	85.8	90.5	95.1	85.5	89.8	94.0	99.2	104.3
合 计	工时	129.9	136.4	142.9	150.9	158.5	142.5	149.6	156.8	165.3	173.9
挖 泥 船 80m³/h	艘时	91.53	96.11	100.68	106.20	111.65	100.36	105.38	110.39	116.43	122.42
浮 筒 管 Φ300×5000mm	组时	2928	3076	3222	3398	3573	3211	3372	3532	3726	3917
岸 管 Φ300×4000mm	根时	3203	5767	8558	11682	15073	3512	6323	9383	12807	16527
锚 艇 88kW	艘时	18.31	19.23	20.14	21.24	22.33	20.07	21.08	22.07	23.28	24.49
机 艇 88kW	艘时	30.20	31.71	33.23	35.05	36.84	33.12	34.78	36.43	38.42	40.40
其他机械费	%	5	5	5	5	5	5	5	5	5	5
编 号		80039	80040	80041	80042	80043	80044	80045	80046	80047	80048

注：1. 基本排高 6m，每增（减）1m，定额乘（除）以 1.02；
2. 最大挖深 5.2m；基本挖深 3m，每增 1m，定额增加系数 0.04。

项目	单位	Ⅲ类土 排泥管线 长					Ⅳ类土 度（km）				
		≤0.3	0.4	0.5	0.6	0.7	≤0.3	0.4	0.5	0.6	0.7
工长	工时										
高级工	工时										
中级工	工时	62.6	65.8	68.9	72.7	76.4	68.9	72.4	75.7	80.0	84.1
初级工	工时	93.7	98.7	103.3	109.0	114.6	103.3	108.5	113.7	119.9	126.1
合计	工时	156.3	164.5	172.2	181.7	191.0	172.2	180.9	189.4	199.9	210.2
挖泥船 80m³/h	艘时	110.28	115.80	121.30	127.95	134.53	121.30	127.37	133.43	140.75	147.97
浮管 Φ300×5000mm	组时	3528	3706	3882	4094	4305	3881	4076	4270	4504	4735
岸管 Φ300×4000mm	根时	3859	6948	10311	14075	18162	4245	7642	11342	15483	19976
锚艇 88kW	艘时	22.05	23.15	24.26	25.59	26.91	24.26	25.47	26.68	28.15	29.59
机艇 88kW	艘时	36.39	38.22	40.03	42.22	44.39	40.03	42.04	44.04	46.45	48.83
其他机械费	%	5	5	5	5	5	5	5	5	5	5
编号	号	80049	80050	80051	80052	80053	80054	80055	80056	80057	80058

注:1. 基本排高6m,每增(减)1m,定额乘(除)以1.02;

2. 最大挖深5.2m;基本挖深3m,每增1m,定额增加系数0.04。

続表

项目	单位	V 类排泥管线长度（km）					VI 类土长度长线（km）				
		≤0.3	0.4	0.5	0.6	0.7	≤0.3	0.4	0.5	0.6	0.7
工长	工时										
高级工	工时										
中级工	工时	82.7	86.8	90.9	95.9	101.0	107.7	113.2	118.5	125.0	131.5
初级工	工时	124.0	130.3	136.4	143.9	151.3	161.7	169.7	177.8	187.5	197.1
合计	工时	206.7	217.1	227.3	239.8	252.3	269.4	282.9	296.3	312.5	328.6
挖泥船 80m³/h	艘时	145.56	152.85	160.13	168.89	177.58	189.67	199.16	208.64	218.99	231.39
浮筒 Φ300×5000mm	组时	4657	4891	5124	5404	5683	6069	6373	6676	7008	7404
岸管 Φ300×4000mm	根时	5094	9171	13611	18578	23973	6638	11950	17734	24089	31238
锚艇 88kW	艘时	29.12	30.57	32.03	33.78	35.51	37.93	39.83	41.73	44.02	46.28
机艇 88kW	艘时	48.03	50.44	52.84	55.73	58.6	62.59	65.72	68.85	72.62	76.36
其他机械费	%	5	5	5	5	5	5	5	5	5	5
编号		80059	80060	80061	80062	80063	80064	80065	80066	80067	80068

注:1. 基本排高 6m,每增(减)1m,定额乘(除)以 1.02;

2. 最大挖深 5.2m;基本挖深 3m;每增 1m,定额增加系数 0.04。

项　目	单位	松散中砂排泥管线长度				松散粗砂（km）		
		≤0.3	0.4	0.5	0.6	≤0.3	0.4	0.5
工长	工时							
高级工	工时							
中级工	工时	82.9	89.5	98.6	110.1	96.9	121.2	155.1
初级工	工时	124.2	134.2	147.9	165.2	145.3	181.7	232.6
合计	工时	207.1	223.7	246.5	275.3	242.2	302.9	387.7
挖泥船 80m³/h	艘时	161.79	174.74	192.52	215.17	189.27	236.59	302.84
浮筒 Φ300×5000mm	组时	5177	5592	6161	6885	6056	7571	9691
岸管 Φ300×4000mm	根时	5662	10484	16364	23669	6624	14195	25741
锚艇 88kW	艘时	32.36	34.95	38.29	43.03	37.86	47.32	60.57
机艇 88kW	艘时	53.39	57.67	63.54	71.00	62.46	78.08	99.93
其他机械费	%	4	4	4	4	4	4	4
编　号		80069	80070	80071	80072	80073	80074	80075

注：1. 基本排高 3m，每增（减）1m，挖中砂定额乘（除）以 1.048，挖粗砂定额乘（除）以 1.25；挖粗砂定额最大排高为 5m；

2. 最大挖深 5.2m；基本挖深 3m，每增 1m，定额增加系数 0.04。

· 587 ·

项 目	单位	中密中砂排泥管线长度(km)				中密粗砂(km)		
		≤0.3	0.4	0.5	0.6	≤0.3	0.4	0.5
工 长工	工时							
高级工	工时							
中级工	工时	92.1	99.4	109.6	122.4	107.7	134.6	172.4
初级工	工时	138.1	149.1	164.2	183.6	161.5	201.9	258.4
合计	工时	230.2	248.5	273.8	306.0	269.2	336.5	430.8
挖泥船 80m³/h	艘时	179.76	194.16	213.91	239.07	210.31	262.88	336.49
浮筒管 Φ300×5000mm	组时	5752	6213	6845	7650	6729	8412	10768
岸管 Φ300×4000mm	根时	6291	11650	18182	26298	7360	15773	28602
锚艇 88kW	艘时	35.95	38.83	42.78	47.81	42.06	52.57	67.30
机艇 88kW	艘时	59.33	64.08	70.59	78.89	69.40	86.75	111.05
其他机械费	%	4	4	4	4	4	4	4
编 号		80076	80077	80078	80079	80080	80081	80082

注：1. 基本排高 3m,每增(减)1m,挖中砂定额乘(除)以 1.048,挖粗砂定额乘(除)以 1.25;挖粗砂定额最大排高为 5m;

2. 最大挖深 5.2m;基本挖深 3m,每增 1m,定额增加系数 0.04。

（3） 100m³/h 绞吸式挖泥船

项 目	单位	I 类土 排泥管线长度（km）						II 类土 排泥管线长度（km）					
		≤0.4	0.5	0.6	0.7	0.8	1.0	≤0.4	0.5	0.6	0.7	0.8	1.0
工 长	工时												
高级工	工时												
中级工	工时	45.3	47.6	49.9	52.7	55.4	62.5	49.8	52.3	54.7	57.7	60.7	68.7
初级工	工时	57.2	71.4	74.9	78.9	83.0	93.9	74.5	78.3	82.0	86.6	91.0	102.9
合 计	工时	102.5	119.0	124.8	131.6	138.4	156.4	124.3	130.6	136.7	144.3	151.7	171.6
挖泥船 100m³/h	艘时	79.85	83.86	87.84	92.63	97.42	110.20	87.56	91.94	96.31	101.57	106.82	120.83
浮管 Φ300×5000mm	组时	2555	2684	2811	2964	3117	3526	2801	2942	3082	3250	3418	3867
岸管 Φ300×4000mm	根时	4791	7128	9662	12505	15587	23142	5253	7815	10594	13712	17091	25374
锚艇 88kW	艘时	15.97	16.77	17.56	18.52	19.49	22.04	17.51	18.38	19.26	20.31	21.37	24.16
机艇 88kW	艘时	26.35	27.67	28.99	30.57	32.15	36.37	28.89	30.34	31.78	33.52	35.25	39.87
其他机械费	%	5	5	5	5	5	5	5	5	5	5	5	5
编 号		80083	80084	80085	80086	80087	80088	80089	80090	80091	80092	80093	80094

注：1. 基本排高 6m，每增（减）1m，定额乘（除）以 1.02；

2. 最大挖深 5.2m；基本挖深 3m，每增挖深 3m，每增 1m，定额增加系数 0.03。

项目	单位	Ⅲ类土 排泥管线长度（km）						Ⅳ类土 排泥管线长度（km）					
		≤0.4	0.5	0.6	0.7	0.8	1.0	≤0.4	0.5	0.6	0.7	0.8	1.0
工长	工时												
高级工	工时												
中级工	工时	54.6	57.3	60.2	63.4	66.7	75.4	60.2	63.1	66.1	69.7	73.3	83.0
初级工	工时	82.0	86.1	90.1	95.1	100.0	113.1	90.1	94.7	99.2	104.6	110.0	124.4
合计	工时	136.6	143.4	150.3	158.5	166.7	188.5	150.3	157.8	165.3	174.3	183.3	207.4
挖泥船 100m³/h	艘时	96.21	101.03	105.83	111.61	117.38	132.77	105.83	111.13	116.41	122.77	129.12	146.05
浮筒 Φ300×5000mm	组时	3078	3233	3387	3572	3756	4249	3386	3556	3725	3929	4132	4674
岸管 Φ300×4000mm	根时	5772	8588	11641	15067	18781	27882	6349	9446	12805	16574	20659	30671
锚艇 88kW	艘时	19.24	20.20	21.16	22.32	23.48	26.55	21.16	22.22	23.28	24.55	25.83	29.20
机艇 88kW	艘时	31.75	33.34	34.93	36.83	38.74	43.81	34.92	36.67	38.42	40.51	42.61	48.19
其他机械费	%	5	5	5	5	5	5	5	5	5	5	5	5
编号		80095	80096	80097	80098	80099	80100	80101	80102	80103	80104	80105	80106

注:1. 基本排高 6m,每增(减)1m,定额乘(除)以 1.02;

2. 最大挖深 5.2m;基本挖深 3m,每增 1m,定额增加系数 0.03。

项目	单位	V类土 排泥管线长（km）						VI类土 排泥管线长度（km）					
		≤0.4	0.5	0.6	0.7	0.8	1.0	≤0.4	0.5	0.6	0.7	0.8	1.0
工长	工时												
高级工	工时												
中级工	工时	72.2	75.7	79.3	83.6	88.0	99.5	94.0	98.8	103.4	109.0	114.7	129.7
初级工	工时	108.2	113.6	119.0	125.5	132.0	149.3	141.0	148.0	155.1	163.6	172.0	194.5
合计	工时	180.4	189.3	198.3	209.1	220.0	248.8	235.0	246.8	258.5	272.6	286.7	324.2
挖泥船 100m³/h	艘时	126.99	133.36	139.70	147.33	154.93	175.26	165.48	173.77	182.02	191.97	201.89	228.37
浮管 Φ300×5000mm	组时	4063	4268	4470	4715	4958	5608	5295	5561	5825	6143	6460	7308
岸管 Φ300×4000mm	根时	7619	11336	15367	19890	24789	36805	9928	14770	20022	25916	32302	47958
锚艇 88kW	艘时	25.39	26.66	27.94	29.46	30.99	35.05	33.09	34.74	36.40	38.39	40.38	45.67
机艇 88kW	艘时	41.91	44.00	46.10	48.61	51.14	57.83	54.60	57.34	60.07	63.35	66.63	75.35
其他机械费	%	5	5	5	5	5	5	5	5	5	5	5	5
编号	号	80107	80108	80109	80110	80111	80112	80113	80114	80115	80116	80117	80118

注:1. 基本排高6m,每增(减)1m,定额乘(除)以1.02;

2. 最大挖深5.2m;基本挖深3m,每增1m,定额增加系数0.03。

项目	单位	松散中砂 排泥管线长度 (km)					松散粗砂 (km)		
		≤0.4	0.5	0.6	0.7	0.8	≤0.4	0.5	0.6
工长	工时								
高级工	工时								
中级工	工时	72.3	78.0	86.0	93.9	104.1	84.5	101.5	126.8
初级工	工时	108.4	117.1	129.0	140.9	156.0	126.8	152.1	190.2
合计	工时	180.7	195.1	215.0	234.8	260.1	211.3	253.6	317.0
挖泥船 100m³/h	艘时	141.13	152.41	167.94	183.46	203.21	165.12	198.15	247.69
浮筒 Φ300×5000mm	组时	4516	4877	5374	5871	6503	5283	6341	7926
岸管 Φ300×4000mm	根时	8467	12955	18473	24767	32514	9907	16843	27246
锚艇 88kW	艘时	28.22	30.43	33.59	36.69	40.65	30.02	39.63	49.53
机艇 88kW	艘时	46.57	50.30	55.42	60.54	67.05	54.49	65.40	81.75
其他机械费	%	4	4	4	4	4	4	4	4
编号		80119	80120	80121	80122	80123	80124	80125	80126

注:1. 基本排高 4m,每增(减)1m,挖中砂定额乘(除)以 1.044,挖粗砂定额乘(除)以 1.18;挖粗砂定额最大排高为 6m;

2. 最大挖深 5.2m;基本挖深 3m,每增 1m,定额增加系数 0.03。

项 目	单位	中密中砂 排泥管线长度 (km)					中密粗砂		
		≤0.4	0.5	0.6	0.7	0.8	≤0.4	0.5	0.6
工 长	工时								
高 级 工	工时								
中 级 工	工时	80.3	86.7	95.5	104.4	115.6	93.9	112.7	141.0
初 级 工	工时	120.4	130.1	143.3	156.6	173.4	140.9	169.1	211.3
合 计	工时	200.7	216.8	238.8	261.0	289.0	234.8	281.8	352.3
挖泥船 100m³/h	艘时	156.80	169.34	186.59	203.85	225.79	183.47	220.17	275.21
浮筒 Φ300×5000mm	组时	5017	5419	5971	6523	7225	5871	7045	8807
岸管 Φ300×4000mm	根时	9408	14394	20525	27520	36126	11008	18714	30273
锚艇 88kW	艘时	31.36	33.80	37.32	40.77	45.16	36.69	44.04	55.04
机艇 88kW	艘时	51.74	55.89	61.58	67.27	74.51	60.55	72.66	90.82
其他机械费	%	4	4	4	4	4	4	4	4
编 号		80127	80128	80129	80130	80131	80132	80133	80134

注：1. 基本排高 4m，每增（减）1m，挖中砂定额乘（除）以 1.044；挖粗砂定额乘（除）以 1.18；挖粗砂定额最大排高为 6m；

2. 最大挖深 5.2m；基本挖深 3m，每增 3m，定额增加 1m，定额增加系数 0.03。

(4) 120m³/h绞吸式挖泥船

单位:10000m³

项目	单位	I类土 排泥管线长度 (km)						II类土 排泥管线长度 (km)					
		≤0.4	0.5	0.6	0.7	0.8	1.0	≤0.4	0.5	0.6	0.7	0.8	1.0
工长	工时												
高级工	工时												
中级工	工时	39.7	41.8	43.7	46.1	48.6	55.0	43.6	45.8	48.0	50.5	53.2	60.2
初级工	工时	59.7	62.6	65.7	69.2	72.8	82.3	65.5	68.7	72.0	76.0	79.9	90.3
合计	工时	99.4	104.4	109.4	115.3	121.4	137.3	109.1	114.5	120.0	126.5	133.1	150.5
挖泥船 120m³/h	艘时	70.05	73.55	77.05	81.26	85.46	96.67	76.80	80.64	84.48	89.09	93.70	105.98
浮筒 Φ300×5000mm	组时	2241	2354	2466	2600	2735	3093	2457	2580	2703	2851	2998	3391
岸管 Φ300×4000mm	根时	4203	6252	8476	10970	13674	20301	4608	6854	9293	12027	14992	22256
锚艇 88kW	艘时	17.52	18.38	19.26	20.31	21.37	24.17	19.21	20.16	21.12	22.27	23.43	26.50
机艇 88kW	艘时	23.11	24.27	25.43	26.81	28.20	31.90	25.34	26.62	27.87	29.40	30.91	34.97
其他机械费	%	4	4	4	4	4	4	4	4	4	4	4	4
编号	号	80135	80136	80137	80138	80139	80140	80141	80142	80143	80144	80145	80146

注:1. 基本排高 6m,每增(减)1m,定额乘(除)以 1.02;

2. 最大挖深 5.5m;基本挖深 3m,每增 1m,定额增加系数 0.03。

项 目	单位	Ⅲ 类 土 排 泥 管 线 长 度 (km)						Ⅳ 类 土 排 泥 管 线 长 度 (km)					
		≤0.4	0.5	0.6	0.7	0.8	1.0	≤0.4	0.5	0.6	0.7	0.8	1.0
工 长	工时												
高级工	工时												
中级工	工时	47.9	50.3	52.7	55.6	58.4	66.1	52.7	55.3	58.0	61.1	64.3	72.7
初级工	工时	72.0	75.5	79.1	83.4	87.8	99.2	79.1	83.1	87.0	91.8	96.5	109.2
合 计	工时	119.9	125.8	131.8	139.0	146.2	165.3	131.8	138.4	145.0	152.9	160.8	181.9
挖泥船 120m³/h	艘时	84.40	88.62	92.84	97.90	102.96	116.47	92.84	97.48	102.12	107.69	113.26	128.11
浮筒 Φ300×5000mm	组时	2700	2836	2971	3133	3295	3727	2970	3119	3268	3446	3624	4100
岸管 Φ300×4000mm	根时	5064	7533	10212	13217	16474	24459	5570	8286	11233	14538	18122	26903
锚艇 88kW	艘时	21.10	22.15	23.21	24.47	25.74	29.12	23.21	24.37	25.54	26.92	28.32	32.03
机艇 88kW	艘时	27.85	29.25	30.63	32.31	33.97	38.43	30.63	32.17	33.69	35.54	37.37	42.27
其他机械费	%	4	4	4	4	4	4	4	4	4	4	4	4
编 号		80147	80148	80149	80150	80151	80152	80153	80154	80155	80156	80157	80158

注：1. 基本排高 6m，每增（减）1m，定额乘（除）以 1.02；

2. 最大挖深 5.5m；基本挖深 3m，每增 1m，定额增加系数 0.03。

· 595 ·

项 目	单位	V 类 土 排 泥 管 线 (km)						VI 类 土 排 泥 管 线 (km)					
		≤0.4	0.5	0.6	0.7	0.8	1.0	≤0.4	0.5	0.6	0.7	0.8	1.0
工 长工	工时												
高级工	工时												
中级工	工时	63.3	66.4	69.6	73.4	77.3	87.3	82.4	86.6	90.8	95.6	100.5	113.8
初级工	工时	94.9	99.7	104.4	110.1	115.8	131.0	123.7	129.8	136.0	143.5	150.9	170.6
合计	工时	158.2	166.1	174.0	183.5	193.1	218.3	206.1	216.4	226.8	239.1	251.4	284.4
挖泥船 120m³/h	艘时	111.40	116.98	122.55	129.22	135.91	153.73	145.16	152.42	159.68	168.39	177.10	200.32
浮筒 Φ300×5000mm	组时	3564	3743	3922	4135	4349	4919	4645	4877	5110	5388	5667	6410
岸管 Φ300×4000mm	根时	6684	9943	13481	17445	21746	32283	8709	12956	17565	22733	28836	42067
铺艇 88kW	艘时	27.85	29.24	30.63	32.31	33.97	38.43	36.29	38.10	39.91	42.10	44.28	50.09
机艇 88kW	艘时	36.77	38.61	40.43	42.65	44.85	50.73	47.90	50.30	52.68	55.57	58.44	66.10
其他机械费	%	4	4	4	4	4	4	4	4	4	4	4	4
编 号		80159	80160	80161	80162	80163	80164	80165	80166	80167	80168	80169	80170

注:1. 基本排高 6m，每增（减）1m，定额乘（除）以 1.02；

2. 最大挖深 5.5m；基本挖深 3m，每增 1m，定额增加系数 0.03。

续表

项 目	单位	松散中砂 排泥管线长度 (km)						松散粗砂 (km)		
		≤0.4	0.5	0.6	0.7	0.8	0.9	≤0.4	0.5	0.6
工长	工时									
高级工	工时									
中级工	工时	63.4	68.5	75.4	82.4	91.3	100.2	74.2	89.0	111.3
初级工	工时	95.1	102.7	113.2	123.6	136.9	150.2	111.2	133.5	166.8
合计	工时	158.5	171.2	188.6	206.0	228.2	250.4	185.4	222.5	278.1
挖泥船 120m³/h	艘时	123.81	133.71	147.34	160.95	178.28	195.61	144.87	173.84	217.31
浮筒 Φ300×5000mm	组时	3961	4279	4715	5150	5705	6260	4635	5563	6954
岸管 Φ300×4000mm	根时	7428	11365	16207	21728	28525	36188	8692	14776	23904
锚艇 88kW	艘时	30.96	33.43	36.84	40.24	44.57	48.91	36.21	43.46	54.33
机艇 88kW	艘时	40.86	44.12	48.63	53.12	58.84	64.55	47.80	57.37	71.71
其他机械费	%	3	3	3	3	3	3	3	3	3
编号		80171	80172	80173	80174	80175	80176	80177	80178	80179

注:1. 基本排高4m,每增(减)1m,挖中砂定额乘(除)以1.044,挖粗砂定额乘(除)以1.18;挖粗砂定额最大排高为6m;
2. 最大挖深5.5m;基本挖深3m,每增1m,定额增加系数0.03。

项 目	单位	排 管 线 长 度 (km)								
		中 密 中 砂						中 密 粗 砂		
		≤0.4	0.5	0.6	0.7	0.8	0.9	≤0.4	0.5	0.6
工 长	工时									
高级工	工时									
中级工	工时	70.4	76.1	83.9	91.6	101.4	111.2	82.3	98.9	123.6
初级工	工时	105.6	114.2	125.7	137.3	152.1	167.0	123.7	148.3	185.5
合 计	工时	176.0	190.3	209.6	228.9	253.5	278.2	206.0	247.2	309.1
挖泥船 120m³/h	艘时	137.57	148.57	163.71	178.83	198.09	217.35	160.97	193.16	241.46
浮筒 Φ300×5000mm	组时	4402	4754	5239	5723	6339	6955	5151	6181	7727
岸管 Φ300×4000mm	根时	8254	12628	18008	24142	31694	40210	9658	16419	26561
锚艇 88kW	艘时	34.40	37.15	40.93	44.71	49.52	54.34	40.24	48.29	60.36
机艇 88kW	艘时	45.40	49.03	54.02	59.01	65.37	71.73	53.12	63.74	79.68
其他机械费	%	3	3	3	3	3	3	3	3	3
编 号		80180	80181	80182	80183	80184	80185	80186	80187	80188

注：1. 基本排高 4m，每增（减）1m，挖中砂定额乘（除）以 1.044，挖粗砂定额乘（除）以 1.18；挖粗砂定额最大排高为 6m；
2. 最大挖深 5.5m；基本挖深 3m，每增 1m，定额增加系数 0.03。

(5) 200m³/h 绞吸式挖泥船

单位:10000m³

| 项 目 | 单位 | I 类 土 ||||||||||
| | | 排 泥 管 线 长 度 (km) |||||||||
		≤0.5	0.6	0.7	0.8	0.9	1.0	1.1	1.3
工 长 工	工时								
高 级 工	工时								
中 级 工	工时	25.9	27.1	28.3	30.0	31.5	33.2	35.3	40.5
初 级 工	工时	38.6	40.6	42.5	44.8	47.2	49.9	53.0	60.7
合 计	工时	64.5	67.7	70.8	74.8	78.7	83.1	88.3	101.2
挖 泥 船 200m³/h	艘时	36.61	38.44	40.28	42.47	44.66	47.23	50.16	57.49
浮 管 Φ400×7500mm	组时	976	1025	1074	1133	1191	1260	1338	1533
岸 管 Φ400×6000mm	根时	1830	2563	3357	4247	5210	6297	7524	10540
拖 轮 176kW	艘时	9.15	9.61	10.06	10.61	11.18	11.81	12.54	14.37
锚 艇 88kW	艘时	10.98	11.53	12.09	12.75	13.40	14.17	15.05	17.25
机 艇 88kW	艘时	12.08	12.69	13.29	14.02	14.74	15.58	16.55	18.97
其他机械费	%	4	4	4	4	4	4	4	4
编 号		80189	80190	80191	80192	80193	80194	80195	80196

注:1. 基本排高 6m,每增(减)1m,定额乘(除)以 1.015;
2. 最大挖深 10m;基本挖深 6m,每增 1m,定额增加系数 0.03。

· 599 ·

项目	单位	II类土 排泥管线长度(km)							
		≤0.5	0.6	0.7	0.8	0.9	1.0	1.1	1.3
工·高级工	工时								
中级工	工时	28.2	29.8	31.1	32.8	34.5	36.5	38.6	44.4
初级工	工时	40.3	44.5	46.6	49.1	51.7	54.6	58.1	66.5
合计	工时	68.5	74.3	77.7	81.9	86.2	91.1	96.7	110.9
挖泥船 200m³/h	艘时	40.14	42.15	44.16	46.56	48.97	51.78	54.99	63.03
浮管 Φ400×7500mm	组时	1070	1124	1178	1242	1306	1381	1467	1681
岸管 Φ400×6000mm	根时	2007	2810	3680	4656	5713	6904	8249	11555
拖轮 176kW	艘时	10.03	10.54	11.04	11.64	12.25	12.95	13.74	15.75
锚艇 88kW	艘时	12.04	12.64	13.25	13.97	14.69	15.54	16.50	18.90
机艇 88kW	艘时	13.24	13.91	14.57	15.38	16.15	17.08	18.15	20.80
其他机械费	%	4	4	4	4	4	4	4	4
编号		80197	80198	80199	80200	80201	80202	80203	80204

注:1. 基本排高6m,每增(减)1m,定额乘(除)以1.015;

2. 最大挖深10m;基本挖深6m,每增1m,定额增加系数0.03。

项目	单位	III类土 排泥管线长度（km）							
		≤0.5	0.6	0.7	0.8	0.9	1.0	1.1	1.3
工长	工时								
高级工	工时								
中级工	工时	31.1	32.6	34.1	36.0	37.9	40.1	42.5	48.8
初级工	工时	46.6	48.9	51.3	54.0	56.8	60.1	63.8	73.1
合计	工时	77.7	81.5	85.4	90.0	94.7	100.2	106.3	121.9
挖泥船 200m³/h	艘时	44.11	46.32	48.53	51.17	53.82	56.90	60.43	69.26
浮筒 Φ400×7500mm	组时	1176	1235	1294	1365	1435	1518	1612	1847
岸管 Φ400×6000mm	根时	2205	3088	4044	5117	6279	7586	9065	12697
拖轮 176kW	艘时	11.03	11.58	12.13	12.79	13.46	14.23	15.10	17.31
锚艇 88kW	艘时	13.23	13.89	14.56	15.35	16.14	17.07	18.13	20.77
机艇 88kW	艘时	14.55	15.29	16.01	16.89	17.76	18.77	19.94	22.85
其他机械费	%	4	4	4	4	4	4	4	4
编号		80205	80206	80207	80208	80209	80210	80211	80212

注：1. 基本排高 6m，每增（减）1m，定额乘（除）以 1.015；

2. 最大挖深 10m；基本挖深 6m，每增 1m，定额增加系数 0.03。

续表

项 目	单位	Ⅳ 类 土 管 线 长 度 (km)							
		≤0.5	0.6	0.7	0.8	0.9	1.0	1.1	1.3
工 长	工时								
高 级 工	工时								
中 级 工	工时	34.1	35.9	37.5	39.7	41.7	44.0	46.7	53.6
初 级 工	工时	51.3	53.8	56.4	59.4	62.5	66.1	70.2	80.5
合 计	工时	85.4	89.7	93.9	99.1	104.2	110.1	116.9	134.1
挖泥船 200m³/h	艘时	48.53	50.95	53.39	56.30	59.20	62.59	66.48	76.18
浮管筒 Φ400×7500mm	组时	1294	1359	1424	1502	1579	1669	1773	2032
岸管 Φ400×6000mm	根时	2426	3397	4449	5630	6907	8345	9972	13966
拖轮 176kW	艘时	12.13	12.74	13.34	14.07	14.80	15.66	16.62	19.04
锚艇 88kW	艘时	14.55	15.28	16.02	16.89	17.76	18.78	19.95	22.85
机艇 88kW	艘时	16.01	16.81	17.61	18.58	19.53	20.66	21.93	25.13
其他机械费	%	4	4	4	4	4	4	4	4
编 号		80213	80214	80215	80216	80217	80218	80219	80220

注：1. 基本排高6m，每增（减）1m，定额乘（除）以1.015；
2. 最大挖深10m；基本挖深6m，每增1m，定额增加系数0.03。

项 目	单位	V 类 土 排泥管线长度 (km)							
		≤0.5	0.6	0.7	0.8	0.9	1.0	1.1	1.3
人工 长工	工时								
高级工	工时								
中级工	工时	41.0	42.7	45.1	47.6	50.1	52.9	56.2	64.4
初级工	工时	61.5	64.1	67.6	71.3	75.0	79.3	84.2	96.5
合计	工时	102.5	106.8	112.7	118.9	125.1	132.2	140.4	160.9
挖泥船 200m³/h	艘时	58.23	61.14	64.05	67.54	71.04	75.11	79.77	91.42
浮筒 Φ400×7500mm	组时	1552	1631	1708	1801	1895	2003	2127	2438
岸管 Φ400×6000mm	根时	2911	4076	5337	6754	8288	10014	11966	16760
拖轮 176kW	艘时	14.55	15.28	16.01	16.88	17.77	18.78	19.94	22.85
锚艇 88kW	艘时	17.46	18.34	19.23	20.27	21.30	22.54	23.93	27.42
机艇 88kW	艘时	19.21	20.18	21.14	22.30	23.44	24.78	26.33	30.17
其他机械费	%	4	4	4	4	4	4	4	4
编 号		80221	80222	80223	80224	80225	80226	80227	80228

注:1. 基本排高 6m,每增(减)1m,定额乘(除)以 1.015;

2. 最大挖深 10m;基本挖深 6m,每增 1m,定额增加系数 0.03。

续表

项目	单位	VI 类土 排泥管线长度（km）							
		≤0.5	0.6	0.7	0.8	0.9	1.0	1.1	1.3
工长	工时								
高工	工时								
中级工	工时	53.5	56.0	58.8	62.0	65.2	68.9	73.3	83.9
初级工	工时	80.1	84.2	88.2	92.9	97.7	103.3	109.7	125.8
合计	工时	133.6	140.2	147.0	154.9	162.9	172.2	183.0	209.7
挖泥船 200m³/h	艘时	75.87	79.67	83.47	88.01	92.57	97.87	103.94	119.13
浮筒 Φ400×7500mm	组时	2023	2125	2226	2347	2469	2610	2772	3177
岸管 Φ400×6000mm	根时	3793	5312	6956	8801	10800	13049	15591	21840
拖轮 176kW	艘时	18.97	19.91	20.86	22.00	23.15	24.47	25.98	29.78
锚艇 88kW	艘时	22.77	23.89	25.05	26.41	27.76	29.37	31.19	35.73
机艇 88kW	艘时	25.03	26.29	27.55	29.05	30.54	32.29	34.30	39.31
其他机械费	%	4	4	4	4	4	4	4	4
编号		80229	80230	80231	80232	80233	80234	80235	80236

注：1. 基本排高6m，每增（减）1m，定额乘（除）以1.015；
2. 最大挖深10m；基本挖深6m，每增1m，定额增加系数0.03。

项目	单位	Ⅶ类土 排泥管线长度(km)							
		≤0.5	0.6	0.7	0.8	0.9	1.0	1.1	1.3
工长	工时								
高级工	工时								
中级工	工时	74.8	78.7	82.3	86.8	91.3	96.6	102.6	117.5
初级工	工时	112.3	117.8	123.5	130.3	137.0	144.8	153.8	176.3
合计	工时	187.1	196.5	205.8	217.1	228.3	241.4	256.4	293.8
挖泥船 200m³/h	艘时	106.32	111.63	116.95	123.32	129.70	137.13	145.64	166.91
浮管 Φ400×7500mm	组时	2835	2977	3119	3289	3459	3657	3884	4451
岸管 Φ400×6000mm	根时	5316	7442	9745	12332	15132	18284	21846	30600
拖轮 176kW	艘时	26.57	27.90	29.24	30.83	32.44	34.29	36.40	41.72
艇 88kW	艘时	31.89	33.48	35.10	37.00	38.91	41.15	43.70	50.06
艇 88kW	艘时	35.07	36.84	38.59	40.70	42.79	45.24	48.06	55.07
其他机械费	%	4	4	4	4	4	4	4	4
编号		80237	80238	80239	80240	80241	80242	80243	80244

注：1. 基本排高 6m，每增（减）1m，定额乘（除）以 1.015；

2. 最大挖深 10m；基本挖深 6m，每增 1m，定额增加系数 0.03。

项 目	单位	松散中砂 排泥管线长度 (km)						松散粗砂 (km)		
		≤0.5	0.6	0.7	0.8	0.9	1.0	≤0.5	0.6	0.7
长 工	工时									
高 级 工	工时									
中 级 工	工时	38.8	42.0	45.9	50.4	55.9	61.8	45.4	54.4	68.2
初 级 工	工时	58.2	62.9	68.7	75.7	83.9	92.6	68.2	81.8	102.1
合 计	工时	97.0	104.9	114.6	126.1	139.8	154.4	113.6	136.2	170.3
挖泥船 200m³/h	艘时	64.71	69.90	76.37	84.14	92.11	102.90	75.71	90.84	113.56
浮 管 Φ400×7500mm	组时	1725	1864	2037	2244	2457	2744	2018	2423	3029
岸 管 Φ400×6000mm	根时	3235	4660	6364	8414	10746	13720	3785	6056	9463
拖 轮 176kW	艘时	16.19	17.47	19.09	21.03	23.31	25.73	18.92	22.71	28.39
锚 艇 88kW	艘时	19.42	20.97	22.92	25.24	27.96	30.87	22.71	27.26	34.06
机 艇 88kW	艘时	21.36	23.07	25.20	27.76	30.75	33.95	24.98	29.98	37.47
其他机械费	%	3	3	3	3	3	3	3	3	3
编 号		80245	80246	80247	80248	80249	80250	80251	80252	80253

注：1. 基本排高 4m，每增（减）1m，挖中砂定额乘（除）以 1.027，挖粗砂定额乘（除）以 1.10；

2. 最大挖深 10m；基本挖深 6m，每增 1m，定额增加系数 0.03。

项目	单位	中密中砂 排泥管线长度 (km)						中密粗砂 (km)		
		≤0.5	0.6	0.7	0.8	0.9	1.0	≤0.5	0.6	0.7
人工 高级工	工时									
人工 中级工	工时	43.2	46.6	50.9	56.0	62.2	68.6	50.4	60.5	75.7
人工 初级工	工时	64.7	69.9	76.4	84.2	93.2	102.9	75.7	90.9	113.5
人工 合计	工时	107.9	116.5	127.3	140.2	155.4	171.5	126.1	151.4	189.2
挖泥船 200m³/h	艘时	71.91	77.67	84.85	93.48	103.55	114.33	84.11	100.94	126.17
浮管 Φ400×7500mm	组时	1917	2071	2263	2493	2762	3049	2242	2692	3365
岸管 Φ400×6000mm	根时	3595	5178	7071	9348	12081	15244	4205	6730	10514
拖轮 176kW	艘时	17.98	19.41	21.21	23.37	25.89	28.59	21.02	25.23	31.54
锚艇 88kW	艘时	21.58	23.30	25.46	28.05	31.06	34.30	25.23	30.29	37.85
机艇 88kW	艘时	23.27	25.63	28.00	30.85	34.17	37.73	27.75	33.31	41.64
其他机械费	%	3	3	3	3	3	3	3	3	3
编号		80254	80255	80256	80257	80258	80259	80260	80261	80262

注:1. 基本排高4m,每增(减)1m,挖中砂定额乘(除)以1.027,挖粗砂定额乘(除)以1.10;
2. 最大挖深10m;基本挖深6m,每增1m,定额增加系数0.03。

项目	单位	紧密中砂 排泥管长度（km）						紧密粗砂（km）		
		≤0.5	0.6	0.7	0.8	0.9	1.0	≤0.5	0.6	0.7
工 长	工时									
高级工	工时									
中级工	工时	58.3	63.0	68.7	75.7	83.9	92.6	68.2	81.8	102.1
初级工	工时	87.3	94.4	103.1	113.6	125.8	138.9	102.1	122.6	153.3
合 计	工时	145.6	157.4	171.8	189.3	209.7	231.5	170.3	204.4	255.4
挖泥船 200m³/h	艘时	97.08	104.85	114.55	126.20	139.79	154.35	113.56	136.27	170.33
浮筒 Φ400×7500mm	组时	2588	2796	3055	3366	3728	4117	3028	3634	4543
岸管 Φ400×6000mm	根时	4854	6990	9545	12620	16309	20579	5678	9085	14194
拖轮 176kW	艘时	24.28	26.21	28.63	31.55	34.96	38.59	28.38	34.06	42.58
锚艇 88kW	艘时	29.13	31.45	34.38	37.86	41.94	46.31	34.06	40.89	51.09
机艇 88kW	艘时	32.04	34.60	37.81	41.65	46.13	50.93	37.47	44.98	56.21
其他机械费	%	3	3	3	3	3	3	3	3	3
编 号		80263	80264	80265	80266	80267	80268	80269	80270	80271

注：1. 基本排高4m，每增（减）1m，挖中砂定额乘（除）以1.027，挖粗砂定额乘（除）以1.10；

2. 最大挖深10m；基本挖深6m，每增挖深1m，定额增加系数0.03。

(6) 350m³/h 绞吸式挖泥船

项目	单位	I 类 土 排泥管线长度(km)						II 类 土 排泥管线长度(km)					
		≤0.5	0.7	0.9	1.1	1.3	1.5	≤0.5	0.7	0.9	1.1	1.3	1.5
工 长	工时												
高 级 工	工时												
中 级 工	工时	18.9	20.4	22.5	26.0	30.5	36.0	20.8	22.5	24.8	28.5	33.4	39.5
初 级 工	工时	28.5	30.7	33.9	39.0	45.8	54.0	31.2	33.7	37.1	42.7	50.2	59.3
合 计	工时	47.4	51.1	56.4	65.0	76.3	90.0	52.0	56.2	61.9	71.2	83.6	98.8
挖泥船 350m³/h	艘时	20.17	21.79	24.01	27.63	32.47	38.32	22.12	23.89	26.31	30.30	35.61	42.01
浮管 Φ560×7500mm	组时	537	581	640	737	866	1022	589	637	702	808	950	1120
岸管 Φ560×6000mm	根时	1008	1816	2801	4145	5953	8303	1106	1991	3070	4545	6528	9102
拖轮 294kW	艘时	5.04	5.45	5.99	6.90	8.12	9.59	5.53	5.97	6.58	7.57	8.90	10.51
锚艇 118kW	艘时	6.05	6.54	7.21	8.17	9.75	11.49	6.63	7.16	7.90	9.09	10.68	12.61
机艇 88kW	艘时	6.65	7.20	7.92	9.11	10.71	12.65	7.29	7.89	8.69	10.00	11.75	13.86
其他机械费	%	4	4	4	4	4	4	4	4	4	4	4	4
编 号		80272	80273	80274	80275	80276	80277	80278	80279	80280	80281	80282	80283

注:1. 基本排高6m,每增(减)1m,定额乘(除)以1.015;

2. 最大挖深10m;基本挖深6m,每增挖深6m,每增1m,定额增加系数0.03。

续表

项 目	单位	Ⅲ类土 排泥管线长度(km)						Ⅳ类土 排泥管线长度(km)					
		≤0.5	0.7	0.9	1.1	1.3	1.5	≤0.5	0.7	0.9	1.1	1.3	1.5
工 长	工时												
高级工	工时												
中级工	工时	22.8	24.7	27.2	31.3	36.8	43.4	25.2	27.2	29.9	34.4	40.5	47.7
初级工	工时	34.3	37.0	40.8	47.0	55.2	65.1	37.7	40.7	44.9	51.6	60.7	71.6
合 计	工时	57.1	61.7	68.0	78.3	92.0	108.5	62.9	67.9	74.8	86.0	101.2	119.3
挖泥船 350m³/h	艘时	24.30	26.25	28.92	33.29	39.09	46.17	26.74	28.88	31.81	36.63	43.04	50.79
浮管 Φ560×7500mm	组时	648	700	771	888	1043	1231	713	770	848	977	1148	1355
岸管 Φ560×6000mm	根时	1215	2187	3374	4994	7166	10004	1337	2407	3711	5495	7891	11005
拖轮 294kW	艘时	6.08	6.57	7.23	8.32	9.78	11.54	6.69	7.23	7.95	9.15	10.76	12.70
锚艇 118kW	艘时	7.29	7.88	8.68	9.99	11.74	13.85	8.02	8.67	9.54	10.98	12.91	15.23
机艇 88kW	艘时	8.02	8.67	9.54	10.98	12.91	15.23	8.82	9.53	10.50	12.09	14.20	16.76
其他机械费	%	4	4	4	4	4	4	4	4	4	4	4	4
编 号		80284	80285	80286	80287	80288	80289	80290	80291	80292	80293	80294	80295

注:1. 基本排高 6m,每增(减)1m,定额乘(除)以 1.015;

    2. 最大挖深 10m;基本挖深 6m,每增 1m,定额增加系数 0.03。

续表

项目	单位	V类土 排泥管线长度 (km)						VI类土 排泥管线长度 (km)					
		≤0.5	0.7	0.9	1.1	1.3	1.5	≤0.5	0.7	0.9	1.1	1.3	1.5
工长	工时												
高级工	工时												
中级工	工时	30.2	32.6	35.9	41.3	48.6	57.3	39.3	42.5	46.9	53.9	63.3	74.7
初级工	工时	45.2	48.8	53.8	62.0	72.8	85.9	58.9	63.6	70.1	80.7	94.9	112.0
合计	工时	75.4	81.4	89.7	103.3	121.4	143.2	98.2	106.1	117.0	134.6	158.2	186.7
挖泥船 350m³/h	艘时	32.08	34.65	38.17	43.95	51.64	60.94	41.80	45.15	49.75	57.26	67.30	79.41
浮管 Φ560×7500mm	组时	855	924	1018	1172	1377	1625	1114	1204	1327	1527	1795	2118
岸管 Φ560×6000mm	根时	1604	2887	4453	6593	9467	13204	2090	3762	5804	8589	12338	17206
拖轮 294kW	艘时	8.03	8.67	9.54	10.98	12.91	15.23	10.46	11.30	12.43	14.31	16.83	19.85
锚艇 118kW	艘时	9.63	10.40	11.46	13.18	15.49	18.29	12.54	13.55	14.92	17.18	20.19	23.83
机艇 88kW	艘时	10.58	11.44	12.59	14.50	17.04	20.11	13.80	14.91	16.41	18.89	22.20	26.21
其他机械费	%	4	4	4	4	4	4	4	4	4	4	4	4
编号		80296	80297	80298	80299	80300	80301	80302	80303	80304	80305	80306	80307

注:1. 基本排高6m，每增（减）1m，定额乘（除）以1.015；
2. 最大挖深10m；基本挖深6m，每增1m，定额增加系数0.03。

项目	单位	Ⅷ类土 排泥管线长度 (km)					
		≤0.5	0.7	0.9	1.1	1.3	1.5
工长工	工时						
高级工	工时						
中级工	工时	55.1	59.5	65.6	75.4	88.6	104.6
初级工	工时	82.6	89.2	98.2	113.2	133.0	156.9
合计	工时	137.7	148.7	163.8	188.6	221.6	261.5
挖泥船 350m³/h	艘时	58.57	63.26	69.70	80.24	94.30	111.26
浮管 Φ560×7500mm	组时	1561	1687	1859	2140	2515	2967
岸管 Φ560×6000mm	根时	2928	5271	8132	12036	17288	24107
拖轮 294kW	艘时	14.65	15.83	17.42	20.07	23.58	27.82
锚艇 118kW	艘时	17.57	18.98	20.92	24.06	28.29	33.38
机艇 88kW	艘时	19.32	20.88	23.00	26.47	31.11	36.71
其他机械费	%	4	4	4	4	4	4
编号		80308	80309	80310	80311	80312	80313

注:1. 基本排高6m,每增(减)1m,定额乘(除)以1.015;
2. 最大挖深10m;基本挖深6m,每增1m,定额增加系数0.03。

续表

项目	单位	松散中泥排管 线长					松散粗砂 线长 (km)			
		≤0.5	0.7	0.9	1.1	1.3	≤0.5	0.7	0.9	1.1
工　长　工	工时									
高级工	工时									
中级工	工时	27.1	30.6	36.0	43.8	52.5	31.7	38.4	46.0	54.2
初级工	工时	40.7	45.9	54.1	65.9	78.9	47.6	57.6	68.9	81.4
合计	工时	67.8	76.5	90.1	109.7	131.4	79.3	96.0	114.9	135.6
挖泥船 350m³/h	艘时	35.65	40.28	47.41	57.76	69.16	41.73	50.50	60.51	71.35
浮管 Φ560×7500mm	组时	950	1074	1264	1540	1844	1112	1347	1614	1903
岸管 Φ560×6000mm	根时	1782	3357	5531	8664	12679	2086	4208	7060	10703
拖轮 294kW	艘时	8.92	10.07	11.85	14.44	17.29	10.43	12.49	15.13	17.83
锚艇 118kW	艘时	10.69	12.09	14.23	17.32	20.75	12.52	15.15	18.16	21.40
机艇 88kW	艘时	11.76	13.30	15.65	19.05	22.83	13.77	16.66	19.96	23.54
其他机械费	%	3	3	3	3	3	3	3	3	3
编号		80314	80315	80316	80317	80318	80319	80320	80321	80322

注：1. 基本排高 4m，每增（减）1m，挖中砂定额乘（除）以 1.027，挖粗砂定额乘（除）以 1.10；

2. 最大挖深 10m；基本挖深 6m，每增 1m，定额增加系数 0.03。

· 613 ·

项　目	单位	中密中砂 排管线长度（km）					中密粗砂（km）			
		≤0.5	0.7	0.9	1.1	1.3	≤0.5	0.7	0.9	1.1
工长工	工时									
高级工	工时									
中级工	工时	30.2	34.0	40.0	48.8	58.3	35.3	42.6	51.1	60.3
初级工	工时	45.1	51.1	60.1	73.1	87.6	52.8	63.9	76.6	90.3
合计	工时	75.3	85.1	100.1	121.9	145.9	88.1	106.5	127.7	150.6
挖泥船 350m³/h	艘时	39.61	44.76	52.68	64.17	76.84	46.36	56.10	67.22	79.28
浮管 Φ560×7500mm	组时	1056	1194	1405	1711	2049	1236	1496	1793	2114
岸管 Φ560×6000mm	根时	1980	3730	6146	9626	14087	2318	4675	7843	11892
拖轮 294kW	艘时	9.90	11.19	13.17	16.05	19.22	11.59	13.87	16.80	19.81
锚艇 118kW	艘时	11.88	13.43	15.81	19.25	23.06	13.91	16.84	20.17	23.78
机艇 88kW	艘时	13.07	14.77	17.39	21.17	25.36	15.30	18.51	22.18	26.16
其他机械费	%	3	3	3	3	3	3	3	3	3
编号		80323	80324	80325	80326	80327	80328	80329	80330	80331

注：1. 基本排高4m，每增（减）1m，挖中砂定额乘（除）以1.027，挖粗砂定额乘（除）以1.10；

2. 最大挖深10m；基本挖深6m，每增1m，定额增加系数0.03。

项目	单位	紧密中砂 排泥管线长度 (km)					紧密粗砂 (km)			
		≤0.5	0.7	0.9	1.1	1.3	≤0.5	0.7	0.9	1.1
工 长	工时									
高级工	工时									
中级工	工时	40.7	45.9	54.1	65.8	78.9	47.6	57.6	69.0	81.3
初级工	工时	60.9	68.9	81.0	98.8	118.3	71.3	86.3	103.4	122.0
合计	工时	101.6	114.8	135.1	164.6	197.2	118.9	143.9	172.4	203.3
挖泥船 350m³/h	艘时	53.47	60.43	71.12	86.64	103.74	62.59	75.74	90.76	107.02
浮筒管 Φ560×7500mm	组时	1425	1612	1897	2311	2767	1669	2020	2421	2854
岸管 Φ560×6000mm	根时	2673	5036	8298	12996	19019	3129	6311	10589	16053
拖轮 294kW	艘时	13.36	15.10	17.78	21.66	25.95	15.65	18.94	22.69	26.75
锚艇 118kW	艘时	16.04	18.12	21.34	25.99	31.13	18.78	22.73	27.22	32.10
机艇 88kW	艘时	17.65	19.94	23.47	28.59	34.23	20.66	24.99	29.95	35.32
其他机械费	%	3	3	3	3	3	3	3	3	3
编号		80332	80333	80334	80335	80336	80337	80338	80339	80340

注:1. 基本排高 4m,每增(减)1m,挖中砂定额乘(除)以 1.027,挖粗砂定额乘(除)以 1.10;

2. 最大挖深 10m;基本挖深 6m,每增 1m,定额增加系数 0.03。

(7) 400m³/h 绞吸式挖泥船

单位:10000m³

项目	单位	I 类土 排泥管线长度 (km)						II 类土 排泥管线长度 (km)					
		≤0.5	0.7	0.9	1.1	1.3	1.5	≤0.5	0.7	0.9	1.1	1.3	1.5
工 长	工时												
高级工	工时												
中级工	工时	16.7	18.0	19.7	22.7	26.7	31.6	18.2	19.7	21.6	24.9	29.3	34.6
初级工	工时	24.9	26.8	29.6	34.1	40.0	47.3	27.3	29.4	32.5	37.4	43.9	51.8
合 计	工时	41.6	44.8	49.3	56.8	66.7	78.9	45.5	49.1	54.1	62.3	73.2	86.4
挖泥船 400m³/h	艘时	17.66	19.06	21.01	24.18	28.42	33.54	19.36	20.90	23.04	26.52	31.16	36.78
浮筒 Φ560×7500mm	组时	470	508	560	645	758	895	516	557	614	707	831	981
岸管 Φ560×6000mm	根时	883	1588	2451	3627	5210	7267	968	1742	2688	3978	5713	7969
拖轮 294kW	艘时	4.41	4.77	5.26	6.05	7.11	8.39	4.85	5.23	5.76	6.62	7.79	9.20
锚艇 118kW	艘时	5.30	5.72	6.31	7.26	8.54	10.06	5.81	6.28	6.91	7.95	9.36	11.04
机艇 88kW	艘时	5.83	6.30	6.94	7.99	9.38	11.07	6.39	6.90	7.61	8.75	10.28	12.14
其他机械费	%	4	4	4	4	4	4	4	4	4	4	4	4
编 号		80341	80342	80343	80344	80345	80346	80347	80348	80349	80350	80351	80352

注:1. 基本排高6m,每增(减)1m,定额乘(除)以1.015;

2. 最大挖深10m;基本挖深6m,每增1m,定额增加系数0.03。

项 目	单位	Ⅲ 类 土 排泥管线长度（km）						Ⅳ 类 土 排泥管线长度（km）					
		≤0.5	0.7	0.9	1.1	1.3	1.5	≤0.5	0.7	0.9	1.1	1.3	1.5
人工 长 工	工时												
高级工	工时												
中级工	工时	20.0	21.6	23.8	27.4	32.2	38.0	22.0	23.8	26.2	30.1	35.4	41.9
初级工	工时	30.0	32.4	35.7	41.1	48.3	57.0	33.0	35.6	39.3	45.2	53.1	62.6
合 计	工时	50.0	54.0	59.5	68.5	80.5	95.0	55.0	59.4	65.5	75.3	88.5	104.5
挖泥船 400m³/h	艘时	21.27	22.97	25.32	29.14	34.25	40.41	23.40	25.26	27.85	32.05	37.68	44.46
浮筒 Φ560×7500mm	组时	567	613	675	777	913	1078	624	673	743	855	1005	1186
岸管 Φ560×6000mm	根时	1063	1914	2954	4371	6279	8756	1170	2105	3249	4808	6908	9633
拖轮 294kW	艘时	5.32	5.75	6.33	7.28	8.56	10.11	5.85	6.32	6.97	8.01	9.41	11.11
锚艇 118kW	艘时	6.38	6.89	7.60	8.74	10.28	12.13	7.02	7.58	8.35	9.62	11.31	13.34
机艇 88kW	艘时	7.02	7.58	8.35	9.62	11.30	13.34	7.73	8.34	9.19	10.58	12.42	14.67
其他机械费	%	4	4	4	4	4	4	4	4	4	4	4	4
编 号		80353	80354	80355	80356	80357	80358	80359	80360	80361	80362	80363	80364

注：1. 基本排高6m，每增（减）1m，定额乘（除）以1.015；
2. 最大挖深10m；基本挖深6m，每增1m，定额增加系数0.03。

续表

项目	单位	V类 排泥管线长度						VI类土 排泥管线长度(km)					
		≤0.5	0.7	0.9	1.1	1.3	1.5	≤0.5	0.7	0.9	1.1	1.3	1.5
工长	工时												
高级工	工时												
中级工	工时	26.4	28.5	31.4	36.1	42.5	50.2	34.4	37.1	40.9	47.2	55.3	65.4
初级工	工时	39.6	42.7	47.2	54.2	63.7	75.2	51.6	55.7	61.5	70.7	83.1	98.0
合计	工时	66.0	71.2	78.6	90.3	106.2	125.4	86.0	92.8	102.4	117.9	138.4	163.4
挖泥船400m³/h	艘时	28.08	30.32	33.42	38.47	45.21	53.34	36.59	39.51	43.55	50.12	58.90	69.51
浮管 Φ560×7500mm	组时	748	809	891	1026	1206	1423	975	1054	1161	1337	1571	1854
岸管 Φ560×6000mm	根时	1404	2527	3899	5771	8288	11557	1829	3292	5081	7518	10798	15061
拖轮 294kW	艘时	7.02	7.58	8.35	9.61	11.30	13.34	9.15	9.88	10.88	12.53	14.73	17.38
锚艇 118kW	艘时	8.43	9.10	10.03	11.54	13.57	16.01	10.98	11.86	13.06	15.04	17.68	20.86
机艇 88kW	艘时	9.27	10.01	11.03	12.69	14.91	17.61	12.08	13.05	14.37	16.54	19.43	22.95
其他机械费	%	4	4	4	4	4	4	4	4	4	4	4	4
编号		80365	80366	80367	80368	80369	80370	80371	80372	80373	80374	80375	80376

注:1. 基本排高6m,每增(减)1m,定额乘(除)以1.015;

2. 最大挖深10m;基本挖深6m,每增1m,定额增加系数0.03。

项　目	单位	排　泥　管　线　长　度　(km)　VII　类　土					
		≤0.5	0.7	0.9	1.1	1.3	1.5
工长	工时						
高级工	工时						
中级工	工时	48.1	52.0	57.3	66.0	77.6	91.5
初级工	工时	72.3	78.0	86.0	99.0	116.4	137.3
合计	工时	120.4	130.0	143.3	165.0	194.0	228.8
挖泥船 400m³/h	艘时	51.27	55.36	61.01	70.22	82.53	97.39
浮管 Φ560×7500mm	组时	1367	1476	1627	1873	2201	2597
岸管 Φ560×6000mm	根时	2563	4613	7118	10533	15130	21101
拖轮 294kW	艘时	12.83	13.85	15.26	17.55	20.62	24.36
锚艇 118kW	艘时	15.39	16.61	18.31	21.07	24.78	29.24
机艇 88kW	艘时	16.92	18.27	20.14	23.18	27.22	32.16
其他机械费	%	4	4	4	4	4	4
编　　号		80377	80378	80379	80380	80381	80382

注：1．基本排高 6m，每增（减）1m，定额乘（除）以 1.015；
　　2．最大挖深 10m；基本挖深 6m，每增深 6m，每增 1m，定额增加系数 0.03。

项 目	单位	松散中砂排泥管线长度（km）					松散粗砂排泥管线长度（km）			
		≤0.5	0.7	0.9	1.1	1.3	≤0.5	0.7	0.9	1.1
工长工	工时									
高级工	工时									
中级工	工时	23.7	26.8	31.5	38.4	46.0	27.8	33.6	40.2	47.5
初级工	工时	35.6	40.2	47.3	57.6	69.0	41.6	50.4	60.4	71.2
合计	工时	59.3	67.0	78.8	96.0	115.0	69.4	84.0	100.6	118.7
挖泥船 400m³/h	艘时	31.19	35.24	41.48	50.53	60.52	36.52	44.19	52.95	62.45
浮管 Φ560×7500mm	组时	831	940	1106	1348	1614	973	1179	1412	1666
岸管 Φ560×6000mm	根时	1559	2937	4839	7580	11095	1826	3682	6178	9368
拖轮 294kW	艘时	7.80	8.82	10.38	12.63	15.14	9.13	11.06	13.24	15.61
锚艇 118kW	艘时	9.36	10.57	12.44	15.16	18.15	10.96	13.25	15.88	18.74
机艇 88kW	艘时	10.29	11.63	13.69	16.67	19.97	12.05	14.59	17.49	20.60
其他机械费	%	3	3	3	3	3	3	3	3	3
编 号		80383	80384	80385	80386	80387	80388	80389	80390	80391

注:1. 基本排高4m,每增(减)1m,挖中砂定额乘(除)以1.027,挖粗砂定额乘(除)以1.10;

2. 最大挖深10m,基本挖深6m,每增1m,定额增加系数0.03。

项目	单位	中密中砂排泥管 线长度(km)					中密粗砂 线长度(km)			
		≤0.5	0.7	0.9	1.1	1.3	≤0.5	0.7	0.9	1.1
工长	工时									
高级工	工时									
中级工	工时	26.3	29.8	35.0	42.7	51.1	30.8	37.3	44.7	52.7
初级工	工时	39.5	44.6	52.5	64.0	76.7	46.3	56.0	67.1	79.1
合计	工时	65.8	74.4	87.5	106.7	127.8	77.1	93.3	111.8	131.8
挖泥船 400m³/h	艘时	34.65	39.16	46.09	56.14	67.24	40.58	49.10	58.84	69.39
浮管 Φ560×7500mm	组时	924	1044	1229	1497	1793	1082	1309	1569	1851
岸管 Φ560×6000mm	根时	1732	3263	5377	8421	12327	2029	4092	6865	10409
拖轮 294kW	艘时	8.67	9.79	11.52	14.03	16.81	10.15	12.28	14.72	17.34
锚艇 118kW	艘时	10.40	11.75	13.83	16.85	20.17	12.17	14.73	17.65	20.82
机艇 88kW	艘时	11.44	12.92	15.21	18.52	22.19	13.40	16.21	19.42	22.90
其他机械费	%	3	3	3	3	3	3	3	3	3
编号		80392	80393	80394	80395	80396	80397	80398	80399	80400

注：1. 基本排高4m，每增（减）1m，挖中砂定额乘（除）以1.027，挖粗砂定额乘（除）以1.10；

2. 最大挖深10m；基本挖深6m，每增1m，定额增加系数0.03。

项 目	单位	紧密中砂 排管线长度 (km)					紧密粗砂 排管线长度 (km)			
		≤0.5	0.7	0.9	1.1	1.3	≤0.5	0.7	0.9	1.1
工 长 工	工时									
高 级 工	工时									
中 级 工	工时	35.6	40.2	47.3	57.6	69.0	41.6	50.4	60.4	71.2
初 级 工	工时	53.3	60.2	71.0	86.4	103.5	62.5	75.5	90.5	106.8
合 计	工时	88.9	100.4	118.3	144.0	172.5	104.1	125.9	150.9	178.0
挖泥船 400m³/h	艘时	46.79	52.87	62.23	75.79	90.77	54.78	66.28	79.43	93.68
浮管 Φ560×7500mm	组时	1247	1410	1660	2021	2421	1460	1768	2118	2498
岸管 Φ560×6000mm	根时	2339	4406	7260	11369	16641	2739	5523	9267	14052
拖 轮 294kW	艘时	11.70	13.22	15.56	18.95	22.70	13.70	16.58	19.87	23.41
锚 艇 118kW	艘时	14.03	15.86	18.66	22.74	27.22	16.44	19.88	23.83	28.10
机 艇 88kW	艘时	15.44	17.44	20.54	25.01	29.96	18.08	21.88	26.22	30.91
其他机械费	%	3	3	3	3	3	3	3	3	3
编 号		80401	80402	80403	80404	80405	80406	80407	80408	80409

注:1. 基本排高 4m,每增(减)1m,挖中砂定额乘(除)以 1.027,挖粗砂定额乘(除)以 1.10;

2. 最大挖深 10m;基本挖深 6m,每增 1m,定额增加系数 0.03。

（8）500m³/h 绞吸式挖泥船

项 目	单位	I 类 土 排 泥 管 线 长 度（km）						II 类 土 排 泥 管 线 长 度（km）					
		≤0.6	0.8	1.0	1.2	1.4	1.6	≤0.6	0.8	1.0	1.2	1.4	1.6
工 长	工时												
高级工	工时												
中级工	工时	15.3	16.5	17.7	19.5	22.0	25.0	16.7	18.0	19.4	21.4	24.1	27.4
初级工	工时	22.8	24.7	26.6	29.3	33.0	37.5	25.1	27.1	29.1	32.2	36.1	41.2
合 计	工时	38.1	41.2	44.3	48.8	55.0	62.5	41.8	45.1	48.5	53.6	60.2	68.6
挖泥船 500m³/h	艘时	14.66	15.84	17.01	18.77	21.12	24.05	16.08	17.37	18.65	20.58	23.15	26.37
浮管 Φ600×7500mm	组时	469	507	544	601	676	770	514	556	597	659	741	844
岸管 Φ600×6000mm	根时	879	1478	2155	3003	4083	5451	964	1621	2362	3293	4476	5977
拖轮 353kW	艘时	4.40	4.75	5.10	5.63	6.34	7.21	4.83	5.20	5.59	6.18	6.95	7.91
锚艇 175kW	艘时	4.40	4.75	5.10	5.63	6.34	7.21	4.83	5.20	5.59	6.18	6.95	7.91
机艇 88kW	艘时	4.84	5.23	5.62	6.20	6.97	7.94	5.3	5.73	6.16	6.79	7.64	8.70
其他机械费	%	3	3	3	3	3	3	3	3	3	3	3	3
编 号		80410	80411	80412	80413	80414	80415	80416	80417	80418	80419	80420	80421

注:1. 基本排高6m,每增（减）1m,定额乘（除）以1.015;
　2. 最大挖深10m;基本挖深6m,每增1m,定额增加系数0.03。

项 目	单位	Ⅲ 类 土 排 泥 管 线 长 度 (km)						Ⅳ 类 土 排 泥 管 线 长 度 (km)					
		≤0.6	0.8	1.0	1.2	1.4	1.6	≤0.6	0.8	1.0	1.2	1.4	1.6
工 长	工时												
高 级 工	工时												
中 级 工	工时	18.4	19.9	21.3	23.5	26.5	30.1	20.2	21.8	23.4	25.9	29.1	33.2
初 级 工	工时	27.6	29.8	31.9	35.3	39.7	45.2	30.3	32.7	35.2	38.8	43.7	49.7
合 计	工时	46.0	49.7	53.2	58.8	66.2	75.3	50.5	54.5	58.6	64.7	72.8	82.9
挖泥船 500m³/h	艘时	17.67	19.09	20.49	22.61	25.45	28.98	19.43	20.99	22.54	24.88	27.99	31.88
浮筒 Φ600×7500mm	组时	565	611	656	724	814	927	621	672	721	796	896	1020
岸管 Φ600×6000mm	根时	1060	1782	2595	3618	4920	6569	1165	1959	2855	3981	5411	7226
拖轮 353kW	艘时	5.30	5.72	6.15	6.78	7.64	8.69	5.83	6.30	6.76	7.47	8.41	9.55
锚艇 175kW	艘时	5.30	5.72	6.15	6.78	7.64	8.69	5.83	6.30	6.76	7.47	8.41	9.55
机艇 88kW	艘时	5.83	6.3	6.76	7.47	8.40	9.56	6.42	6.92	7.44	8.21	9.24	10.52
其他机械费	%	3	3	3	3	3	3	3	3	3	3	3	3
编 号		80422	80423	80424	80425	80426	80427	80428	80429	80430	80431	80432	80433

注：1. 基本排高 6m，每增（减）1m，定额乘（除）以 1.015；

2. 最大挖深 10m；基本挖深 6m，每增 1m，定额增加系数 0.03。

项 目	单位	V类土 排泥管线长 ≤0.6	0.8	1.0	1.2	1.4	1.6	VI类土 管线长度（km）≤0.6	0.8	1.0	1.2	1.4	1.6
工 长	工时												
高级工	工时												
中级工	工时	24.3	26.2	28.1	31.0	34.9	39.8	31.6	34.2	36.6	40.5	45.5	51.8
初级工	工时	36.4	39.3	42.2	46.6	52.4	59.6	47.4	51.2	55.0	60.7	68.3	77.8
合计	工时	60.7	65.5	70.3	77.6	87.3	99.4	79.0	85.4	91.6	101.2	113.8	129.6
挖泥船 500m³/h	艘时	23.33	25.19	27.05	29.85	33.60	38.25	30.39	32.83	35.25	38.90	43.77	49.84
浮管 Φ600×7500mm	组时	746	806	866	955	1075	1224	972	1051	1128	1245	1401	1595
岸管 Φ600×6000mm	根时	1399	2351	3426	4776	6496	8670	1823	3064	4465	6224	8462	11297
拖轮 353kW	艘时	7.00	7.55	8.12	8.96	10.08	11.47	9.12	9.85	10.57	11.66	13.14	14.94
锚艇 175kW	艘时	7.00	7.55	8.12	8.96	10.08	11.47	9.12	9.85	10.57	11.66	13.14	14.94
机艇 88kW	艘时	7.69	8.31	8.93	9.86	11.08	12.63	10.03	10.83	11.63	12.84	14.44	16.45
其他机械费	%	3	3	3	3	3	3	3	3	3	3	3	3
编号		80434	80435	80436	80437	80438	80439	80440	80441	80442	80443	80444	80445

注:1. 基本排高6m,每增(减)1m,定额乘(除)以1.015;

2. 最大挖深10m;基本挖深6m,每增1m,定额增加系数0.03。

项目	单位	排泥管线（km） VII类土 长线					
		≤0.6	0.8	1.0	1.2	1.4	1.6
工长	工时						
高级工	工时						
中级工	工时	44.3	47.8	51.4	56.7	63.8	72.6
初级工	工时	66.4	71.8	77.0	85.0	95.7	109.0
合计	工时	110.7	119.6	128.4	141.7	159.5	181.6
挖泥船 500m³/h	艘时	42.59	46.00	49.39	54.50	61.33	69.83
浮管 Φ600×7500mm	组时	1362	1472	1580	1744	1963	2235
岸管 Φ600×6000mm	根时	2555	4293	6256	8720	11857	15828
拖轮 353kW	艘时	12.78	13.80	14.81	16.35	18.40	20.94
锚艇 175kW	艘时	12.78	13.80	14.81	16.35	18.40	20.94
机艇 88kW	艘时	14.06	15.18	16.29	17.99	20.23	23.05
其他机械费	%	3	3	3	3	3	3
编号		80446	80447	80448	80449	80450	80451

注：1. 基本排高 6m，每增（减）1m，定额乘（除）以 1.015；

2. 最大挖深 10m；基本挖深 6m，每增 1m，定额增加系数 0.03。

项目	单位	松散中砂 排泥管线长度（km）					松散粗砂 排泥管线长度（km）			
		≤0.5	0.7	0.9	1.1	1.3	≤0.5	0.7	0.9	1.1
工长	工时									
高级工	工时									
中级工	工时	21.8	24.6	29.0	34.8	41.6	25.5	30.8	38.2	48.2
初级工	工时	32.6	36.9	43.4	52.3	62.4	38.2	46.2	57.3	72.2
合计	工时	54.4	61.5	72.4	87.1	104.0	63.7	77.0	95.5	120.4
挖泥船 500m³/h	艘时	25.92	29.29	34.47	41.47	49.51	30.34	36.70	45.51	57.32
浮管 Φ600×7500mm	组时	829	937	1103	1327	1584	970	1174	1456	1834
岸管 Φ600×6000mm	根时	1123	2246	3792	5944	8747	1314	2814	5006	8216
拖轮 353kW	艘时	7.78	8.79	10.34	12.44	14.86	9.11	11.01	13.65	17.19
锚艇 175kW	艘时	7.78	8.79	10.34	12.44	14.86	9.11	11.01	13.65	17.19
机艇 88kW	艘时	8.55	9.67	11.37	13.69	16.34	10.01	12.12	15.02	18.92
其他机械费	%	3	3	3	3	3	3	3	3	3
编号	号	80452	80453	80454	80455	80456	80457	80458	80459	80460

注:1. 基本排高 4m,每增(减)1m,挖中砂定额乘(除)以1.027,挖粗砂定额乘(除)以1.10;

2. 最大挖深 10m;基本挖深 6m,每增 1m,定额增加系数 0.03。

续表

项目	单位	中密中砂 排泥管线长度 (km)					中密粗砂 (km)			
		≤0.5	0.7	0.9	1.1	1.3	≤0.5	0.7	0.9	1.1
工　长	工时									
高级工	工时									
中级工	工时	24.2	27.4	32.2	38.7	46.2	28.3	34.2	42.4	53.5
初级工	工时	36.3	41.0	48.2	58.0	69.4	42.5	51.4	63.7	80.2
合　计	工时	60.5	68.4	80.4	96.7	115.6	70.8	85.6	106.1	133.7
挖泥船 500m³/h	艘时	28.80	32.55	38.30	46.08	55.01	33.70	40.78	50.56	63.70
浮泥筒 Φ600×7500mm	组时	921	1042	1226	1475	1760	1078	1305	1618	2038
岸管 Φ600×6000mm	根时	1248	2495	4213	6605	9718	1460	3126	5562	9130
拖轮 353kW	艘时	8.65	9.76	11.49	13.82	16.50	10.12	12.24	15.17	19.11
锚艇 175kW	艘时	8.65	9.76	11.49	13.82	16.50	10.12	12.24	15.17	19.11
机艇 88kW	艘时	9.50	10.74	12.64	15.20	18.16	11.12	13.46	16.68	21.02
其他机械费	%	3	3	3	3	3	3	3	3	3
编　号		80461	80462	80463	80464	80465	80466	80467	80468	80469

注:1. 基本排高 4m,每增(减)1m,挖中砂定额乘(除)以 1.027,挖粗砂定额乘(除)以 1.10;
2. 最大挖深 10m;基本挖深 6m,每增 1m,定额增加系数 0.03。

项 目		单位	紧密中砂 排泥管线长度（km）					紧密粗砂 （km）			
			≤0.5	0.7	0.9	1.1	1.3	≤0.5	0.7	0.9	1.1
长 工		工时									
高 级 工		工时									
中 级 工		工时	32.7	36.9	43.4	52.3	62.4	38.2	46.2	57.4	72.2
初 级 工		工时	49.0	55.4	65.2	78.4	93.5	57.3	69.4	86.0	108.4
合 计		工时	81.7	92.3	108.6	130.7	155.9	95.5	115.6	143.4	180.6
挖 泥 船	500m³/h	艘时	38.89	43.94	51.71	62.22	74.26	45.50	55.05	68.26	85.99
浮 管	Φ600×7500mm	组时	1244	1406	1655	1991	2376	1456	1762	2184	2752
岸 管	Φ600×6000mm	根时	1685	3369	5688	8918	13119	1971	4221	7509	12325
拖 轮	353kW	艘时	11.67	13.18	15.52	18.66	22.28	13.65	16.52	20.48	25.79
锚 艇	175kW	艘时	11.67	13.18	15.52	18.66	22.28	13.65	16.52	20.48	25.79
机 艇	88kW	艘时	12.82	14.51	17.06	20.53	24.51	15.02	18.17	22.53	28.38
其他机械费		%	3	3	3	3	3	3	3	3	3
编 号			80470	80471	80472	80473	80474	80475	80476	80477	80478

注：1. 基本排高 4m，每增（减）1m，挖中砂定额乘（除）以 1.027，挖粗砂定额乘（除）以 1.10；

2. 最大挖深 10m；基本挖深 6m，每增 1m，定额增加系数 0.03。

(9) 800m³/h 绞吸式挖泥船

单位:10000m³

项目		单位	I类土 排泥管线长度(km)							II类土 排泥管线长度(km)						
			≤0.5	1.0	1.5	2.0	2.5	3.0	3.5	≤0.5	1.0	1.5	2.0	2.5	3.0	3.5
工 长	工	工时														
高 级 工		工时														
中 级 工		工时	12.1	13.0	14.3	15.9	17.7	19.6	21.8	13.3	14.2	15.7	17.4	19.4	21.5	23.9
初 级 工		工时	18.2	19.5	21.4	23.8	26.6	29.4	32.7	19.9	21.3	23.5	26.1	29.1	32.3	35.9
合 计		工时	30.3	32.5	35.7	39.7	44.3	49.0	54.5	33.2	35.5	39.2	43.5	48.5	53.8	59.8
挖泥船 800m³/h		艘时	11.65	12.46	13.75	15.26	17.01	18.87	20.97	12.77	13.67	15.07	16.73	18.65	20.69	22.99
浮筒 Φ500×7500mm		组时	310	665	733	814	907	1006	1118	340	729	804	892	995	1103	1226
岸管 Φ500×6000mm		根时	582	1246	2521	4069	5954	8177	10835	638	1367	2763	4461	6528	8966	11878
拖轮 397kW		艘时	3.49	3.73	4.12	4.58	5.10	5.66	6.30	3.83	4.10	4.52	5.02	5.59	6.20	6.90
锚艇 175kW		艘时	3.49	3.73	4.12	4.58	5.10	5.66	6.30	3.83	4.10	4.52	5.02	5.59	6.20	6.90
机艇 88kW		艘时	3.84	4.11	4.53	5.04	5.62	6.22	6.92	4.21	4.51	4.99	5.53	6.16	6.83	7.60
其他机械费		%	3	3	3	3	3	3	3	3	3	3	3	3	3	3
编 号			80479	80480	80481	80482	80483	80484	80485	80486	80487	80488	80489	80490	80491	80492

注:1. 基本排南6m,每增(减)1m,定额乘(除)以1.015;
2. 最大挖深14m;基本挖深8m,每增管1m,定额增加系数0.02。

项目	单位	III类土 排泥管线 长度(km)							IV类土 排泥管线 长度(km)						
		≤0.5	1.0	1.5	2.0	2.5	3.0	3.5	≤0.5	1.0	1.5	2.0	2.5	3.0	3.5
人工 长工级工	工时														
高级工	工时														
中级工	工时	14.6	15.6	17.2	19.1	21.3	23.6	26.3	16.0	17.2	19.0	21.0	23.4	26.0	28.9
初级工	工时	21.9	23.5	25.9	28.7	31.9	35.5	39.4	24.1	25.8	28.4	31.6	35.2	39.0	43.4
合计	工时	36.5	39.1	43.1	47.8	53.2	59.1	65.7	40.1	43.0	47.4	52.6	58.6	65.0	72.3
挖泥船 800m³/h	艘时	14.03	15.02	16.57	18.38	20.49	22.73	25.26	15.44	16.52	18.22	20.22	22.54	25.01	27.80
浮管 Φ500×7500mm	组时	374	801	884	980	1093	1212	1347	411	881	972	1078	1202	1334	1483
岸管 Φ500×6000mm	根时	701	1502	3038	4901	7172	9850	13051	772	1652	3340	5392	7889	10838	14363
拖轮 397kW	艘时	4.21	4.50	4.97	5.52	6.15	6.82	7.58	4.63	4.96	5.46	6.07	6.76	7.50	8.34
锚艇 175kW	艘时	4.21	4.50	4.97	5.52	6.15	6.82	7.58	4.63	4.96	5.46	6.07	6.76	7.50	8.34
机艇 88kW	艘时	4.63	4.95	5.46	6.07	6.76	7.50	8.34	5.10	5.45	6.02	6.68	7.44	8.24	9.18
其他机械费	%	3	3	3	3	3	3	3	3	3	3	3	3	3	3
编号		80493	80494	80495	80496	80497	80498	80499	80500	80501	80502	80503	80504	80505	80506

注:1. 基本排高6m,每增(减)1m,定额乘(除)以1.015;

2. 最大挖深14m,基本挖深8m,每增1m,定额增加系数0.02。

项 目	单位	V类土 排泥管线长 (km)							VI类土 排泥管线长度 (km)						
		≤0.5	1.0	1.5	2.0	2.5	3.0	3.5	≤0.5	1.0	1.5	2.0	2.5	3.0	3.5
工 长	工时														
高级工	工时														
中级工	工时	19.2	20.6	22.7	25.2	28.1	31.2	34.7	25.1	26.9	29.6	32.9	36.6	40.7	45.2
初级工	工时	28.9	30.9	34.1	37.9	42.2	46.8	52.0	37.7	40.3	44.5	49.3	55.0	61.0	67.8
合 计	工时	48.1	51.5	56.8	63.1	70.3	78.0	86.7	62.8	67.2	74.1	82.2	91.6	101.7	113.0
挖泥船 800m³/h	艘时	18.52	19.82	21.87	24.27	27.05	30.00	33.35	24.14	25.83	28.49	31.62	35.25	39.10	43.45
浮筒管 Φ500×7500mm	组时	493	1057	1166	1294	1443	1600	1779	643	1378	1519	1686	1880	2085	2317
岸管 Φ500×6000mm	根时	926	1982	4010	6472	9468	13000	17231	1207	2583	5223	8432	12338	16943	22449
拖轮 397kW	艘时	5.55	5.94	6.56	7.28	8.12	9.00	10.01	7.24	7.75	8.54	9.49	10.57	11.73	13.05
锚艇 175kW	艘时	5.55	5.94	6.56	7.28	8.12	9.00	10.01	7.24	7.75	8.54	9.49	10.57	11.73	13.05
机艇 88kW	艘时	6.11	6.55	7.22	8.02	8.93	9.90	11.01	7.96	8.53	9.40	10.44	11.63	12.90	14.35
其他机械费	%	3	3	3	3	3	3	3	3	3	3	3	3	3	3
编 号		80507	80508	80509	80510	80511	80512	80513	80514	80515	80516	80517	80518	80519	80520

注:1. 基本排高6m,每增(减)1m,定额乘(除)以1.015;

2. 最大挖深14m;基本挖深8m,每增1m,定额增加系数0.02。

项目	单位	Ⅶ类土 排泥管线长度 (km)						
		≤0.5	1.0	1.5	2.0	2.5	3.0	3.5
长工	工时							
高级工	工时							
中级工	工时	35.2	37.6	41.5	46.1	51.4	57.0	63.3
初级工	工时	52.8	56.5	62.3	69.1	77.0	85.4	95.0
合计	工时	88.0	94.1	103.8	115.2	128.4	142.4	158.3
挖泥船 800m³/h	艘时	33.82	36.19	39.93	44.31	49.39	54.78	60.88
浮筒 Φ500×7500mm	组时	901	1930	2130	2363	2634	2922	3247
岸管 Φ500×6000mm	根时	1691	3319	7321	11816	17287	23738	31455
拖轮 397kW	艘时	10.14	10.85	11.97	13.30	14.81	16.42	18.27
锚艇 175kW	艘时	10.14	10.85	11.97	13.30	14.81	16.42	18.27
机艇 88kW	艘时	11.16	11.95	13.17	14.63	16.29	18.07	20.05
其他机械费	%	3	3	3	3	3	3	3
编号		80521	80522	80523	80524	80525	80526	80527

注:1. 基本排高6m,每增(减)1m,定额乘(除)以1.015;

2. 最大挖深14m;基本挖深8m,每增1m,定额增加系数0.02。

项　　目	单位	松散排泥管线长度（km）砂中								
		≤0.5	0.7	0.9	1.1	1.3	1.5	1.7	1.9	2.3
工长工时	工时									
高级工时	工时									
中级工时	工时	15.2	15.9	16.7	17.6	19.0	20.4	22.8	25.4	33.6
初级工时	工时	22.9	23.9	25.0	26.4	28.5	30.6	34.1	38.0	50.3
合计	工时	38.1	39.8	41.7	44.0	47.5	51.0	56.9	63.4	83.9
挖泥船 800m³/h	艘时	18.12	18.96	19.84	20.99	22.60	24.29	27.08	30.21	39.94
浮筒管 Φ500×7500mm	组时	483	708	952	1119	1205	1295	1444	1611	2130
岸管 Φ500×6000mm	根时	906	1327	1786	2449	3390	4453	5867	7553	12648
拖轮 397kW	艘时	5.43	5.69	5.95	6.31	6.77	7.28	8.13	9.07	11.98
锚艇 175kW	艘时	5.43	5.69	5.95	6.31	6.77	7.28	8.13	9.07	11.98
机艇 88kW	艘时	5.98	6.26	6.56	6.95	7.45	8.02	8.94	9.98	13.18
其他机械费	%	3	3	3	3	3	3	3	3	3
编　号		80528	80529	80530	80531	80532	80533	80534	80535	80536

注:1. 基本排高 4m,每增(减)1m,定额乘(除)以 1.025;
2. 最大挖深 14m;基本挖深 8m,每增 1m,定额增加系数 0.02。

| 项目 | 单位 | 中 密 中 砂 排 泥 管 管线长度(km) | | | | | | | | |
		≤0.5	0.7	0.9	1.1	1.3	1.5	1.7	1.9	2.3
工 长	工时									
高级工	工时									
中级工	工时	16.9	17.7	18.5	19.6	21.1	22.7	25.3	28.2	37.3
初级工	工时	25.4	26.6	27.8	29.5	31.6	34.0	37.9	42.2	55.9
合计	工时	42.3	44.3	46.3	49.1	52.7	56.7	63.2	70.4	93.2
挖泥船 800m³/h	艘时	20.14	21.07	22.05	23.37	25.11	26.99	30.09	33.56	44.37
浮管 Φ500×7500mm	组时	537	787	1058	1246	1339	1439	1605	1790	2366
岸管 Φ500×6000mm	根时	1007	1475	1985	2727	3767	4948	6520	8390	14051
拖轮 397kW	艘时	6.04	6.32	6.61	7.01	7.53	8.09	9.02	10.07	13.31
锚艇 175kW	艘时	6.04	6.32	6.61	7.01	7.53	8.09	9.02	10.07	13.31
机艇 88kW	艘时	6.64	6.96	7.28	7.71	8.29	8.90	9.93	11.08	14.64
其他机械费	%	3	3	3	3	3	3	3	3	3
编 号		80537	80538	80539	80540	80541	80542	80543	80544	80545

注:1. 基本排高 4m,每增(减)1m,定额乘(除)以 1.025;

2. 最大挖深 14m;基本挖深 8m,每增 1m,定额增加系数 0.02。

· 635 ·

续表

项目	单位	紧密中砂 排泥管线长度（km）								
		≤0.5	0.7	0.9	1.1	1.3	1.5	1.7	1.9	2.3
工 长	工时									
高级工	工时									
中级工	工时	22.8	23.9	25.0	26.5	28.5	30.6	34.1	38.0	50.3
初级工	工时	34.3	35.8	37.5	39.7	42.7	45.9	51.2	57.1	75.5
合 计	工时	57.1	59.7	62.5	66.2	71.2	76.5	85.3	95.1	125.8
挖泥船 800m³/h	艘时	27.18	28.43	29.77	31.55	33.90	36.43	40.62	45.31	59.90
浮筒管 Φ500×7500mm	组时	724	1061	1429	1683	1808	1943	2166	2417	3195
岸管 Φ500×6000mm	根时	1359	1990	2679	3681	5085	6679	8801	11328	18968
拖轮 397kW	艘时	8.15	8.53	8.93	9.47	10.17	10.93	12.18	13.60	17.97
锚艇 175kW	艘时	8.15	8.53	8.93	9.47	10.17	10.93	12.18	13.60	17.97
机艇 88kW	艘时	8.97	9.39	9.84	10.42	11.19	12.02	13.41	14.95	19.77
其他机械费	%	3	3	3	3	3	3	3	3	3
编 号		80546	80547	80548	80549	80550	80551	80552	80553	80554

注：1. 基本排高 4m，每增（减）1m，定额乘（除）以 1.025；

2. 最大挖深 14m；基本挖深 8m，每增 1m，定额增加系数 0.02。

· 636 ·

续表

项 目	单位	松散粗砂 排泥管长度线（km）						中密粗砂 排泥管长度（km）					
		≤0.5	0.7	0.9	1.1	1.3	1.5	≤0.5	0.7	0.9	1.1	1.3	1.5
工 长	工时												
高级工	工时												
中级工	工时	18.3	20.4	22.6	26.1	31.2	37.3	20.3	22.6	25.2	29.0	34.7	41.1
初级工	工时	27.4	30.5	34.0	39.1	46.8	56.0	30.4	33.9	37.7	43.5	52.0	61.7
合 计	工时	45.7	50.9	56.6	65.2	78.0	93.3	50.7	56.5	62.9	72.5	86.7	102.8
挖泥船 800m³/h	艘时	21.74	24.19	26.93	31.06	37.16	44.43	24.15	26.88	29.92	34.52	41.28	49.36
浮管 Φ500×7500mm	组时	579	903	1293	1657	1982	2370	644	1004	1436	1841	2202	2633
岸管 Φ500×6000mm	根时	1087	1693	2424	3624	5574	8146	1207	1882	2693	4027	6192	9049
拖轮 397kW	艘时	6.52	7.26	8.08	9.32	11.16	13.33	7.25	8.06	8.98	10.35	12.39	14.81
锚艇 175kW	艘时	6.52	7.26	8.08	9.32	11.16	13.33	7.25	8.06	8.98	10.35	12.39	14.81
机艇 88kW	艘时	7.17	7.99	8.88	10.26	12.26	14.66	7.97	8.87	9.87	11.39	13.62	16.24
其他机械费	%	3	3	3	3	3	3	3	3	3	3	3	3
编 号		80555	80556	80557	80558	80559	80560	80561	80562	80563	80564	80565	80566

注：1. 基本排高 4m，每增（减）1m，定额乘（除）以 1.09；

2. 最大挖深 14m；基本挖深 8m，每增 1m，定额增加系数 0.02。

· 637 ·

续表

项目			单位	紧密粗砂 排泥管线长度(km)					
				≤0.5	0.7	0.9	1.1	1.3	1.5
工长			工时						
高级工			工时	27.4	30.5	33.9	39.1	46.8	56.0
中级工			工时	41.1	45.7	50.9	58.7	70.3	83.9
初级工			工时						
合计			工时	68.5	76.2	84.8	97.8	117.1	139.9
挖泥船	800m³/h		艘时	32.60	36.28	40.39	46.60	55.72	66.64
浮管筒	Φ500×7500mm		组时	869	1354	1939	2485	2972	3554
岸管	Φ500×6000mm		根时	1630	2540	3635	5437	8358	12217
拖轮	397kW		艘时	9.79	10.88	12.13	13.98	16.73	20.00
锚艇	175kW		艘时	9.79	10.88	12.13	13.98	16.73	20.00
机艇	88kW		艘时	10.77	11.98	13.32	15.39	18.39	21.99
其他机械费			%	3	3	3	3	3	3
编号				80567	80568	80569	80570	80571	80572

注:1. 基本排高 4m,每增(减)1m,定额乘(除)以 1.09;
2. 最大挖深 14m;基本挖深 8m,每增 1m,定额增加系数 0.02。

(10) 980m³/h 绞吸式挖泥船

単位:10000m³

项　目	单位	I类土 排泥管线长度（km）						
		≤1.0	1.5	2.0	2.5	3.0	3.5	4.0
工　长　工	工时							
高　级　工	工时	11.1	11.7	12.3	13.5	15.0	17.6	21.0
中　级　工	工时	16.7	17.5	18.5	20.20	22.5	26.3	31.5
初　级　工	工时							
合　　计	工时	27.8	29.2	30.8	33.7	37.5	43.9	52.5
挖泥船 980m³/h	艘时	10.69	11.23	11.85	12.93	14.43	16.88	20.20
浮筒 Φ550×9000mm	组时	534	562	593	647	722	844	1010
岸管 Φ550×6000mm	根时	979	1965	3061	4418	6133	8581	11952
拖轮 515kW	艘时	3.20	3.37	3.56	3.88	4.33	5.06	6.06
锚艇 175kW	艘时	3.20	3.37	3.56	3.88	4.33	5.06	6.06
机艇 88kW	艘时	4.27	4.49	4.74	5.17	5.78	6.75	8.08
其他机械费	%	3	3	3	3	3	3	3
编　号		80573	80574	80575	80576	80577	80578	80579

注：1. 基本排高 6m，每增（减）1m，定额乘（除）以 1.013；

2. 最大挖深 16m；基本挖深 9m，每增 1m，定额增加系数 0.02。

项目	单位	II类土 排泥管线长度 (km)						
		≤1.0	1.5	2.0	2.5	3.0	3.5	4.0
工 长	工时							
高级工	工时							
中级工	工时	12.2	12.8	13.6	14.8	16.4	19.2	23.0
初级工	工时	18.3	19.2	20.3	22.1	24.7	28.9	34.6
合 计	工时	30.5	32.0	33.9	36.9	41.1	48.1	57.6
挖泥船 980m³/h	艘时	11.72	12.31	13.01	14.17	15.82	18.51	22.15
浮筒管 Φ550×9000mm	组时	586	616	651	709	791	926	1108
岸管 Φ550×6000mm	根时	1074	2154	3361	4841	6724	9409	13105
拖轮 515kW	艘时	3.52	3.69	3.90	4.25	4.75	5.55	6.64
锚艇 175kW	艘时	3.52	3.69	3.90	4.25	4.75	5.55	6.64
机艇 88kW	艘时	4.69	4.92	5.19	5.67	6.33	7.40	8.86
其他机械费	%	3	3	3	3	3	3	3
编 号		80580	80581	80582	80583	80584	80585	80586

注:1. 基本排高6m,每增(减)1m,定额乘(除)以1.013;

2. 最大挖深16m;基本挖深9m,每增1m,定额增加系数0.02。

续表

项目	单位	≤1.0	1.5	2.0	2.5	3.0	3.5	4.0
					III类土 排泥管线长度（km）			
工长工	工时							
高级工	工时	13.4	14.1	14.8	16.2	18.1	21.2	25.3
中级工	工时	20.0	21.1	22.3	24.3	27.1	31.7	38.0
初级工	工时							
合计	工时	33.4	35.2	37.1	40.5	45.2	52.9	63.3
挖泥船 980m³/h	艘时	12.88	13.53	14.29	15.58	17.39	20.34	24.33
浮筒 Φ550×9000mm	组时	644	677	715	779	870	1017	1217
岸管 Φ550×6000mm	根时	1180	2368	3692	5323	7391	11340	14395
拖轮 515kW	艘时	3.86	4.06	4.28	4.67	5.22	6.10	7.30
锚艇 175kW	艘时	3.86	4.06	4.28	4.67	5.22	6.10	7.30
机艇 88kW	艘时	5.15	5.41	5.71	6.23	6.96	8.14	9.74
其他机械费	%	3	3	3	3	3	3	3
编号		80587	80588	80589	80590	80591	80592	80593

注：1. 基本排高6m，每增（减）1m，定额乘（除）以1.013；
2. 最大挖深16m；基本挖深9m，每增1m，定额增加系数0.02。

続表 / 续表

项目	单位	IV 类土 排泥管线长度 (km)						
		≤1.0	1.5	2.0	2.5	3.0	3.5	4.0
工长工	工时							
高级工	工时	14.7	15.5	16.4	17.8	19.9	23.3	27.8
中级工	工时	22.1	23.2	24.5	26.8	29.9	34.9	41.8
初级工	工时							
合计	工时	36.8	38.7	40.9	44.6	49.8	58.2	69.6
挖泥船 980m³/h	艘时	14.16	14.88	15.72	17.14	19.13	22.38	26.77
浮管 Φ550×9000mm	组时	708	744	786	857	957	1119	1339
岸管 Φ550×6000mm	根时	1298	2604	4061	5856	8130	11377	15839
拖轮 515kW	艘时	4.25	4.47	4.72	5.14	5.73	6.71	8.04
锚艇 175kW	艘时	4.25	4.47	4.72	5.14	5.73	6.71	8.04
机艇 88kW	艘时	5.67	5.95	6.29	6.86	7.65	8.95	10.71
其他机械费	%	3	3	3	3	3	3	3
编号		80594	80595	80596	80597	80598	80599	80600

注:1. 基本排高6m, 每增(减)1m, 定额乘(除)以1.013;
2. 最大挖深16m, 基本挖深9m, 每增1m, 定额增加系数0.02。

续表

项　目	单位	V类土 排泥管线长度 (km)						
		≤1.0	1.5	2.0	2.5	3.0	3.5	4.0
工　长	工时							
高级工	工时							
中级工	工时	17.6	18.6	19.6	21.4	23.8	28.0	33.4
初级工	工时	26.5	27.8	29.4	32.1	35.8	41.9	50.1
合　计	工时	44.1	46.4	49.0	53.5	59.6	69.9	83.5
挖泥船 980m³/h	艘时	17.00	17.85	18.87	20.57	22.95	26.88	32.12
浮管 Φ550×9000mm	组时	850	893	944	1029	1148	1344	1606
岸管 Φ550×6000mm	根时	1558	3124	4875	7028	9754	13664	19596
拖轮 515kW	艘时	5.10	5.36	5.66	6.17	6.88	8.05	9.64
锚艇 175kW	艘时	5.10	5.36	5.66	6.17	6.88	8.05	9.64
机艇 88kW	艘时	6.79	7.14	7.54	8.22	9.19	10.72	12.85
其他机械费	%	3	3	3	3	3	3	3
编　号		80601	80602	80603	80604	80605	80606	80607

注:1. 基本排高 6m,每增(减)1m,定额乘(除)以 1.013;
2. 最大挖深 16m;基本挖深 9m,每增 1m,定额增加系数 0.02。

· 643 ·

项　目	单位	VI 类土 排泥管线长度 (km)						
		≤1.0	1.5	2.0	2.5	3.0	3.5	4.0
工　长　工	工时							
高　级　工	工时							
中　级　工	工时	23.0	24.2	25.6	27.9	31.1	36.4	43.5
初　级　工	工时	34.6	36.3	38.3	41.8	46.7	54.6	65.3
合　　计	工时	57.6	60.5	63.9	69.7	77.8	91.0	108.8
挖泥船 980m³/h	艘时	22.15	23.26	24.58	26.80	29.91	34.99	41.85
浮管 Φ550×9000mm	组时	1107	1163	1229	1340	1496	1750	2093
岸管 Φ550×6000mm	根时	2030	4071	6050	9157	12712	17787	24761
拖轮 515kW	艘时	6.64	6.98	7.37	8.04	8.97	10.50	12.56
锚艇 175kW	艘时	6.64	6.98	7.37	8.04	8.97	10.50	12.56
机艇 88kW	艘时	8.86	9.31	9.82	10.72	11.97	13.99	16.75
其他机械费	%	3	3	3	3	3	3	3
编　号		80608	80609	80610	80611	80612	80613	80614

注:1. 基本排高 6m,每增(减)1m,定额乘(除)以 1.013;
2. 最大挖深 16m;基本挖深 9m,每增 1m,定额增加系数 0.02。

项 目	单位	\u7c7b 土 长 度 (km) VII类泥土排管线长 ≤1.0	1.5	2.0	2.5	3.0	3.5	4.0
工 长 工	工时							
高 级 工	工时							
中 级 工	工时	32.3	33.9	35.8	39.0	43.6	51.0	61.0
初 级 工	工时	48.4	50.8	53.8	58.6	65.4	76.5	91.5
合 计	工时	80.7	84.7	89.6	97.6	109.0	127.5	152.5
挖泥船 980m³/h	艘时	31.03	32.60	34.45	37.55	41.91	49.03	58.64
浮筒管 Φ550×9000mm	组时	1551	1630	1723	1878	2096	2452	2932
岸管 Φ550×6000mm	根时	2844	5705	8900	12830	17812	24924	34695
拖轮 515kW	艘时	9.31	9.78	10.32	11.26	12.57	14.70	17.60
锚艇 175kW	艘时	9.31	9.78	10.32	11.26	12.57	14.70	17.60
机艇 88kW	艘时	12.41	13.04	13.76	15.02	16.77	19.61	23.47
其他机械费	%	3	3	3	3	3	3	3
编 号		80615	80616	80617	80618	80619	80620	80621

注:1. 基本排高 6m,每增(减)1m,定额乘(除)以 1.013;

2. 最大挖深 16m;基本挖深 9m,每增 1m,定额增加系数 0.02。

续表

项 目	单位	松 散 中 砂 排 泥 管 长 线 (km)								
		≤1.0	1.2	1.4	1.6	1.8	2.0	2.2	2.4	2.6
工 长	工时									
高 级 工	工时									
中 级 工	工时	13.1	14.4	15.8	17.5	19.4	21.5	24.8	28.6	33.8
初 级 工	工时	19.6	21.5	23.8	26.3	29.2	32.3	37.2	42.8	50.6
合 计	工时	32.7	35.9	39.6	43.8	48.6	53.8	62.0	71.4	84.4
挖泥船 980m³/h	艘时	15.54	17.12	18.87	20.87	23.11	25.63	29.53	34.01	40.17
浮筒 Φ550×9000mm	组时	777	856	944	1044	1156	1282	1477	1701	2009
岸管 Φ550×6000mm	根时	1424	2140	2988	4000	5200	6621	8613	11053	14394
拖轮 515kW	艘时	4.66	5.13	5.63	6.26	6.94	7.69	8.86	10.20	12.05
锚艇 175kW	艘时	4.66	5.13	5.63	6.26	6.94	7.69	8.86	10.20	12.05
机艇 88kW	艘时	6.21	6.85	7.55	8.34	9.24	10.26	11.82	13.60	16.07
其他机械费	%	3	3	3	3	3	3	3	3	3
编 号		80622	80623	80624	80625	80626	80627	80628	80629	80630

注:1. 基本排高 4m,每增(减)1m,定额乘(除)以 1.022;
2. 最大挖深 16m;基本挖深 9m,每增 1m,定额增加系数 0.02。

项目	单位	排泥管中密中砂长度（km）								
		≤1.0	1.2	1.4	1.6	1.8	2.0	2.2	2.4	2.6
工长	工时									
高级工	工时									
中级工	工时	14.5	16.0	17.6	19.5	21.6	23.9	27.6	31.7	37.5
初级工	工时	21.7	23.9	26.4	29.2	32.3	35.9	41.3	47.6	56.2
合计	工时	36.2	39.9	44.0	48.7	53.9	59.8	68.9	79.3	93.7
挖泥船 980m³/h	艘时	17.26	19.02	20.97	23.19	25.68	28.48	32.81	37.78	44.64
浮管 Φ550×9000mm	组时	863	951	1049	1160	1284	1424	1641	1889	2232
岸管 Φ550×6000mm	根时	1582	2378	3320	4445	5778	7357	9570	12279	15996
拖轮 515kW	艘时	5.18	5.70	6.29	6.96	7.70	8.55	9.85	11.34	13.40
锚艇 175kW	艘时	5.18	5.70	6.29	6.96	7.70	8.55	9.85	11.34	13.40
机艇 88kW	艘时	6.90	7.61	8.39	9.27	10.27	11.39	13.12	15.12	17.85
其他机械费	%	3	3	3	3	3	3	3	3	3
编号		80631	80632	80633	80634	80635	80636	80637	80638	80639

注:1. 基本排高 4m,每增（减）1m,定额乘（除）以 1.022;

2. 最大挖深 16m;基本挖深 9m,每增（减）1m,定额增加系数 0.02。

续表

项 目	单位	紧 密 中 砂 排 泥 管 线 长 度 （km）												
		≤1.0	1.2	1.4	1.6	1.8	2.0	2.2	2.4	2.6
工 长 工	工时									
高 级 工	工时	19.6	21.6	23.8	26.3	29.1	32.3	37.2	42.8	50.6
中 级 工	工时	29.3	32.3	35.6	39.5	43.7	48.4	55.9	64.3	76.0
初 级 工	工时									
合 计	工时	48.9	53.9	59.4	65.8	72.8	80.7	93.1	107.1	126.6
挖泥船 980m³/h	艘时	23.30	25.68	28.31	31.30	34.67	38.44	44.29	50.01	60.27
浮管筒 Φ550×9000mm	组时	1165	1284	1416	1565	1734	1922	2215	2501	3014
岸管 Φ550×6000mm	根时	2135	3210	4482	5999	7801	9930	12918	16253	21597
拖轮 515kW	艘时	7.00	7.69	8.48	9.39	10.40	11.54	13.30	15.31	18.08
锚艇 175kW	艘时	7.00	7.69	8.48	9.39	10.40	11.54	13.30	15.31	18.08
机艇 88kW	艘时	9.32	10.27	11.32	12.52	13.86	15.39	17.72	20.41	24.11
其他机械费	%	3	3	3	3	3	3	3	3	3
编 号		80640	80641	80642	80643	80644	80645	80646	80647	80648

注：1. 基本排高 4m，每增（减）1m，定额乘（除）以 1.022；

2. 最大挖深 16m；基本挖深 9m，每增 1m，定额增加系数 0.02。

续表

项 目	单位	松散粗砂 排泥管线长度（km）							
		≤1.0	1.2	1.4	1.6	1.8	2.0	2.2	2.4
工 长	工时								
高级工	工时								
中级工	工时	19.5	22.8	26.8	32.7	41.6	52.8	62.8	74.6
初级工	工时	29.2	34.3	40.3	49.1	62.3	79.2	94.1	111.8
合 计	工时	48.7	57.1	67.1	81.8	103.9	132.0	156.9	186.4
挖泥船 980m³/h	艘时	23.20	27.21	31.92	38.94	49.48	62.86	74.69	88.76
浮筒管 Φ550×9000mm	组时	1160	1361	1596	1947	2474	3143	3735	4438
岸管 Φ550×6000mm	根时	2126	3401	5054	7464	11133	16239	21784	28847
拖轮 515kW	艘时	6.97	8.16	9.58	11.69	14.85	18.86	22.41	26.62
锚艇 175kW	艘时	6.97	8.16	9.58	11.69	14.85	18.86	22.41	26.62
机艇 88kW	艘时	9.28	10.88	12.77	15.58	19.79	25.15	29.87	35.50
其他机械费	%	3	3	3	3	3	3	3	3
编 号		80649	80650	80651	80652	80653	80654	80655	80656

注：1. 基本排高4m，每增（减）1m，定额乘（除）以1.09；
  2. 最大挖深16m；基本挖深9m，每增1m，定额增加系数0.02。

续表

中密粗砂

项　目	单位	排泥管线长度 (km)								编号
		≤1.0	1.2	1.4	1.6	1.8	2.0	2.2	2.4	
人工　高级工	工时									
中级工	工时	21.6	25.4	29.8	36.4	46.2	58.7	69.7	82.8	
初级工	工时	32.5	38.1	44.6	54.5	69.2	88.0	104.6	124.3	
合计	工时	54.1	63.5	74.4	90.9	115.4	146.7	174.3	207.1	
挖泥船 980m³/h	艘时	25.77	30.23	35.47	43.27	54.98	69.84	82.99	98.61	
浮筒 Φ550×9000mm	组时	1288	1512	1774	2164	2749	3492	4150	4931	
岸管 Φ550×6000mm	根时	2362	3779	5616	8293	12371	18042	24205	32048	
拖轮 515kW	艘时	7.74	9.07	10.64	12.98	16.49	20.96	24.90	29.58	
锚艇 175kW	艘时	7.74	9.07	10.64	12.98	16.49	20.96	24.90	29.58	
机艇 88kW	艘时	10.31	12.10	14.19	17.31	21.99	27.94	33.20	39.45	
其他机械费	%	3	3	3	3	3	3	3	3	
编　号		80657	80658	80659	80660	80661	80662	80663	80664	

注:1. 基本排高 4m,每增(减)1m,定额乘(除)以 1.09;
2. 最大挖深 16m;基本挖深 9m,每增 1m,定额增加系数 0.02。

续表

紧密粗砂 排泥管线长度（km）

项 目	单位	≤1.0	1.2	1.4	1.6	1.8	2.0	2.2	2.4
工长	工时								
高级工	工时								
中级工	工时	29.2	34.3	40.2	49.0	62.3	79.2	94.1	111.8
初级工	工时	43.8	51.4	60.3	73.5	93.5	118.8	141.2	167.8
合计	工时	73.0	85.7	100.5	122.5	155.8	198.0	235.3	279.6
挖泥船 980m³/h	艘时	34.80	40.80	47.88	58.42	74.21	94.29	112.04	133.13
浮筒 Φ550×9000mm	组时	1740	2040	2394	2921	3711	4715	5602	6657
岸管 Φ550×6000mm	根时	3190	5100	7581	11197	16697	24358	32678	43267
拖轮 515kW	艘时	10.44	12.24	14.36	17.53	22.26	28.29	33.61	39.94
锚艇 175kW	艘时	10.44	12.24	14.36	17.53	22.26	28.29	33.61	39.94
机艇 88kW	艘时	13.93	16.33	19.15	23.37	29.68	37.72	44.82	53.26
其他机械费	%	3	3	3	3	3	3	3	3
编 号		80665	80666	80667	80668	80669	80670	80671	80672

注：1. 基本排高 4m，每增（减）1m，定额乘（除）以 1.09；

2. 最大挖深 16m；基本挖深 9m，每增 1m，定额增加系数 0.02。

(11) 1250m³/h 绞吸式挖泥船

单位:10000m³

项 目		单位	I 类 土 排 泥 管 线 长 度 (km)							
			≤1.0	1.5	2.0	2.5	3.0	3.5	4.0	4.5
工长		工时								
高级工		工时								
中级工		工时	10.0	10.6	11.2	12.2	13.6	15.9	19.0	22.6
初级工		工时	15.1	15.8	16.7	18.2	20.4	23.8	28.5	34.0
合计		工时	25.1	26.4	27.9	30.4	34.0	39.7	47.5	56.6
挖泥船	1250m³/h	艘时	8.37	8.80	9.31	10.14	11.32	13.23	15.82	18.85
浮管	Φ650×9000mm	组时	558	587	621	676	755	882	1055	1257
岸管	Φ650×6000mm	根时	558	1320	2172	3211	4528	6395	8965	12253
拖轮	515kW	艘时	2.51	2.64	2.79	3.04	3.40	3.97	4.75	5.67
锚艇	175kW	艘时	2.51	2.64	2.79	3.04	3.40	3.97	4.75	5.67
机艇	88kW	艘时	3.35	3.52	3.72	4.06	4.52	5.30	6.33	7.54
其他机械费		%	2	2	2	2	2	2	2	2
编 号			80673	80674	80675	80676	80677	80678	80679	80680

注:1. 基本排高 6m,每增(减)1m,定额乘(除)以 1.011;
    2. 最大挖深 16m;基本挖深 9m,每增 1m,定额增加系数 0.02。

项目	编号	单位	II类土 排泥管线长度 (km)							
			≤1.0	1.5	2.0	2.5	3.0	3.5	4.0	4.5
工长		工时								
高级工		工时								
中级工		工时	11.0	11.6	12.2	13.3	14.9	17.4	20.8	24.8
初级工		工时	16.6	17.4	18.4	20.0	22.3	26.1	31.2	37.2
合计		工时	27.6	29.0	30.6	33.3	37.2	43.5	52.0	62.0
挖泥船 1250m³/h		艘时	9.19	9.65	10.20	11.11	12.41	14.51	17.36	20.67
浮管 Φ650×9000mm		组时	612	643	680	741	827	967	1157	1378
岸管 Φ650×6000mm		根时	612	1448	2380	3518	4964	7013	9837	13436
拖轮 515kW		艘时	2.76	2.90	3.06	3.33	3.72	4.35	5.20	6.20
锚艇 175kW		艘时	2.76	2.90	3.06	3.33	3.72	4.35	5.20	6.20
机艇 88kW		艘时	3.67	3.86	4.08	4.45	4.97	5.81	6.95	8.27
其他机械费		%	2	2	2	2	2	2	2	2
编号			80681	80682	80683	80684	80685	80686	80687	80688

注:1. 基本排高6m,每增(减)1m,定额乘(除)以1.011;
2. 最大挖深16m;基本挖深9m,每增1m,定额增加系数0.02。

续表

项目	单位	≤1.0	1.5	2.0	2.5	3.0	3.5	4.0	4.5
		III类土 排泥管 线路长度 (km)							
工 长 工	工时								
高 级 工	工时								
中 级 工	工时	12.1	12.7	13.5	14.7	16.4	19.1	22.9	27.3
初 级 工	工时	18.2	19.1	20.2	22.0	24.5	28.7	34.3	40.9
合 计	工时	30.3	31.8	33.7	36.7	40.9	47.8	57.2	68.2
挖泥船 1250m³/h	艘时	10.10	10.60	11.21	12.22	13.63	15.95	19.08	22.71
浮管 Φ650×9000mm	组时	673	707	747	815	909	1063	1272	1514
岸管 Φ650×6000mm	根时	673	1590	2616	3870	5452	7709	10812	14762
拖轮 515kW	艘时	3.03	3.18	3.37	3.67	4.09	4.78	5.72	6.82
锚艇 175kW	艘时	3.03	3.18	3.37	3.67	4.09	4.78	5.72	6.82
机艇 88kW	艘时	4.04	4.24	4.48	4.89	5.45	6.38	7.63	9.09
其他机械费	%	2	2	2	2	2	2	2	2
编 号		80689	80690	80691	80692	80693	80694	80695	80696

注:1. 基本排高6m,每增(减)1m,定额乘(除)以1.011;

2. 最大挖深16m;基本挖深9m,每增1m,定额增加系数0.02。

项 目	单位	IV 类 土 排 泥 管 线 长 度 (km)							
		≤1.0	1.5	2.0	2.5	3.0	3.5	4.0	4.5
工 长	工时								
高级工	工时								
中级工	工时	13.3	14.0	14.8	16.2	18.0	21.0	25.2	30.0
初级工	工时	20.0	20.9	22.2	24.2	27.0	31.6	37.8	45.0
合 计	工时	33.3	34.9	37.0	40.4	45.0	52.6	63.0	75.0
挖泥船 1250m³/h	艘时	11.10	11.66	12.33	13.44	15.00	17.54	20.98	24.98
浮管 Φ650×9000mm	组时	740	777	822	896	1000	1169	1399	1665
岸管 Φ650×6000mm	根时	740	1749	2877	4256	6000	8478	11889	16237
拖轮 515kW	艘时	3.33	3.49	3.70	4.04	4.50	5.26	6.30	7.50
锚艇 175kW	艘时	3.33	3.49	3.70	4.04	4.50	5.26	6.30	7.50
机艇 88kW	艘时	4.44	4.66	4.92	5.38	5.99	7.02	8.40	10.00
其他机械费	%	2	2	2	2	2	2	2	2
编 号		80697	80698	80699	80700	80701	80702	80703	80704

注:1. 基本排高6m,每增(减)1m,定额乘(除)以1.011;
2. 最大挖深16m;基本挖深9m,每增1m,定额增加系数0.02。

| 项目 | 单位 | Ⅴ类土 排泥管线长度（km） | | | | | | | |
		≤1.0	1.5	2.0	2.5	3.0	3.5	4.0	4.5
工 长	工时								
高级工	工时								
中级工	工时	16.0	16.8	17.8	19.4	21.6	25.3	30.2	36.0
初级工	工时	24.0	25.2	26.6	29.0	32.4	37.9	45.3	53.9
合 计	工时	40.0	42.0	44.4	48.4	54.0	63.2	75.5	89.9
挖泥船 1250m³/h	艘时	13.33	14.00	14.80	16.12	17.99	21.06	25.18	29.98
浮 管 Φ650×9000mm	组时	888	933	987	1075	1199	1404	1679	1999
岸 管 Φ650×6000mm	根时	888	2100	3453	5105	7196	10179	14269	19487
拖 轮 515kW	艘时	4.00	4.20	4.45	4.84	5.40	6.31	7.55	9.00
锚 艇 175kW	艘时	4.00	4.20	4.45	4.84	5.40	6.31	7.55	9.00
机 艇 88kW	艘时	5.32	5.59	5.91	6.46	7.20	8.43	10.07	12.00
其他机械费	%	2	2	2	2	2	2	2	2
编 号		80705	80706	80707	80708	80709	80710	80711	80712

注：1. 基本排高 6m，每增（减）1m，定额乘（除）以 1.011；
2. 最大挖深 16m；基本挖深 9m，每增 1m，定额增加系数 0.02。

续表

项目	单位	VI 类 土 排 泥 管 线 长 度 (km)							
		≤1.0	1.5	2.0	2.5	3.0	3.5	4.0	4.5
工 长 工	工时								
高 级 工	工时								
中 级 工	工时	20.9	21.9	23.2	25.2	28.1	32.9	39.4	46.9
初 级 工	工时	31.3	32.8	34.7	37.9	42.2	49.4	59.1	70.3
合 计	工时	52.2	54.7	57.9	63.1	70.3	82.3	98.5	117.2
挖泥船 1250m³/h	艘时	17.37	18.24	19.28	21.01	23.45	27.43	32.81	39.06
浮筒 Φ650×9000mm	组时	1158	1216	1285	1401	1563	1829	2187	2604
岸管 Φ650×6000mm	根时	1158	2736	4499	6653	9380	13258	18592	25389
拖 轮 515kW	艘时	5.22	5.47	5.79	6.31	7.03	8.22	9.85	11.73
锚 艇 175kW	艘时	5.22	5.47	5.79	6.31	7.03	8.22	9.85	11.73
机 艇 88kW	艘时	6.95	7.29	7.70	8.41	9.38	10.98	13.12	15.63
其他机械费	%	2	2	2	2	2	2	2	2
编 号		80713	80714	80715	80716	80717	80718	80719	80720

注：1. 基本排高 6m，每增（减）1m，定额乘（除）以 1.011；

2. 最大挖深 16m；基本挖深 9m，每增 1m，定额增加系数 0.02。

· 657 ·

项 目	单位	VII 类 土 排 泥 管 线 长 度 (km)							
		≤1.0	1.5	2.0	2.5	3.0	3.5	4.0	4.5
工 长工	工时								
高级工	工时								
中级工	工时	29.2	30.7	32.4	35.3	39.4	46.1	55.2	65.7
初级工	工时	43.8	46.0	48.6	53.0	59.2	69.2	82.8	98.5
合计	工时	73.0	76.7	81.0	88.3	98.6	115.3	138.0	164.2
挖泥船 1250m³/h	艘时	24.33	25.56	27.02	29.44	32.86	38.43	45.97	54.74
浮管筒 Φ650×9000mm	组时	1622	1704	1801	1963	2191	2562	3065	3649
岸管 Φ650×6000mm	根时	1622	3834	6305	9323	13144	18575	26050	35581
拖轮 515kW	艘时	7.30	7.67	8.12	8.84	9.86	11.52	13.80	16.42
锚艇 175kW	艘时	7.30	7.67	8.12	8.84	9.86	11.52	13.80	16.42
机艇 88kW	艘时	9.73	10.22	10.80	11.78	13.15	15.39	18.38	21.90
其他机械费	%	2	2	2	2	2	2	2	2
编 号		80721	80722	80723	80724	80725	80726	80727	80728

注:1. 基本排高 6m,每增(减)1m,定额乘(除)以 1.011;
　　2. 最大挖深 16m;基本挖深 9m,每增 1m,定额增加系数 0.02。

续表

项目	单位	松散中砂 排泥管线长度 (km)								
		≤1.0	1.2	1.4	1.6	1.8	2.0	2.2	2.4	2.8
工长	工时									
高级工	工时									
中级工	工时	12.4	13.4	14.4	15.6	17.0	18.6	21.1	23.8	35.2
初级工	工时	18.7	20.0	21.5	23.4	25.6	28.0	31.6	35.7	52.7
合计	工时	31.1	33.4	35.9	39.0	42.6	46.6	52.7	59.5	87.9
挖泥船 1250m³/h	艘时	12.95	13.94	14.99	16.25	17.78	19.43	21.98	24.88	36.60
浮管 Φ650×9000mm	组时	863	929	999	1083	1185	1295	1465	1659	2440
岸管 Φ650×6000mm	根时	863	1394	1999	2708	3556	4534	5861	7464	13420
拖轮 515kW	艘时	3.88	4.18	4.50	4.88	5.33	5.83	6.59	7.45	10.98
锚艇 175kW	艘时	3.88	4.18	4.50	4.88	5.33	5.83	6.59	7.45	10.98
机艇 88kW	艘时	5.18	5.57	5.99	6.5	7.11	7.77	8.80	9.95	14.65
其他机械费	%	2	2	2	2	2	2	2	2	2
编号		80729	80730	80731	80732	80733	80734	80735	80736	80737

注:1. 基本排高 4m,每增(减)1m,定额乘(除)以 1.018;

2. 最大挖深 16m;基本挖深 9m,每增 1m,定额增加系数 0.02。

项 目	单 位	中密中砂 排泥管线长度 (km)								
		≤1.0	1.2	1.4	1.6	1.8	2.0	2.2	2.4	2.8
工 长	工时									
高级工	工时									
中级工	工时	13.8	14.8	16.0	17.3	19.0	20.7	23.4	26.5	39.0
初级工	工时	20.7	22.3	23.9	26.0	28.4	31.1	35.2	39.8	58.6
合 计	工时	34.5	37.1	39.9	43.3	47.4	51.8	58.6	66.3	97.6
挖泥船 1250m³/h	艘时	14.39	15.48	16.65	18.06	19.75	21.59	24.42	27.63	40.67
浮筒 Φ650×9000mm	组时	959	1032	1110	1204	1317	1439	1628	1842	2711
岸管 Φ650×6000mm	根时	959	1548	2220	3010	3950	5038	6512	8289	14912
拖轮 515kW	艘时	4.32	4.64	5.00	5.42	5.93	6.48	7.33	8.29	12.20
锚艇 175kW	艘时	4.32	4.64	5.00	5.42	5.93	6.48	7.33	8.29	12.20
机艇 88kW	艘时	5.76	6.19	6.67	7.23	7.90	8.63	9.77	11.06	16.27
其他机械费	%	2	2	2	2	2	2	2	2	2
编 号		80738	80739	80740	80741	80742	80743	80744	80745	80746

注:1. 基本排高4m,每增(减)1m,定额乘(除)以1.018;
2. 最大挖深16m;基本挖深9m,每增1m,定额增加系数0.02。

续表

项 目	单位	紧密中砂 排泥管线长度 (km)								
		≤1.0	1.2	1.4	1.6	1.8	2.0	2.2	2.4	2.8
人工										
高级工	工时									
中级工	工时	18.6	20.1	21.6	23.4	25.6	28.0	31.6	35.8	52.7
初级工	工时	28.0	30.1	32.4	35.1	38.3	41.9	47.5	53.8	79.1
合计	工时	46.6	50.2	54.0	58.5	63.9	69.9	79.1	89.6	131.8
挖泥船 1250m³/h	艘时	19.43	20.90	22.48	24.38	26.66	29.14	32.97	37.31	54.91
浮管 Φ650×9000mm	组时	1295	1393	1499	1625	1777	1943	2198	2487	3661
岸管 Φ650×6000mm	根时	1295	2090	2997	4063	5332	6799	8792	11193	20134
拖轮 515kW	艘时	5.83	6.26	6.75	7.31	8.01	8.75	9.89	11.19	16.48
锚艇 175kW	艘时	5.83	6.26	6.75	7.31	8.01	8.75	9.89	11.19	16.48
机艇 88kW	艘时	7.77	8.34	9.00	9.76	10.67	11.65	13.19	14.93	21.96
其他机械费	%	2	2	2	2	2	2	2	2	2
编 号		80747	80748	80749	80750	80751	80752	80753	80754	80755

注:1. 基本排高 4m,每增(减)1m,定额乘(除)以 1.018;
2. 最大挖深 16m;基本挖深 9m,每增 1m,定额增加系数 0.02。

· 661 ·

项 目	单位	\~	松 散 粗 砂 排 泥 管 长 度 (km)							
		≤1.0	1.2	1.4	1.6	1.8	2.0	2.2	2.4	2.6
工 长 工	工时									
高 级 工	工时									
中 级 工	工时	17.4	19.9	22.7	27.4	34.8	44.3	53.8	65.3	79.2
初 级 工	工时	26.2	29.9	34.1	41.0	52.3	66.5	80.7	97.9	118.8
合 计	工时	43.6	49.8	56.8	68.4	87.1	110.8	134.5	163.2	198.0
挖泥船 1250m³/h	艘时	18.18	20.74	23.65	28.50	36.28	46.18	56.04	68.00	82.52
浮筒 Φ650×9000mm	组时	1212	1383	1577	1900	2419	3079	3736	4533	5501
岸管 Φ650×6000mm	根时	1212	2074	3153	4750	7256	10775	14944	20400	27507
拖轮 515kW	艘时	5.45	6.22	7.10	8.55	10.88	13.86	16.80	20.41	24.76
锚艇 175kW	艘时	5.45	6.22	7.10	8.55	10.88	13.86	16.80	20.41	24.76
机艇 88kW	艘时	7.27	8.30	9.46	11.40	14.51	18.47	22.42	27.20	33.01
其他机械费	%	2	2	2	2	2	2	2	2	2
编 号		80756	80757	80758	80759	80760	80761	80762	80763	80764

注:1. 基本排高 4m,每增(减)1m,定额乘(除)以 1.08;

2. 最大挖深 16m;基本挖深 9m,每增 1m,定额增加系数 0.02。

中密粗砂

项　　目	单位	排泥管长线（km）中密粗砂								
		≤1.0	1.2	1.4	1.6	1.8	2.0	2.2	2.4	2.6
工　长　工	工时									
高级工	工时									
中级工	工时	19.4	22.1	25.2	30.4	38.7	49.2	59.7	72.5	88.0
初级工	工时	29.1	33.2	37.9	45.6	58.0	73.9	89.5	108.8	132.1
合　　计	工时	48.5	55.3	63.1	76.0	96.7	123.1	149.2	181.3	220.1
挖泥船 1250m³/h	艘时	20.20	23.05	26.28	31.67	40.32	51.31	62.26	75.56	91.69
浮管 Φ650×9000mm	组时	1346	1537	1752	2111	2688	3421	4151	5037	6113
岸管 Φ650×6000mm	根时	1346	2305	3504	5278	8064	11972	16603	22668	30563
拖轮 515kW	艘时	6.06	6.91	7.89	9.50	12.10	15.40	18.68	22.67	27.50
锚艇 175kW	艘时	6.06	6.91	7.89	9.50	12.10	15.40	18.68	22.67	27.50
机艇 88kW	艘时	8.08	9.22	10.54	12.67	16.12	20.53	24.91	30.22	33.68
其他机械费	%	2	2	2	2	2	2	2	2	2
编　　号		80765	80766	80767	80768	80769	80770	80771	80772	80773

注：1. 基本排高 4m，每增（减）1m，定额乘（除）以 1.08；

2. 最大挖深 16m；基本挖深 9m，每增 1m，定额增加系数 0.02。

续表

项 目	单位	紧密粗砂 排泥管线长度 (km)								
		≤1.0	1.2	1.4	1.6	1.8	2.0	2.2	2.4	2.6
工长 工	工时									
高级工	工时									
中级工	工时	26.2	29.9	34.1	41.0	52.2	66.5	80.7	97.9	118.8
初级工	工时	39.3	44.8	51.1	61.6	78.4	99.7	121.0	146.8	178.3
合 计	工时	65.5	74.7	85.2	102.6	130.6	166.2	201.7	244.7	297.1
挖泥船 1250m³/h	艘时	27.27	31.12	35.48	42.75	54.42	69.27	84.05	102.00	123.78
浮管 Φ650×9000mm	组时	1818	2075	2365	2850	3628	4618	5603	6800	8252
岸管 Φ650×6000mm	根时	1818	3112	4731	7125	10884	16163	22413	30600	41260
拖轮 515kW	艘时	8.18	9.34	10.65	12.82	16.33	20.79	25.21	30.60	37.13
锚艇 175kW	艘时	8.18	9.34	10.65	12.82	16.33	20.79	25.21	30.60	37.13
机艇 88kW	艘时	10.91	12.44	14.20	17.11	21.77	27.71	33.63	40.80	49.52
其他机械费	%	2	2	2	2	2	2	2	2	2
编 号		80774	80775	80776	80777	80778	80779	80780	80781	80782

注:1. 基本排高4m,每增(减)1m,定额乘(除)以1.08;
2. 最大挖深16m;基本挖深9m,每增1m,定额增加系数0.02。

(12) 1450m³/h 绞吸式挖泥船

单位:10000m³

项 目	单位	I 类 土 排泥管线长度(km)							
		≤1.5	2.0	2.5	3.0	3.5	4.0	4.5	5.0
工 长 工	工时								
高 级 工	工时								
中 级 工	工时	9.1	10.0	11.0	12.1	13.6	15.4	17.8	20.4
初 级 工	工时	13.6	15.0	16.5	18.2	20.5	23.2	26.6	30.3
合 计	工时	22.7	25.0	27.5	30.3	34.1	38.6	44.4	50.7
挖泥船 1450m³/h	艘时	7.58	8.33	9.16	10.08	11.37	12.89	14.78	16.83
浮管筒 Φ650×9000mm	组时	589	648	712	784	884	1003	1150	1309
岸 管 Φ650×6000mm	根时	1010	1805	2748	3864	5306	7090	9361	12062
拖 轮 588kW	艘时	2.27	2.50	2.75	3.03	3.41	3.87	4.44	5.04
锚 艇 175kW	艘时	2.27	2.50	2.75	3.03	3.41	3.87	4.44	5.04
机 艇 88kW	艘时	3.04	3.33	3.67	4.04	4.54	5.15	5.91	6.74
其他机械费	%	2	2	2	2	2	2	2	2
编 号		80783	80784	80785	80786	80787	80788	80789	80790

注:1. 基本排高 6m,每增(减)1m,定额乘(除)以 1.009;
2. 最大挖深 16m;基本挖深 9m,每增 1m,定额增加系数 0.02。

续表

项 目	单位	II 类 土 排泥管线长度（km）							
		≤1.5	2.0	2.5	3.0	3.5	4.0	4.5	5.0
工长 工时	工时								
高级工 工时	工时								
中级工 工时	工时	10.0	11.0	12.1	13.3	15.0	17.0	19.4	22.2
初级工 工时	工时	14.9	16.4	18.1	19.9	22.4	25.4	29.2	33.2
合 计 工时	工时	24.9	27.4	30.2	33.2	37.4	42.4	48.6	55.4
挖泥船 1450m³/h	艘时	8.31	9.13	10.05	11.06	12.46	14.13	16.21	18.45
浮筒 Φ650×9000mm	组时	646	710	782	860	969	1099	1261	1435
岸管 Φ650×6000mm	根时	1108	1978	3015	4240	5815	7772	10266	13223
拖轮 588kW	艘时	2.49	2.74	3.01	3.32	3.74	4.24	4.87	5.53
铺艇 175kW	艘时	2.49	2.74	3.01	3.32	3.74	4.24	4.87	5.53
机艇 88kW	艘时	3.33	3.66	4.01	4.43	4.98	5.65	6.48	7.37
其他机械费	%	2	2	2	2	2	2	2	2
编 号		80791	80792	80793	80794	80795	80796	80797	80798

注：1. 基本排高 6m，每增（减）1m，定额乘（除）以 1.009；

2. 最大挖深 16m，基本挖深 9m，每增 1m，定额增加系数 0.02。

项 目	单位	Ⅲ类土 排泥管线长度 (km)							
		≤1.5	2.0	2.5	3.0	3.5	4.0	4.5	5.0
工长	工时								
高级工	工时								
中级工	工时	11.0	12.0	13.2	14.6	16.4	18.6	21.4	24.3
初级工	工时	16.4	18.1	19.9	21.9	24.7	28.0	32.1	36.5
合计	工时	27.4	30.1	33.1	36.5	41.1	46.6	53.5	60.8
挖泥船 1450m³/h	艘时	9.13	10.04	11.05	12.15	13.70	15.53	17.81	20.28
浮筒管 Φ650×9000mm	组时	710	781	859	945	1066	1208	1385	1577
岸管 Φ650×6000mm	根时	1217	2175	3315	4658	6393	8542	11280	14534
拖轮 588kW	艘时	2.74	3.01	3.31	3.65	4.11	4.66	5.35	6.08
锚艇 175kW	艘时	2.74	3.01	3.31	3.65	4.11	4.66	5.35	6.08
机艇 88kW	艘时	3.66	4.01	4.41	4.86	5.47	6.21	7.12	8.12
其他机械费	%	2	2	2	2	2	2	2	2
编 号		80799	80800	80801	80802	80803	80804	80805	80806

注:1. 基本排高6m,每增(减)1m,定额乘(除)以1.009;
2. 最大挖深16m,基本挖深9m,每增1m,定额增加系数0.02。

续表

项 目	单位	排泥管线长度（km） IV类土							
		≤1.5	2.0	2.5	3.0	3.5	4.0	4.5	5.0
工长工	工时								
高级工	工时								
中级工	工时	12.0	13.2	14.6	16.0	18.1	20.5	23.5	26.8
初级工	工时	18.1	19.9	21.9	24.1	27.1	30.8	35.3	40.1
合计	工时	30.1	33.1	36.5	40.1	45.2	51.3	58.8	66.9
挖泥船 1450m³/h	艘时	10.04	11.05	12.15	13.36	15.07	17.08	19.60	22.30
浮管 Φ650×9000mm	组时	780	859	945	1039	1172	1328	1524	1734
岸管 Φ650×6000mm	根时	1338	2394	3645	5121	7033	9394	12413	15982
拖轮 588kW	艘时	3.01	3.31	3.65	4.01	4.52	5.13	5.88	6.69
锚艇 175kW	艘时	3.01	3.31	3.65	4.01	4.52	5.13	5.88	6.69
机艇 88kW	艘时	4.03	4.41	4.86	5.35	6.03	6.83	7.83	8.93
其他机械费	%	2	2	2	2	2	2	2	2
编 号		80807	80808	80809	80810	80811	80812	80813	80814

注：1. 基本排高6m，每增（减）1m，定额乘（除）以1.009；

2. 最大挖深16m；基本挖深9m，每增1m，定额增加系数0.02。

项目	单位	V 类 土 排 泥 管 线 长 度 (km)							
		≤1.5	2.0	2.5	3.0	3.5	4.0	4.5	5.0
工长	工时								
高级工	工时								
中级工	工时	14.4	15.9	17.5	19.2	21.7	24.6	28.2	32.1
初级工	工时	21.7	23.9	26.2	28.9	32.5	36.9	42.3	48.2
合计	工时	36.1	39.8	43.7	48.1	54.2	61.5	70.5	80.3
挖泥船 1450m³/h	艘时	12.05	13.25	14.59	16.04	18.08	20.49	23.51	26.77
浮筒管 Φ650×9000mm	组时	937	1031	1135	1248	1406	1594	1829	2082
岸管 Φ650×6000mm	根时	1606	2871	4377	6149	8437	11270	14890	19185
拖轮 588kW	艘时	3.61	3.97	4.37	4.81	5.43	6.16	7.05	8.03
锚艇 175kW	艘时	3.61	3.97	4.37	4.81	5.43	6.16	7.05	8.03
机艇 88kW	艘时	4.83	5.30	5.83	6.42	7.23	8.20	9.40	10.71
其他机械费	%	2	2	2	2	2	2	2	2
编号	号	80815	80816	80817	80818	80819	80820	80821	80822

注:1. 基本排高 6m,每增(减)1m,定额乘(除)以 1.009;
   2. 最大挖深 16m;基本挖深 9m,每增 1m,定额增加系数 0.02。

续表

项目	单位	VI 类 土 排 泥 管 线 长 度 (km)							
		≤1.5	2.0	2.5	3.0	3.5	4.0	4.5	5.0
工 长工	工时								
高级工	工时								
中级工	工时	18.9	20.7	22.8	25.1	28.3	32.0	36.8	41.8
初级工	工时	28.3	31.1	34.2	37.7	42.4	48.1	55.1	62.8
合计	工时	47.2	51.8	57.0	62.8	70.7	80.1	91.9	104.6
挖泥船 1450m³/h	艘时	15.71	17.27	19.00	20.90	23.57	26.70	30.63	34.87
浮筒 Φ650×9000mm	组时	1221	1343	1478	1626	1833	2077	2382	2712
岸管 Φ650×6000mm	根时	2094	3742	5700	8012	10999	14685	19399	24990
拖轮 588kW	艘时	4.71	5.17	5.69	6.28	7.08	8.02	9.20	10.46
锚艇 175kW	艘时	4.71	5.17	5.69	6.28	7.08	8.02	9.20	10.46
机艇 88kW	艘时	6.29	6.90	7.60	8.35	9.41	10.68	12.25	13.96
其他机械费	%	2	2	2	2	2	2	2	2
编 号		80823	80824	80825	80826	80827	80828	80829	80830

注：1. 基本排高 6m，每增（减）1m，定额乘（除）以 1.009；

2. 最大挖深 16m；基本挖深 9m，每增 1m，定额增加系数 0.02。

项目	单位	Ⅶ 类 土 排 泥 管 线 长 度 (km)							
		≤1.5	2.0	2.5	3.0	3.5	4.0	4.5	5.0
工 长 工	工时								
高 级 工	工时								
中 级 工	工时	26.4	29.0	32.0	35.2	39.6	44.9	51.5	58.6
初 级 工	工时	39.6	43.6	47.9	52.7	59.4	67.3	77.3	88.0
合 计	工时	66.0	72.6	79.9	87.9	99.0	112.2	128.8	146.6
挖泥船 1450m³/h	艘时	22.01	24.19	26.63	29.28	33.01	37.42	42.92	48.86
浮管 Φ650×9000mm	组时	1711	1881	2071	2277	2567	2910	3338	3800
岸管 Φ650×6000mm	根时	2934	5241	7989	11224	15405	20581	27183	35016
拖轮 588kW	艘时	6.60	7.25	7.97	8.79	9.91	11.24	12.89	14.65
锚艇 175kW	艘时	6.60	7.25	7.97	8.79	9.91	11.24	12.89	14.65
机艇 88kW	艘时	8.82	9.67	10.64	11.71	13.19	14.96	17.16	19.56
其他机械费	%	2	2	2	2	2	2	2	2
编 号		80831	80832	80833	80834	80835	80836	80837	80838

注:1. 基本排高 6m,每增(减)1m,定额乘(除)以 1.009;
2. 最大挖深 16m;基本挖深 9m,每增 1m,定额增加系数 0.02。

项目	单位	松散粗砂 (km)				松散中砂 排泥管线长度 (km)				
		2.5	2.0	1.5	≤1.0	3.5	3.0	2.5	2.0	≤1.5
工长	工时									
高级工	工时									
中级工	工时	61.1	35.5	19.4	15.1	53.1	29.2	20.0	15.6	12.2
初级工	工时	91.6	53.2	29.1	22.6	79.7	43.7	30.0	23.4	18.3
合计	工时	152.7	88.7	48.5	37.7	132.8	72.9	50.0	39.0	30.5
挖泥船 1450m³/h	艘时	63.63	36.97	20.21	15.67	55.31	30.38	20.82	16.22	12.70
浮管 Φ650×9000mm	组时	4949	2875	1572	1218	4302	2363	1619	1262	987
岸管 Φ650×6000mm	根时	19089	8010	2695	783	25811	11646	6246	3514	1693
拖轮 588kW	艘时	19.09	11.09	6.07	4.71	16.60	9.11	6.24	4.87	3.82
锚艇 175kW	艘时	19.09	11.09	6.07	4.71	16.60	9.11	6.24	4.87	3.82
机艇 88kW	艘时	25.46	14.79	8.08	6.28	22.13	12.15	8.33	6.48	5.09
其他机械费	%	2	2	2	2	2	2	2	2	2
编号		80847	80846	80845	80844	80843	80842	80841	80840	80839

注:1. 基本排高4m,每增(减)1m,挖中砂定额乘(除)以1.015,挖粗砂定额乘(除)以1.07;
2. 最大挖深16m;基本挖深9m,每增1m,定额增加系数0.02。

项 目	单位	中密中砂 排泥管线长度(km)					中密粗砂 (km)			
		≤1.5	2.0	2.5	3.0	3.5	≤1	1.5	2.0	2.5
工 长	工时									
高 级 工	工时									
中 级 工	工时	13.6	17.3	22.2	32.4	59.0	16.7	21.6	39.4	67.9
初 级 工	工时	20.3	26.0	33.3	48.6	88.5	25.1	32.3	59.2	101.8
合 计	工时	33.9	43.3	55.5	81.0	147.5	41.8	53.9	98.6	169.7
挖 泥 船 1450m³/h	艘时	14.11	18.03	23.13	33.76	61.46	17.41	22.46	41.08	70.70
浮 筒 Φ650×9000mm	组时	1097	1402	1799	2626	4780	1354	1747	3195	5499
岸 管 Φ650×6000mm	根时	1881	3907	6939	12941	28681	870	2995	8901	21210
拖 轮 588kW	艘时	4.24	5.41	6.94	10.13	18.44	5.23	6.74	12.32	21.21
锚 艇 175kW	艘时	4.24	5.41	6.94	10.13	18.44	5.23	6.74	12.32	21.21
机 艇 88kW	艘时	5.65	7.21	9.25	13.50	24.58	6.97	8.98	16.44	28.28
其他机械费	%	2	2	2	2	2	2	2	2	2
编 号		80848	80849	80850	80851	80852	80853	80854	80855	80856

注:1. 基本排高 4m,每增(减)1m,挖中砂定额乘(除)以 1.015,挖粗砂定额乘(除)以 1.07;
2. 最大挖深 16m;基本挖深 9m,每增 1m,定额增加系数 0.02。

项目	单位	紧密中砂 排管线长度（km）					紧密粗砂（km）			
		≤1.5	2.0	2.5	3.0	3.5	≤1.0	1.5	2.0	2.5
长工	工时									
高级工	工时									
中级工	工时	18.3	23.4	30.0	43.8	79.6	22.6	29.1	53.2	91.6
初级工	工时	27.5	35.0	45.0	65.6	119.5	33.8	43.7	79.9	137.5
合计	工时	45.8	58.4	75.0	109.4	199.1	56.4	72.8	133.1	229.1
挖泥船 1450m³/h	艘时	19.05	24.33	31.23	45.57	82.97	23.50	30.33	55.46	95.44
浮管 Φ650×9000mm	组时	1482	1892	2429	3544	6453	1827	2359	4314	7423
岸管 Φ650×6000mm	根时	2540	5272	9369	17469	38719	1175	4044	12016	28632
拖轮 588kW	艘时	5.72	7.30	9.36	13.68	24.89	7.05	9.10	16.64	28.63
锚艇 175kW	艘时	5.72	7.30	9.36	13.68	24.89	7.05	9.10	16.64	28.63
机艇 88kW	艘时	7.63	9.73	12.49	18.23	33.18	9.40	12.13	22.19	38.18
其他机械费	%	2	2	2	2	2	2	2	2	2
编号	号	80857	80858	80859	80860	80861	80862	80863	80864	80865

注:1. 基本排高 4m,每增(减)1m,挖中砂定额乘(除)以 1.015,挖粗砂定额乘(除)以 1.07;

2. 最大挖深 16m;基本挖深 9m,每增 1m,定额增加系数 0.02。

(13) 1720m³/h 绞吸式挖泥船

项目	单位	土类 I 排泥管线长度 (km)								
		≤1.5	2.0	2.5	3.0	3.5	4.0	4.5	5.0	5.5
工 长工	工时									
高级工	工时	9.0	9.9	10.8	11.9	13.4	15.2	17.4	19.9	22.3
中级工	工时	13.4	14.8	16.3	17.8	20.1	22.8	26.2	29.8	33.4
初级工	工时									
合计	工时	22.4	24.7	27.1	29.7	33.5	38.0	43.6	49.7	55.7
挖泥船 1720m³/h	艘时	6.39	7.03	7.74	8.50	9.59	10.86	12.46	14.20	15.93
浮管 Φ700×9000mm	组时	639	703	774	850	959	1086	1246	1420	1593
岸管 Φ700×6000mm	根时	639	1289	2064	2975	4156	5611	7476	9703	12213
拖轮 882kW	艘时	1.93	2.11	2.33	2.55	2.88	3.26	3.73	4.25	4.78
锚艇 243kW	艘时	1.93	2.11	2.33	2.55	2.88	3.26	3.73	4.25	4.78
机艇 88kW	艘时	3.19	3.52	3.87	4.25	4.79	5.43	6.23	7.11	7.96
其他机械费	%	2	2	2	2	2	2	2	2	2
编 号		80866	80867	80868	80869	80870	80871	80872	80873	80874

注:1. 基本排高9m,每增(减)1m,定额乘(除)以1.007;
2. 最大挖深16m;基本挖深9m,每增1m,定额增加系数0.02。

项目	单位	Ⅱ类土 排泥管线长度 (km)								
		≤1.5	2.0	2.5	3.0	3.5	4.0	4.5	5.0	5.5
工 长	工时									
高级工	工时									
中级工	工时	9.8	10.8	11.8	13.1	14.7	16.7	19.1	21.8	24.4
初级工	工时	14.8	16.3	17.8	19.6	22.1	25.0	28.7	32.7	36.7
合 计	工时	24.6	27.1	29.6	32.7	36.8	41.7	47.8	54.5	61.1
挖泥船 1720m³/h	艘时	7.01	7.71	8.48	9.33	10.52	11.91	13.67	15.57	17.45
浮筒管 Φ700×9000mm	组时	701	771	848	933	1052	1191	1367	1557	1745
岸管 Φ700×6000mm	根时	701	1414	2261	3266	4559	6154	8202	10640	13378
拖轮 882kW	艘时	2.11	2.32	2.55	2.79	3.15	3.57	4.10	4.66	5.24
锚艇 243kW	艘时	2.11	2.32	2.55	2.79	3.15	3.57	4.10	4.66	5.24
机艇 88kW	艘时	3.51	3.86	4.24	4.66	5.26	5.96	6.84	7.79	8.73
其他机械费	%	2	2	2	2	2	2	2	2	2
编 号		80875	80876	80877	80878	80879	80880	80881	80882	80883

注：1. 基本排高9m，每增（减）1m，定额乘（除）以1.007；

2. 最大挖深16m；基本挖深9m，每增1m，定额增加系数0.02。

项目	单位	III类土 排泥管 线路长度 (km)								
		≤1.5	2.0	2.5	3.0	3.5	4.0	4.5	5.0	5.5
工 长	工时									
高级工	工时									
中级工	工时	10.8	11.8	13.1	14.3	16.2	18.4	21.0	23.9	26.9
初级工	工时	16.1	17.8	19.6	21.5	24.3	27.5	31.6	35.9	40.3
合 计	工时	26.9	29.6	32.7	35.8	40.5	45.9	52.6	59.8	67.2
挖泥船 1720m³/h	艘时	7.70	8.47	9.33	10.25	11.56	13.09	15.02	17.11	19.18
浮管 Φ700×9000mm	组时	770	847	933	1025	1156	1309	1502	1711	1918
岸管 Φ700×6000mm	根时	770	1553	2488	3588	5009	6763	9012	11692	14705
拖轮 882kW	艘时	2.32	2.54	2.80	3.07	3.46	3.93	4.50	5.13	5.76
锚艇 243kW	艘时	2.32	2.54	2.80	3.07	3.46	3.93	4.50	5.13	5.76
机艇 88kW	艘时	3.85	4.24	4.66	5.13	5.78	6.55	7.51	8.56	9.60
其他机械费	%	2	2	2	2	2	2	2	2	2
编 号		80884	80885	80886	80887	80888	80889	80890	80891	80892

注：1．基本排高9m，每增（减）1m，定额乘（除）以1.007；

2．最大挖深16m；基本挖深9m，每增挖深1m，定额增加系数0.02。

项目	单位	排泥管线长度 (km)								
		≤1.5	2.0	2.5	3.0	3.5	4.0	4.5	5.0	5.5
工 长	工时									
高级工	工时									
中级工	工时	11.8	13.0	14.4	15.8	17.8	20.2	23.1	26.4	29.6
初级工	工时	17.8	19.6	21.5	23.7	26.7	30.2	34.7	39.5	44.3
合 计	工时	29.6	32.6	35.9	39.5	44.5	50.4	57.8	65.9	73.9
挖泥船 1720m³/h	艘时	8.47	9.32	10.26	11.27	12.71	14.40	16.52	18.82	21.10
浮管 Φ700×9000mm	组时	847	932	1026	1127	1271	1440	1652	1882	2110
岸管 Φ700×6000mm	根时	847	1709	2736	3945	5508	7440	9912	12860	16177
拖轮 882kW	艘时	2.54	2.80	3.08	3.38	3.81	4.32	4.96	5.64	6.33
铺艇 243kW	艘时	2.54	2.80	3.08	3.38	3.81	4.32	4.96	5.64	6.33
机艇 88kW	艘时	4.24	4.66	5.13	5.64	6.35	7.20	8.26	9.41	10.56
其他机械费	%	2	2	2	2	2	2	2	2	2
编 号		80893	80894	80895	80896	80897	80898	80899	80900	80901

注:1. 基本排高9m,每增(减)1m,定额乘(除)以1.007;

2. 最大挖深16m;基本挖深9m,每增1m,定额增加系数0.02。

项 目	单位	V类土 排泥管线长度（km）								
		≤1.5	2.0	2.5	3.0	3.5	4.0	4.5	5.0	5.5
工 长	工时									
高级工	工时									
中级工	工时	14.2	15.7	17.2	19.0	21.4	24.2	27.8	31.6	35.4
初级工	工时	21.4	23.5	25.9	28.4	32.0	36.3	41.6	47.4	53.2
合 计	工时	35.6	39.2	43.1	47.4	53.4	60.5	69.4	79.0	88.6
挖泥船 1720m³/h	艘时	10.17	11.19	12.31	13.53	15.26	17.28	19.82	22.58	25.32
浮管 Φ700×9000mm	组时	1017	1119	1231	1353	1526	1728	1982	2258	2532
岸管 Φ700×6000mm	根时	1017	2052	3283	4736	6613	8928	11892	15430	19412
拖轮 882kW	艘时	3.05	3.35	3.70	4.06	4.57	5.18	5.94	6.77	7.60
锚艇 243kW	艘时	3.05	3.35	3.70	4.06	4.57	5.18	5.94	6.77	7.60
机艇 88kW	艘时	5.09	5.59	6.16	6.77	7.63	8.65	9.91	11.30	12.67
其他机械费	%	2	2	2	2	2	2	2	2	2
编 号		80902	80903	80904	80905	80906	80907	80908	80909	80910

注：1. 基本排高9m，每增（减）1m，定额乘（除）以1.007；
2. 最大挖深16m；基本挖深9m，每增1m，定额增加系数0.02。

项 目	单位	VI 类 土 排 泥 管 线 长 度 (km)								
		≤1.5	2.0	2.5	3.0	3.5	4.0	4.5	5.0	5.5
工 长	工时									
高级工	工时									
中级工	工时	18.6	20.4	22.5	24.7	27.8	31.5	36.1	41.2	46.2
初级工	工时	27.8	30.6	33.7	37.0	41.8	47.3	54.2	61.8	69.4
合 计	工时	46.4	51.0	56.2	61.7	69.6	78.8	90.3	103.0	115.6
挖泥船 1720m³/h	艘时	13.25	14.57	16.05	17.63	19.88	22.52	25.83	29.42	33.00
浮管 Φ700×9000mm	组时	1325	1457	1605	1763	1988	2252	2583	2942	3300
岸管 Φ700×6000mm	根时	1325	2671	4280	6171	8615	11635	15498	20104	25300
拖轮 882kW	艘时	3.98	4.37	4.81	5.28	5.95	6.75	7.75	8.82	9.90
锚艇 243kW	艘时	3.98	4.37	4.81	5.28	5.95	6.75	7.75	8.82	9.90
机艇 88kW	艘时	6.62	7.29	8.02	8.82	9.93	11.26	12.92	14.72	16.51
其他机械费	%	2	2	2	2	2	2	2	2	2
编 号		80911	80912	80913	80914	80915	80916	80917	80918	80919

注:1. 基本排高9m,每增(减)1m,定额乘(除)以1.007;
　　2. 最大挖深16m;基本挖深9m,每增1m,定额增加系数0.02。

项目	单位	Ⅶ类土 排泥管线长度 (km)								
		≤1.5	2.0	2.5	3.0	3.5	4.0	4.5	5.0	5.5
工长	工时									
高级工	工时									
中级工	工时	26.0	28.6	31.5	34.6	39.0	44.2	50.7	57.7	64.8
初级工	工时	39.0	42.8	47.2	51.9	58.5	66.3	76.0	86.6	97.1
合计	工时	65.0	71.4	78.7	86.5	97.5	110.5	126.7	144.3	161.9
挖泥船 1720m³/h	艘时	18.57	20.42	22.47	24.69	27.85	31.55	36.19	41.22	46.23
浮管 Φ700×9000mm	组时	1857	2042	2247	2469	2785	3155	3619	4122	4623
岸管 Φ700×6000mm	根时	1857	3744	5992	8642	12068	16301	21714	28167	35443
拖轮 882kW	艘时	5.58	6.12	6.75	7.40	8.34	9.47	10.85	12.36	13.87
锚艇 243kW	艘时	5.58	6.12	6.75	7.40	8.34	9.47	10.85	12.36	13.87
机艇 88kW	艘时	9.28	10.22	11.24	12.35	13.93	15.78	18.10	20.62	23.12
其他机械费	%	2	2	2	2	2	2	2	2	2
编号		80920	80921	80922	80923	80924	80925	80926	80927	80928

注:1. 基本排高9m,每增(减)1m,定额乘(除)以1.007;
2. 最大挖深16m;基本挖深9m,每增1m,定额增加系数0.02。

续表

项目	单位	松散中砂排管线长度					松散粗砂长度(km)			
		≤1.5	2.0	2.5	3.0	4.0	≤1.0	1.5	2.0	2.5
工长工	工时									
高级工	工时									
中级工	工时	12.2	14.0	16.8	20.2	30.6	14.3	17.4	25.8	42.2
初级工	工时	18.3	21.1	25.3	30.4	46.0	21.4	26.1	38.8	63.4
合计	工时	30.5	35.1	42.1	50.6	76.6	35.7	43.5	64.6	105.6
挖泥船 1720m³/h	艘时	11.30	12.99	15.59	18.75	28.36	13.21	16.12	23.91	39.11
浮管 Φ700×9000mm	组时	1130	1299	1559	1875	2836	1030	1612	2391	3911
岸管 Φ700×6000mm	根时	1130	2382	4157	6563	14653	656	1612	4384	10429
拖轮 882kW	艘时	3.39	3.90	4.67	5.63	8.51	3.96	4.84	7.17	11.74
锚艇 243kW	艘时	3.39	3.90	4.67	5.63	8.51	3.96	4.84	7.17	11.74
机艇 88kW	艘时	5.65	6.49	7.80	9.32	14.17	6.61	8.06	11.96	19.56
其他机械费	%	2	2	2	2	2	2	2	2	2
编号		80929	80930	80931	80932	80933	80934	80935	80936	80937

注:1. 基本排高5m,每增(减)1m,挖中砂定额乘(除)以1.011,挖粗砂定额乘(除)以1.06;

2. 最大挖深16m;基本挖深9m,每增1m,定额增加系数0.02。

项 目	单位	中密中砂 排泥管线长度(km)						中密粗砂 (km)		
		≤1.5	2.0	2.5	3.0	4.0	≤1.0	1.5	2.0	2.5
工 长	工时									
高级工	工时									
中级工	工时	13.6	15.6	18.7	22.5	34.0	15.8	19.4	28.7	47.0
初级工	工时	20.3	23.4	28.0	33.8	51.0	23.8	29.0	43.0	70.4
合 计	工时	33.9	39.0	46.7	56.3	85.0	39.6	48.4	71.7	117.4
挖泥船 1720m³/h	艘时	12.55	14.43	17.32	20.84	31.51	14.68	17.92	26.57	43.46
浮管 Φ700×9000mm	组时	1255	1443	1732	2084	3151	1145	1792	2657	4346
岸管 Φ700×6000mm	根时	1255	2446	4619	7294	16280	729	1792	4871	11589
拖轮 882kW	艘时	3.77	4.33	5.19	6.17	9.46	4.40	5.38	7.97	13.04
锚艇 243kW	艘时	3.77	4.33	5.19	6.17	9.46	4.40	5.38	7.97	13.04
机艇 88kW	艘时	6.28	7.22	8.66	10.42	15.75	7.35	8.96	13.29	21.73
其他机械费	%	2	2	2	2	2	2	2	2	2
编 号		80938	80939	80940	80941	80942	80943	80944	80945	80946

注:1. 基本排高 5m,每增(减)1m,挖中砂定额乘(除)以 1.011,挖粗砂定额乘(除)以 1.06;
2. 最大挖深 16m;基本挖深 9m,每增 1m,定额增加系数 0.02。

项目	单位	紧密粗砂 密度 (km)				紧密中砂 排管线长度 (km)				
		2.5	2.0	1.5	≤1.0	4.0	3.0	2.5	2.0	≤1.5
工长	工时									
高级工	工时									
中级工	工时	63.4	38.7	26.2	21.4	45.9	30.4	25.2	21.0	18.3
初级工	工时	95.0	58.1	39.2	32.2	68.9	45.6	37.9	31.6	27.5
合计	工时	158.4	96.8	65.4	53.6	114.8	76.0	63.1	52.6	45.8
挖泥船 1720m³/h	艘时	58.68	35.88	24.19	19.82	42.53	28.13	23.38	19.49	16.94
浮管 Φ700×9000mm	组时	5868	3588	2419	1545	4253	2813	2338	1949	1694
岸管 Φ700×6000mm	根时	15648	6578	2419	984	21974	9846	6235	3573	1694
拖轮 882kW	艘时	17.60	10.77	7.26	5.94	12.77	8.44	7.01	5.84	5.09
锚艇 243kW	艘时	17.60	10.77	7.26	5.94	12.77	8.44	7.01	5.84	5.09
机艇 88kW	艘时	29.34	17.94	12.10	9.92	21.27	14.07	11.69	9.74	8.47
其他机械费	%	2	2	2	2	2	2	2	2	2
编号	号	80955	80954	80953	80952	80951	80950	80949	80948	80947

注:1. 基本排高 5m,每增(减)1m,挖中砂定额乘(除)以 1.011,挖粗砂定额乘(除)以 1.06;

2. 最大挖深 16m,基本挖深 9m,每增 1m,定额增加系数 0.02。

(14) 2500m³/h 绞吸式挖泥船

单位:10000m³

项 目	单位	I 类 土 排 泥 管 线 长 度 (km)								
		≤1.5	2.0	2.5	3.0	3.5	4.0	4.5	5.0	5.5
工 长	工时									
高 级 工	工时									
中 级 工	工时	7.9	8.4	9.1	9.9	10.7	11.8	13.1	14.6	16.2
初 级 工	工时	11.9	12.6	13.7	14.9	16.0	17.7	19.6	21.9	24.4
合 计	工时	19.8	21.0	22.8	24.8	26.7	29.5	32.7	36.5	40.6
挖泥船 2500m³/h	艘时	4.40	4.66	5.06	5.51	5.94	6.56	7.26	8.10	9.02
浮管 Φ800×9000mm	组时	440	466	506	551	594	656	726	810	902
岸管 Φ800×6000mm	根时	440	854	1349	1929	2574	3389	4356	5535	6915
拖轮 882kW	艘时	1.32	1.40	1.51	1.66	1.79	1.97	2.19	2.43	2.72
锚艇 485kW	艘时	1.32	1.40	1.51	1.66	1.79	1.97	2.19	2.43	2.72
机艇 88kW	艘时	2.20	2.33	2.53	2.76	2.97	3.28	3.64	4.05	4.51
其他机械费	%	2	2	2	2	2	2	2	2	2
编 号		80956	80957	80958	80959	80960	80961	80962	80963	80964

注:1. 基本排高 10m,每增(减)1m,定额乘(除)以 1.005;
2. 最大挖深 30m;基本挖深 16m,每增 1m,定额增加系数 0.01。

项目	单位	Ⅱ类土 排泥管线长度 (km)								
		≤1.5	2.0	2.5	3.0	3.5	4.0	4.5	5.0	5.5
工 长 工	工时									
高 级 工	工时									
中 级 工	工时	8.7	9.2	10.0	10.9	11.7	13.0	14.3	16.0	17.8
初 级 工	工时	13.0	13.7	15.0	16.3	17.6	19.4	21.5	23.9	26.8
合 计	工时	21.7	22.9	25.0	27.2	29.3	32.4	35.8	39.9	44.6
挖泥船 2500m³/h	艘时	4.83	5.11	5.55	6.04	6.51	7.18	7.96	8.88	9.90
浮筒 Φ800×9000mm	组时	483	511	555	604	651	718	796	888	990
岸管 Φ800×6000mm	根时	483	937	1480	2114	2821	3710	4776	6068	7590
拖轮 882kW	艘时	1.45	1.54	1.67	1.81	1.96	2.15	2.39	2.67	2.98*
锚艇 485kW	艘时	1.45	1.54	1.67	1.81	1.96	2.15	2.39	2.67	2.98
机艇 88kW	艘时	2.41	2.56	2.78	3.02	3.26	3.59	3.99	4.44	4.95
其他机械费	%	2	2	2	2	2	2	2	2	2
编号	号	80965	80966	80967	80968	80969	80970	80971	80972	80973

注:1. 基本排高 10m,每增(减)1m,定额乘(除)以 1.005;
2. 最大挖深 30m;基本挖深 16m,每增 1m,定额增加系数 0.01。

续表

项 目	单 位	Ⅲ 类 土　排 泥 管 线 长 度 (km)								
		≤1.5	2.0	2.5	3.0	3.5	4.0	4.5	5.0	5.5
工 长	工时									
高 级 工	工时									
中 级 工	工时	9.6	10.1	11.0	12.0	12.9	14.2	15.8	17.6	19.6
初 级 工	工时	14.3	15.2	16.5	17.9	19.3	21.4	23.6	26.3	29.3
合 计	工时	23.9	25.3	27.5	29.9	32.2	35.6	39.4	43.9	48.9
挖 泥 船 2500m³/h	艘时	5.30	5.62	6.10	6.63	7.16	7.90	8.75	9.76	10.87
浮 管 Φ800×9000mm	组时	530	562	610	663	716	790	875	976	1087
岸 管 Φ800×6000mm	根时	530	1030	1627	2321	3103	4082	5250	6669	8334
拖 轮 882kW	艘时	1.59	1.69	1.83	1.99	2.15	2.37	2.63	2.93	3.27
锚 艇 485kW	艘时	1.59	1.69	1.83	1.99	2.15	2.37	2.63	2.93	3.27
机 艇 88kW	艘时	2.65	2.81	3.05	3.32	3.58	3.95	4.38	4.88	5.44
其他机械费	%	2	2	2	2	2	2	2	2	2
编 号		80974	80975	80976	80977	80978	80979	80980	80981	80982

注：1. 基本排高 10m，每增（减）1m，定额乘（除）以 1.005；

2. 最大挖深 30m；基本挖深 16m，每增 1m，定额增加系数 0.01。

续表

项 目	单位	IV 类 土 排 泥 管 线 长 度 (km)								
		≤1.5	2.0	2.5	3.0	3.5	4.0	4.5	5.0	5.5
工 长	工时									
高 级 工	工时									
中 级 工	工时	10.5	11.1	12.1	13.1	14.2	15.6	17.4	19.3	21.6
初 级 工	工时	15.8	16.7	18.1	19.7	21.3	23.5	26.0	29.0	32.3
合 计	工时	26.3	27.8	30.2	32.8	35.5	39.1	43.4	48.3	53.9
挖泥船 2500m³/h	艘时	5.83	6.18	6.71	7.29	7.88	8.69	9.63	10.73	11.97
浮管 Φ800×9000mm	组时	583	618	671	729	788	869	963	1073	1197
岸管 Φ800×6000mm	根时	583	1133	1789	2552	3415	4490	5778	7332	9177
拖轮 882kW	艘时	1.75	1.86	2.01	2.19	2.37	2.61	2.89	3.22	3.59
锚艇 485kW	艘时	1.75	1.86	2.01	2.19	2.37	2.61	2.89	3.22	3.59
机艇 88kW	艘时	2.92	3.09	3.35	3.65	3.94	4.35	4.82	5.37	5.98
其他机械费	%	2	2	2	2	2	2	2	2	2
编 号		80983	80984	80985	80986	80987	80988	80989	80990	80991

注:1. 基本排高 10m,每增(减)1m,定额乘(除)以 1.005;基本挖深 16m,每增挖深 1m,定额增加系数 0.01。

2. 最大挖深 30m;基本挖深 16m,每增 1m,定额增加系数 0.01。

续表

项目	单位	V类土 排泥管线长度 (km)								
		≤1.5	2.0	2.5	3.0	3.5	4.0	4.5	5.0	5.5
人工	工时									
高级工	工时									
中级工	工时	12.6	13.3	14.5	15.8	17.0	18.8	20.8	23.2	25.8
初级工	工时	18.9	20.0	21.7	23.6	25.5	28.2	31.2	34.8	38.8
合计	工时	31.5	33.3	36.2	39.4	42.5	47.0	52.0	58.0	64.6
挖泥船 2500m³/h	艘时	7.00	7.41	8.05	8.75	9.46	10.43	11.56	12.89	14.36
浮筒管 Φ800×9000mm	组时	700	741	805	875	946	1043	1156	1289	1436
岸管 Φ800×6000mm	根时	700	1359	2147	3063	4099	5389	6936	8808	11009
拖轮 882kW	艘时	2.10	2.23	2.41	2.63	2.85	3.13	3.47	3.87	4.32
锚艇 485kW	艘时	2.10	2.23	2.41	2.63	2.85	3.13	3.47	3.87	4.32
机艇 88kW	艘时	3.50	3.71	4.03	4.38	4.73	5.22	5.78	6.44	7.18
其他机械费	%	2	2	2	2	2	2	2	2	2
编号		80992	80993	80994	80995	80996	80997	80998	80999	81000

注:1. 基本排高10m,每增(减)1m,定额乘(除)以1.005;
2. 最大挖深30m;基本挖深16m,每增1m,定额增加系数0.01。

项 目	单位	VI 类 土 排 泥 管 线 长 度 (km)								
		≤1.5	2.0	2.5	3.0	3.5	4.0	4.5	5.0	5.5
工 长	工时									
高级工	工时									
中级工	工时	16.4	17.4	18.9	20.5	22.2	24.4	27.1	30.2	33.7
初级工	工时	24.6	26.1	28.4	30.8	33.3	36.7	40.6	45.3	50.5
合 计	工时	41.0	43.5	47.3	51.3	55.5	61.1	67.7	75.5	84.2
挖泥船 2500m³/h	艘时	9.12	9.66	10.50	11.40	12.32	13.59	15.05	16.78	18.71
浮筒 Φ800×9000mm	组时	912	966	1050	1140	1232	1359	1505	1678	1871
岸管 Φ800×6000mm	根时	912	1771	2800	3990	5339	7022	9030	11466	14344
拖轮 882kW	艘时	2.74	2.90	3.15	3.42	3.70	4.08	4.52	5.04	5.62
锚艇 485kW	艘时	2.74	2.90	3.15	3.42	3.70	4.08	4.52	5.04	5.62
机艇 88kW	艘时	4.56	4.83	5.25	5.71	6.16	6.79	7.54	8.39	9.36
其他机械费	%	2	2	2	2	2	2	2	2	2
编 号		81001	81002	81003	81004	81005	81006	81007	81008	81009

注:1. 基本排高 10m,每增(减)1m,定额乘(除)以 1.005;

　　2. 最大挖深 30m;基本挖深 16m,每增 1m,定额增加系数 0.01。

Ⅶ 类 土

项 目	单位	排 泥 管 线 长 度 (km)								
		≤1.5	2.0	2.5	3.0	3.5	4.0	4.5	5.0	5.5
工长工	工时									
高级工	工时									
中级工	工时	23.0	24.4	26.5	28.8	31.1	34.3	38.0	42.3	47.2
初级工	工时	34.5	36.5	39.7	43.2	46.6	51.4	57.0	63.5	70.7
合计	工时	57.5	60.9	66.2	72.0	77.7	85.7	95.0	105.8	117.9
挖泥船 2500m³/h	艘时	12.78	13.54	14.70	15.98	17.26	19.03	21.10	23.52	26.21
浮管 Φ800×9000mm	组时	1278	1354	1470	1598	1726	1903	2110	2352	2621
岸管 Φ800×6000mm	根时	1278	2482	3920	5593	7479	9832	12660	16072	20094
拖轮 882kW	艘时	3.83	4.07	4.40	4.79	5.19	5.71	6.34	7.07	7.88
锚艇 485kW	艘时	3.83	4.07	4.40	4.79	5.19	5.71	6.34	7.07	7.88
机艇 88kW	艘时	6.39	6.78	7.35	8.00	8.63	9.52	10.56	11.76	13.11
其他机械费	%	2	2	2	2	2	2	2	2	2
编 号		81010	81011	81012	81013	81014	81015	81016	81017	81018

注：1. 基本排高 10m，每增（减）1m，定额乘（除）以 1.005；

2. 最大挖深 30m；基本挖深 16m，每增 1m，定额增加系数 0.01。

续表

项目	单位	松散中砂 排泥管线长度 (km)							
		≤1.5	2.0	2.5	3.0	3.5	4.0	4.5	5.0
工 高级工	工时								
工 中级工	工时	10.0	10.8	11.9	13.3	16.2	21.6	29.8	45.2
工 初级工	工时	14.9	16.1	17.9	19.9	24.3	32.5	44.6	67.8
合 计	工时	24.9	26.9	29.8	33.2	40.5	54.1	74.4	113.0
挖泥船 2500m³/h	艘时	7.77	8.43	9.31	10.39	12.64	16.91	23.27	35.31
浮筒 Φ800×9000mm	组时	777	843	931	1039	1264	1691	2327	3531
岸管 Φ800×6000mm	根时	777	1546	2483	3637	5477	8737	13962	24129
拖轮 882kW	艘时	2.33	2.53	2.79	3.12	3.79	5.07	6.98	10.59
锚艇 485kW	艇时	2.33	2.53	2.79	3.12	3.79	5.07	6.98	10.59
机艇 88kW	艇时	3.88	4.22	4.65	5.20	6.32	8.46	11.64	17.66
其他机械费	%	2	2	2	2	2	2	2	2
编 号		81019	81020	81021	81022	81023	81024	81025	81026

注：1．基本排高6m，每增（减）1m，定额乘（除）以1.007；
2．最大挖深30m；基本挖深16m，每增1m，定额增加系数0.01。

续表

项 目	单位	中密中砂排泥管线长度 (km)							
		≤1.5	2.0	2.5	3.0	3.5	4.0	4.5	5.0
工长	工时								
高级工	工时								
中级工	工时	11.0	12.0	13.2	14.8	18.0	24.1	33.1	50.2
初级工	工时	16.6	18.0	19.9	22.1	26.9	36.1	49.7	75.3
合计	工时	27.6	30.0	33.1	36.9	44.9	60.2	82.8	125.5
挖泥船 2500m³/h	艘时	8.63	9.36	10.33	11.54	14.04	18.79	25.86	39.22
浮管 Φ800×9000mm	组时	863	936	1033	1154	1404	1879	2586	3922
岸管 Φ800×6000mm	根时	863	1716	2755	4039	6084	9708	15516	26800
拖轮 882kW	艘时	2.59	2.81	3.11	3.46	4.21	5.64	7.76	11.77
锚艇 485kW	艘时	2.59	2.81	3.11	3.46	4.21	5.64	7.76	11.77
机艇 88kW	艘时	4.32	4.68	5.17	5.77	7.02	9.40	12.93	19.62
其他机械费	%	2	2	2	2	2	2	2	2
编号		81027	81028	81029	81030	81031	81032	81033	81034

注:1. 基本排高6m,每增(减)1m,定额乘(除)以1.007;
2. 最大挖深30m;基本挖深16m,每增1m,定额增加系数0.01。

续表

项目	单位	紧密中砂 排泥管线长度 (km)							
		≤1.5	2.0	2.5	3.0	3.5	4.0	4.5	5.0
工 长工	工时								
高级工	工时								
中级工	工时	14.9	16.2	17.8	20.0	24.3	32.5	44.7	67.8
初级工	工时	22.4	24.3	26.8	29.9	36.4	48.7	67.1	101.6
合计	工时	37.3	40.5	44.6	49.9	60.7	81.2	111.8	169.4
挖泥船 2500m³/h	艘时	11.65	12.64	13.95	15.58	18.96	25.37	34.92	52.95
浮筒管 Φ800×9000mm	组时	1165	1264	1395	1558	1896	2537	3492	5295
岸管 Φ800×6000mm	根时	1165	2317	3720	5453	8216	13108	20952	36183
拖轮 882kW	艘时	3.49	3.80	4.19	4.67	5.68	7.61	10.47	15.89
锚艇 485kW	艘时	3.49	3.80	4.19	4.67	5.68	7.61	10.47	15.89
机艇 88kW	艘时	5.83	6.32	6.98	7.80	9.48	12.68	17.46	26.48
其他机械费	%	2	2	2	2	2	2	2	2
编 号		81035	81036	81037	81038	81039	81040	81041	81042

注:1. 基本排高6m,每增(减)1m,定额乘(除)以1.007;

2. 最大挖深30m;基本挖深16m,每增1m,定额增加系数0.01。

项 目	单位	松 散 粗 砂 排 管 线 长 (km)						中 密 粗 砂 排 管 线 长 度 (km)					
		≤1.0	1.5	2.0	2.5	3.0	3.5	≤1.0	1.5	2.0	2.5	3.0	3.5
工 长	工时												
高级工	工时												
中级工	工时	11.6	13.8	17.7	25.0	37.0	53.1	13.0	15.3	19.7	27.8	41.1	59.0
初级工	工时	17.5	20.6	26.6	37.5	55.5	79.7	19.4	22.9	29.5	41.7	61.7	88.5
合 计	工时	29.1	34.4	44.3	62.5	92.5	132.8	32.4	38.2	49.2	69.5	102.8	147.5
挖泥船 2500m³/h	艘时	9.10	10.74	13.84	19.53	28.92	41.47	10.11	11.93	15.38	21.70	32.14	46.08
浮筒 Φ800×9000mm	组时	709	1074	1384	1953	2892	4147	788	1193	1538	2170	3214	4608
岸管 Φ800×6000mm	根时	451	1074	2537	5208	10122	17970	502	1193	2820	5787	11249	19968
拖轮 882kW	艘时	2.73	3.22	4.14	5.86	8.68	12.44	3.03	3.58	4.61	6.51	9.64	13.83
锚艇 485kW	艘时	2.73	3.22	4.14	5.86	8.68	12.44	3.03	3.58	4.61	6.51	9.64	13.83
机艇 88kW	艘时	4.55	5.37	6.92	9.77	14.46	20.74	5.05	5.97	7.69	10.85	16.07	23.04
其他机械费	%	2	2	2	2	2	2	2	2	2	2	2	2
编 号		81043	81044	81045	81046	81047	81048	81049	81050	81051	81052	81053	81054

注：1. 基本排高 6m，每增（减）1m，定额乘（除）以 1.009；

2. 最大挖深 30m；基本挖深 16m，每增 1m，定额增加系数 0.01。

项 目	单位	排 泥 管 线 长 度 （km） 紧 密 粗 砂					
		≤1.0	1.5	2.0	2.5	3.0	3.5
工 长 工	工时						
高 级 工	工时						
中 级 工	工时	17.5	20.6	26.6	37.5	55.5	79.6
初 级 工	工时	26.2	30.9	39.8	56.3	83.3	119.5
合 计	工时	43.7	51.5	66.4	93.8	138.8	199.1
挖泥船 2500m³/h	艘时	13.64	16.11	20.75	29.30	43.39	62.22
浮 管 Φ800×9000mm	组时	1063	1611	2075	2930	4339	6222
岸 管 Φ800×6000mm	根时	677	1611	3804	7813	15867	26962
拖 轮 882kW	艘时	4.09	4.84	6.22	8.80	13.02	18.66
锚 艇 485kW	艘时	4.09	4.84	6.22	8.80	13.02	18.66
机 艇 88kW	艘时	6.82	8.06	10.38	14.65	21.70	31.11
其他机械费	%	2	2	2	2	2	2
编 号		81055	81056	81057	81058	81059	81060

注：1. 基本排高 6m，每增（减）1m，定额乘（除）以 1.009；
2. 最大挖深 30m；基本挖深 16m，每增 1m，定额增加系数 0.01。

八－2　链斗式挖泥船

工作内容：开挖、装驳、运、卸、靠离驳、移船、移锚及辅助工作等。

(1)　40m³/h 链斗式挖泥船

单位：10000m³

项目	单位	土 及 粉 细 砂							中 粗 砂		
		I	II	III	IV	V	VI	VII	松散	中密	紧密
工长	工时										
高级工	工时										
中级工	工时										
初级工	工时	928.2	664.3	601.2	686.0	779.3	1018.1	1372.1	779.3	1088.3	1502.8
合计	工时	928.2	664.3	601.2	686.0	779.3	1018.1	1372.1	779.3	1088.3	1502.8
挖泥船 40m³/h	艘时	442.00	316.38	286.24	326.69	371.06	484.77	653.38	371.06	518.2	715.61
拖轮 75kW	艘时	442.00	316.38	286.24	326.69	371.06	484.77	653.38	371.06	518.2	715.61
泥驳 40m³	艘时	884.00	632.75	572.48	653.38	742.12	969.54	1306.76	742.12	1036.40	1431.22
机艇 30kW	艘时	132.60	94.91	85.88	98.01	111.32	145.43	196.01	111.32	155.46	214.68
其他机械费	%	3	3	3	3	3	3	3	3	3	3
编　号		81061	81062	81063	81064	81065	81066	81067	81068	81069	81070

注：1. 适用于挖深 4.5m 以内；
　　2. 适用于运距 2km 以内，每增运 1km，按下表定额增加。

		I	II	III	IV	V	VI	VII	松散	中密	紧密
拖 泥	轮 75kW 艘时	131.00	131.00	103.05	103.05	110.41	110.41	114.50	114.50	114.50	128.81
	驳 40m³ 艘时	131.00	131.00	103.05	103.05	110.41	110.41	114.50	114.50	128.81	128.81

(2) 60m³/h 链斗式挖泥船

单位:10000m³

项 目		单位	土及粉细砂							中粗砂		
			I	II	III	IV	V	VI	VII	松散	中密	紧密
工长		工时										
高级工		工时										
中级工		工时										
初级工		工时	766.2	548.4	496.2	566.3	643.1	840.3	1132.5	643.1	898.2	1240.4
合计		工时	766.2	548.4	496.2	566.3	643.1	840.3	1132.5	643.1	898.2	1240.4
挖泥船	60m³/h	艘时	294.66	210.91	190.83	217.80	247.37	323.18	433.59	247.37	345.46	477.08
拖轮	75kW	艘时	294.66	210.91	190.83	217.80	247.37	323.18	433.59	247.37	345.46	477.08
泥驳	40m³	艘时	589.32	421.82	381.66	435.60	494.74	646.36	867.18	494.74	690.92	954.16
机艇	30kW	艘时	103.13	73.82	66.79	76.23	86.58	113.11	151.76	86.58	120.91	166.98
其他机械费		%	3	3	3	3	3	3	3	3	3	3
编 号			81071	81072	81073	81074	81075	81076	81077	81078	81079	81080

注:1. 适用于挖深4.5m以内。
2. 适用于运距1km以内,每增运1km,按下表定额增加。

拖轮	75kW	艘时	131.00	103.05	103.05	110.41	110.41	114.50	114.50	114.50	128.81	128.81
泥驳	40m³	艘时	131.00	103.05	103.05	110.41	110.41	114.50	114.50	114.50	128.81	128.81

(3) 100m³/h 链斗式挖泥船

项目	单位	土 及 砂									
		土			粉	细 砂	砂		中 粗 砂		
		Ⅰ	Ⅱ	Ⅲ	Ⅳ	Ⅴ	Ⅵ	Ⅶ	松散	中密	紧密
工 长	工时										
高 级 工	工时										
中 级 工	工时										
初 级 工	工时	530.4	379.7	343.5	392.0	445.2	581.7	784.1	445.2	621.8	858.8
合 计	工时	530.4	379.7	343.5	392.0	445.2	581.7	784.1	445.2	621.8	858.8
挖泥船 100m³/h	艘时	176.80	126.55	114.50	130.67	148.42	193.91	261.36	148.42	207.28	286.24
拖轮 90kW	艘时	176.80	126.55	114.50	130.67	148.42	193.91	261.36	148.42	207.28	286.24
泥驳 60m³	艘时	353.60	253.10	229.00	261.34	296.84	387.82	522.72	296.84	414.58	572.48
机艇 30kW	艘时	70.72	50.62	45.8	52.27	59.37	77.56	104.54	59.37	82.91	114.50
其他机械费	%	3	3	3	3	3	3	3	3	3	3
编 号		81081	81082	81083	81084	81085	81086	81087	81088	81089	81090

注:1. 适用于挖深 5m 以内;
 2. 适用于运距 1km 以内,每增运 1km,按下表定额增加。

		Ⅰ	Ⅱ	Ⅲ	Ⅳ	Ⅴ	Ⅵ	Ⅶ	松散	中密	紧密
拖轮 90kW	艘时	88.83	68.70	68.70	71.90	71.90	77.29	77.29	77.29	85.88	85.88
泥驳 60m³	艘时	88.83	68.70	68.70	71.90	71.90	77.29	77.29	77.29	85.88	85.88

（4） 120m³/h 链斗式挖泥船

单位：10000m³

项 目		单位	土 及			粉	细 砂	砂		中 粗 砂		
			Ⅰ	Ⅱ	Ⅲ	Ⅳ	Ⅴ	Ⅵ	Ⅶ	松散	中密	紧密
工 长		工时										
高 级 工		工时										
中 级 工		工时										
初 级 工		工时	456.7	327.0	295.8	337.6	383.5	501.0	675.2	383.5	535.5	739.4
合 计		工时	456.7	327.0	295.8	337.6	383.5	501.0	675.2	383.5	535.5	735.4
挖泥船	120m³/h	艘时	147.34	105.46	95.41	108.89	123.68	161.59	217.80	123.68	172.73	238.54
拖轮	90kW	艘时	147.34	105.46	95.41	108.89	123.68	161.59	217.80	123.68	172.73	238.54
驳泥	60m³	艘时	294.68	210.92	190.82	217.78	247.36	323.18	435.60	247.36	345.46	477.08
机艇	30kW	艘时	58.94	42.18	38.16	43.56	49.47	64.64	87.12	49.47	69.09	95.42
其他机械费		%	3	3	3	3	3	3	3	3	3	3
编 号			81091	81092	81093	81094	81095	81096	81097	81098	81099	81100

注：1. 适用于挖深5m以内，每增1m，按上表定额增加2%；最大挖深为7m；

2. 适用于运距1km以内，每增运1km，按下表定额增加。

			Ⅰ	Ⅱ	Ⅲ	Ⅳ	Ⅴ	Ⅵ	Ⅶ	松散	中密	紧密
拖轮	90kW	艘时	88.83	68.70	68.70	71.90	71.90	77.29	77.29	77.29	85.88	85.88
泥驳	60m³	艘时	88.83	68.70	68.70	71.90	71.90	77.29	77.29	77.29	85.88	85.88

(5) 150m³/h 链斗式挖泥船

单位:10000m³

项目	单位	土及			粉	细 砂			中粗砂		
		Ⅰ	Ⅱ	Ⅲ	Ⅳ	Ⅴ	Ⅵ	Ⅶ	松散	中密	紧密
工 长	工时										
高级工	工时										
中级工	工时										
初级工	工时	377.2	270.0	244.3	278.8	316.6	413.6	557.6	316.6	442.2	610.7
合计	工时	377.2	270.0	244.3	278.8	316.6	413.6	557.6	316.6	442.2	610.7
挖泥船 150m³/h	艘时	117.86	84.36	76.34	87.12	98.95	129.27	174.23	98.95	138.18	190.83
拖轮 147kW	艘时	117.86	84.36	76.34	87.12	98.95	129.27	174.23	98.95	138.18	190.83
泥驳 100m³	艘时	235.72	168.72	152.68	174.24	197.90	258.54	348.46	197.90	276.36	381.66
机艇 50kW	艘时	35.36	25.31	22.90	26.14	29.69	38.78	52.27	29.69	41.45	57.25
锚艇 90kW	艘时	35.36	25.31	22.90	26.14	29.69	38.78	52.27	29.69	41.45	57.25
其他机械费	%	3	3	3	3	3	3	3	3	3	3
编 号		81101	81102	81103	81104	81105	81106	81107	81108	81109	81110

注:1. 适用于挖深5m以内,每增1m,按上表定额增加2%,最大挖深为7.5m;
2. 适用于运距1km以内,每增运1km,按下表定额增加。

项目	单位	Ⅰ	Ⅱ	Ⅲ	Ⅳ	Ⅴ	Ⅵ	Ⅶ	松散	中密	紧密
拖轮 147kW	艘时	47.05	36.55	36.55	38.64	38.64	40.99	40.99	40.99	45.84	45.84
泥驳 100m³	艘时	47.05	36.55	36.55	38.64	38.64	40.99	40.99	40.99	45.84	45.84

(6) 180m³/h 链斗式挖泥船

单位:10000m³

项目	单位	土及粉砂细砂							中粗砂		
		I	II	III	IV	V	VI	VII	松散	中密	紧密
工 长	工时										
高级工	工时										
中级工	工时										
初级工	工时	324.2	232.0	209.9	239.6	272.1	355.4	479.1	272.1	380.0	524.8
合计	工时	324.2	232.0	209.9	239.6	272.1	355.4	479.1	272.1	380.0	524.8
挖泥船 180m³/h	艘时	98.22	70.31	63.61	72.60	82.46	107.72	145.19	82.46	115.16	159.02
拖轮 147kW	艘时	98.22	70.31	63.61	72.60	82.46	107.72	145.19	82.46	115.16	159.02
泥驳 100m³	艘时	196.44	140.62	127.22	145.20	164.92	215.44	290.38	164.92	230.32	318.04
机艇 50kW	艘时	34.38	24.61	22.26	25.41	28.86	37.70	50.82	28.86	40.31	55.66
锚艇 90kW	艘时	34.38	24.61	22.26	25.41	28.86	37.70	50.82	28.86	40.31	55.66
其他机械费	%	3	3	3	3	3	3	3	3	3	3
编 号		81111	81112	81113	81114	81115	81116	81117	81118	81119	81120

注:1. 适用于挖深5m以内,每增1m,按上表定额增加2%;最大挖深为9m;
　　2. 适用于运距1km以内,每增运1km,按下表定额增加。

	单位	I	II	III	IV	V	VI	VII	松散	中密	紧密
拖轮 147kW	艘时	47.05	36.55	36.55	38.64	38.64	40.99	40.99	40.99	45.84	45.84
泥驳 100m³	艘时	47.05	36.55	36.55	38.64	38.64	40.99	40.99	40.99	45.84	45.84

単位:10000m³

(7) 350m³/h 链斗式挖泥船

项目	单位	土及 Ⅰ	Ⅱ	Ⅲ	粉 Ⅳ	细 Ⅴ	砂 Ⅵ	Ⅶ	中粗砂 松散	中密	紧密
工长	工时										
高级工	工时										
中级工	工时										
初级工	工时	162.2	116.9	106.1	121.6	139.0	169.2	208.5	139.0	182.4	253.8
合计	工时	162.2	116.9	106.1	121.6	139.0	169.2	208.5	139.0	182.4	253.8
挖泥船 350m³/h	艘时	47.71	34.35	31.23	35.78	40.89	49.78	61.33	40.89	53.67	74.67
拖轮 270kW	艘时	47.71	34.35	31.23	35.78	40.89	49.78	61.33	40.89	53.67	74.67
驳泥 180m³	艘时	95.42	68.70	62.46	71.56	81.78	99.56	122.66	81.78	107.34	149.34
机艇 50kW	艘时	19.08	13.74	12.49	14.31	16.36	19.91	24.53	16.36	21.47	29.87
锚艇 110kW	艘时	19.08	13.74	12.49	14.31	16.36	19.91	24.53	16.36	21.47	29.87
其他机械费	%	3	3	3	3	3	3	3	3	3	3
编号		81121	81122	81123	81124	81125	81126	81127	81128	81129	81130

注:1. 适用于挖深 5m 以内,每增 1m,按上表定额增加 2%;最大挖深为 16m;
2. 适用于运距 1km 以内,每增运 1km,按下表定额增加。

拖泥	单位	Ⅰ	Ⅱ	Ⅲ	Ⅳ	Ⅴ	Ⅵ	Ⅶ	松散	中密	紧密
拖轮 270kW	艘时	20.90	16.25	16.25	17.17	17.17	18.22	18.22	18.22	20.37	20.37
驳泥 180m³	艘时	20.90	16.25	16.25	17.17	17.17	18.22	18.22	18.22	20.37	20.37

(8) 500m³/h 链斗式挖泥船

单位：10000m³

项目	单位	土			粉	细	砂		中粗		
		Ⅰ	Ⅱ	Ⅲ	Ⅳ	Ⅴ	Ⅵ	Ⅶ	松散	中密	紧密
工 长工	工时										
高级工	工时										
中级工	工时										
初级工	工时	123.3	90.1	83.0	92.8	104.2	126.7	156.3	104.2	135.9	195.4
合计	工时	123.3	90.1	83.0	92.8	104.2	126.7	156.3	104.2	135.9	195.4
挖泥船 500m³/h	艘时	31.63	23.12	21.28	23.80	26.71	32.49	40.08	26.71	34.85	50.10
拖轮 370kW	艘时	31.63	23.12	21.28	23.80	26.71	32.49	40.08	26.71	34.85	50.10
泥驳 280m³	艘时	63.26	46.24	42.56	47.60	53.42	64.98	80.16	53.42	69.70	100.20
机艇 90kW	艘时	12.65	9.25	8.51	9.52	10.68	13.00	16.03	10.68	13.94	20.04
锚艇 110kW	艘时	12.65	9.25	8.51	9.52	10.68	13.00	16.03	10.68	13.94	20.04
其他机械费	%	3	3	3	3	3	3	3	3	3	3
编 号		81131	81132	81133	81134	81135	81136	81137	81138	81139	81140

注：1. 适用于挖深5m以内，每增1m，按上表定额增加2%；最大挖深为16m；
2. 适用于运距1km以内，每增运1km，按下表定额增加。

		Ⅰ	Ⅱ	Ⅲ	Ⅳ	Ⅴ	Ⅵ	Ⅶ	松散	中密	紧密
拖轮 370kW	艘时	13.44	10.44	10.44	11.04	11.04	11.71	11.71	11.71	13.10	13.10
泥驳 280m³	艘时	13.44	10.44	10.44	11.04	11.04	11.71	11.71	11.71	13.10	13.10

八－3 抓、铲斗式挖泥船

工作内容：开挖、装驳、运、卸、靠离驳、移船、移锚及辅助工作等。

(1) 0.5m³ 抓斗式挖泥船

单位：10000m³

项目	单位	土 及 砂			粉	细 砂			中 粗 砂		
		I	II	III	IV	V	VI	VII	松散	中密	紧密
工 长 工	工时										
高 级 工	工时										
中 级 工	工时										
初 级 工	工时	515.2	468.4	424.4	554.8	801.4	974.8	1202.2	721.4	801.4	1202.2
合 计	工时	515.2	468.4	424.4	554.8	801.4	974.8	1202.2	721.4	801.4	1202.2
挖泥船 0.5m³	艘时	257.60	234.20	212.16	277.44	400.74	487.39	601.12	360.66	400.74	601.12
拖轮 90kW	艘时	257.60	234.20	212.16	277.44	400.74	487.39	601.12	360.66	400.74	601.12
驳 60m³	艘时	515.20	468.40	424.32	554.88	801.48	974.78	1202.24	721.32	801.48	1202.24
艇 30kW	艘时	90.16	81.97	74.26	97.10	140.26	170.59	210.39	136.23	140.26	210.39
其他机械费	%	3	3	3	3	3	3	3	3	3	3
编 号		81141	81142	81143	81144	81145	81146	81147	81148	81149	81150

注：1. 适用于挖深 5m 以内；
2. 适用于运距 2km 以内，每增运 1km，按下表定额增加。

		单位	I	II	III	IV	V	VI	VII	松散	中密	紧密
拖泥	拖轮 90kW	艘时	88.83	68.70	68.70	71.90	71.90	77.29	77.29	77.29	85.88	85.88
	驳 60m³	艘时	88.83	68.70	68.70	71.90	71.90	77.29	77.29	77.29	85.88	85.88

(2) 0.75m³ 抓斗式挖泥船

单位：10000m³

项目	单位	土及砂 I	土及砂 II	土及砂 III	粉 IV	细砂 V	砂 VI	砂 VII	中粗砂 松散	中粗砂 中密	中粗砂 紧密
工长工	工时										
高级工	工时										
中级工	工时										
初级工	工时	412.2	374.7	339.4	443.9	641.2	779.8	961.8	577.0	641.2	961.8
合计	工时	412.2	374.7	339.4	443.9	641.2	779.8	961.8	577.0	641.2	961.8
挖泥船 0.75m³	艘时	171.75	156.13	141.44	184.96	267.16	324.92	400.74	240.44	267.16	400.74
拖轮 90kW	艘时	171.75	156.13	141.44	184.96	267.16	324.92	400.74	240.44	267.16	400.74
泥驳 60m³	艘时	343.50	312.26	282.88	369.92	534.32	649.84	801.48	480.88	534.32	801.48
机艇 30kW	艘时	68.70	62.45	56.58	73.98	106.86	129.97	160.30	96.18	106.86	160.30
其他机械费	%	3	3	3	3	3	3	3	3	3	3
编号	号	81151	81152	81153	81154	81155	81156	81157	81158	81159	81160

注：1. 适用于挖深 5m 以内；
  2. 适用于运距 1km 以内，每增运 1km，按下表定额增加。

项目	单位	I	II	III	IV	V	VI	VII	松散	中密	紧密
拖轮 90kW	艘时	88.83	88.83	68.70	68.70	71.90	77.29	77.29	77.29	85.88	85.88
泥驳 60m³	艘时	88.83	88.83	68.70	68.70	71.90	77.29	77.29	77.29	85.88	85.88

(3) 1m³ 抓斗式挖泥船

单位:10000m³

项目	单位	土及粉细砂							中粗砂		
		Ⅰ	Ⅱ	Ⅲ	Ⅳ	Ⅴ	Ⅵ	Ⅶ	松散	中密	紧密
工长	工时										
高级工	工时										
中级工	工时										
初级工	工时	344.8	311.3	285.5	327.2	383.1	431.0	492.6	448.3	492.6	689.7
合计	工时	344.8	311.3	285.5	327.2	383.1	431.0	492.6	448.3	492.6	689.7
挖泥船 1m³	艘时	118.90	107.35	98.45	112.83	132.11	148.62	169.86	154.57	169.86	237.80
拖轮 147kW	艘时	118.90	107.35	98.45	112.83	132.11	148.62	169.86	154.57	169.86	237.80
拖泥 100m³	艘时	237.80	214.70	196.90	225.66	264.22	297.24	339.72	309.14	339.72	475.60
泥艇 30kW	艘时	47.56	42.94	39.38	45.13	52.84	59.45	67.94	61.83	67.94	95.12
其他机械费	%	3	3	3	3	3	3	3	3	3	3
编　号		81161	81162	81163	81164	81165	81166	81167	81168	81169	81170
拖轮 147kW	艘时	47.05	36.55	36.55	38.64	38.64	40.99	40.99	40.99	45.84	45.84
拖泥 100m³	艘时	47.05	36.55	36.55	38.64	38.64	40.99	40.99	40.99	45.84	45.84

注:1. 适用于挖深5m以内,每增1m,按上表定额增加9.2%;最大挖深为15m;
2. 适用于运距1km以内,每增运1km,按下表定额增加。

（4） 1.5m³ 抓斗式挖泥船

单位：10000m³

项 目		单位	土 及 粉 砂				细 砂			中 粗 砂		
			Ⅰ	Ⅱ	Ⅲ	Ⅳ	Ⅴ	Ⅵ	Ⅶ	松散	中密	紧密
工 长		工时										
高级工		工时										
中级工		工时										
初级工		工时	269.5	243.3	221.8	255.8	302.0	340.2	389.3	357.5	389.3	547.5
合 计		工时	269.5	243.3	221.8	255.8	302.0	340.2	389.3	357.5	389.3	547.5
挖泥船	1.5m³	艘时	79.27	71.56	65.22	75.22	88.83	100.04	114.50	105.15	114.50	161.01
拖轮	370kW	艘时	79.27	71.56	65.22	75.22	88.83	100.04	114.50	105.15	114.50	161.01
泥驳	280m³	艘时	158.54	143.12	130.44	150.44	177.66	200.08	229.00	210.30	229.00	322.02
机驳	30kW	艘时	31.71	28.62	26.09	30.09	35.53	40.02	45.80	42.06	45.80	64.40
其他机械费		%	3	3	3	3	3	3	3	3	3	3
编 号			81171	81172	81173	81174	81175	81176	81177	81178	81179	81180

注：1. 适用于挖深5m以内，每增1m，按上表定额增加9.2%；最大挖深为15m；
　　2. 适用于运距4km以内，每增运1km，按下表定额增加。

拖轮	370kW	艘时	13.44	10.44	10.44	11.04	11.04	11.71	11.71	11.71	13.10	13.10
泥驳	280m³	艘时	13.44	10.44	10.44	11.04	11.04	11.71	11.71	11.71	13.10	13.10

(5) 2m³ 抓斗式挖泥船

单位:10000m³

项 目		单位	土 及 粉 细 砂							中 粗 砂		
			Ⅰ	Ⅱ	Ⅲ	Ⅳ	Ⅴ	Ⅵ	Ⅶ	松散	中密	紧密
工 长		工时										
高级工		工时										
中级工		工时										
初级工		工时	231.9	209.3	192.1	221.6	259.9	292.7	334.9	307.6	334.9	473.1
合 计		工时	231.9	209.3	192.1	221.6	259.9	292.7	334.9	307.6	334.9	473.1
挖泥船	2m³	艘时	59.46	53.67	49.23	56.83	66.63	75.04	85.88	78.87	85.88	121.30
拖轮	370kW	艘时	59.46	53.67	49.23	56.83	66.63	75.04	85.88	78.87	85.88	121.30
泥驳	280m³	艘时	118.92	107.34	98.46	113.66	133.26	150.08	171.76	157.74	171.76	242.60
机艇	30kW	艘时	23.78	21.47	19.69	22.73	26.65	30.02	34.35	31.55	34.35	48.52
其他机械费		%	3	3	3	3	3	3	3	3	3	3
编 号			81181	81182	81183	81184	81185	81186	81187	81188	81189	81190

注:1. 适用于挖深5m以内,每增1m,按上表定额增加9.2%;最大挖深为20m;
2. 适用于运距4km以内,每增运1km,按下表定额增加。

拖轮	370kW	艘时	13.44	10.44	10.44	11.04	11.04	11.71	11.71	11.71	13.10	13.10
泥驳	280m³	艘时	13.44	10.44	10.44	11.04	11.04	11.71	11.71	11.71	13.10	13.10

(6) 4m³ 抓斗式挖泥船

单位:10000m³

项 目		单位	土 及 粉 细 砂							中 粗 砂		
			I	II	III	IV	V	VI	VII	松散	中密	紧密
工 长		工时										
高 级 工		工时										
中 级 工		工时										
初 级 工		工时	167.8	150.0	135.6	156.7	185.5	207.3	235.0	215.8	235.0	330.4
合 计		工时	167.8	150.0	135.6	156.7	185.5	207.3	235.0	215.8	235.0	330.4
挖泥船	4m³	艘时	39.04	34.88	31.53	36.43	43.14	48.21	54.65	50.18	54.65	76.84
拖轮	720kW	艘时	39.04	34.88	31.53	36.43	43.14	48.21	54.65	50.18	54.65	76.84
泥驳	500m³	艘时	78.08	69.76	63.06	72.86	86.28	96.42	109.30	100.36	109.30	153.68
锚艇	175kW	艘时	15.62	13.95	12.61	14.57	17.26	19.28	21.86	20.07	21.86	30.74
其他机械费		%	3	3	3	3	3	3	3	3	3	3
编 号			81191	81192	81193	81194	81195	81196	81197	81198	81199	81200

注:1. 适用于挖深5m以内,每增加1m,按上表定额增加3.5%;最大挖深为30m;
2. 适用于运距4km以内,每增运1km,按下表定额增加。

			I	II	III	IV	V	VI	VII	松散	中密	紧密
拖轮	720kW	艘时	6.84	5.31	5.31	5.62	5.62	5.96	5.96	5.96	6.67	6.67
泥驳	500m³	艘时	6.84	5.31	5.31	5.62	5.62	5.96	5.96	5.96	6.67	6.67

（7）·0.75m³ 铲斗式挖泥船

单位：10000m³

项 目		单位	土			粉及细砂		砂	中粗砂		
			Ⅱ	Ⅲ	Ⅳ	Ⅴ	Ⅵ	Ⅶ	松散	中密	紧密
工长		工时									
高级工		工时									
中级工		工时									
初级工		工时	427.1	381.3	499.3	721.4	889.3	1138.9	649.2	843.1	1298.4
合计		工时	427.1	381.3	499.3	721.4	889.3	1138.9	649.2	843.1	1298.4
挖泥船	0.75m³	艘时	177.96	159.12	208.08	300.56	370.55	474.57	270.50	351.30	541.00
拖轮	90kW	艘时	177.96	159.12	208.08	300.56	370.55	474.57	270.50	351.30	541.00
泥驳	60m³	艘时	355.92	318.24	416.16	601.12	741.10	949.14	541.00	702.60	1082.00
机艇	30kW	艘时	71.17	63.65	83.23	120.22	148.22	189.83	108.20	140.52	216.40
其他机械费		%	3	3	3	3	3	3	3	3	3
编 号			81201	81202	81203	81204	81205	81206	81207	81208	81209

注：1. 适用于挖深4.5m以内；
2. 适用于运距2km以内，每增运1km，按下表定额增加。

拖轮	90kW	艘时	68.70	68.70	71.90	71.90	77.29	77.29	77.29	85.88	85.88
泥驳	60m³	艘时	68.70	68.70	71.90	71.90	77.29	77.29	77.29	85.88	85.88

(8) 4m³ 铲斗式挖泥船

单位:10000m³

项 目	单位	土 及 粉 细 砂						中 粗 砂		
		Ⅱ	Ⅲ	Ⅳ	Ⅴ	Ⅵ	Ⅶ	松散	中密	紧密
工 长	工时									
高级工	工时									
中级工	工时									
初级工	工时	224.7	201.4	246.2	316.5	352.5	397.6	310.2	352.5	534.7
合 计	工时	224.7	201.4	246.2	316.5	352.5	397.6	310.2	352.5	534.7
挖泥船 4m³	艘时	52.27	46.84	57.25	73.61	81.97	92.48	72.14	81.97	124.37
拖轮 370kW	艘时	52.27	46.84	57.25	73.61	81.97	92.48	72.14	81.97	124.37
泥驳 280m³	艘时	104.54	93.68	114.50	147.22	163.94	184.96	144.28	163.94	248.74
机艇 90kW	艘时	20.91	18.74	22.90	29.44	32.79	36.99	28.86	32.79	49.75
其他机械费	%	3	3	3	3	3	3	3	3	3
编 号		81210	81211	81212	81213	81214	81215	81216	81217	81218

注:1. 适用于挖深5m以内，每增1m，按上表定额增加3.5%；最大挖深为15m；
2. 适用于运距3km以内，每增运1km，按下表定额增加。

拖轮 370kW	艘时	10.44	10.44	11.04	11.04	11.71	11.71	11.71	13.10	13.10
泥驳 280m³	艘时	10.44	10.44	11.04	11.04	11.71	11.71	11.71	13.10	13.10

八—4 吹泥船

工作内容：换驳、靠离驳、吹排、移管（不含岸管）及辅助工作等。

(1) 60 m³/h 吹泥船

单位：10000m³

项　目	单位	Ⅰ　类　土 排泥管线长度（km）					Ⅱ　类　土 排泥管线长度（km）				
		≤0.3	0.4	0.5	0.6	0.7	≤0.3	0.4	0.5	0.6	0.7
工　长	工时										
高级工	工时										
中级工	工时	62.7	64.0	65.3	67.0	68.6	73.4	75.0	76.5	78.4	80.4
初级工	工时	94.1	96.0	98.0	100.4	102.8	110.2	112.5	114.8	117.6	120.5
合　计	工时	156.8	160.0	163.3	167.4	171.4	183.6	187.5	191.3	196.0	200.9
吹泥船 60m³/h	艘时	125.39	128.00	130.61	133.88	137.14	146.89	149.95	153.01	156.83	160.66
泥驳 40m³	艘时	125.39	128.00	130.61	133.88	137.14	146.89	149.95	153.01	156.83	160.66
浮筒 Φ250×5000mm	组时	1253	1280	1306	1339	1371	1468	1500	1530	1568	1607
岸管 Φ250×4000mm	根时	7836	11200	14694	18409	22285	9180	13121	17214	21564	26107
其他机械费	%	2	2	2	2	2	2	2	2	2	2
编　号		81219	81220	81221	81222	81223	81224	81225	81226	81227	81228

注：适用于排高5m，每增（减）1m，定额乘（除）以1.02。

项目	单位	Ⅲ类土排泥管线长度（km）					Ⅳ类土排泥管线长度（km）				
		≤0.3	0.4	0.5	0.6	0.7	≤0.3	0.4	0.5	0.6	0.7
工长	工时										
高级工	工时										
中级工	工时	89.6	91.4	93.3	95.6	98.0	103.9	106.0	108.2	111	113.6
初级工	工时	134.3	137.2	140.0	143.5	146.9	155.9	159.1	162.4	166.4	170.5
合计	工时	223.9	228.6	233.3	239.1	244.9	259.8	265.1	270.6	277.4	284.1
吹泥船 60m³/h	艘时	179.13	182.86	186.59	191.26	195.93	207.79	212.13	216.45	221.86	227.28
泥驳 40m³	艘时	179.13	182.86	186.59	191.26	195.93	207.79	212.13	216.45	221.86	227.28
浮筒管 Φ250×5000mm	组时	1791	1829	1866	1913	1959	2077	2121	2165	2219	2273
岸管 Φ250×4000mm	根时	11195	16000	20991	26298	31839	12986	18561	24351	30506	36933
其他机械费	%	2	2	2	2	2	2	2	2	2	2
编号		81229	81230	81231	81232	81233	81234	81235	81236	81237	81238

注:适用于排高5m,每增(减)1m,定额乘(除)以1.02。

项目	单位	V 类 土 排泥管 线管 长度 (km)					VI 类 土 长 度 线 管 (km)				
		≤0.3	0.4	0.5	0.6	0.7	≤0.3	0.4	0.5	0.6	0.7
工长	工时										
高级工	工时										
中级工	工时	120.9	123.4	126.0	129.1	132.2	137.9	140.8	143.7	147.3	150.9
初级工	工时	181.4	185.2	188.9	193.7	198.4	206.9	211.3	215.5	220.9	226.3
合计	工时	302.3	308.6	314.9	322.8	330.6	344.8	352.1	359.2	368.2	377.2
吹泥船 60m³/h	艘时	241.83	246.87	251.91	258.20	264.50	275.86	281.61	287.36	294.54	301.73
泥驳 40m³	艘时	241.83	246.87	251.91	258.20	264.50	275.86	281.61	287.36	294.54	301.73
浮管 Φ250×5000mm	组时	2418	2469	2519	2582	2645	2758	2816	2874	2945	3017
岸管 Φ250×4000mm	根时	15114	21601	28340	35503	42981	17241	24641	32328	40499	49031
其他机械费	%	2	2	2	2	2	2	2	2	2	2
编号		81239	81240	81241	81242	81243	81244	81245	81246	81247	81248

注:适用于排高 5m,每增(减)1m,定额乘(除)以 1.02。

续表

项 目	单位	Ⅶ类土 排泥管线长度(km)				
		≤0.3	0.4	0.5	0.6	0.7
人工 长 工	工时					
高级工	工时					
中级工	工时	161.2	164.6	167.9	172.1	176.3
初级工	工时	241.8	246.9	251.9	258.2	264.5
合 计	工时	403.0	411.5	419.8	430.3	440.8
吹泥船 60m³/h	艘时	322.44	329.16	335.87	344.27	352.66
驳泥 40m³	艘时	322.44	329.16	335.87	344.27	352.66
浮筒管 Φ250×5000mm	组时	3224	3292	3359	3443	3527
岸管 Φ250×4000mm	根时	20152	28802	33785	47337	57307
其他机械费	%	2	2	2	2	2
编 号		81249	81250	81251	81252	81253

注:适用于排高 5m,每增(减)1m,定额乘(除)以 1.02。

项目	单位	松散中砂 排泥管线长度(km)				中密中砂 排泥管线长度(km)			
		≤0.3	0.4	0.5	0.6	≤0.3	0.4	0.5	0.6
工　长　工	工时								
高　级　工	工时								
中　级　工	工时	64.7	66.4	68.2	70.2	99.5	102.1	105.0	108.1
初　级　工	工时	97.0	99.5	102.4	105.4	149.3	153.2	157.4	162.1
合　　计	工时	161.7	165.9	170.6	175.6	248.8	255.3	262.4	270.2
吹泥船 60m³/h	艘时	129.40	132.76	136.45	140.48	199.05	204.24	209.92	216.14
驳泥 40m³	艘时	129.40	132.76	136.45	140.48	199.05	204.24	209.92	216.14
浮筒管 Φ250×5000mm	组时	1294	1328	1365	1405	1990	2042	2099	2161
岸管 Φ250×4000mm	根时	8087	11617	15351	19316	12440	17871	23535	29719
其他机械费	%	2	2	2	2	2	2	2	2
编　　号		81254	81255	81256	81257	81258	81259	81260	81261

注：适用于排高 3m，每增（减）1m，定额乘（除）以 1.05。

续表

项目	单位	松散粗砂 排管线长度 (km)				中密粗砂 排管线长度 (km)			
		≤0.2	0.3	0.4	0.5	≤0.2	0.3	0.4	0.5
工 长	工时								
高 级 工	工时	76.1	78.5	81.1	83.9	117.1	120.8	124.8	129.1
中 级 工	工时	114.2	117.8	121.7	125.8	175.6	181.2	187.1	193.6
初 级 工	工时								
合 计	工时	190.3	196.3	202.8	209.7	292.7	302.0	311.9	322.7
吹泥船 60m³/h	艘时	152.24	157.02	162.20	167.79	234.21	241.57	249.54	258.12
泥驳 40m³	艘时	152.24	157.02	162.20	167.79	234.21	241.57	249.54	258.12
浮简管 Φ250×5000mm	组时	1522	1570	1622	1678	2342	2416	2495	2581
岸管 Φ250×4000mm	根时	5709	9515	14193	18876	8782	14638	21835	29039
其他机械费	%	2	2	2	2	2	2	2	2
编 号		81262	81263	81264	81265	81266	81267	81268	81269

注:适用于排高3m,每增(减)1m,定额乘(除)以1.25;最大排高为5m。

(2) 80 m³/h 吹泥船

单位:10000m³

项目	单位	I类土 排泥管线长度(km)					II类土 排泥管线长度(km)				
		≤0.4	0.5	0.6	0.7	0.8	≤0.4	0.5	0.6	0.7	0.8
工 长 工	工时										
高 级 工	工时										
中 级 工	工时	53.4	54.6	55.7	57.0	58.4	62.6	63.9	65.2	66.8	68.4
初 级 工	工时	80.2	81.8	83.5	85.6	87.7	93.9	95.8	97.7	100.3	102.7
合 计	工时	133.6	136.4	139.2	142.6	146.1	156.5	159.7	162.9	167.1	171.1
吹泥船 80m³/h	艘时	94.05	96.01	97.96	100.41	102.87	110.16	112.46	114.75	117.63	120.49
泥驳 60m³	艘时	94.05	96.01	97.96	100.41	102.87	110.16	112.46	114.75	117.63	120.49
浮筒 Φ300×5000mm	组时	1128	1152	1176	1205	1234	1321	1350	1377	1412	1446
岸管 Φ300×4000mm	根时	7994	10561	13225	16066	19031	9363	12371	15491	18821	22291
其他机械费	%	2	2	2	2	2	2	2	2	2	2
编 号		81270	81271	81272	81273	81274	81275	81276	81277	81278	81279

注:适用于排高 6m,每增(减)1m,定额乘(除)以 1.02。

· 719 ·

续表

项目	单位	排泥管线长度(km)									
		Ⅲ类土					Ⅳ类土				
		≤0.4	0.5	0.6	0.7	0.8	≤0.4	0.5	0.6	0.7	0.8
人工	工时										
高级工	工时										
中级工	工时	76.3	77.9	79.5	81.5	83.5	88.5	90.4	92.2	94.5	96.8
初级工	工时	114.5	116.9	119.2	122.2	125.2	132.8	135.5	138.3	141.8	145.3
合计	工时	190.8	194.8	198.7	203.7	208.7	221.3	225.9	230.5	236.3	242.1
吹泥船 80m³/h	艘时	134.35	137.14	139.95	143.45	146.94	155.85	159.09	162.34	166.40	170.45
泥驳 60m³	艘时	134.35	137.14	139.95	143.45	146.94	155.85	159.09	162.34	166.40	170.45
浮筒 Φ300×5000mm	组时	1612	1646	1679	1721	1763	1870	1909	1948	1997	2045
岸管 Φ300×4000mm	根时	11420	15085	18893	22952	27184	13247	17500	21916	26624	31533
其他机械费	%	2	2	2	2	2	2	2	2	2	2
编号		81280	81281	81282	81283	81284	81285	81286	81287	81288	81289

注：适用于排高6m，每增（减）1m，定额乘（除）以1.02。

续表

项目	单位	V类土 排泥管线长度（km）					VI类土 排泥管线长度（km）				
		≤0.4	0.5	0.6	0.7	0.8	≤0.4	0.5	0.6	0.7	0.8
工长	工时										
高级工	工时										
中级工	工时	103.0	105.2	107.3	110.0	112.7	117.5	120.0	122.4	125.4	128.6
初级工	工时	154.5	157.7	161.0	165.0	169.0	176.3	179.9	183.6	188.2	192.8
合计	工时	257.5	262.9	268.3	275.0	281.7	293.8	299.9	306.0	313.6	321.4
吹泥船 80m³/h	艘时	181.36	185.14	188.92	193.65	198.37	206.90	211.21	215.52	220.90	226.30
泥驳 60m³	艘时	181.36	185.14	188.92	193.65	198.37	206.90	211.21	215.52	220.90	226.30
浮筒 Φ300×5000mm	组时	2176	2222	2267	2324	2380	2482	2535	2586	2651	2716
岸管 Φ300×4000mm	根时	15416	20365	25504	30984	36698	17587	23233	29095	35344	41866
其他机械费	%	2	2	2	2	2	2	2	2	2	2
编号		81290	81291	81292	81293	81294	81295	81296	81297	81298	81299

注：适用于排高 6m，每增（减）1m，定额乘（除）以 1.02。

续表

项 目	单位	排 泥 管 线 长 度（km） Ⅶ 类 土				
		≤0.4	0.5	0.6	0.7	0.8
工　　长工	工时					
高级工	工时					
中级工	工时	137.4	140.2	143.1	146.7	150.2
初级工	工时	206.0	210.3	214.6	220.0	225.4
合　　计	工时	343.4	350.5	357.7	366.7	375.6
吹泥船 80m³/h	艘时	241.83	246.87	251.91	258.20	264.50
泥驳 60m³	艘时	241.83	246.87	251.91	258.20	264.50
浮筒 Φ300×5000mm	组时	2901	2962	3023	3098	3174
岸管 Φ300×4000mm	根时	20555	27156	34008	41312	48933
其他机械费	%	2	2	2	2	2
编　　号		81300	81301	81302	81303	81304

注:适用于排高6m,每增(减)1m,定额乘(除)以1.02。

项 目	单位	松 散 中 砂 排 泥 管 线 长 度 (km)				中 密 中 砂 排 泥 管 线 长 度 (km)			
		≤0.4	0.5	0.6	0.7	≤0.4	0.5	0.6	0.7
工 长	工时								
高 级 工	工时								
中 级 工	工时	49.7	51.0	52.4	53.9	76.4	78.4	80.6	83.0
初 级 工	工时	74.5	76.4	78.6	80.9	114.7	117.7	121.0	124.4
合 计	工时	124.2	127.4	131.0	134.8	191.1	196.1	201.6	207.4
吹泥船 80m³/h	艘时	97.05	99.57	102.34	105.37	149.3	153.18	157.45	162.10
泥驳 60m³	艘时	97.05	99.57	102.34	105.37	149.3	153.18	157.45	162.10
浮筒管 Φ300×5000mm	组时	1164	1195	1228	1264	1791	1838	1889	1945
岸管 Φ300×4000mm	根时	8249	10953	13816	16859	12690	16850	21556	25936
其他机械费	%	2	2	2	2	2	2	2	2
编 号		81305	81306	81307	81308	81309	81310	81311	81312

注:适用于排高3m,每增(减)1m,定额乘(除)以1.05。

项　目	单位	松散粗砂 排泥管线长度 (km)				中密粗砂 长度 (km)			
		≤0.3	0.4	0.5	0.6	≤0.3	0.4	0.5	0.6
工　长	工时								
高级工	工时								
中级工	工时	58.5	60.3	62.3	64.4	89.9	92.8	95.8	99.1
初级工	工时	87.7	90.4	93.4	96.7	134.9	139.1	143.8	148.7
合　计	工时	146.2	150.7	155.7	161.1	224.8	231.9	239.6	247.8
吹泥船 80m³/h	艘时	114.18	117.76	121.64	125.82	175.65	181.17	187.14	193.58
泥驳 60m³	艘时	114.18	117.76	121.64	125.82	175.65	181.17	187.14	193.58
浮筒管 Φ300×5000mm	组时	1370	1413	1460	1510	2107	2174	2246	2323
岸管 Φ300×4000mm	根时	6850	9705	13380	16988	10539	15399	20585	26133
其他机械费	%	2	2	2	2	2	2	2	2
编　号		81313	81314	81315	81316	81317	81318	81319	81320

注：适用于排高 3m，每增（减）1m，定额乘（除）以 1.25；最大排高为 5m。

(3) 150 m³/h 吹泥船

单位:10000m³

项 目	单位	I 类 土 排 泥 管 线 长 度 (km)						II 类 土 (km)					
		≤0.7	0.8	0.9	1.0	1.1	1.2	≤0.7	0.8	0.9	1.0	1.1	1.2
工 长	工时												
高 级 工	工时												
中 级 工	工时	28.2	28.8	29.4	30.0	30.8	31.5	33.0	33.7	34.4	35.2	36.0	36.9
初 级 工	工时	42.3	43.2	44.0	45.1	46.1	47.3	49.6	50.6	51.6	52.8	54.1	55.4
合 计	工时	70.5	72.0	73.4	75.1	76.9	78.8	82.6	84.3	86.0	88.0	90.1	92.3
吹 泥 船 150m³/h	艘时	49.63	50.68	51.72	52.89	54.20	55.51	58.14	59.37	60.59	61.96	63.50	65.02
泥 驳 100m³	艘时	49.63	50.68	51.72	52.89	54.20	55.51	58.14	59.37	60.59	61.96	63.50	65.02
浮 筒 管 Φ300×5000mm	组时	992	1014	1034	1058	1084	1110	1163	1187	1212	1239	1270	1300
岸 管 Φ300×4000mm	根时	7444	8869	10344	11900	13550	15265	8721	10390	12118	13941	15875	17881
其他机械费	%	2	2	2	2	2	2	2	2	2	2	2	2
编 号		81321	81322	81323	81324	81325	81326	81327	81328	81329	81330	81331	81332

注:适用于排高 6m,每增(减)1m,定额乘(除)以 1.02。

项 目		单位	Ⅲ 类 土 排 泥 管 线 长 度 (km)						Ⅳ 类 土 排 泥 管 线 长 度 (km)					
			≤0.7	0.8	0.9	1.0	1.1	1.2	≤0.7	0.8	0.9	1.0	1.1	1.2
人 工	高 级 工	工时												
	中 级 工	工时	40.3	41.1	42.0	42.9	44.0	45.0	46.7	47.7	48.7	49.8	51.0	51.9
	初 级 工	工时	60.4	61.7	63.0	64.4	66.0	67.6	70.1	71.6	73.0	74.6	76.5	77.9
	合 计	工时	100.7	102.8	105.0	107.3	110.0	112.6	116.8	119.3	121.7	124.4	127.5	129.8
吹 泥 船 150m³/h		艘时	70.91	72.40	73.89	75.57	77.44	79.30	82.25	83.97	85.71	87.65	89.82	91.98
泥 驳 100m³		艘时	70.91	72.40	73.89	75.57	77.44	79.30	82.25	83.97	85.71	87.65	89.82	91.98
浮 筒 管 Φ300×5000mm		组时	1418	1448	1478	1511	1549	1586	1645	1679	1714	1753	1796	1840
岸 管 Φ300×4000mm		根时	10636	12670	14778	17003	19360	21808	12337	14695	17142	19721	22455	25295
其他机械费		%	2	2	2	2	2	2	2	2	2	2	2	2
编 号			81333	81334	81335	81336	81337	81338	81339	81340	81341	81342	81343	81344

注：适用于排高 6m，每增（减）1m，定额乘（除）以 1.02。

项目	单位	V 类 土 排泥管线长度 (km)						VI 类 土 长度 (km)					
		≤0.7	0.8	0.9	1.0	1.1	1.2	≤0.7	0.8	0.9	1.0	1.1	1.2
工长	工时												
高级工	工时												
中级工	工时	54.4	55.5	56.6	57.9	59.4	60.8	62.0	63.3	64.6	66.1	67.7	69.4
初级工	工时	81.6	83.2	85.0	86.9	89.0	91.2	93.0	95.0	97.0	99.1	101.6	104.1
合计	工时	136.0	138.7	141.6	144.8	148.4	152.0	155.0	158.3	161.6	165.2	169.3	173.5
吹泥船 150m³/h	艘时	95.72	97.74	99.75	102.01	104.53	107.05	109.19	111.49	113.78	116.37	119.24	122.12
泥驳 100m³	艘时	95.72	97.74	99.75	102.01	104.53	107.05	109.19	111.49	113.78	116.37	119.24	122.12
浮筒 Φ300×5000mm	组时	1914	1955	1995	2040	2091	2141	2183	2230	2276	2327	2385	2442
岸管 Φ300×4000mm	根时	14358	17105	19950	22952	26133	29439	16378	19511	22756	26183	29810	33583
其他机械费	%	2	2	2	2	2	2	2	2	2	2	2	2
编号		81345	81346	81347	81348	81349	81350	81351	81352	81353	81354	81355	81356

注:适用于排高6m,每增(减)1m,定额乘(除)以1.02。

续表

项 目	单位	Ⅶ类土 排泥管线长度（km）					
		≤0.7	0.8	0.9	1.0	1.1	1.2
工 长	工时						
高级工	工时						
中级工	工时	72.5	74.0	75.6	77.2	79.2	81.1
初级工	工时	108.8	111.1	113.3	115.9	118.8	121.6
合 计	工时	181.3	185.1	188.9	193.1	198.0	202.7
吹泥船 150m³/h	艘时	127.63	130.32	133.00	136.02	139.38	142.74
泥驳 100m³	艘时	127.63	130.32	133.00	136.02	139.38	142.74
浮筒 Φ300×5000mm	组时	2552	2606	2660	2720	2788	2855
岸管 Φ300×4000mm	根时	19144	22806	26600	30604	34845	39254
其他机械费	%	2	2	2	2	2	2
编 号		81357	81358	81359	81360	81361	81362

注：适用于排高6m，每增（减）1m，定额乘（除）以1.02。

续表

项目	单位	松散中砂 排泥管线					中密中砂 排泥管线长度(km)				
		≤0.6	0.7	0.8	0.9	1.0	≤0.6	0.7	0.8	0.9	1.0
工 长	工时										
高级工	工时										
中级工	工时	26.2	26.9	27.5	28.4	29.2	40.2	41.3	42.4	43.6	44.9
初级工	工时	39.2	40.3	41.3	42.5	43.7	60.4	61.9	63.5	65.5	67.4
合 计	工时	65.4	67.2	68.8	70.9	72.9	100.6	103.2	105.9	109.1	112.3
吹泥船 150m³/h	艘时	51.09	52.43	53.78	55.39	57.00	78.60	80.66	82.73	85.21	87.69
泥驳 100m³	艘时	51.09	52.43	53.78	55.39	57.00	78.60	80.66	82.73	85.21	87.69
浮筒管 Φ300×5000mm	组时	1021	1049	1076	1108	1140	1572	1613	1655	1704	1754
岸管 Φ300×4000mm	根时	6386	7865	9412	11078	12825	7825	12099	14478	17042	19730
其他机械费	%	2	2	2	2	2	2	2	2	2	2
编 号		81363	81364	81365	81366	81367	81368	81369	81370	81371	81372

注：适用于排高 4m，每增（减）1m，定额乘（除）以 1.03。

项 目	单位	排泥管线长度(km)							
		松散粗砂				中密粗砂			
		≤0.5	0.6	0.7	0.8	≤0.5	0.6	0.7	0.8
工 长	工时								
高级工	工时								
中级工	工时	31.2	32.2	33.2	34.4	48.0	49.5	51.1	52.8
初级工	工时	46.8	48.2	49.8	51.5	71.9	74.2	76.6	79.3
合 计	工时	78.0	80.4	83.0	85.9	119.9	123.7	127.7	132.1
吹泥船 150m³/h	艘时	60.89	62.81	64.88	67.11	93.68	96.62	99.82	103.25
泥驳 100m³	艘时	60.89	62.81	64.88	67.11	93.68	96.62	99.82	103.25
浮筒 Φ300×5000mm	组时	1217	1256	1298	1342	1873	1932	1996	2065
岸管 Φ300×4000mm	根时	6089	7851	9732	11744	9368	12078	14973	18069
其他机械费	%	2	2	2	2	2	2	2	2
编 号		81373	81374	81375	81376	81377	81378	81379	81380

注:适用于排高 4m,每增(减)1m,定额乘(除)以1.15,最大排高为6m。

(4) 400 m³/h 吹泥船

单位:10000m³

项 目	单位	I 类 土 排泥管线长度 (km)						II 类 土 排泥管线长度 (km)					
		≤1.0	1.2	1.4	1.6	1.8	2.0	≤1.0	1.2	1.4	1.6	1.8	2.0
工长	工时												
高级工	工时												
中级工	工时	22.1	22.8	23.5	24.4	25.3	26.2	25.8	26.7	27.5	28.6	29.6	30.7
初级工	工时	33.1	34.2	35.3	36.5	37.9	39.4	38.8	40.0	41.3	42.8	44.5	46.1
合计	工时	55.2	57.0	58.8	60.9	63.2	65.6	64.6	66.7	68.8	71.4	74.1	76.8
吹泥船 400m³/h	艘时	23.48	24.25	25.01	25.89	26.91	27.93	27.50	28.40	29.29	30.36	31.52	32.71
泥驳 280m³	艘时	23.48	24.25	25.01	25.89	26.91	27.93	27.50	28.40	29.29	30.36	31.52	32.71
浮管 Φ560×7500mm	组时	469	485	500	518	538	559	550	568	586	607	630	654
岸管 Φ560×6000mm	根时	3326	4244	5210	6257	7400	8612	3895	4970	6102	7337	8668	10086
其他机械费	%	2	2	2	2	2	2	2	2	2	2	2	2
编 号		81381	81382	81383	81384	81385	81386	81387	81388	81389	81390	81391	81392

注:适用于排高6m,每增(减)1m,定额乘(除)以1.02。

项目	单位	III类土 排泥管线长度(km)						IV类土 排泥管线长度(km)					
		≤1.0	1.2	1.4	1.6	1.8	2.0	≤1.0	1.2	1.4	1.6	1.8	2.0
人工 高级工	工时												
中级工	工时	31.5	32.6	33.6	34.8	36.1	37.5	36.6	37.8	38.9	40.3	41.9	43.5
初级工	工时	47.3	48.8	50.3	52.1	54.2	56.2	54.9	56.7	58.4	60.5	62.9	65.3
合计	工时	78.8	81.4	83.9	86.9	90.3	93.7	91.5	94.5	97.3	100.8	104.8	108.8
吹泥船 400m³/h	艘时	33.55	34.64	35.72	36.99	38.44	39.89	38.91	40.17	41.44	42.91	44.59	46.27
泥驳 280m³	艘时	33.55	34.64	35.72	36.99	38.44	39.89	38.91	40.17	41.44	42.91	44.59	46.27
浮筒 Φ560×7500mm	组时	671	693	714	740	769	798	778	803	829	858	892	925
岸管 Φ560×6000mm	根时	4753	6062	7442	8939	10571	12299	5512	7030	8633	10370	12262	14267
其他机械费	%	2	2	2	2	2	2	2	2	2	2	2	2
编号		81393	81394	81395	81396	81397	81398	81399	81400	81401	81402	81403	81404

注:适用于排高6m,每增(减)1m,定额乘(除)以1.02。

项 目	单位	V 类 土 排 泥 管 线 长 度 (km)						VI 类 土 排 泥 管 线 长 度 (km)					
		≤1.0	1.2	1.4	1.6	1.8	2.0	≤1.0	1.2	1.4	1.6	1.8	2.0
工长	工时												
高级工	工时												
中级工	工时	42.6	44.0	44.5	46.9	48.8	50.6	48.6	50.2	51.7	53.6	55.7	57.8
初级工	工时	63.8	65.9	66.8	70.4	73.2	76.0	72.8	75.2	77.6	80.3	83.5	86.6
合计	工时	106.4	109.9	111.3	117.3	122.0	126.6	121.4	125.4	129.3	133.9	139.2	144.4
吹泥船 400m³/h	艘时	45.29	46.75	48.22	49.93	51.89	53.85	51.65	53.33	55.01	56.96	59.19	61.43
泥驳 280m³	艘时	45.29	46.75	48.22	49.93	51.89	53.85	51.65	53.33	55.01	56.96	59.19	61.43
浮筒管 Φ560×7500mm	组时	905	935	964	999	1038	1077	1033	1067	1100	1139	1184	1229
岸管 Φ560×6000mm	根时	6416	8181	10046	12066	14270	16604	7317	9333	11460	13765	16277	18941
其他机械费	%	2	2	2	2	2	2	2	2	2	2	2	2
编 号		81405	81406	81407	81408	81409	81410	81411	81412	81413	81414	81415	81416

注:适用于排高 6m,每增(减)1m,定额乘(除)以 1.02。

项　　　　目	单位	Ⅶ 类 土						
		排 泥 管 线 长 度（km）						
		≤1.0	1.2	1.4	1.6	1.8	2.0	
工 长	工时							
高 级 工	工时							
中 级 工	工时	56.8	58.6	60.4	62.6	64.9	67.5	
初 级 工	工时	85.1	87.9	90.7	93.9	97.4	101.2	
合 计	工时	141.9	146.5	151.1	156.5	162.3	168.7	
吹泥船 400m³/h	艘时	60.39	62.35	64.30	66.59	69.20	71.81	
泥驳 280m³	艘时	60.39	62.35	64.30	66.59	69.20	71.81	
浮筒管 Φ560×7500mm	组时	1207	1247	1286	1332	1384	1436	
岸管 Φ560×6000mm	根时	8555	10911	13400	16093	19030	22141	
其他机械费	％	2	2	2	2	2	2	
编 号		81417	81418	81419	81420	81421	81422	

注：适用于排高 6m，每增（减）1m，定额乘（除）以 1.02。

续表

项目	单位	松散 中砂 排泥 管（km）					中密 中砂 长 线（km）				
		≤0.8	1.0	1.2	1.4	1.6	≤0.8	1.0	1.2	1.4	1.6
工长	工时										
高级工	工时										
中级工	工时	19.5	20.4	21.2	22.2	23.3	30.0	31.3	32.6	34.2	35.9
初级工	工时	29.2	30.5	31.8	33.4	35.0	45.0	47.0	49.0	51.4	53.8
合计	工时	48.7	50.9	53.0	55.6	58.3	75.0	78.3	81.6	85.6	89.7
吹泥船 400m³/h	艘时	25.67	26.79	27.90	29.29	30.69	39.49	41.20	42.92	45.06	47.22
泥驳 280m³	艘时	25.67	26.79	27.90	29.29	30.69	39.49	41.20	42.92	45.06	47.22
浮筒 Φ560×7500mm	组时	513	536	558	586	614	789	824	858	901	944
岸管 Φ560×6000mm	根时	2780	3795	4883	6102	7417	4278	5837	7511	9388	14112
其他机械费	%	2	2	2	2	2	2	2	2	2	2
编号		81423	81424	81425	81426	81427	81428	81429	81430	81431	81432

注：适用于排高4m，每增（减）1m，定额乘（除）以1.03。

续表

项目	单位	松散粗砂排泥管线 长度（km）				中密粗砂 长度（km）			
		≤0.6	0.8	1.0	1.2	≤0.6	0.8	1.0	1.2
工长	工时								
高级工	工时								
中级工	工时	23.1	24.3	25.7	27.2	35.5	37.4	39.5	41.8
初级工	工时	34.6	36.5	38.6	40.8	53.2	56.1	59.3	62.7
合计	工时	57.7	60.8	64.3	68.0	88.7	93.5	98.8	104.5
吹泥船 400m³/h	艘时	30.35	31.99	33.80	35.77	46.70	49.22	52.00	55.03
泥驳 280m³	艘时	30.35	31.99	33.80	35.77	46.70	49.22	52.00	55.03
浮筒 Φ560×7500mm	组时	607	640	676	715	934	984	1040	1101
岸管 Φ560×6000mm	根时	2276	3466	4788	6260	3502	5332	7367	9630
其他机械费	%	2	2	2	2	2	2	2	2
编　　号		81433	81434	81435	81436	81437	81438	81439	81440

注：适用于排高4m，每增（减）1m，定额乘（除）以1.10。

(5) 800 m³/h 吹泥船

单位:10000m³

项 目	单位	I 类 土 排 泥 管 线 长 度 (km)					II 类 土 排 泥 管 线 长 度 (km)				
		≤1.5	2.0	2.5	3.0	3.5	≤1.5	2.0	2.5	3.0	3.5
工 长	工时										
高级工	工时										
中级工	工时	11.9	12.5	13.2	14.2	15.2	13.9	14.7	15.4	16.6	17.8
初级工	工时	17.9	18.8	19.9	21.3	22.8	20.9	22.1	23.2	25.0	26.7
合 计	工时	29.8	31.3	33.1	35.5	38.0	34.8	36.8	38.6	41.6	44.5
吹泥船 800m³/h	艘时	11.40	12.06	12.70	13.65	14.61	13.39	14.13	14.87	15.98	17.11
泥驳 500m³	艘时	11.40	12.06	12.70	13.65	14.61	13.39	14.13	14.87	15.98	17.11
浮筒 Φ700×9000mm	组时	253	268	282	303	325	297	314	330	355	380
岸管 Φ700×6000mm	根时	2470	3618	4868	6370	8036	2901	4239	5700	7457	9411
其他机械费	%	2	2	2	2	2	2	2	2	2	2
编 号		81441	81442	81443	81444	81445	81446	81447	81448	81449	81450

注:适用于排高6m,每增(减)1m,定额乘(除)以1.02。

项目	单位	Ⅲ类土 排泥管线长度(km)					Ⅳ类土 排泥管线长度(km)				
		≤1.5	2.0	2.5	3.0	3.5	≤1.5	2.0	2.5	3.0	3.5
工长	工时										
高级工	工时										
中级工	工时	17.0	17.9	18.9	20.3	21.7	19.7	20.8	21.9	23.5	25.2
初级工	工时	25.4	26.9	28.3	30.4	32.6	29.5	31.2	32.8	35.3	37.7
合计	工时	42.4	44.8	47.2	50.7	54.3	49.2	52.0	54.7	58.8	62.9
吹泥船 800m³/h	艘时	16.33	17.23	18.14	19.50	20.86	18.94	19.99	21.04	22.62	24.19
泥驳 500m³	艘时	16.33	17.23	18.14	19.50	20.86	18.94	19.99	21.04	22.62	24.19
浮筒 Φ700×9000mm	组时	362	383	403	433	464	420	444	468	503	538
岸管 Φ700×6000mm	根时	3538	5169	6954	9100	11473	4104	5997	8065	10556	13305
其他机械费	%	2	2	2	2	2	2	2	2	2	2
编　号		81451	81452	81453	81454	81455	81456	81457	81458	81459	81460

注：适用于排高6m，每增（减）1m，定额乘（除）以1.02。

项 目	单位	V 类 土 排 泥 管 线 长 度 (km)					VI 类 土 排 泥 管 线 长 度 (km)				
		≤1.5	2.0	2.5	3.0	3.5	≤1.5	2.0	2.5	3.0	3.5
工 长	工时										
高 级 工	工时										
中 级 工	工时	22.9	24.2	25.5	27.4	29.3	26.2	27.6	29.0	31.2	33.4
初 级 工	工时	34.4	36.3	38.2	41.0	43.9	39.2	41.4	43.6	46.9	50.1
合 计	工时	57.3	60.5	63.7	68.4	73.2	65.4	69.0	72.6	78.1	83.5
吹泥船 800m³/h	艘时	22.03	23.26	24.48	26.32	28.16	25.14	26.53	27.93	30.02	32.13
泥驳 500m³	艘时	22.03	23.26	24.48	26.32	28.16	25.14	26.53	27.93	30.02	32.13
浮筒 Φ700×6000mm	组时	489	517	544	585	626	558	590	621	667	714
岸管 Φ700×9000mm	根时	4773	6978	9384	12283	15488	5447	7959	10707	14009	17672
其他机械费	%	2	2	2	2	2	2	2	2	2	2
编 号		81461	81462	81463	81464	81465	81466	81467	81468	81469	81470

注：适用于排高 6m，每增（减）1m，定额乘（除）以 1.02。

项目	单位	Ⅶ类土 排泥管线长度（km）				
		≤1.5	2.0	2.5	3.0	3.5
工 长	工时					
高 级 工	工时					
中 级 工	工时	30.6	32.2	34.0	36.5	36.9
初 级 工	工时	45.8	48.4	50.9	54.8	55.4
合 计	工时	76.4	80.6	84.9	91.3	92.3
吹泥船 800m³/h	艘时	29.39	31.02	32.65	35.10	35.49
泥驳 500m³	艘时	29.39	31.02	32.65	35.10	35.49
浮筒管 Φ700×9000mm	组时	653	689	726	780	789
岸管 Φ700×6000mm	根时	6367	9306	12516	16380	19520
其他机械费	%	2	2	2	2	2
编 号		81471	81472	81473	81474	81475

注：适用于排高 6m，每增（减）1m，定额乘（除）以 1.02。

续表

项目	单位	松散中砂 排泥管线 (km)					中密中砂 排泥管线长度 (km)				
		≤1.2	1.5	2.0	2.5	3.0	长≤1.2	1.5	2.0	2.5	3.0
工长 长工	工时										
高级工	工时										
中级工	工时	10.1	10.7	11.5	12.6	13.8	15.6	16.4	17.8	19.5	21.2
初级工	工时	15.2	16.0	17.3	19.0	20.8	23.3	24.6	26.6	29.2	31.9
合计	工时	25.3	26.7	28.8	31.6	34.6	38.9	41.0	44.4	48.7	53.1
吹泥船 800m³/h	艘时	12.06	12.69	13.74	15.06	16.46	18.56	19.53	21.14	23.18	25.32
泥驳 500m³	艘时	12.06	12.69	13.74	15.06	16.46	18.56	19.53	21.14	23.18	25.32
浮筒 Φ700×9000mm	组时	268	282	305	335	366	412	434	470	515	563
岸管 Φ700×6000mm	根时	2010	2750	4122	5773	7681	3093	4232	6342	8886	11812
其他机械费	%	2	2	2	2	2	2	2	2	2	2
编号		81476	81477	81478	81479	81480	81481	81482	81483	81484	81485

注：适用于排高4m，每增（减）1m，定额乘（除）以1.03。

项目	单位	松散粗砂排泥管线 (km)					中密粗砂 长度 (km)				
		≤0.9	1.2	1.5	1.8	2.1	≤0.9	1.2	1.5	1.8	2.1
工 长 工	工时										
高 级 工	工时										
中 级 工	工时	12.1	12.9	13.8	14.8	15.9	18.7	20.0	21.2	22.8	24.4
初 级 工	工时	18.2	19.4	20.7	22.3	23.8	28.0	29.9	31.8	34.2	36.6
合 计	工时	30.3	32.3	34.5	37.1	39.7	46.7	49.9	53.0	57.0	61.0
吹泥船 800m³/h	艘时	14.44	15.42	16.41	17.63	18.87	22.22	23.73	25.25	27.14	29.04
泥驳 500m³	艘时	14.44	15.42	16.41	17.63	18.87	22.22	23.73	25.25	27.14	29.04
浮管 Φ700×9000mm	组时	320	343	365	392	419	493	527	561	603	645
岸管 Φ700×6000mm	根时	1680	2570	3556	4701	5976	2592	3955	5471	7237	9196
其他机械费	%	2	2	2	2	2	2	2	2	2	2
编 号		81486	81487	81488	81489	81490	81491	81492	81493	81494	81495

注:适用于排高4m,每增(减)1m,定额乘(除)以1.09。

八—5 水力冲挖机组

工作内容：开工展布、水力冲挖、吸排泥、作业面转移及收工集合等。

(1) Ⅰ类土

单位：10000m³

项目	单位	排泥管线长度 (km)									
		≤50	100	150	200	250	300	350	400	450	500
工长	工时										
高级工	工时										
中级工	工时	16.9	18.1	19.4	20.9	22.4	25.5	25.9	26.3	26.7	27.2
初级工	工时	151.6	162.8	174.8	187.6	201.4	229.2	232.9	236.8	240.6	244.4
合计	工时	168.5	180.9	194.2	208.5	223.8	254.7	258.8	263.1	267.3	271.6
零星材料费	%	2	2	2	2	2	2	2	2	2	2
高压水泵 15kW	台时	336.93	361.74	388.35	416.93	447.63	454.88	462.24	469.74	477.34	485.08
水枪 Φ65mm 2支	组时	336.93	361.74	388.35	416.93	447.63	454.88	462.24	469.74	477.34	485.08
泥浆泵 15kW	台时	336.93	361.74	388.35	416.93	447.63	784.56	809.36	835.98	864.56	895.26
排泥管 Φ100mm	百米时	168	362	583	834	1119	1365	1618	1879	2148	2425
编号		81496	81497	81498	81499	81500	81501	81502	81503	81504	81505

项目	单位	排泥管线长度 (km)									
		550	600	650	700	750	800	850	900	950	1000
工长	工时										
高级工	工时										
中级工	工时	31.1	31.6	32.1	32.6	33.1	37.9	38.5	39.2	39.8	40.5
初级工	工时	279.4	284.0	288.6	293.3	298.0	341.3	346.9	352.4	358.2	364.0
合计	工时	310.5	315.6	320.7	325.9	331.1	379.2	385.4	391.6	398.0	404.5
零星材料费	%	2	2	2	2	2	2	2	2	2	2
高压水泵 15kW	台时	492.94	500.92	509.04	517.29	525.66	534.18	542.83	551.63	560.57	569.64
水枪 Φ65mm 2支	组时	492.94	500.92	509.04	517.29	525.66	534.18	542.83	551.63	560.57	569.64
泥浆泵 15kW	台时	1232.19	1256.99	1283.61	1312.19	1342.88	1679.82	1704.62	1731.23	1759.82	1790.51
排泥管 Φ100mm	百米时	2711	3006	3309	3621	3942	4273	4614	4965	5326	5696
编号		81506	81507	81508	81509	81510	81511	81512	81513	81514	81515

(2) Ⅱ类土

项　　目	单位	管　线　长　度　(km)									
		≤50	100	150	200	250	300	350	400	450	500
工　　长	工时										
高　级　工	工时										
中　级　工	工时	21.6	23.2	24.9	26.7	28.6	32.6	33.1	33.7	34.2	34.8
初　级　工	工时	194.1	208.3	223.6	240.2	257.8	293.5	298.3	303.0	308.0	312.9
合　　计	工时	215.7	231.5	248.5	266.9	286.4	326.1	331.4	336.7	342.2	347.7
零星材料费	%	2	2	2	2	2	2	2	2	2	2
高压水泵 15kW	台时	431.27	463.03	497.09	533.67	572.96	582.24	591.67	601.26	611.00	620.89
水枪 Φ65mm 2支	组时	431.27	463.03	497.09	533.67	572.96	582.24	591.67	601.26	611.00	620.89
泥浆泵 15kW	台时	431.27	463.03	497.09	533.67	572.96	1004.23	1035.98	1070.05	1106.63	1145.92
排泥管 Φ100mm	百米时	216	463	746	1067	1432	1747	2071	2405	2750	3104
编　　号		81516	81517	81518	81519	81520	81521	81522	81523	81524	81525

项目	单位	排 泥 管 线 长 度 (km)									
		550	600	650	700	750	800	850	900	950	1000
工长	工时										
高级工	工时										
中级工	工时	39.8	40.4	41.1	41.7	42.4	48.5	49.3	50.1	50.9	51.8
初级工	工时	357.7	363.6	369.4	375.5	381.4	436.9	444.1	451.2	458.5	465.9
合计	工时	397.5	404.0	410.5	417.2	423.8	485.4	493.4	501.3	509.4	517.7
零星材料费	%	2	2	2	2	2	2	2	2	2	2
高压水泵 15kW	台时	630.96	641.18	651.56	662.11	672.85	683.74	694.82	706.08	717.52	729.14
水枪 Φ65mm 2支	组时	630.96	641.18	651.56	662.11	672.85	683.74	694.82	706.08	717.52	729.14
泥浆泵 15kW	台时	1577.19	1608.94	1643.00	1679.59	1718.87	2150.15	2181.90	2215.96	2252.55	2291.83
排泥管 Φ100mm	百米时	3470	3847	4235	4635	5046	5470	5906	6355	6816	7291
编号		81526	81527	81528	81529	81530	81531	81532	81533	81534	81535

(3) Ⅲ类土

单位:10000m³

项目	单位	管 线 长 度 (km)									
		≤50	100	150	200	250	300	350	400	450	500
工 长	工时										
高 级 工	工时										
中 级 工	工时	29.8	32.0	34.4	36.9	39.6	45.1	45.8	46.6	47.3	48.1
初 级 工	工时	268.4	288.1	309.3	332.0	356.5	405.7	412.3	419.0	425.9	432.7
合 计	工时	298.2	320.1	343.7	368.9	396.1	450.8	458.1	465.6	473.2	480.8
零星材料费	%	2	2	2	2	2	2	2	2	2	2
高 压 水 泵 15kW	台时	596.37	640.27	687.38	737.97	792.30	805.13	818.17	831.43	844.90	858.59
水 枪 Φ65mm 2支	组时	596.37	640.27	687.38	737.97	792.30	805.13	818.17	831.43	844.90	858.59
泥 浆 泵 15kW	台时	596.37	640.27	687.38	737.97	792.3	805.13	818.17	831.43	844.90	858.59
排 泥 管 Φ100mm	百米时	298	640	1031	1476	1981	2415	2864	3326	3802	4293
编 号		81536	81537	81538	81539	81540	81541	81542	81543	81544	81545

项目	单位	排泥管线长度 (km)									
		550	600	650	700	750	800	850	900	950	1000
工长	工时										
高级工	工时										
中级工	工时	55.0	55.9	56.8	57.7	58.6	67.1	68.2	69.3	70.4	71.6
初级工	工时	494.7	502.7	510.8	519.1	527.6	604.2	614.0	623.9	634.0	644.3
合计	工时	549.7	558.6	567.6	576.8	586.2	671.3	682.2	693.2	704.4	715.9
零星材料费	%	2	2	2	2	2	2	2	2	2	2
高压水泵 15kW	台时	872.49	886.62	900.99	915.59	930.42	945.49	960.80	976.38	992.19	1008.27
水枪 Φ65mm 2支	组时	872.49	886.62	900.99	915.59	930.42	945.49	960.80	976.38	992.19	1008.27
泥浆泵 15kW	台时	2180.96	2224.86	2271.97	2322.57	2376.89	2973.26	3017.16	3064.27	3114.86	3169.19
排泥管 Φ100mm	百米时	4799	5320	5856	6409	6978	7564	8167	8787	9425	10083
编号		81546	81547	81548	81549	81550	81551	81552	81553	81554	81555

(4) Ⅳ类土

单位:10000m³

项 目	单位	排 泥 管 线 长 度 (km)									
		≤50	100	150	200	250	300	350	400	450	500
工 长	工时										
高 级 工	工时										
中 级 工	工时	45.8	49.2	52.8	56.7	60.9	69.3	70.4	71.6	72.7	73.9
初 级 工	工时	412.4	442.7	475.4	510.4	547.8	623.6	633.7	643.9	654.4	664.9
合 计	工时	458.2	491.9	528.2	567.1	608.7	692.9	704.1	715.5	727.1	738.8
零星材料费	%	2	2	2	2	2	2	2	2	2	2
高压水泵 15kW	台时	916.46	983.92	1056.32	1134.33	1217.54	1237.27	1257.31	1277.67	1298.38	1319.41
水 枪 Φ65mm 2支	组时	916.46	983.92	1056.32	1134.33	1217.54	1237.27	1257.31	1277.67	1298.38	1319.41
泥 浆 泵 15kW	台时	916.46	983.92	1056.32	1134.33	1217.54	2134.01	2201.46	2273.86	2351.87	2435.08
排 泥 管 Φ100mm	百米时	462	984	1584	2269	3044	3156	4401	5111	5843	6597
编 号		81556	81557	81558	81559	81560	81561	81562	81563	81564	81565

项目	单位	排 泥 管 线 长 度 (km)									
		550	600	650	700	750	800	850	900	950	1000
工 长	工时										
高 级 工	工时										
中 级 工	工时	84.5	85.8	87.2	88.6	90.1	103.2	104.8	106.5	108.3	110.0
初 级 工	工时	760.1	772.6	785.1	797.8	810.6	928.4	943.5	958.8	974.2	990.1
合 计	工时	844.6	858.4	872.3	886.4	900.7	1031.6	1048.3	1065.3	1082.5	1100.1
零星材料费	%	2	2	2	2	2	2	2	2	2	2
高压水泵 15kW	台时	1340.78	1362.50	1384.58	1407.01	1429.80	1452.97	1476.51	1500.42	1524.73	1549.43
水 枪 Φ65mm 2支	组时	1340.78	1362.50	1384.58	1407.01	1429.80	1452.97	1476.51	1500.42	1524.73	1549.43
泥 浆 泵 15kW	台时	3351.55	3419.00	3491.40	3569.41	3652.63	4569.09	4636.55	4708.94	4786.96	4870.17
排 泥 管 Φ100mm	百米时	7374	8175	9000	9849	10724	11624	12550	13504	14485	15494
编 号		81566	81567	81568	81569	81570	81571	81572	81573	81574	81575

八-6 其他

(1) 绞吸式挖泥船及吹泥船排泥管安装拆除

适用范围:挖(吹)泥船的陆上排泥管。

工作内容:场地平整,上、下坡填筑土堆,架设支撑、安装及拆除等。

单位:100m管长

项 目	单位	排泥管直径×单管长度(mm×mm)					
		250×4000	300×4000	400×6000	550～600 ×6000	650～700 ×6000	800×6000
中 级 工	工时	6.3	9.3	12.1	14.8	21.5	25.1
初 级 工	工时	119.4	176.1	229.9	281.8	408.0	477.5
合 计	工时	125.7	185.4	242.0	296.6	429.5	502.6
零星材料费	%	2.4	2.4	2.4	2.4	2.4	2.4
编 号		81576	81577	81578	81579	81580	81581

注:适用于运距50m内人力运输,每增运50m,人工定额乘以1.3系数。

(2) 绞吸式挖泥船及吹泥船的开工展布及收工集合

工作内容:定位,起锚、下锚,移船,接、拆管线,船舶进退场等。

单位:次

项 目	单位	绞吸式挖泥船		吹 泥 船	
		开工展布	收工集合	开工展布	收工集合
挖(吹)泥船	艘时	29.6	14.8	12.0	12.0
拖 轮	艘时	14.8	14.8	12.0	12.0
锚 艇	艘时	29.6	14.8	—	—
机 艇	艘时	29.6	14.8	—	—
编 号		81582	81583	81584	81585

注:绞吸式挖泥船60～120m³/h者,均不计拖轮。

（3） 链斗、抓斗、铲斗式挖泥船开工展布及收工集合

工作内容:定位,起锚、下锚,移船、船舶进退场等。

项 目	单位	链斗式挖泥船		抓斗、铲斗式挖泥船	
		开工展布	收工集合	开工展布	收工集合
挖 泥 船	艘时	24.0	12.0	12.0	12.0
拖 轮	艘时	24.0	12.0	12.0	12.0
锚 艇	艘时	24.0	12.0	12.0	12.0
机 艇	艘时	24.0	12.0	12.0	12.0
编 号		81586	81587	81588	81589

第九章

其他工程

说　　明

一、本章包括围堰、公路、铁道等临时工程,以及塑料薄膜、土工布、土工膜、复合柔毡铺设、铺草皮等定额共 15 节。

二、塑料薄膜、土工膜、复合柔毡、土工布铺设四节定额,仅指这些防渗(反滤)材料本身的铺设,不包括上面的保护(覆盖)层和下面的垫层砌筑。其定额计量单位是指设计有效防渗面积。

三、本章临时工程定额中的材料数量,均系备料量,未考虑周转回收。周转及回收量可按该临时工程使用时间参照下表所列材料使用寿命及残值进行计算。

临时工程材料使用寿命及残值表

材　料　名　称	使用寿命	残值(%)
钢板桩	6 年	5
钢　轨	12 年	10
钢丝绳(吊桥用)	10 年	5
钢　管(风水管道用)	8 年	10
钢　管(脚手架用)	10 年	10
阀　门	10 年	5
卡扣件(脚手架用)	50 次	10
导　线	10 年	10

九－1 袋装土石围堰

(1) 填 筑

工作内容:装土(石)、封包、堆筑。

单位:100m³ 堰体方

项 目	单位	草袋粘土	编织袋粘土	编织袋砂砾石
工 长	工时	28	21	22
高 级 工	工时			
中 级 工	工时			
初 级 工	工时	1383	1004	1054
合 计	工时	1411	1025	1076
粘 土	m³	118	118	
砂 砾 石	m³			106
草 袋	个	2259		
编 织 袋	个		3300	3300
其他材料费	%	0.8	1	1
编 号		90001	90002	90003

(2) 拆 除

工作内容:拆除、清理。

单位:100m³ 堰体方

项 目	单位	草袋粘土	编织袋粘土	编织袋砂砾石
工 长	工时	5	3	3
高 级 工	工时			
中 级 工	工时			
初 级 工	工时	239	155	170
合 计	工时	244	158	173
编 号		90004	90005	90006

注:本节定额按就地拆除拟定,如需外运可参照土方运输定额另计运输费用。

九－2 钢板桩围堰

工作内容:制作搭拆板桩支撑、工作平台、打桩、拔桩。

单位:100m²

项　　　目	单位	数　　　量
工　　　长	工时	39
高　级　工	工时	154
中　级　工	工时	127
初　级　工	工时	962
合　　　计	工时	1282
原　　　木	m³	5.18
锯　　　材	m³	1.13
钢　板　桩	t	18.5
铁　　　件	kg	75
其他材料费	%	2
汽车起重机　5t	台时	10.4
卷　扬　机　5t	台时	11.7
柴油打桩机　2～4t	台时	31.8
其他机械费	%	1
编　　　号		90007

九-3 石 笼

工作内容:编笼(竹笼包括劈削竹篾)、安放、运石、装填、封口等。

单位:100m³ 成品方

项　　目	单位	钢筋笼	铅丝笼	竹　笼
工　　长	工时	27	24	21
高　级　工	工时			
中　级　工	工时	244	210	330
初　级　工	工时	271	235	319
合　　计	工时	542	469	670
铅　丝　8#	kg		397	
钢　筋　Φ8~12mm	t	1.7		
竹　　子	t			2.5
块　　石	m³	113	113	113
其他材料费	%	3	1	1
电　焊　机　25kVA	台时	17.5		
切　筋　机　20kW	台时	0.6		
载　重　汽　车　5t	台时	1.2		
其他机械费	%	10		
编　　号		90008	90009	90010

九－4 围堰水下混凝土

工作内容:麻袋混凝土:配料、拌和、装麻袋、运送、潜水沉放等。

水下封底混凝土:配料、拌和、导管浇注、水下检查等。

单位:100m³

项　　　目	单位	麻袋混凝土	水下封底混凝土
工　　　长	工时	149	98
高　级　工	工时	301	79
中　级　工	工时	869	313
初　级　工	工时	1676	1469
合　　　计	工时	2995	1959
混　凝　土　C20	m³	104	104
麻　袋　737×1092mm	条	2040	
其他材料费	%	0.5	0.5
搅　拌　机　0.4m³	台时	19.3	19.3
潜　水　衣　具	台时	82.5	9.5
木　　　船　20t	台时	41.5	37.4
钢　质　趸　船　35t	台时		16.2
其他机械费	%	4	4
编　　　号		90011	90012

九－5 截流体填筑

工作内容:装、运、抛投、现场清理等。

单位:100m³ 抛投方

项 目	单位	数 量
工 长	工时	5
高 级 工	工时	6
中 级 工	工时	43
初 级 工	工时	54
合 计	工时	108
大 块 石	m³	92
混凝土截流体	m³	13
其他材料费	%	4
挖 掘 机 4m³	台时	0.7
推 土 机 132kW	台时	0.7
自 卸 汽 车 20t	台时	3.2
其他机械费	%	8
预制混凝土运输	m³	13
编 号		90013

九-6 公路基础

适用范围:路面底层。

工作内容:挖路槽、培路肩、基础材料的铺压等。

单位:1000m²

项　　　　目	单位	砂砾石		碎石		手摆块石	
		压　实　厚　度 （cm）					
		10	增减1	14	增减1	16	增减1
工　　　　长	工时	7	1	9	1	12	1
高　级　工	工时						
中　级　工	工时	130	14	171	14	235	16
初　级　工	工时	206	22	270	22	370	26
合　　　　计	工时	343	37	450	37	617	43
砂　砾　石	m³	122	12				
碎　　　石	m³			179	13	41	3
块　　　石	m³					163	10
其他材料费	%	0.5		0.5		0.5	
内燃压路机　12～15t	台时	7.8		9.5		9.1	
其他机械费	%	1		1		1	
编　　　　号		90014	90015	90016	90017	90018	90019

九－7 公路路面

适用范围:公路面层。

工作内容:泥结碎石:铺料、制浆、灌浆、碾压、铺磨耗层及保护层。

沥青碎石:沥青加热、洒布、铺料、碾压、铺保护层。

沥青混凝土:沥青及骨料加热、配料、拌和、运输、摊铺碾压等。

水泥混凝土:模板制安、混凝土配料、拌和、运输、浇筑、振捣、养护等。

单位:1000m²

项 目	单位	泥结碎石		沥青碎石		沥青混凝土		水泥混凝土	
		压 实 厚 度 (cm)							
		20	增减 1	8	增减 1	6	增减 1	15	增减 1
工 长	工时	14	1	13	1	19	3	49	2
高 级 工	工时								
中 级 工	工时	179	8	162	17	241	40	606	30
初 级 工	工时	292	14	263	29	391	65	983	47
合 计	工时	485	23	438	47	651	108	1638	79
砂	m³			3.1		11	1.8		
碎 石	m³	234	12	136	18	62	10		
粘 土	m³	59	2.9						
沥 青	t			8.2	0.93	7	1.17		
混 凝 土	m³							153	10.2
石 屑	m³			23	2.8				
矿 粉	t					3	4.8		
锯 材	m³			0.12		0.1		0.23	0.01
其他材料费	%	0.5		2		3		1.5	
内燃压路机 12～15t	台时	10.3		16.5		7.7			
混凝土搅拌机 0.4m³	台时							24.7	1.9
混凝土搅拌机 强制式0.35m³	台时					13.4	2.3		
沥青洒布车 3500L	台时			9.3	0.5				
自卸汽车 8t	台时					10.3	1.7	25.8	1.7
其他机械费	%	2		5		5		5	
编 号		90020	90021	90022	90023	90024	90025	90026	90027

九-8 铁道铺设

工作内容:平整路基、铺道渣、钉钢轨、检查修整、组合试运行等。

单位:1km

项 目	单位	轨 距 (mm)				
		610		762		
		轨 重 (kg/m)				
		9	12	12	15	22
工 长	工时	104	140	152	163	189
高 级 工	工时					
中 级 工	工时	395	534	581	619	714
初 级 工	工时	1580	2133	2322	2475	2857
合 计	工时	2079	2807	3055	3257	3760
钢 轨	t	17.8	24.4	24.4	30.4	44.6
混凝土轨枕	m³	30.89	30.89	40.99	40.99	40.99
	根	1534	1534	1534	1534	1534
碎 石	m³	387	582	643	643	791
铁道附件	t	1.30	1.54	1.54	2.10	3.20
木 垫 板	m³	1.55	1.61	1.78	1.84	1.86
其他材料费	%	1	1	1	1	1
编 号		90028	90029	90030	90031	90032

续表

项 目	单位	轨 距 (mm)			1435
		1000			
		轨 重 (kg/m)			
		12	15	22	43
工 长	工时	169	179	218	774
高 级 工	工时				
中 级 工	工时	643	681	829	2939
初 级 工	工时	2571	2723	3317	11753
合 计	工时	3383	3583	4364	15466
钢 轨	t	24.4	30.4	44.6	89.3
混凝土轨枕	m³	51.09	51.09	51.09	228.77
	根	1534	1534	1534	1689
碎 石	m³	731	731	983	2002
铁道附件	t	1.54	2.10	3.20	21.03
木 垫 板	m³	2.06	2.12	2.14	2.27
其他材料费	%	1	1	1	2
编 号		90033	90034	90035	90036

九-9 铁道移设

工作内容:旧轨拆除、修整配套、铺碎石、钉钢轨、检查修整、组合试运行等。

单位:1km

项　　　目	单位	轨　　距　(mm)				
		610		762		
		轨　　重　(kg/m)				
		9	12	12	15	22
工　　　长	工时	137	201	219	227	267
高　级　工	工时					
中　级　工	工时	659	962	1053	1090	1280
初　级　工	工时	1949	2848	3114	3223	3789
合　　　计	工时	2745	4011	4386	4540	5336
钢　　　轨	t	0.18	0.24	0.24	0.30	0.45
混凝土轨枕	m³	3	3	5	5	5
	根	197	197	197	197	197
碎　　　石	m³	144	176	195	195	200
铁道附件	t	0.42	0.43	0.43	0.47	0.50
木　垫　板	m³	0.19	0.19	0.19	0.19	0.19
其他材料费	%	1	1	1	1	1
编　　　　　号		90037	90038	90039	90040	90041

续表

项　　　目	单位	轨　　距　(mm)			
		1000			1435
		轨　　重　(kg/m)			
		12	15	22	43
工　　　长	工时	243	251	311	1122
高　级　工	工时				
中　级　工	工时	1168	1207	1495	5382
初　级　工	工时	3457	3570	4421	15922
合　　　计	工时	4868	5028	6227	22426
钢　　　轨	t	0.24	0.30	0.45	0.49
混凝土轨枕	m³	7	7	7	14
	根	197	197	197	217
碎　　　石	m³	218	218	222	450
铁道附件	t	0.43	0.47	0.50	1.30
木　垫　板	m³	0.19	0.19	0.19	0.21
其他材料费	%	1	1	1	2
编　　　　　号		90042	90043	90044	90045

九－10 铁道拆除

工作内容:旧轨拆除、材料堆码及清理。

单位:1km

项　　　目	单位	轨　距　(mm)				
		610		762		
		轨　重　(kg/m)				
		9	12	12	15	22
工　　　长	工时	8	10	11	12	14
高　级　工	工时					
中　级　工	工时	77	104	90	96	111
初　级　工	工时	69	94	125	133	152
合　　　计	工时	154	208	226	241	277
编　　　号		90046	90047	90048	90049	90050

续表

项　　　目	单位	轨　距　(mm)			
		1000			1435
		轨　重　(kg/m)			
		12	15	22	43
工　　　长	工时	12	13	16	75
高　级　工	工时				
中　级　工	工时	100	106	129	602
初　级　工	工时	137	145	179	827
合　　　计	工时	249	264	324	1504
编　　　号		90051	90052	90053	90054

九－11　塑料薄膜铺设

适用范围：渠道、围堰防渗。

工作内容：场内运输、铺设、搭接。

单位：100m²

项　　目	单位	平铺	斜　　铺		
			边　　　坡		
			1:2.5	1:2.0	1:1.5
工　　　长	工时	1	1	1	1
高　级　工	工时				
中　级　工	工时	1	1	1	2
初　级　工	工时	6	7	8	9
合　　　计	工时	8	9	10	12
塑料薄膜	m²	113	113	113	113
其他材料费	%	1	1	1	1
编　　　　号		90055	90056	90057	90058

九－12　复合柔毡铺设

适用范围：渠道、土石坝、围堰防渗。

工作内容：场内运输、铺设、粘接。

单位：100m²

项　　目	单位	平铺	斜　　铺			
			边　　　坡			
			1:2.5	1:2.0	1:1.5	1:1.0
工　　　长	工时	1	1	1	1	1
高　级　工	工时					
中　级　工	工时	5	6	7	7	9
初　级　工	工时	19	22	23	27	33
合　　　计	工时	25	29	31	35	43
复合柔毡	m²	105	115	120	125	130
粘胶剂 XD－103	kg	5.0	5.5	6.0	6.3	6.5
其他材料费	%	4	4	4	4	4
编　　　　号		90059	90060	90061	90062	90063

注：斜铺各子目已包括防滑齿、固埋沟的柔毡铺设。

九-13 土工膜铺设

适用范围:土石堰体防渗。

工作内容:场内运输、铺设、粘接、岸边及底部连接。

单位:100m²

项　　　目	单位	平　铺	斜　　铺 边　　坡		
			1:2.5	1:2.0	1:1.5
工　　　长	工时	1	1	1	1
高　级　工	工时				
中　级　工	工时	8	9	10	11
初　级　工	工时	21	25	26	30
合　　　计	工时	30	35	37	42
复合土工膜	m²	106	106	106	106
工　程　胶	kg	2.0	2.0	2.0	2.0
其他材料费	%	4	4	4	4
编　　　号		90064	90065	90066	90067

九-14 土工布铺设

适用范围:土石坝、围堰的反滤层。

工作内容:场内运输、铺设、接缝(针缝)。

单位:100m²

项　　　目	单位	平　铺	斜　　铺 边　　坡		
			1:2.5	1:2.0	1:1.5
工　　　长	工时	1	1	1	1
高　级　工	工时				
中　级　工	工时	2	2	3	3
初　级　工	工时	10	12	12	14
合　　　计	工时	13	15	16	18
土　工　布	m²	107	107	107	107
其他材料费	%	2	2	2	2
编　　　号		90068	90069	90070	90071

九－15 人工铺草皮

工作内容：100m 以内搬运、铺植草皮、拍实、钉橛。

单位：100m²

项　　目	单位	数　　量
工　　长	工时	1
高　级　工	工时	
中　级　工	工时	
初　级　工	工时	37
合　　计	工时	38
草　　皮	m²	37
其他材料费	%	5
编　　号		90072

附录

附录1 土石方松实系数换算表

项目	自然方	松方	实方	码方
土　方	1	1.33	0.85	
石　方	1	1.53	1.31	
砂　方	1	1.07	0.94	
混合料	1	1.19	0.88	
块　石	1	1.75	1.43	1.67

注:1.松实系数是指土石料体积的比例关系。供一般土石方工程换算时参考;
　2.块石实方指堆石坝坝体方,块石松方即块石堆方。

附录2 一般工程土类分级表

土质级别	土质名称	自然湿容重（kg/m³）	外形特征	开挖方法
Ⅰ	1.砂　土 2.种植土	1650～1750	疏松,粘着力差或易透水,略有粘性	用锹或略加脚踩开挖
Ⅱ	1.壤　土 2.淤　泥 3.含壤种植土	1750～1850	开挖时能成块,并易打碎	用锹需用脚踩开挖
Ⅲ	1.粘　土 2.干燥黄土 3.干淤泥 4.含少量砾石粘土	1800～1950	粘手,看不见砂粒或干硬	用镐、三齿耙开挖或用锹需用力加脚踩开挖
Ⅳ	1.坚硬粘土 2.砾质粘土 3.含卵石粘土	1900～2100	土壤结构坚硬,将土分裂后成块状或含粘粒砾石较多	用镐、三齿耙工具开挖

附录 3 岩石类别分级表

岩石级别	岩石名称	实体岩石自然湿度时的平均容重 (kg/m³)	净凿时间 (min/m)			极限抗压强度 (kg/cm²)	强度系数 f
			用直径30mm合金钻头（工岩机打眼，作气压为4.5气压）	用直径30mm钻头，凿火钻机打眼（工岩机打眼，作气压为4.5气压）	用直径25mm钻杆，人工打眼		
1	2	3	4	5	6	7	8
V	1. 砂襄土及软的白垩岩 2. 硬的石炭纪的粘土 3. 胶结不紧实的砾岩 4. 各种不坚实的页岩	1500 1950 1900~2200 2000		≤3.5	≤30	≤200	1.5~2
VI	1. 软的有孔隙的节理多的石灰岩及贝壳状石灰岩 2. 密实的白垩 3. 中等坚实的页岩 4. 中等坚实的泥灰岩	2200 2600 2700 2300		4 (3.5~4.5)	45 (30~60)	200~400	2~4

岩石级别	岩　石　名　称	实体岩石自然湿度时的平均容重 (kg/m³)	净　占　时　间　(min/m)			极限抗压强度 (kg/cm²)	强度系数 f
			用直径30mm合金钻头,凿岩机打眼(工作气压为4.5气压)	用直径30mm淬火钻头,凿岩机打眼(工作气压为4.5气压)	用直径25mm钻杆,人工单人打眼		
1	2	3	4	5	6	7	8
Ⅶ	1. 水成岩卵石经石灰质胶结而成的砾石 2. 风化的节理多的粘土质砂岩 3. 坚硬的泥质页岩 4. 坚实的泥灰岩	2200 2200 2800 2500	6.8 (5.7~7.7)	6 (4.5~7)	78 (61~95)	400~600	4~6
Ⅷ	1. 角砾状花岗岩 2. 泥灰质石灰岩 3. 粘土质砂岩 4. 云母页岩及砂质页岩 5. 硬石膏	2300 2300 2200 2300 2900		8.5 (7.1~10)	115 (96~135)	600~800	6~8

岩石级别	岩 石 名 称	实体岩石自然湿度时的平均容重 (kg/m³)	净 占 时 间 (min/m)			极限抗压强度 (kg/cm²)	强度系数 f
			用直径30mm合金钻头、岩机打眼（工作气压为4.5气压）	用直径30mm钻头、爆火岩机打眼（工作气压为4.5气压）	用直径25mm钻杆、人工打眼（工人打眼）		
1	2	3	4	5	6	7	8
Ⅸ	1. 软的风化较甚的花岗岩、片麻岩及正常岩	2500	8.5 (7.8~9.2)	11.5 (10.1~13)	157 (136~175)	800~1000	8~10
	2. 滑石质的蛇纹岩	2400					
	3. 密实的石灰岩	2500					
	4. 水成岩卵石经硅质胶结的砾岩	2500					
	5. 砂岩	2500					
	6. 砂质石灰质的页岩	2500					
Ⅹ	1. 白云岩	2700	10 (9.3~10.8)	15 (13.1~17)	195 (176~215)	1000~1200	10~12
	2. 坚实的石灰岩	2700					
	3. 大理石	2700					
	4. 石灰质胶结的质密的砂岩	2600					
	5. 坚硬的砂质页岩	2600					

岩石级别	岩石名称	实体岩石自然湿度时的平均容重 (kg/m³)	净凿时间 (min/m)			极限抗压强度 (kg/cm²)	强度系数 f
			用直径30mm合金钻头、凿岩机打眼(工作气压为4.5气压)	用直径30mm镶火钻头、凿岩机打眼(工作气压为4.5气压)	用直径25mm钻杆、凿岩、人工打眼(工人打眼)		
1	2	3	4	5	6	7	8
Ⅺ	1. 粗粒花岗岩 2. 特别坚实的白云岩 3. 蛇纹岩 4. 火成岩卵石经石灰质胶结的砾岩 5. 石灰质胶结的坚实的砂岩 6. 粗粒正长岩	2800 2900 2600 2800 2700 2700	11.2 (10.9~11.5)	18.5 (17.1~20)	240 (216~260)	1200~1400	12~14
Ⅻ	1. 有风化痕迹的安山岩及玄武岩 2. 片麻岩、粗面岩 3. 特别坚实的石灰岩 4. 火成岩卵石经硅质胶结之砾岩	2700 2600 2900 2600	12.2 (11.6~13.3)	22 (20.1~25)	290 (261~320)	1400~1600	14~16

岩石级别	岩石名称	实体岩石自然湿度时的平均容重 (kg/m³)	净凿时间 (min/m)			极限抗压强度 (kg/cm²)	强度系数 f
			用直径30mm合金钻头,凿岩机打眼(工作气压为4.5气压)	用直径30mm,爆火钻头,凿岩机打眼(工作气压为4.5气压)	用直径25mm钻杆,人工单人打眼(工人打眼作气压为4.5)		
1	2	3	4	5	6	7	8
XⅢ	1. 中粒花岗岩 2. 坚实的片麻岩 3. 辉绿岩 4. 玢岩 5. 坚实的粗面岩 6. 中粒正常岩	3100 2800 2700 2500 2800 2800	14.1 (13.4~14.8)	27.5 (25.1~30)	360 (321~400)	1600~ 1800	16~18
XⅣ	1. 特别坚实的细粒花岗岩 2. 花岗片麻岩 3. 闪长岩 4. 最坚实的石灰岩 5. 坚实的矽岩	3300 2900 2900 3100 2700	15.5 (14.9~18.2)	32.5 (30.1~40)		1800~ 2000	18~20

岩石级别	岩石名称	实体岩石自然湿度时的平均容重（kg/m³）	净占时间（min/m）			极限抗压强度（kg/cm²）	强度系数 f
			用直径30mm硬合金钻头，凿岩机打眼（工作气压为4.5气压）	用直径30mm凿火钻头，凿岩机打眼（工作气压为4.5气压）	用直径25mm钻杆，人工单人打眼（工人打眼）		
1	2	3	4	5	6	7	8
ХⅤ	1. 安山岩、玄武岩、坚实的角闪岩 2. 最坚实的辉绿岩及闪长岩 3. 坚实的辉长岩及石英岩	3100 2900 2800	20 (18.3～24)	46 (40.1～60)		2000～2500	20～25
ХⅥ	1. 钙钠长石质橄榄石质玄武岩 2. 特别坚实的辉长岩、辉绿岩、石英岩及斑岩	3300 3000	>24	>60		>2500	>25

附录4 河道疏浚

1.土、砂

土砂类别		土名状态	粒组、塑性图分类	
			符号	典型土、砂名称举例
泥土、粉细砂	I	流动淤泥	OH	中、高塑性有机粘土。
		液塑淤泥	OH	中、高塑性有机粘土。
	II	软塑淤泥	OL	低、中塑性有机粉土,有机粉粘土。
	III	可塑砂壤土	CL	低塑性粘土,砂质粘土,黄土。
		可塑壤土	CI	中塑性粘土,粉质粘土。
		可塑粘土	CH	高塑性粘土,肥粘土,膨胀土。
		松散粉、细砂	SM,SC,S-M,S-C	粉(粘)质土砂,微含粉(粘)质土砂。
	IV	硬塑砂壤土	CL	低塑性粘土,砂质粘土,黄土。
		硬塑壤土	CI	中塑性粘土,粉质粘土。
		中密粉细砂	SM,SC,S-M,S-C	粉(粘)质土砂,不良级配砂,粘(粉)土砂混合料。
	V	硬塑粘土	CH	高塑性粘土,肥粘土,膨胀土。
		密实粉、细砂	SM,SC,S-M,S-C	粉(粘)质土砂,不良级配砂,粘(粉)土砂混合料。
	VI	坚硬砂壤土	CL	砂质粘土,低塑性粘土,黄土。
		坚硬壤土	CI	中塑性粘土,粉质粘土。
	VII	坚硬粘土	CH	高塑性粘土,肥粘土,膨胀土。
		弱胶结砂礓土		
砂	中砂	松散中砂	SM,SC,SP	粉(粘)质土砂,砂、粉(粘)土混合料,不良级配砂。
		中密中砂	SM,SC,SW,SP	粉(粘)质土砂,良好(不良)级配砂。
		紧密中砂(含铁板砂)	SM(C),SW(P) GM(C),G-M(C)	粉(粘)质土砂,良好(不良)级配砂,粉(粘)质土砾,砾、砂、粉(粘)土混合料,砾质砂。
	粗砂	松散粗砂	SM,SC,SP	粉(粘)土砂,砂、粉(粘)土混合料,不良级配砂。
		中密粗砂	SM,SC,SW	粉(粘)质土砂,砂、粉(粘)土混合料,良好级配砂。
		紧密粗砂(含铁板砂)	SM(C),SW(P) GM(C),G-M(C)	粉(粘)质土砂,良好(不良)级配砂,微含粉(粘)质土砾,砾、砂、粉(粘)土混合料,砾质砂。

工程分级表

分级表

贯入击数 $N_{63.5}$	锥体沉入土中深度 h (mm)	饱和密度 Pt (g/cm³)	液性指数 I_L	相对密度 Dr	粒径 (mm)	含量占权重 (%)	附着力 F (g/cm²)
0	>10	≤1.55	≥1.50				
≤2	>10	1.55~1.70	1.50~1.00				
≤4	7~10	1.8	1.00~0.75				
5~8	3~7	>1.80	0.75~0.25				
5~8	3~7	>1.80	0.75~0.25				
5~8	3~7	>1.80	0.75~0.25				<100
≤4		1.9		0~0.33	0.05~0.25		
9~14	2~3	1.85~1.90	0.25~0				<100
9~14	2~3	1.85~1.90	0.25~0				<100
5~10		1.9		0.33~0.67	0.05~0.25		
9~14	2~3	1.85~1.90	0.25~0				>250
10~30		2		0.67~1.0	0.05~0.25		
15~30	<2	1.90~1.95	<0				<100
15~30	<2	1.90~2.00	<0				<100
15~30	<2	1.90~2.00	<0				>250
15~31							
0~15		2		0~0.33	0.25~0.50	>50	
15~30		2.05		0.33~0.67	0.25~0.50	>50	
30~50		>2.05		0.67~1.00	0.25~0.50	>50	
0~15		2		0~0.33	0.5~2.0	>50	
15~30		2.05		0.33~0.67	0.5~2.0	>50	
30~50		>2.05		0.67~1.00	0.5~2.0	>50	

2.水力冲挖机组土类划分表

土类		土类名称	自然容重（kg/m³）	外 形 特 征	开挖方法
I	1	稀淤	1500～1800	含水饱和,搅动即成糊状	不成锹,用桶装运
	2	流砂		含水饱和,能缓缓流动,挖而复涨	
II	1	砂土	1650～1750	颗粒较粗,无凝聚性和可塑性,空隙大,易透水	用铁锹开挖
	2	砂壤土		土质松软,由砂与壤土组成,易成浆	
III	1	烂淤	1700～1850	行走陷足,粘锹粘筐	用铁锹或长苗大锹开挖
	2	壤土		手触感觉有砂的成分,可塑性好	
	3	含根种植土		有植物根系,能成块,易打碎	
IV	1	粘土	1750～1900	颗粒较细,粘手滑腻,能压成块	用三齿叉橇挖
	2	干燥黄土		粘手,看不见砂粒	
	3	干淤土		水分在饱和点以下,质软易挖	

附录 5 岩石十二类分级与十六类分级对照表

十 二 类 分 级			十 六 类 分 级		
岩石级别	可钻性 (m/h)	一次提钻长度 (m)	岩石级别	可钻性 (m/h)	一次提钻长度 (m)
Ⅳ	1.6	1.7	Ⅴ	1.6	1.7
Ⅴ	1.15	1.5	Ⅵ Ⅶ	1.2 1.0	1.5 1.4
Ⅵ	0.82	1.3	Ⅷ	0.85	1.3
Ⅶ	0.57	1.1	Ⅸ Ⅹ	0.72 0.55	1.2 1.1
Ⅷ	0.38	0.85	Ⅺ	0.38	0.85
Ⅸ	0.25	0.65	ⅩⅡ	0.25	0.65
Ⅹ	0.15	0.5	ⅩⅢ ⅩⅣ	0.18 0.13	0.55 0.40
Ⅺ	0.09	0.32	ⅩⅤ	0.09	0.32
ⅩⅡ	0.045	0.16	ⅩⅥ	0.045	0.16

附录6　钻机钻孔工程地层分类与特征表

地层名称	特　　　　　　　　征
1. 粘　　土	塑性指数＞17,人工回填压实或天然的粘土层,包括粘土含石
2. 砂 壤 土	1＜塑性指数≤17,人工回填压实或天然的砂壤土层。包括土砂、壤土、砂土互层、壤土含石和砂土
3. 淤　　泥	包括天然孔隙比＞1.5时的淤泥和天然孔隙比＞1并且≤1.5的粘土和亚粘土
4. 粉 细 砂	d_{50}≤0.25mm,塑性指数≤1,包括粉砂、粉细砂含石
5. 中 粗 砂	d_{50}＞0.25mm,并且≤2mm,包括中粗砂含石
6. 砾　　石	粒径2～20mm的颗粒,占全重50%的地层,包括砂砾石和砂砾
7. 卵　　石	粒径20～200mm的颗粒,占全重50%的地层,包括砂砾卵石
8. 漂　　石	粒径200～800mm的颗粒,占全重50%的地层,包括漂卵石
9. 混 凝 土	指水下浇筑,龄期不超过28天的防渗墙接头混凝土
10. 基　　岩	指全风化、强风化、弱风化的岩石
11. 孤　　石	粒径＞800mm需作专项处理,处理后的孤石按基岩定额计算

注:1、2、3、4、5项包括≤50%含石量的地层。

附录7 混凝土、砂浆配合比及材料用量表

1.混凝土配合比有关说明

(1)除碾压混凝土材料配合参考表外,水泥混凝土强度等级均以28d龄期用标准试验方法测得的具有95%保证率的抗压强度标准值确定,如设计龄期超过28d,按表7-1系数换算。计算结果如介于两种强度等级之间时,应选用高一级的强度等级。

表 7-1

设计龄期(d)	28	60	90	180
强度等级折合系数	1.00	0.83	0.77	0.71

(2)混凝土配合比表系卵石、粗砂混凝土,如改用碎石或中、细砂,按表7-2系数换算。

表 7-2

项 目	水 泥	砂	石 子	水
卵石换为碎石	1.10	1.10	1.06	1.10
粗砂换为中砂	1.07	0.98	0.98	1.07
粗砂换为细砂	1.10	0.96	0.97	1.10
粗砂换为特细砂	1.16	0.90	0.95	1.16

注:水泥按重量计,砂、石子、水按体积计。

(3)混凝土细骨料的划分标准为:

细度模数3.19～3.85(或平均粒径1.2～2.5mm)为粗砂;

细度模数2.5～3.19(或平均粒径0.6～1.2mm)为中砂;

细度模数1.78～2.5(或平均粒径0.3～0.6mm)为细砂;

细度模数0.9～1.78(或平均粒径0.15～0.3mm)为特细砂。

(4)埋块石混凝土,应按配合比表的材料用量,扣除埋块石实体的数量计算。

① 埋块石混凝土材料量＝配合表列材料用量×（1－埋块石量%）

1块石实体方＝1.67 码方

② 因埋块石增加的人工见表 7-3。

表 7-3

埋 块 石 率 （%）	5	10	15	20
每 100m³ 埋块石混凝土增加人工工时	24.0	32.0	42.4	56.8

注：不包括块石运输及影响浇筑的工时。

（5）有抗渗抗冻要求时，按表 7-4 水灰比选用混凝土强度等级。

表 7-4

抗渗等级	一般水灰比	抗冻等级	一般水灰比
W4	0.60～0.65	F50	<0.58
W6	0.55～0.60	F100	<0.55
W8	0.50～0.55	F150	<0.52
W12	<0.50	F200	<0.50
		F300	<0.45

（6）除碾压混凝土材料配合参考表外，混凝土配合表的预算量包括场内运输及操作损耗在内。不包括搅拌后（熟料）的运输和浇筑损耗，搅拌后的运输和浇筑损耗已根据不同浇筑部位计入定额内。

（7）水泥用量按机械拌和拟定，若系人工拌和水泥用量增加5%。

(8)按照国际标准(ISO3893)的规定,且为了与其他规范相协调,将原规范混凝土及砂浆标号的名称改为混凝土或砂浆强度等级。新强度等级与原标号对照见表 7-5 和表 7-6。

表 7-5 混凝土新强度等级与原标号对照

原用标号(kgf/cm²)	100	150	200	250	300	350	400
新强度等级 C	C9	C14	C19	C24	C29.5	C35	C40

表 7-6 砂浆新强度等级与原标号对照

原用标号(kgf/cm²)	30	50	75	100	125	150	200	250	300	350	400
新强度等级 M	M3	M5	M7.5	M10	M12.5	M15	M20	M25	M30	M35	M40

2.纯混凝土材料配合比及材料用量

纯混凝土材料配合比及材料用量见表 7-7。

3.掺外加剂混凝土材料配合比及材料用量

掺外加剂混凝土材料配合比及材料用量见表 7-8。

4.掺粉煤灰混凝土材料配合比及材料用量

掺粉煤灰混凝土材料配合比及材料用量见表 7-9～表 7-11。

5.碾压混凝土材料配合

碾压混凝土材料配合参考表见表 7-12。

6.泵用混凝土材料配合

泵用混凝土材料配合表见表 7-13、表 7-14。

7.水泥砂浆材料配合

水泥砂浆材料配合表见表 7-15。

8.水泥强度等级换算

水泥强度等级换算系数参考值见表 7-16。

表 7-7 纯混凝土材料配合比及材料用量

单位：m³

序号	混凝土强度等级	水泥强度等级	水灰比	级配	最大粒径 (mm)	配 合 比 水泥	砂	石子	预 算 水泥 (kg)	粗 砂 (kg)	砂 (m³)	卵石 (kg)	石 量 (m³)	水 (m³)
1	C10	32.5	0.75	1	20	1	3.69	5.05	237	877	0.58	1218	0.72	0.170
				2	40	1	3.92	6.45	208	819	0.55	1360	0.79	0.150
				3	80	1	3.78	9.33	172	653	0.44	1630	0.95	0.125
				4	150	1	3.64	11.65	152	555	0.37	1792	1.05	0.110
2	C15	32.5	0.65	1	20	1	3.15	4.41	270	853	0.57	1206	0.70	0.170
				2	40	1	3.20	5.57	242	777	0.52	1367	0.81	0.150
				3	80	1	3.09	8.03	201	623	0.42	1635	0.96	0.125
				4	150	1	2.92	9.89	179	527	0.36	1799	1.06	0.110
3	C20	32.5	0.55	1	20	1	2.48	3.78	321	798	0.54	1227	0.72	0.170
				2	40	1	2.53	4.72	289	733	0.49	1382	0.81	0.150
				3	80	1	2.49	6.80	238	594	0.40	1637	0.96	0.125
				4	150	1	2.38	8.55	208	498	0.34	1803	1.06	0.110
		42.5	0.60	1	20	1	2.80	4.08	294	827	0.56	1218	0.71	0.170
				2	40	1	2.89	5.20	261	757	0.51	1376	0.81	0.150
				3	80	1	2.82	7.37	218	618	0.42	1627	0.95	0.125
				4	150	1	2.73	9.29	191	522	0.35	1791	1.05	0.110

序号	混凝土强度等级	水泥强度等级	水灰比	级配	最大粒径(mm)	配合比 水泥	配合比 砂	配合比 石子	预算量 水泥(kg)	预算量 砂 粗(kg)	预算量 砂 (m³)	预算量 石 卵(kg)	预算量 石 (m³)	预算量 水(m³)
4	C25	32.5	0.50	1	20	1	2.10	3.50	353	744	0.50	1250	0.73	0.170
				2	40	1	2.25	4.43	310	699	0.47	1389	0.81	0.150
				3	80	1	2.16	6.23	260	565	0.38	1644	0.96	0.125
				4	150	1	2.04	7.78	230	471	0.32	1812	1.06	0.110
		42.5	0.55	1	20	1	2.48	3.78	321	798	0.54	1227	0.72	0.170
				2	40	1	2.53	4.72	289	733	0.49	1382	0.81	0.150
				3	80	1	2.49	6.80	238	594	0.40	1637	0.96	0.125
				4	150	1	2.38	8.55	208	498	0.34	1803	1.06	0.110
5	C30	32.5	0.45	1	20	1	1.85	3.14	389	723	0.48	1242	0.73	0.170
				2	40	1	1.97	3.98	343	678	0.45	1387	0.81	0.150
				3	80	1	1.88	5.64	288	542	0.36	1645	0.96	0.125
				4	150	1	1.77	7.09	253	448	0.30	1817	1.06	0.110
		42.5	0.50	1	20	1	2.10	3.50	353	744	0.50	1250	0.73	0.170
				2	40	1	2.25	4.43	310	699	0.47	1389	0.81	0.150
				3	80	1	2.16	6.23	260	565	0.38	1644	0.96	0.125
				4	150	1	2.04	7.78	230	471	0.32	1812	1.06	0.110

序号	混凝土强度等级	水泥强度等级	水灰比	级配	最大粒径(mm)	配合比 水泥	砂	石子	水泥(kg)	预算量 粗砂(kg)	砂(m³)	卵石(kg)	石(m³)	水(m³)
6	C35	32.5	0.40	1	20	1	1.57	2.80	436	689	0.46	1237	0.72	0.170
				2	40	1	1.77	3.44	384	685	0.46	1343	0.79	0.150
				3	80	1	1.53	5.12	321	493	0.33	1666	0.97	0.125
				4	150	1	1.49	6.35	282	422	0.28	1816	1.06	0.110
		42.5	0.45	1	20	1	1.85	3.14	389	723	0.48	1242	0.73	0.170
				2	40	1	1.97	3.98	343	678	0.45	1387	0.81	0.150
				3	80	1	1.88	5.64	288	542	0.36	1645	0.96	0.125
				4	150	1	1.77	7.09	253	448	0.30	1817	1.06	0.110
7	C40	42.5	0.40	1	20	1	1.57	2.80	436	689	0.46	1237	0.72	0.170
				2	40	1	1.77	3.44	384	685	0.46	1343	0.79	0.150
				3	80	1	1.53	5.12	321	493	0.33	1666	0.97	0.125
				4	150	1	1.49	6.35	282	422	0.28	1816	1.06	0.110
8	C45	42.5	0.34	2	40	1	1.13	3.28	456	520	0.35	1518	0.89	0.125

表 7-8

掺外加剂混凝土材料配合比及材料用量

单位:m³

序号	混凝土强度等级	水泥强度等级	水灰比	级配	最大粒径(mm)	配合比			预算量						
						水泥	砂	石子	水泥(kg)	粗(kg)	砂(m³)	卵石(kg)	石(m³)	外加剂(kg)	水(m³)
1	C10	32.5	0.75	1	20	1	4.14	5.69	213	887	0.59	1230	0.72	0.43	0.170
				2	40	1	4.18	7.19	188	826	0.55	1372	0.80	0.38	0.150
				3	80	1	4.17	10.31	157	658	0.44	1642	0.96	0.32	0.125
				4	150	1	3.84	12.78	139	560	0.38	1803	1.05	0.28	0.110
2	C15	32.5	0.65	1	20	1	3.44	4.81	250	865	0.58	1221	0.71	0.50	0.170
				2	40	1	3.57	6.19	220	790	0.53	1382	0.81	0.45	0.150
				3	80	1	3.46	8.98	181	630	0.42	1649	0.96	0.37	0.125
				4	150	1	3.30	11.15	160	530	0.36	1811	1.06	0.32	0.110
3	C20	32.5	0.55	1	20	1	2.78	4.24	290	810	0.54	1245	0.73	0.58	0.170
				2	40	1	2.92	5.44	254	743	0.50	1400	0.82	0.52	0.150
				3	80	1	2.80	7.70	212	596	0.40	1654	0.97	0.43	0.125
				4	150	1	2.66	9.52	188	503	0.34	1817	1.06	0.38	0.110
		42.5	0.60	1	20	1	3.16	4.61	264	839	0.56	1235	0.72	0.53	0.170
				2	40	1	3.26	5.86	234	767	0.52	1392	0.81	0.47	0.150
				3	80	1	3.19	8.29	195	624	0.42	1641	0.96	0.39	0.125
				4	150	1	3.11	10.56	171	527	0.36	1806	1.05	0.35	0.110

序号	混凝土强度等级	水泥强度等级	水灰比	级配	最大粒径(mm)	配合比			预算量					
						水泥	砂	石子	水泥(kg)	粗砂(kg)	砂(m³)	卵石(kg)	石(m³)	外加剂(kg)	水(m³)
4	C25	32.5	0.50	1	20	1	2.36	3.92	320	757	0.51	1270	0.74	0.64	0.170
				2	40	1	2.50	4.93	282	709	0.48	1410	0.82	0.56	0.150
				3	80	1	2.44	7.02	234	572	0.38	1664	0.97	0.47	0.125
				4	150	1	2.27	8.74	207	479	0.32	1831	1.07	0.42	0.110
		42.5	0.55	1	20	1	2.78	4.24	290	810	0.54	1245	0.73	0.58	0.170
				2	40	1	2.92	5.44	254	743	0.50	1400	0.82	0.52	0.150
				3	80	1	2.80	7.70	212	596	0.40	1654	0.97	0.43	0.125
				4	150	1	2.66	9.52	188	503	0.34	1817	1.06	0.38	0.110
5	C30	32.5	0.45	1	20	1	2.12	3.62	348	736	0.49	1269	0.74	0.71	0.170
				2	40	1	2.23	4.53	307	689	0.46	1411	0.83	0.62	0.150
				3	80	1	2.13	6.39	257	549	0.37	1667	0.97	0.52	0.125
				4	150	1	2.00	8.04	225	453	0.30	1837	1.07	0.46	0.110
		42.5	0.50	1	20	1	2.36	3.92	320	757	0.51	1270	0.74	0.64	0.170
				2	40	1	2.50	4.93	282	709	0.48	1410	0.82	0.56	0.150
				3	80	1	2.44	7.02	234	572	0.38	1664	0.97	0.47	0.125
				4	150	1	2.27	8.74	207	479	0.32	1831	1.07	0.42	0.110

序号	混凝土强度等级	水泥强度等级	水灰比	级配	最大粒径(mm)	配合比 水泥	配合比 砂	配合比 石子	预算量 水泥(kg)	预算量 粗砂(kg)	预算量 砂(m³)	预算量 卵石(kg)	预算量 石(m³)	外加剂(kg)	水(m³)
6	C35	32.5	0.40	1	20	1	1.79	3.18	392	705	0.47	1265	0.74	0.78	0.170
				2	40	1	2.01	3.90	346	698	0.47	1368	0.80	0.69	0.150
				3	80	1	1.72	5.77	289	500	0.33	1691	0.99	0.58	0.125
				4	150	1	1.68	7.17	254	427	0.28	1839	1.08	0.51	0.110
		42.5	0.45	1	20	1	2.12	3.62	348	736	0.49	1269	0.74	0.71	0.170
				2	40	1	2.23	4.53	307	689	0.46	1411	0.83	0.62	0.150
				3	80	1	2.13	6.39	257	549	0.37	1667	0.97	0.52	0.125
				4	150	1	2.00	8.04	225	453	0.30	1837	1.07	0.46	0.110
7	C40	42.5	0.40	1	20	1	1.79	3.18	392	705	0.47	1265	0.74	0.78	0.170
				2	40	1	2.01	3.90	346	698	0.47	1368	0.80	0.69	0.150
				3	80	1	1.72	5.77	289	500	0.33	1691	0.99	0.58	0.125
				4	150	1	1.68	7.17	254	427	0.28	1839	1.08	0.51	0.110
8	C45	42.5	0.34	2	40	1	1.29	3.73	410	532	0.35	1552	0.91	0.82	0.125

表 7-9

掺粉煤灰混凝土材料配合表

(掺粉煤灰量 20%，取代系数 1.3)

单位：m³

序号	混凝土强度等级	水泥强度等级	水灰比	级配	最大粒径(mm)	配合比 水泥	配合比 粉煤灰	配合比 砂	配合比 石子	预算 水泥(kg)	预算 粉煤灰(kg)	预算 粗砂(kg)	预算 砂(m³)	预算 卵石(kg)	预算 石(m³)	外加剂(kg)	水量(m³)
1	C10	32.5	0.75	3	80	1	0.325	4.65	11.47	139	45	650	0.44	1621	0.95	0.28	0.125
				4	150	1	0.325	4.50	14.42	122	40	551	0.37	1784	1.05	0.25	0.110
2	C15	32.5	0.65	3	80	1	0.325	3.86	10.03	160	53	620	0.42	1627	0.96	0.33	0.125
				4	150	1	0.325	3.71	12.57	140	47	523	0.35	1791	1.05	0.29	0.110
3	C20	32.5	0.55	3	80	1	0.325	3.10	8.44	190	63	589	0.40	1623	0.96	0.38	0.125
				4	150	1	0.325	2.93	10.50	168	56	495	0.33	1791	1.05	0.34	0.110
		42.5	0.60	3	80	1	0.325	3.54	9.21	173	58	616	0.42	1618	0.95	0.35	0.125
				4	150	1	0.325	3.40	11.58	152	51	519	0.35	1781	1.05	0.31	0.110

表7-10

掺粉煤灰混凝土材料配合表
(掺粉煤灰量 25%,取代系数 1.3)

单位:m³

序号	混凝土强度等级	水泥强度等级	水灰比	级配	最大粒径(mm)	配合比 水泥	配合比 粉煤灰	配合比 砂	配合比 石子	预算量 水泥(kg)	预算量 粉煤灰(kg)	预算量 砂(kg)	预算量 砂(m³)	预算量 卵石(kg)	预算量 石(m³)	预算量 外加剂(kg)	预算量 水(m³)
1	C10	32.5	0.75	3	80	1	0.433	4.96	12.38	131	57	650	0.44	1621	0.95	0.27	0.125
				4	150	1	0.433	4.79	15.51	115	50	551	0.36	1784	1.04	0.24	0.110
2	C15	32.5	0.65	3	80	1	0.433	4.13	10.82	150	66	620	0.42	1624	0.96	0.31	0.125
				4	150	1	0.433	3.98	13.54	132	58	525	0.34	1788	1.05	0.27	0.110
3	C20	32.5	0.55	3	80	1	0.433	3.31	9.11	178	79	590	0.40	1622	0.95	0.36	0.125
				4	150	1	0.433	3.18	11.45	156	69	495	0.32	1787	1.05	0.32	0.110
		42.5	0.60	3	80	1	0.433	3.78	9.92	163	71	615	0.42	1617	0.95	0.33	0.125
				4	150	1	0.433	3.62	12.44	143	63	517	0.35	1780	1.05	0.29	0.110

掺粉煤灰混凝土材料配合表

表 7-11

（掺粉煤灰量 30%，取代系数 1.3）

单位：m³

序号	混凝土强度等级	水泥强度等级	水灰比	级配	最大粒径(mm)	配合比 水泥	粉煤灰	砂	石子	预算量 水泥(kg)	粉煤灰(kg)	粗(kg)	砂(m³)	卵(kg)	石(m³)	外加剂(kg)	水(m³)
1	C10	32.5	0.75	3	80	1	0.557	5.30	13.09	122	69	649	0.44	1619	0.95	0.25	0.125
				4	150	1	0.557	5.10	16.32	108	61	551	0.37	1781	1.05	0.22	0.110
2	C15	32.5	0.65	3	80	1	0.557	4.39	11.39	140	80	619	0.42	1622	0.95	0.28	0.125
				4	150	1	0.557	4.20	14.20	124	70	522	0.35	1786	1.05	0.25	0.110
3	C20	32.5	0.55	3	80	1	0.557	3.54	9.61	166	95	590	0.40	1618	0.95	0.34	0.125
				4	150	1	0.557	3.34	11.93	148	83	495	0.33	1786	1.05	0.30	0.110
		42.5	0.60	3	80	1	0.557	3.97	10.33	154	86	613	0.42	1612	0.95	0.31	0.125
				4	150	1	0.557	3.84	13.11	134	76	518	0.35	1778	1.04	0.27	0.110

单位：kg/m³

表7-12　碾压混凝土材料配合参考表

序号	龄期(d)	混凝土强度等级	水泥强度等级	水胶比	砂率(%)	水泥	粉煤灰	水	砂	石子	外加剂	备注
1	90	C10	42.5	0.61	34	46	107	93	761	1500	0.380	江垭资料,人工砂石料
2	90	C15	42.5	0.58	33	64	96	93	738	1520	0.400	江垭资料,人工砂石料
3	90	C20	42.5	0.53	36	87	107	103	783	1413	0.490	江垭资料,人工砂石料
4	90	C10	32.5	0.60	35	63	87	90	765	1453	0.387	汾河二库资料,人工砂石料
5	90	C20	32.5	0.55	36	83	84	92	801	1423	0.511	汾河二库资料,人工砂石料
6	90	C20	32.5	0.50	36	132	56	94	777	1383	0.812	汾河二库资料,天然砂人工骨料
7	90	C10	32.5	0.56	33	60	101	90	726	1473	0.369	汾河二库资料,天然砂人工骨料
8	90	C20	32.5	0.50	36	104	86	95	769	1396	0.636	汾河二库资料,天然砂人工骨料
9	90	C20	32.5	0.45	35	127	84	95	743	1381	0.779	汾河二库资料,天然砂人工骨料
10	90	C15	42.5	0.55	30	72	58	71	649	1554	0.871	白石水库资料,天然细骨料,人工粗骨料,砂用量中含石粉
11	90	C15	42.5	0.58	29	91	39	75	652	1609	0.325	观音阁资料,天然砂石料

单位：kg/m³

序号	龄期(d)	混凝土强度等级	水泥强度等级	水胶比	砂率(%)	水泥	磷矿渣及凝灰岩	水	砂	石子	外加剂	备注
1	90	C15	42.5	0.50	35	67	101	84	798	1521	1.344	大朝山资料,人工砂石料
2	90	C20	42.5	0.50	38	94	94	94	850	1423	1.504	大朝山资料,人工砂石料

注：碾压混凝土材料配合参考表中材料用量不包括场内运输及拌制损耗在内，实际运用过程中损耗率可采用：水泥2.5%、砂3%、石子4%。

表 7-13　　　泵用纯混凝土材料配合表

单位:m³

序号	混凝土强度等级	水泥强度等级	水灰比	级配	最大粒径(mm)	配合比 水泥	配合比 砂	配合比 石子	预算量 水泥(kg)	预算量 粗砂(kg)	预算量 粗砂(m³)	预算量 卵石(kg)	预算量 卵石(m³)	水(m³)
1	C15	32.5	0.63	1	20	1	2.97	3.11	320	951	0.64	970	0.66	0.192
				2	40	1	3.05	4.29	280	858	0.58	1171	0.78	0.166
2	C20	32.5	0.51	1	20	1	2.30	2.45	394	910	0.61	979	0.67	0.193
				2	40	1	2.35	3.38	347	820	0.55	1194	0.80	0.161
3	C25	32.5	0.44	1	20	1	1.88	2.04	461	872	0.58	955	0.66	0.195
				2	40	1	1.95	2.83	408	800	0.53	1169	0.79	0.173

表 7-14

泵用掺外加剂混凝土材料配合表

单位:m³

序号	混凝土强度等级	水泥强度等级	水灰比	级配	最大粒径(mm)	配合比 水泥	配合比 砂	配合比 石子	水泥(kg)	预算量 粗砂(kg)	预算量 粗砂(m³)	预算量 卵石(kg)	预算量 卵石(m³)	外加剂(kg)	水(m³)
1	C15	32.5	0.63	1	20	1	3.28	3.35	290	957	0.65	987	0.67	0.58	0.192
				2	40	1	3.38	4.63	253	860	0.59	1188	0.79	0.50	0.166
2	C20	32.5	0.51	1	20	1	2.61	2.77	355	930	0.62	999	0.68	0.71	0.193
				2	40	1	2.61	3.78	317	831	0.56	1214	0.81	0.62	0.161
3	C25	32.5	0.44	1	20	1	2.15	2.32	415	895	0.60	980	0.68	0.83	0.195
				2	40	1	2.22	3.21	366	816	0.54	1191	0.81	0.73	0.173

表 7-15 水泥砂浆材料配合表

(1)砌筑砂浆

单位:m³

砂浆类别	砂浆强度等级	水泥(kg) 32.5	砂(m³)	水(m³)
水泥砂浆	M5	211	1.13	0.127
	M7.5	261	1.11	0.157
	M10	305	1.10	0.183
	M12.5	352	1.08	0.211
	M15	405	1.07	0.243
	M20	457	1.06	0.274
	M25	522	1.05	0.313
	M30	606	0.99	0.364
	M40	740	0.97	0.444

(2)接缝砂浆

单位:m³

序号	砂浆强度等级	体积配合比		矿渣大坝水泥		纯大坝水泥		砂(m³)	水(m³)
		水泥	砂	强度等级	数量(kg)	强度等级	数量(kg)		
1	M10	1	3.1	32.5	406			1.08	0.270
2	M15	1	2.6	32.5	469			1.05	0.270
3	M20	1	2.1	32.5	554			1.00	0.270
4	M25	1	1.9	32.5	633			0.94	0.270
5	M30	1	1.8			42.5	625	0.98	0.266
6	M35	1	1.5			42.5	730	0.93	0.266
7	M40	1	1.3			42.5	789	0.90	0.266

表 7-16   **水泥强度等级换算系数参考表**

代换强度等级 原强度等级	32.5	42.5	52.5
32.5	1.00	0.86	0.76
42.5	1.16	1.00	0.88
52.5	1.31	1.13	1.00

附录8 沥青混凝土材料配合表

1.面板沥青混凝土

单位:kg/m³

材料 数量 名称	石 子（mm）			砂	矿粉	沥青	合计
	25～5	20～5	15～5				
整平胶结层		1661		360	164	115	2300
防 渗 层			378	1427	357	188	2350
排 水 层	1536			384		80	2000
封 闭 层				1050		450	1500

注:表中骨料为人工砂石料。

2.心墙沥青混凝土

单位:m³

混凝土配合比(%)						最大骨料粒径(mm)	混凝土容重(t/m³)
矿物混合料				油料			
石子	砂	石屑	矿粉	沥青	渣油		
41.2	43.2		7.8	7.8		25	2.40
41.3	32.1	18.3	8.3			25	
21.0	59.6		10.9	8.5		15	2.36
48.0	30.0		12.0	7.0	3.0	25	2.20
48.0	32.0		10.0	7.0	3.0		
43.0	30.0		12.0	15.0		20	
29.0	29.0	2.0(石棉)	25.0	5.0	10.0	10	2.35

注:面板及心墙沥青混凝土材料配合表中材料用量不包括场内运输及拌制损耗在内,
   实际运用过程中损耗率可采用:沥青(渣油)2%、砂(石屑、矿粉)3%、石子4%。

3.沥青混凝土涂层

单位:100m²

项 目	单位	稀释沥青	乳化沥青		热沥青涂层	封闭层沥青胶	岸 边 接 头	
			开级配	密级配			热沥青胶	再生胶粉沥青胶
汽（柴）油	kg	70						
60# 沥青	kg	30	12.5	5	46	45	100	447
水	kg		37.5	15				
烧 碱	kg		0.15	0.06				
洗 衣 粉	kg		0.20	0.08				
水 玻 璃	kg		0.15	0.06				
10# 沥青	kg				108	105		
滑 石 粉	kg					105		40
矿 粉	kg						200	
再生橡胶粉	kg							282
石 棉 粉	kg							40
玻 璃 丝 网	m²							100

附录 9 水利工程混凝土建筑物立模系数参考表

1. 大坝和电站厂房立模系数参考值

序号	建筑物名称	立模系数 (m²/m³)	各类立模面参考比例（%）					说　　明
			平面	曲面	牛腿	键槽	溢流面	
1	重力坝（综合）	0.15~0.24	70~90	2.0~6.0	0.7~1.8	15~25	1.0~3.0	不包括拱形廊道模板
	分部：非溢流坝	0.10~0.16	70~98	0.0~1.0	2.0~3.0	15~28		实际工程中如果坝体纵、横缝
	表面溢流坝	0.18~0.24	60~75	2.0~3.0	0.2~0.5	15~28	8.0~16.0	不设键槽，键槽立模面积所占
	孔洞泄流坝	0.22~0.31	65~90	1.0~3.5	0.7~1.2	15~27	5.0~8.0	比例为 0，平面模板所占比例
2	宽缝重力坝	0.18~0.27						相应增加
3	拱坝	0.18~0.28	70~80	2.0~3.0	1.0~3.0	12~25	0.5~5.0	
4	连拱坝	0.80~1.60						
5	平板坝	1.10~1.70						
6	单支墩大头坝	0.30~0.45						
7	双支墩大头坝	0.32~0.60						
8	河床式电站厂房	0.45~0.90	85~95	5.0~13	0.3~0.8	0.0~10		不包括蜗壳模板、尾水肘管模
9	坝后式厂房	0.50~0.90	88~97	2.5~8.0	0.2~0.5	0.0~5.0		板及拱形廊道模板
10	混凝土蜗壳立模面积(m²)	13.40D_1^2						D_1 为水轮机转轮直径
11	尾水肘管立模面积(m²)	5.846D_4^2						D_4 为尾水肘管进口直径，可按下式估算：轴流式机组 D_4 = 1.2D_1，混流式机组 D_4 = 1.35D_1

注：1. 泄流和引水孔洞多而坝体积较低，坝体立模系数较高；泄流和引水孔洞较少、坝体立模系数主要与坝高有关，坝高大取大值，坝高小取小值，以非溢流坝段为主的高坝，坝体立模系数取小值。河床式电站厂房的立模系数，分层较多、结构复杂，取大值；分层较少、结构简单，取小值；一般可取中值。

2. 坝后式厂房的立模系数，分层较多、结构复杂、取大值；分层较少、结构简单、取小值；一般可取中值。

2. 溢洪道立模面系数参考值

序号		建筑物名称		立模面系数 (m²/m³)	各类模板参考比例(%)				说　明
					平　面	曲　面	牛　腿	
1	闸室	闸室(综合)		0.60~0.85	92~96	4.0~7.0	0.5(0)~0.9	含中、边墩等
		分部:闸　墩		1.00~1.75	91~95	5.0~8.0	0.7(0)~1.2	
		闸底板		0.16~0.30	100			
2	泄槽	底板		0.16~0.30	100			
		边墙	挡土墙式	0.70~1.00	100			
			边坡衬砌	1/B+0.15	100			岩石坡,B为衬砌厚

3. 隧洞立模面系数参考值

单位：m²/m³

直墙圆拱形隧洞	高宽比	衬砌厚度（m）						所占比例		备注
		0.2	0.4	0.6	0.8	1	1.2	曲面	墙面	
	0.9	3.16~3.42	1.52~1.65	0.98~1.07	0.71~0.78	0.55~0.60	0.44~0.49	49%~66%	51%~34%	
	1	3.25~3.51	1.57~1.70	1.01~1.10	0.73~0.80	0.57~0.62	0.46~0.50	45%~61%	55%~39%	
	1.2	3.41~3.65	1.65~1.77	1.07~1.15	0.78~0.84	0.60~0.65	0.49~0.53	39%~53%	61%~47%	

说　明　本表立模面系数计算按隧洞顶拱圆心角为120°~180°，圆心角小时取大值，反之取小值。顶拱圆心角小时曲面取小值，墙面相反。

圆形隧洞	衬砌内径（m）	衬砌厚度（m）					
		0.2	0.4	0.6	0.8	1	1.2
	4	4.76	2.27	1.45	1.04	0.89	0.72
	8	4.88	2.38	1.55	1.14	0.92	0.76
	12	4.92	2.42	1.59	1.17		

4.渡槽槽身立模面系数参考值

渡槽类型	壁厚 (cm)	立模面系数 (m^2/m^3)	备　　注
矩形渡槽	10	15.00	
	20	7.71	
	30	5.28	
箱形渡槽	10	13.26	
	20	6.63	
	30	4.42	
U形渡槽	12～20	10.33	直墙厚 12cm,U 形底部厚 20cm
	15～25	8.19	直墙厚 15cm,U 形底部厚 25cm
	24～40	5.98	直墙厚 24cm,U 形底部厚 40cm

5.涵洞立模面系数参考值

单位:m^2/m^3

直墙圆拱形涵洞	高　宽　比	部位	衬砌厚度　(m)					备　　注
			0.4	0.6	0.8	1.0	1.2	
	0.9	顶拱	2.17	1.45	1.09	0.87	0.73	
		边墙	1.13	0.76	0.57	0.46	0.39	
	1	顶拱	2.07	1.38	1.04	0.83	0.69	
		边墙	1.32	0.88	0.66	0.53	0.44	
	1.2	顶拱	1.88	1.26	0.95	0.76	0.64	
		边墙	1.64	1.09	0.81	0.65	0.54	

矩形涵洞	高　宽　比	衬砌厚度　(m)					备　　注
		0.4	0.6	0.8	1	1.2	
	1.0	3.00	2.00	1.50	1.20	1.00	
	1.3	3.22	2.15	1.61	1.29	1.07	
	1.6	3.39	2.26	1.70	1.36	1.13	

圆形涵洞	壁厚(cm)	15	25	35	45	55	65	备　　注
	立模面系数	8.89	5.41	4.06	3.15	2.62	2.23	

6. 水闸立模面系数参考值

序号	建筑物名称	立模面系数 (m²/m³)	各类模板参考比例(%)			说　明
			平面	曲面	牛腿	
1	水闸闸室(综合)	0.65~0.85	92~96	4.0~7.0	0.5(0)~0.9	
2	分部:闸　墩	1.15~1.75	91~95	5.0~8.0	0.7(0)~1.2	含中、边墩等
	闸底板	0.16~0.30	100			

7. 明渠立模面系数参考值

1. 边坡面立模面系数 $1/B$ m²/m³。B 为边坡衬砌厚度；混凝土量按边坡衬砌量计算。

2. 横缝堵头立模面系数 $1/L$ m²/m³。L 为衬砌分段长度；混凝土量按明渠衬砌总量计算。

3. 底板纵缝立模面面积按明渠长度计算,每米渠长立模面 $n \times B$ m²/m。B 为衬砌厚度；n 为明渠底板纵缝条数(含边坡与底板交界处的分缝)。

附录 10　混凝土温控费用计算参考资料

1. 大体积混凝土浇筑后水泥产生水化热,温度迅速上升,且幅度较大,自然散热极其缓慢。为了防止混凝土出现裂缝,混凝土坝体内的最高温度必须严格加以控制,方法之一是限制混凝土搅拌机的出机口温度。在气温较高季节,混凝土在自然条件下的出机口温度往往超过施工技术规范规定的限度,此时,就必须采取人工降温措施,例如采用冷水喷淋预冷骨料或一次、二次风冷骨料,加片冰和(或)加冷水拌制混凝土等方法来降低混凝土的出机口温度。

控制混凝土最高温升的方法之二是,在坝体混凝土内预埋冷却水管,进行一、二期通水冷却。一期(混凝土浇筑后不久)通低温水以削减混凝土浇筑初期产生的水泥水化热温升。二期通水冷却,主要是为了满足水工建筑物接缝灌浆的要求。

以上这些温控措施,应根据不同工程的特点,不同地区的气温条件,不同结构物不同部位的温控要求等综合因素确定。

2. 根据不同标号混凝土的材料配合比,和相关材料的温度,可计算出混凝土的出机口温度,如表 10-1。出机口混凝土温度一般由施工组织设计确定。若混凝土的出机口温度已确定,则可按表 10-1 公式计算确定应预冷的材料温度,进而确定各项温控措施。

3. 综合各项温控措施的分项单价,可按表 10-2 计算出每 $1m^3$ 混凝土的温控综合价(直接费)。

4. 各分项温控措施的单价计算列于表 10-3～表 10-7,坝体通水冷却单价计算列于表 10-8。

表 10-1　　　　　**混凝土出机口温度计算表**

序号	材　　料	重量 G (kg/m³)	比热 C (kJ/(kg·℃))	温度 t (℃)	$G \times C = P$ (kJ/(m³·℃))	$G \times C \times t = Q$ (kJ/m³)
1	水泥及粉煤灰		0.796	$t_1 = T + 15$		
2	砂		0.963	$t_2 = T - 2$		
3	石子		0.963	t_3		
4	砂的含水		4.2	$t_4 = t_2$		
5	石子含水		4.2	$t_5 = t_3$		
6	拌和水		4.2			
7	片冰		2.1 潜热 335			$Q_7 = -335G_7$
8	机械热					Q_8
合　　计			出机口温度 $t_C = \sum Q / \sum P$		$\sum P$	$\sum Q$

注:1. 表中"T"为月平均气温,℃。石子的自然温度可取与"T"同值。

2. 砂子含水率可取 5%。

3. 风冷骨料的石子含水率可取 0。

4. 淋水预冷骨料脱水后的石子含水率可取 0.75%。

5. 混凝土拌和机械热取值:常温混凝土 $Q_8 = 2094$kJ/m³;14℃ 混凝土 $Q_8 = 4187$ kJ/m³;7℃ 混凝土 $Q_8 = 6281$kJ/m³。

6. 若给定出机口温度、加冷水和加片冰量,则可按下式确定石子的冷却温度:

$$t_3 = \frac{t_C \sum P - Q_1 - Q_2 - Q_4 - Q_5 - Q_6 - Q_8 + 335G_7}{0.963G_3}$$

表 10-2　　　　　**混凝土预冷综合单价计算表**

单位:m³

序号	项　　目	单位	数量 G	材料温度(℃)			分项措施单价 M	复价(元) $G \times \Delta t \times M$
				初温 t_0	终温 t_i	降幅 $\Delta t = t_0 - t_i$		
1	制冷水	kg					元/(kg·℃)	
2	制片冰	kg					元/kg	
3	冷水喷淋骨料	kg					元/(kg·℃)	
4	一次风冷骨料	kg					元/(kg·℃)	
5	二次风冷骨料	kg					元/(kg·℃)	
合　　　　计								

注:1. 冷水喷淋预冷骨料和一次风冷骨料,二者择其一,不得同时计费。

2. 根据混凝土出机口温度计算,骨料最终温度大于 8℃ 时,一般可不必进行二次风冷。有时二次风冷是为了保温。

3. 一次风冷或水冷石子的初温可取月平均气温值。

4. 一次风冷或水冷之后,骨料转运到二次风冷料仓过程中,温度回升值可取 1.5～2℃。

表 10-3   **制冷水单价**

适用范围：冷水厂

工作内容：28℃河水、制 2℃冷水*、送出。

单位：100t 冷水

项　　目	单位	冷　水　产　量 t/h					
		2.4	5.0	7.0	10.0	20.0	40.0
中　级　工	工时	61	30	24	15	8	4
初　级　工	工时	128	60	54	45	30	18
合　　计	工时	189	90	78	60	38	22
水	m³	220	220	220	220	220	220
氟里昂	kg	0.50	0.50	0.50	0.50	0.50	0.50
冷冻机油	kg	0.70	0.70	0.70	0.70	0.70	0.70
其他材料费	%	2	2	2	2	2	2
螺杆式冷水机组 LSLGF100	台时	42					
螺杆式冷水机组 LSLGF200	台时		20				
螺杆式冷水机组 LSLGF300	台时			14			
螺杆式冷水机组 LSLGF500	台时				10		
螺杆式冷水机组 LSLGF1000	台时					5	
螺杆式冷水机组 LSLGF2000	台时						2.5
水泵　5.5kW	台时	42	20				
水泵　11kW	台时	84		14	10	5	5
水泵　15kW	台时		40	36	30	10	
水泵　30kW	台时					10	13
玻璃钢冷却塔　NBL-500	台时	4	4	4	4	4	4
其他机械费	%	5	5	5	5	5	5
编　　号							

* 对不同出水温度机械台时乘系数 K

出水温度(℃)	2	5	6	7	8	9	10	11	12
系数 K	1.00	0.78	0.71	0.65	0.60	0.55	0.51	0.47	0.44

表 10-4 **制片冰单价**

适用范围：混凝土系统制冰加冰

工作内容：用 2℃冷水制 -8℃ 片冰贮存、送出。

单位：100t 片冰

项　　　目	单　位	片　冰　产　量　t/d			
		12	25	50	100
中　级　工	工时	300	144	72	36
初　级　工	工时	900	720	504	324
合　　　计	工时	1200	864	576	360
2℃冷水	m³	105	105	105	105
水	m³	700	700	700	700
氨液	kg	18	18	18	18
冷冻机油	kg	7	7	7	7
其他材料费	%	5	5	5	5
片冰机　PBL15/d	台时	200			
片冰机　PBL30/d	台时		96	96	96
贮冰库　30t	台时		96	48	
贮冰库　60t	台时				24
螺杆式氨泵机组 ABLG55Z	台时			48	24
螺杆式氨泵机组 ABLG100Z	台时		96	96	96
螺杆式冷凝机组 NJLG30Z	台时	400	96		
水泵　7.5kW	台时	400	96	48	
水泵　15kW	台时		96		24
水泵　30kW	台时			48	48
玻璃钢冷却塔　NBL－500	台时	20	20	20	20
输冰胶带机　B＝500 L＝50m	台时	200	96	96	48
其他机械费	%	5	5	5	5
编　　　号					

表 10-5 **冷水喷淋预冷骨料单价**

适用范围：2～4℃冷水喷淋,将骨料预冷至8～16℃。

工作内容：制冷水、喷淋、回收、排渣、骨料脱水。

单位:100t 骨料降温 10℃

项　　　目	单　位	预冷骨料量　（t/h）	
		200	400
中　级　工	工时	3	2
初　级　工	工时	3	2
合　　　计	工时	6	4
水	m³	43	43
氟里昂	kg	0.20	0.20
冷冻机油	kg	0.20	0.20
其他材料费	%	10	10
螺杆式冷水机组　LSLGF500	台时	0.36	
螺杆式冷水机组　LSLGF1000	台时	0.72	0.89
水泵　7.5kW	台时	0.36	0.36
水泵　15kW	台时	1.07	1.07
水泵　30kW	台时	1.44	1.25
衬胶泵　17kW	台时	0.72	0.72
玻璃钢冷却塔　NBL－500	台时	0.72	0.72
输冰胶带机　B＝1000 L＝40m	台时	0.72	0.89
输冰胶带机　B＝1400 L＝170m	台时	0.36	0.36
圆振动筛　2400×6000	台时	0.36	0.36
其他机械费	%	5	5
编　　　号			

表 10-6 **一次风冷骨料单价**

适用范围：在料仓内用冷风将骨料预冷至 8～16℃。

工作内容：制冷、鼓风、回风、骨料冷却。

单位：100t 骨料降温 10℃

项 目	单 位	预冷骨料量 （t/h）	
		200	400
中 级 工	工时	4	2
初 级 工	工时	2	2
合 计	工时	6	4
水	m³	21	21
氨液	kg	0.84	0.84
冷冻机油	kg	0.20	0.20
其他材料费	%	10	10
氨螺杆压缩机 LG20A250G	台时	1.11	1.11
卧式冷凝器 WNA－300	台时	1.11	1.11
氨贮液器 ZA－4.5	台时	1.11	1.11
空气冷却器 GKL－1250	台时	1.11	1.11
离心式风机 55kW	台时	1.11	
离心式风机 75kW	台时		0.56
水泵 75kW	台时	0.56	0.56
玻璃钢冷却塔 NBL－500	台时	0.56	0.56
其他机械费	%	17	17
编 号			

表 10-7　　　　　　　　　　**二次风冷骨料单价**

适用范围：在料仓内用冷风将骨料预冷至 0～2℃。

工作内容：制冷、鼓风、回风、骨料冷却。

单位：100t骨料降温10℃

项　　目	单　位	预冷骨料量 （t/h）	
		200	400
中　级　工	工时	2.0	1
初　级　工	工时	2.5	2
合　　计	工时	4.5	3
水	m³	38	38
氨液	kg	1.50	1.50
冷冻机油	kg	0.40	0.40
其他材料费	%	10	10
螺杆式氨泵机组　ABLG100Z	台时	4	
氨螺杆压缩机　LG20A200Z	台时		2
卧式冷凝器　WNA－300	台时		2
氨贮液器　ZA－4.5	台时	1	2
空气冷却器　GKL－1000	台时	2	2
离心式风机　55kW	台时	2	
离心式风机　75kW	台时		1
水泵　55kW	台时	1	
水泵　75kW	台时		1
玻璃钢冷却塔　NBL－500	台时	1	1
其他机械费	%	5	17
编　　号			

表 10-8坝体通水冷却单价

适用范围：需要通水冷却的坝体混凝土
工作内容：冷却水管埋设、通水、观测、混凝土表面保护。

单位：100m³ 混凝土

项　　目	单　位	冷却水管间距　（m×m）			
		1×1.5	1.5×1.5	2×1.5	3×3
中　级　工	工时				
初　级　工	工时	60	40	30	10
合　　计	工时	60	40	30	10
钢管(冷却水管)	kg	240	160	120	40
低温水(一期冷却)温升 5℃	m³	120	80	60	20
水(二期冷却)	m³	700	466	350	120
表面保护材料	m²	50	50	50	30
其他材料费	%	5	5	5	5
电焊机　交流 20kVA	台时	3	2	1.5	0.5
水泵	台时				
其他机械费	%	20	20	20	20
编　　号					

注：一期冷却和二期冷却是否用制冷水，水量及水温由温控设计确定。如用循环水，则
　　应增加水泵台时量。